国家级实验教学示范中心联席会
计算机学科组规划教材

教育部高等学校计算机类专业教学指导委员会
推荐教材

# 数据结构

## Java语言版·微课视频版

孙爱香 于秀艳 主编

清华大学出版社
北京

## 内 容 简 介

本书全面、系统地介绍了各种常见的数据结构及其存储表示，并讨论了数据结构的基本操作和实际算法。全书共9章。第1章为概论，引入数据、数据结构、抽象数据类型等基本概念；第2～7章分别介绍线性表、栈和队列、串、数组、矩阵、广义表、树和二叉树、图等基本类型的数据结构及应用，从抽象数据类型的角度进行分析；第8章和第9章分别介绍查找和内部排序，除了介绍各种实现方法外，着重从时间上进行定性或定量的分析。本书对各类数据结构的分析均按照"逻辑结构—抽象数据类型—存储结构—基本操作的实现及时空分析—应用"的顺序进行，体现了使用计算机进行数据处理的过程，即软件开发的过程。

本书讲解深入浅出，注重理论与实践相结合，内容设计的广度和深度均符合计算机及相关专业的培养目标。全书统一采用 Java 语言描述算法，以面向对象方法实现数据结构，并基于此分析不同的存储结构和算法对软件内在质量的影响。

本书可作为高等院校计算机及相关专业数据结构课程的教材，也可作为从事计算机应用的科技人员的参考用书，还可作为非计算机专业的学生及广大计算机爱好者的阅读参考书。

**图书在版编目（CIP）数据**

数据结构：Java 语言版：微课视频版/孙爱香，于秀艳主编.—北京：清华大学出版社，2024.1
国家级实验教学示范中心联席会计算机学科组规划教材
ISBN 978-7-302-64237-4

Ⅰ.①数… Ⅱ.①孙… ②于… Ⅲ.①数据结构—教材 ②JAVA 语言—程序设计—教材
Ⅳ.①TP311.12 ②TP312.8

中国国家版本馆 CIP 数据核字(2023)第 136010 号

策划编辑：魏江江
责任编辑：王冰飞
封面设计：刘　键
责任校对：郝美丽
责任印制：刘海龙

出版发行：清华大学出版社
　　　网　　址：https://www.tup.com.cn，https://www.wqxuetang.com
　　　地　　址：北京清华大学学研大厦 A 座　　　邮　　编：100084
　　　社　总　机：010-83470000　　　　　　　　邮　　购：010-62786544
　　　投稿与读者服务：010-62776969，c-service@tup.tsinghua.edu.cn
　　　质量反馈：010-62772015，zhiliang@tup.tsinghua.edu.cn
　　　课件下载：https://www.tup.com.cn,010-83470236
印　装　者：三河市龙大印装有限公司
经　　销：全国新华书店
开　　本：185mm×260mm　　　印　　张：21.25　　　字　　数：519 千字
版　　次：2024 年 1 月第 1 版　　　　　　　　　印　　次：2024 年 1 月第 1 次印刷
印　　数：1～1500
定　　价：59.80 元

产品编号：099234-01

# 前　言

党的二十大报告指出：教育、科技、人才是全面建设社会主义现代化国家的基础性、战略性支撑。必须坚持科技是第一生产力、人才是第一资源、创新是第一动力,深入实施科教兴国战略、人才强国战略、创新驱动发展战略,这三大战略共同服务于创新型国家的建设。高等教育与经济社会发展紧密相连,对促进就业创业、助力经济社会发展、增进人民福祉具有重要意义。

"数据结构"是计算机及相关专业的一门重要的专业基础课,是介于"数学""计算机硬件""计算机软件"之间的一门计算机科学与技术领域的核心课程,并广泛应用于信息科学、系统工程、应用数学以及各种工程技术领域。该课程主要介绍如何合理地组织和表示数据,如何有效地存储和处理数据,如何正确地设计算法并对算法的优劣进行评价。

在数据结构教材中,对算法的描述采用 C 语言和 C++的较多,而采用 Java 语言的较少。随着软件开发技术的发展,Java 语言作为完全面向对象的语言,已成为当前应用开发中使用最广泛的语言之一。因此,采用 Java 语言描述数据结构会为 Java 编程人员提供更实用的参考。为了适应一些高校对数据结构 Java 版的需求,本书的编写应运而生。

数据结构课程的教学要求：一方面,学会分析研究计算机加工的数据结构的特性,以便为应用涉及的数据选择适当的逻辑结构、存储结构及相应的算法,并初步掌握算法时间分析和空间分析的技术；另一方面,本课程的学习过程也是复杂程序设计训练过程,要求学生编写的程序质量进一步提高。数据结构是 Java 语言课程学习的进一步深化,相比 Java 语言课程上的程序,一是程序数据处理功能复杂,二是需要学生从正确性、可读性、健壮性、时间效率和空间效率理解算法质量的概念,算法的质量对软件的最终质量有着重要的影响。

全书共 9 章。第 1 章为概论,引入数据、数据结构、抽象数据类型等基本概念；第 2~7 章分别介绍线性表、栈和队列、串、数组、矩阵、广义表、树和二叉树、图等基本类型的数据结构及应用,从抽象数据类型的角度进行分析；第 8 章和第 9 章分别介绍查找和内部排序,除了介绍各种实现方法外,着重从时间上进行定性或定量的分析。

本书的特点如下：

（1）结构合理，思路清晰。本书紧扣实现软件数据处理功能三步走的路线，即逻辑结构、存储结构、算法，帮助读者深刻理解计算机科学中的恒等式：数据结构＋算法＝程序，进而理解数据结构课程在计算机科学中的核心地位。本书对各种存储结构的优缺点进行比较，引导读者根据软件的功能需求选择合适的存储结构，为开发优质软件打下坚实的理论基础。

（2）采用 Java 作为数据结构和算法的描述语言。在对数据结构和算法进行描述时，尽量考虑 Java 语言的特色，用泛型接口描述各种抽象数据类型，用泛型类描述各种存储结构。将 Java 基础类库中的数据结构类介绍给读者，供读者分析比较，使其理解数据结构类型的开发者和使用者角色的区别。

（3）有针对性的示例。在每一章讲解基础知识后，都会列举一些对应的应用问题，给出典型问题的分析和解决方案，帮助读者理解和掌握实践应用方法。

（4）丰富的配套练习。每章除理论教学内容外，还包括练习题和实验题，帮助学生全面掌握知识点。

为便于教学，本书提供丰富的配套资源，包括教学大纲、教学课件、电子教案、程序源码、习题答案、在线作业和微课视频。

---

**资源下载提示**

**数据文件**：扫描目录上方的二维码下载。

**在线作业**：扫描封底的作业系统二维码，登录网站在线做题及查看答案。

**微课视频**：扫描封底的文泉云盘防盗码，再扫描书中相应章节的视频讲解二维码，可以在线学习。

---

本书可作为高等院校计算机及相关专业数据结构课程的教材，也可作为从事计算机应用的科技人员的参考用书，还可作为非计算机专业的学生及广大计算机爱好者的阅读参考书。读者只需要掌握 Java 程序设计基础便可学习本书，若具有离散数学和概率论的知识，则对书中的某些内容将更容易理解。

由于编者水平有限，书中难免存在不妥与错漏之处，敬请广大读者批评指正。

编　者

2023 年 11 月

# 目录

资源下载

第 1 章　概论 ……………………………………………………………… 1

1.1　数据结构的地位 …………………………………… 2

1.2　基本概念和术语 ……………………………………… 2

　　1.2.1　数据结构的基本概念 ……………………… 2

　　1.2.2　数据结构的种类 …………………………… 3

　　1.2.3　数据结构的数学定义 ……………………… 3

　　1.2.4　数据的存储结构 …………………………… 4

　　1.2.5　抽象数据类型 ……………………………… 5

1.3　数学预备知识 …………………………………………… 9

　　1.3.1　集合 …………………………………………… 9

　　1.3.2　常用的数学术语 …………………………… 9

　　1.3.3　对数 …………………………………………… 9

1.4　算法和算法分析 …………………………………… 10

　　1.4.1　算法的定义和特性 ………………………… 10

　　1.4.2　算法设计的要求 …………………………… 12

　　1.4.3　算法的时间效率分析 ……………………… 13

　　1.4.4　算法的空间效率分析 ……………………… 16

本章小结 ………………………………………………… 17

习题 1 …………………………………………………… 18

第 2 章　线性表 …………………………………………………………… 20

2.1　线性表的基本概念 …………………………… 21

　　2.1.1　线性表的定义 …………………………… 21

　　2.1.2　线性表的特点 …………………………… 21

　　2.1.3　线性表的抽象数据类型 ………………… 21

2.2　线性表的顺序存储 …………………………… 22

　　2.2.1　顺序存储的定义 ………………………… 22

　　　　2.2.2　顺序表基本操作分析 ·············································· 23

　　　　2.2.3　顺序表源码实现 ·················································· 25

　　　　2.2.4　顺序表中的复杂操作 ·············································· 30

　　　　2.2.5　Java基础类库中的顺序表 ········································ 32

　　2.3　线性表的链式存储 ······················································· 33

　　　　2.3.1　链式存储的基本概念 🎥 ·········································· 33

　　　　2.3.2　单链表基本操作分析 🎥 ·········································· 35

　　　　2.3.3　单链表源码实现 🎥 ·············································· 35

　　　　2.3.4　单链表中的复杂操作 ·············································· 40

　　　　2.3.5　其他形式的链表 ·················································· 43

　　　　2.3.6　Java基础类库中的链表 ·········································· 47

　　2.4　顺序表和链表的比较 🎥 ················································· 47

　　2.5　一元多项式的表示和运算 🎥 ············································· 48

　　本章小结 ·································································· 53

　　习题2 ···································································· 53

第3章　栈和队列 ································································· **57**

　　3.1　栈的基本概念 🎥 ······················································· 58

　　　　3.1.1　栈的相关定义 ···················································· 58

　　　　3.1.2　栈的抽象数据类型 ················································ 58

　　3.2　栈的顺序存储 🎥 ······················································· 59

　　　　3.2.1　栈的顺序存储定义 ················································ 59

　　　　3.2.2　顺序栈基本操作分析 ·············································· 60

　　　　3.2.3　顺序栈源码实现 ·················································· 61

　　　　3.2.4　Java基础类库中的顺序栈 ········································ 63

　　3.3　栈的链式存储 ··························································· 63

　　　　3.3.1　栈的链式存储定义 ················································ 63

　　　　3.3.2　链栈源码实现 ···················································· 64

　　3.4　栈的应用举例 ··························································· 65

　　　　3.4.1　数制转换 🎥 ···················································· 66

　　　　3.4.2　表达式求值 🎥 ·················································· 67

　　3.5　队列的基本概念 🎥 ····················································· 70

　　　　3.5.1　队列的相关定义 ·················································· 70

　　　　3.5.2　队列的抽象数据类型 ·············································· 70

　　3.6　队列的链式存储 ························································· 71

　　　　3.6.1　队列的链式存储定义 ·············································· 71

　　　　3.6.2　链队列基本操作分析 🎥 ·········································· 72

　　　　3.6.3　链队列源码实现 🎥 ·············································· 73

　　3.7　队列的顺序存储 ························································· 75

3.7.1 队列的顺序存储定义 ·············· 75
3.7.2 顺序队列基本操作分析🎥◀ ·············· 76
3.7.3 循环顺序队列源码实现🎥◀ ·············· 77
3.8 Java 基础类库中的队列 ·············· 81
3.9 队列的应用举例🎥◀ ·············· 81
本章小结 ·············· 82
习题 3 ·············· 82

第 4 章 串 ·············· 86
4.1 串的基本概念🎥◀ ·············· 87
4.1.1 串的相关定义 ·············· 87
4.1.2 串的抽象数据类型 ·············· 87
4.2 串的顺序存储 ·············· 88
4.2.1 串的顺序存储定义 ·············· 88
4.2.2 顺序串源码实现 ·············· 88
4.3 Java 语言中的顺序串 ·············· 91
4.4 串的链式存储 ·············· 93
本章小结 ·············· 94
习题 4 ·············· 94

第 5 章 数组、矩阵和广义表 ·············· 96
5.1 数组🎥◀ ·············· 97
5.1.1 数组的定义 ·············· 97
5.1.2 数组的存储 ·············· 97
5.2 矩阵 ·············· 99
5.2.1 特殊矩阵的压缩存储 ·············· 99
5.2.2 稀疏矩阵的压缩存储🎥◀ ·············· 105
5.3 广义表🎥◀ ·············· 122
5.3.1 广义表的定义 ·············· 122
5.3.2 广义表的抽象数据类型 ·············· 122
5.3.3 广义表的存储结构 ·············· 123
5.3.4 求广义表深度基本操作的实现 ·············· 124
5.3.5 $m$ 元多项式的表示 ·············· 128
本章小结 ·············· 130
习题 5 ·············· 130

第 6 章 树和二叉树 ·············· 133
6.1 树 ·············· 134
6.1.1 树的定义🎥◀ ·············· 134
6.1.2 树的基本术语 ·············· 134
6.1.3 树的表示形式 ·············· 135

6.1.4 树的抽象数据类型 ……………………………………… 136

6.2 二叉树 ………………………………………………………………… 137

6.2.1 二叉树的定义🎥 ……………………………………………… 137

6.2.2 二叉树的性质🎥 ……………………………………………… 138

6.2.3 二叉树的存储结构🎥 ………………………………………… 142

6.3 二叉树的遍历和线索链表🎥 …………………………………………… 148

6.3.1 二叉树的遍历 ………………………………………………… 148

6.3.2 二叉线索链表 ………………………………………………… 151

6.4 树和森林🎥 ……………………………………………………………… 158

6.4.1 树的存储 ……………………………………………………… 158

6.4.2 森林与二叉树的转换 ………………………………………… 161

6.4.3 树与森林的遍历 ……………………………………………… 163

6.5 树与等价问题 …………………………………………………………… 164

6.6 哈夫曼树及其应用🎥 …………………………………………………… 170

6.6.1 哈夫曼树 ……………………………………………………… 170

6.6.2 哈夫曼树的应用 ……………………………………………… 171

6.7 回溯法与树的遍历 ……………………………………………………… 176

6.8 树的计数 ………………………………………………………………… 179

本章小结 …………………………………………………………………… 183

习题 6 ……………………………………………………………………… 183

第7章 图 …………………………………………………………………… **186**

7.1 图的基本概念 …………………………………………………………… 187

7.1.1 有向图🎥 ……………………………………………………… 187

7.1.2 无向图🎥 ……………………………………………………… 188

7.1.3 图的抽象数据类型🎥 ………………………………………… 190

7.2 图的存储结构 …………………………………………………………… 191

7.2.1 邻接矩阵🎥 …………………………………………………… 192

7.2.2 邻接表🎥 ……………………………………………………… 197

7.2.3 邻接多重表🎥 ………………………………………………… 204

7.2.4 十字链表 ……………………………………………………… 211

7.3 图的遍历🎥 ……………………………………………………………… 217

7.3.1 深度优先遍历 ………………………………………………… 218

7.3.2 广度优先遍历 ………………………………………………… 220

7.4 图的连通性问题 ………………………………………………………… 221

7.4.1 无向图的连通分量和生成树🎥 ……………………………… 221

7.4.2 有向图的强连通分量 ………………………………………… 224

7.4.3 最小生成树🎥 ………………………………………………… 225

7.4.4 关节点和重连通分量 ………………………………………… 230

7.5 有向无环图及其应用 ································································ 233
　　7.5.1 拓扑排序🎥◀ ························································· 234
　　7.5.2 关键路径🎥◀ ························································· 237
7.6 最短路径🎥◀ ··········································································· 242
　　7.6.1 从某个顶点到其余各顶点的最短路径 ························· 242
　　7.6.2 每一对顶点之间的最短路径 ····································· 247
本章小结 ······················································································ 250
习题 7 ·························································································· 250

## 第 8 章　查找 ····················································································· 253

8.1 查找的基本概念🎥◀ ································································ 254
8.2 静态查找 ··············································································· 254
　　8.2.1 顺序查找🎥◀ ························································· 255
　　8.2.2 折半查找🎥◀ ························································· 256
　　8.2.3 分块查找🎥◀ ························································· 260
8.3 动态查找 ··············································································· 262
　　8.3.1 二叉排序树的定义🎥◀ ············································ 262
　　8.3.2 二叉排序树的查找 ··················································· 262
　　8.3.3 二叉排序树的插入 ··················································· 263
　　8.3.4 二叉排序树的删除 ··················································· 265
　　8.3.5 二叉排序树的查找分析 ············································· 268
8.4 平衡二叉树 ············································································ 269
　　8.4.1 平衡二叉树的定义🎥◀ ············································ 269
　　8.4.2 平衡化旋转🎥◀ ····················································· 269
　　8.4.3 平衡二叉排序树的插入🎥◀ ······································· 275
　　8.4.4 平衡二叉排序树构造示例🎥◀ ···································· 277
　　8.4.5 平衡二叉排序树查找分析 ··········································· 277
8.5 索引查找 ··············································································· 278
　　8.5.1 顺序索引表🎥◀ ····················································· 278
　　8.5.2 树形索引表🎥◀ ····················································· 279
8.6 哈希查找 ··············································································· 288
　　8.6.1 哈希查找的基本概念🎥◀ ·········································· 288
　　8.6.2 哈希函数的构造方法🎥◀ ·········································· 289
　　8.6.3 冲突处理的方法🎥◀ ················································ 291
　　8.6.4 哈希查找过程及分析🎥◀ ·········································· 295
本章小结 ······················································································ 297
习题 8 ·························································································· 297

## 第 9 章　内部排序 ·············································································· 300

9.1 排序的基本概念🎥◀ ································································ 301

9.2 插入排序·································································································· 302

    9.2.1 直接插入排序🎥·············································································· 302

    9.2.2 简单插入排序🎥·············································································· 304

    9.2.3 希尔排序🎥···················································································· 308

9.3 交换排序·································································································· 309

    9.3.1 冒泡排序🎥···················································································· 309

    9.3.2 快速排序🎥···················································································· 311

9.4 选择排序·································································································· 313

    9.4.1 直接选择排序🎥·············································································· 313

    9.4.2 树形选择排序🎥·············································································· 314

    9.4.3 堆排序🎥······················································································ 314

9.5 归并排序🎥······························································································ 319

9.6 基数排序·································································································· 321

    9.6.1 多关键字排序·················································································· 321

    9.6.2 链式基数排序🎥·············································································· 322

9.7 各种内部排序的比较··················································································· 325

本章小结······································································································ 326

习题 9 ·········································································································· 326

参考文献········································································································· 329

# 第1章

# 概 论

CHAPTER 1

**本章学习目标**

- 了解数据结构的地位
- 理解数据结构的基本概念和常用术语
- 掌握数据结构的 4 种类型
- 掌握算法设计的要求，时间效率和空间效率的分析方法

# 1.1 数据结构的地位

自 1946 年第一台计算机问世以来,计算机产业飞速发展,计算机已经深入应用于人类社会的各个领域,协助人们对各个领域产生的原始数据进行处理,得到人们所需的结果数据。由于原始数据往往是杂乱无章的,因此在进行加工处理之前,首先需要将其转换为有组织的数据,这些有组织的数据称为数据的逻辑结构,通常表现为线性表、树、图等形式;然后需要利用计算机对线性表、树、图等有组织的数据进行加工处理,必须考虑如何将它们存储到计算机的内存中,它们在计算机内存中的存储称为数据的存储结构;最后在建立的逻辑结构和选定的存储结构的基础上设计并实现算法,即写出一条条语句,指挥计算机对原始数据进行处理,从而得到结果数据。数据结构的研究内容包括数据的逻辑结构和数据的存储结构两部分,不研究数据结构,就无法写好程序。数据结构在计算机软件设计中的地位如图 1-1 所示。

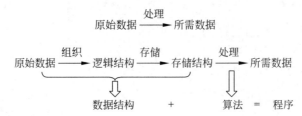

图 1-1　数据结构在计算机软件设计中的地位

# 1.2 基本概念和术语

## 1.2.1 数据结构的基本概念

### 1. 数据

在计算机科学中,数据(data)是对客观事物的符号表示,指所有能输入计算机中且被计算机程序识别和处理的符号的总称。计算机程序能处理各种各样的数据,可以处理数值数据,如整数、实数等;也可以处理非数值数据,如字符、图形、图像、音频、视频等。

### 2. 数据元素

数据元素(data element)是表示现实世界中一个实体的一组数据,是数据结构的基本组成单位。一个数据元素可由一个或若干数据项组成,数据项是数据元素中有独立含义的不可分割的最小单位。例如,表示现实世界中一个学生实体的数据元素可由学号、姓名、所在系、性别、出生日期、入学成绩等数据项组成。

### 3. 数据对象

数据对象(data object)是性质相同的数据元素的集合。数据元素是个体,数据对象是总体。例如,整数数据对象是集合 $Z=\{\cdots,-3,-2,-1,0,1,2,3,\cdots\}$,大写字母字符数据对象是集合 $C=\{'A','B','C',\cdots,'X','Y','Z'\}$。

### 4. 数据结构

数据结构(data structure)是相互之间存在一种或多种特定关系的数据元素的集合。

数据结构课程不仅要研究数据元素本身,而且要研究数据元素之间的关系,即数据结构。根据数据元素之间关系的不同特性,数据结构可以划分为不同的种类。

### 1.2.2　数据结构的种类

#### 1. 集合结构

在集合结构中,数据元素间的关系除了"属于同一个集合"外,没有其他任何关系,如图 1-2 所示。需要注意的是,数据元素之间有内在关系,但应用中并不涉及对数据元素之间关系的处理时,数据元素也可以组织成集合结构的形式。比如应用要处理 10 个自然数 1~10,但应用并不涉及数据元素之间存在的大于或小于的内在关系的处理,此时可以将数据组织成集合结构的形式,即 $N=\{1,2,3,4,5,6,7,8,9,10\}$。

#### 2. 线性结构

线性结构的数据元素之间存在着一对一的关系。每个数据元素最多有一个前驱和一个后继,如图 1-3 所示。

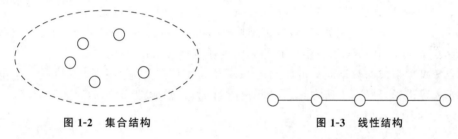

图 1-2　集合结构　　　　　　　　　　　图 1-3　线性结构

#### 3. 树状结构

树状结构的数据元素之间存在着一对多的关系。数据元素可以有多个后继,但最多只有一个前驱,如图 1-4 所示。

#### 4. 图状结构

图状结构的数据元素之间存在着多对多的关系,图状结构也称为网状结构。数据元素可以有多个前驱,也可以有多个后继,如图 1-5 所示。

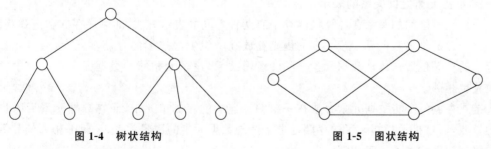

图 1-4　树状结构　　　　　　　　　　　图 1-5　图状结构

### 1.2.3　数据结构的数学定义

在数学上,数据结构表现为一个二元组 Data_Structure$=(D,S)$。其中,$D$ 是数据元素的有限集,$S$ 是 $D$ 上关系的有限集;也就是说 $D$ 是数据元素的集合,$S$ 是数据元素之间关系的集合。例如,复数 $a+bi$ 数据结构的数学定义为 Complex$=(C,R)$。其中,$D$ 部分用 $C$ 表示,$C$ 是含两个实数的集合 $\{a,b\}$;$S$ 部分用 $R$ 表示,$R=\{\langle a,b\rangle\}$,$\langle a,b\rangle$ 表示 $a$ 和 $b$ 之间存在一种有序关系，$a$ 表示复数的实部，$b$ 表示复数的虚部，二者不能互换。

数据结构定义中的 $D$ 部分是对数据元素的一种数学描述，而 $S$ 部分描述的是数据元素之间的逻辑关系。$(D,S)$ 定义的数据结构从数学角度研究数据元素及数据元素之间的关系，并不涉及在计算机内存中的表示，将 $(D,S)$ 定义的数据结构称为数据的逻辑结构。但在计算机科学中，研究数据结构的目的是利用计算机对数据进行更为高效的处理，必须研究在计算机内存中的表示。数据结构在计算机内存中的存储称为数据的存储结构，也称为数据的物理结构。

## 1.2.4 数据的存储结构

本书在高级语言 Java 的层次上讨论数据结构在计算机内存中的存储，主要研究的是数据元素及它们之间的关系在 Java 虚拟处理器中的表示，可以将其称为虚拟存储结构。

### 1. 数据元素的表示

单个数据项组成的数据元素利用 Java 语言中固有的基本数据类型来表示。Java 语言固有的基本数据类型有 4 种整型 byte、short、int、long，两种浮点型 float、double，字符型 char，布尔型 boolean 等。例如，复数数据结构 Complex＝$(C,R)$ 中的 $C=\{a,b\}$，数据元素 $a$ 和 $b$ 是实数，可以用 Java 语言中固有的双精度浮点型 double 表示。

多个数据项组成的数据元素可以利用 Java 语言中自定义的类来表示。例如，学生实体的数据元素可由学号、姓名、所在系、性别、出生日期、入学成绩等数据项组成，在 Java 语言中用自定义的类表示如下。

```
class Student {
    String NO;              //String 位于 java.lang 子类库中
    String Name;
    String Department;
    char Sex;
    Date BirthDate;         //Date 位于 java.util 子类库中
    double Score;
}
```

### 2. 数据元素之间关系的表示

数据元素之间的关系在计算机内存中有两种不同的表示方法，即顺序存储和链式存储。

顺序存储是将数据元素按一定的规则存放在一组编号连续的存储单元中，通过元素在内存中的存储位置来体现数据元素之间的逻辑关系，逻辑上相邻的数据元素在内存中的存储位置也相邻。

链式存储不必将数据元素存放在一组编号连续的存储单元中，而在数据元素后附加一个地址域，通过指示相邻元素的存储地址来体现数据元素的逻辑关系，逻辑上相邻的数据元素的物理存储位置不一定相邻。

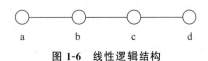

图 1-6 线性逻辑结构

线性逻辑结构('a'、'b'、'c'、'd')如图 1-6 所示。

在高级语言 Java 的层次上讨论时，线性数据结构('a'、'b'、'c'、'd')的数据元素是 char 型，每个数据元素占用 2 字节的内存空间。

线性数据结构('a'、'b'、'c'、'd')的顺序存储就是将数据元素 a、b、c、d 存放在一组编号连续的存储单元(1 个存储单元即 1 字节)中，通过元素的存储地址是否相邻来表示数据元在逻辑上是否相邻,如图 1-7 所示。

在 Java 语言中,存储单元的编号对用户透明。在 Java 虚拟处理器中,线性数据结构的顺序存储就是将线性数据结构中的数据元素依次存放到一维数组中,因为一维数组占用的就是一组编号连续的内存单元。

线性数据结构('a','b','c','d')的链式存储是在数据元素后面加一个地址域,通过指示相邻元素的存储地址体现数据元素的逻辑关系,逻辑上相邻的数据元素在物理存储位置上不一定相邻,如图 1-8 所示。

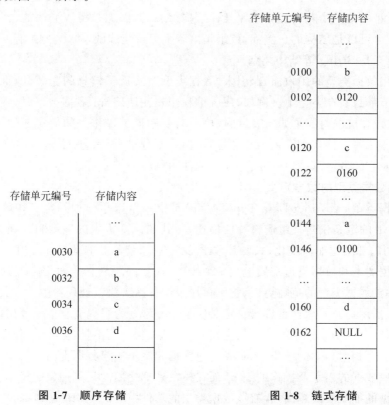

图 1-7　顺序存储　　　　图 1-8　链式存储

在 Java 虚拟处理器中,将相邻元素的存储地址抽象作为引用,在存储结构图中用箭头表示,如图 1-9 所示。整个存储结构像一条链条,链式存储结构也由此命名。

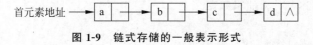

图 1-9　链式存储的一般表示形式

顺序存储和链式存储是两种最基本、最常用的存储方式,除此之外,还可以将顺序存储和链式存储进行组合,设计出更复杂的存储方式,用以表达数据元素之间一对多、多对多等更加复杂的关系。

## 1.2.5　抽象数据类型

### 1. 数据类型

数据类型(Data Type,DT)最早出现在程序设计语言中,用以刻画(程序)操作对象的特性。在用高级程序设计语言编写的程序中,每个变量、常量或表达式都有一个所属的确定的数据类型。数据类型明显或隐含地规定了变量或表达式所有可能取值的范围,以及在这些值上允许进行的操作。因此,数据类型是一个值的集合及定义在这个值集上的一组操作。例如,Java语言中的 int 型变量,其值集是 $-2^{31} \sim 2^{31}-1$ 的整数,定义在其上的操作是加、减、乘、除、取模等算术运算和大于、不等于、等于、小于等关系运算。

按值的不同特性,高级程序设计语言中的数据类型可以分为两类。一类是非结构的原子类型,原子类型的值是不可分解的,如 Java 语言中的 8 种基本数据类型。另一类是结构类型,结构类型的值是由若干成分按照某种结构组成的,因此是可以分解的,并且其成分可以是原子的,也可以是结构的。例如,数组是由若干分量组成的,每个分量可以是 char 等原子类型,也可以是 String 等结构类型。

对于使用数据类型的用户而言,引入"数据类型",实现了信息的隐蔽,即将一切用户不必了解的细节都封装在类型中。例如,Java 编程用户在使用 int 数据类型时,既不需要了解 int 型整数在计算机的内部是如何表示的,也不需要知道其操作是如何实现的,这些主要由 Java 语言的推出者关注实现。就 int 数据类型的"加"操作而言,Java 编程用户只需要关注"加"的功能及它的数学意义,不必去关注其硬件的"位"操作如何进行。

**2. 抽象数据类型的数学定义**

抽象数据类型(Abstract Data Type,ADT)是指一个数学模型及定义在该模型上的一组操作。ADT 的定义仅是一组逻辑特性描述,与其在计算机内的表示和实现无关。因此,不论 ADT 的内部结构如何变化,只要其数学特性不变,就不影响其外部使用。

抽象数据类型和数据类型实质上是一个概念,抽象的意义在于数据类型的数学抽象特性。另外,抽象数据类型的范畴更广,它不再局限于各高级语言处理器中已定义并实现的数据类型,还包括用户开发软件系统时自定义的数据类型。为了提高软件的复用率,近代程序设计方法学指出,一个软件系统的框架应建立在数据之上,而不是建立在操作之上。在构成软件系统的各个相对独立的模块上,定义一组数据和施于这组数据上的一组操作,并在模块内部给出这些数据的表示及操作的细节,而在模块外部使用的只是抽象的操作。显然,所定义的数据类型的抽象层次越高,含有该数据类型的软件模块的复用度也越高。

抽象数据类型(ADT)的数学定义是三元组 ADT=(D,S,P)。其中,D 是数据对象,S 是 D 上的关系集,P 是对 D 的基本操作集。

本书采用以下格式定义抽象数据类型。

```
ADT 抽象数据类型{
    数据对象:<数据对象的定义>
    数据关系:<数据关系的定义>
    基本操作:<基本操作的定义>
}
```

基本操作的定义如下。

```
基本操作名(参数表)
初始条件:<初始条件描述>
操作结果:<操作结果描述>
```

(1)"初始条件"描述了在基本操作执行之前,数据结构和参数应满足的条件。若不满足,则操作失败,并返回相应信息;若初始条件为空,即基本操作执行之前数据结构和参数不必满足任何条件,则省略该部分。

(2)"操作结果"说明了基本操作正常完成之后,数据结构的变化状况和应返回的结果。

例如,复数抽象数据类型定义如下。

```
ADT Complex{
数据对象:{a,b|a 和 b 均为实数}
数据关系:{<a,b>|<a,b>表示 a 和 b 存在一种有序关系,a 表示复数的实部,b 表示复数的虚部}
基本操作:
Complex ComplexAdd(double c)
操作结果:当前复数与参数实数相加,返回结果是两者之和。
Complex ComplexMinus(double c)
操作结果:当前复数减去参数实数,返回结果是两者之差。
Complex ComplexMulti(double c)
操作结果:当前复数对象与参数实数相乘,返回结果是两者之积。 String toString()
操作结果:将当前复数对象的实部、虚部组合成 a + bi 的字符串形式,其中 a 和 b 分别为实部和虚部
的数据。
}
```

关于基本操作的几点说明:

(1)复数基本操作是定义于逻辑结构上的基本操作,是向使用者提供的使用说明。基
本操作只有在存储结构确立之后才能实现。如果复数采用的存储结构不同,则复数基本操
作的实现也不相同。

(2)基本操作的种类和数量可以根据实际需要决定。

(3)基本操作的参数个数、类型和返回值类型由设计者决定,使用者根据设计者的设计
规则使用基本操作。

本书使用抽象数据类型描述数据逻辑结构,后面章节中将声明线性表、栈、队列、树、图
等抽象数据类型,每种抽象数据类型描述一种数据结构的逻辑特性和操作特性,与存储结构
及实现无关。实现抽象数据类型依赖于数据的存储结构,例如,线性表可分别采用顺序存储
结构和链式存储结构实现。

### 3. Java 语言中抽象数据类型的表示

在 Java 语言中,抽象数据类型用接口表示。接口是一种数据类型,采用抽象的方法来
描述约定,接口只有被类实现了才有意义,一个接口可以被多个类实现。接口提供方法声明
与方法实现相分离的机制,使实现接口的多个类表现出共同的行为能力,接口声明的抽象方
法在实现接口的多个类中表现出多态性。复数抽象数据类型在 Java 中用接口表示如下。

```
interface Complex {
    Complex ComplexAdd(double c);
    // 当前复数对象与形式参数实数对象相加,所得的结果仍是复数值,返回给此方法的调用者
    Complex ComplexMinus(double c);
    // 当前复数对象与形式参数实数对象相减,所得的结果仍是复数值,返回给此方法的调用者
    Complex ComplexMulti(double c);
    // 当前复数对象与形式参数实数对象相乘,所得的结果仍是复数值,返回给此方法的调用者
    String toString();
    // 将当前复数对象的实部、虚部组合成 a + bi 的字符串形式,其中 a 和 b 分别为实部和虚部的数据
}
```

在后面的章节中,线性表、栈、队列、树、图等抽象数据类型中的数据元素类型,可以是原
子类型,也可以是结构类型。在 Java 语言中,可以用泛型接口来表示这些抽象数据类型。

例如,线性表抽象数据类型用泛型接口表示如下。

```
interface IListDS < T >{
//T 表示线性表中的数据元素类型
    int Count();                    //求长度
    void Clear();                   //清空操作
    boolean IsEmpty();              //判断线性表是否为空
    void Append(T item);            //附加操作
    void Insert(T item, int i);     //插入操作
    T Delete(int i);                //删除操作
    T GetElem(int i);               //取表元
    int Locate(T value);            //按值查找
}
```

### 4. Java 语言中抽象数据类型的实现

在 Java 语言中,通过定义类实现接口表达抽象数据类型的实现。Java 语法规定,一个非抽象类如果声明实现接口,则必须实现接口中的所有抽象方法,方法的参数列表也必须相同。在类中可以增加接口中没有的成员方法。

在 Java 语言中,复数的顺序存储是将实部和虚部存储到一个长度为 2 的一维数组中。复数采用顺序存储结构实现如下。

```java
public class SeqComplex implements Complex {
    double arr[];
    // 在 Java 虚拟处理器中,复数的顺序存储就是将实部和虚部存储到一维数组中
    SeqComplex() {
        arr = new double[2];
    }
    SeqComplex(double a, double b) {
        arr = new double[2];
        arr[0] = a;
        arr[1] = b;
    }
    public SeqComplex ComplexAdd(double c) {
        SeqComplex x = new SeqComplex();
        x.arr[0] = this.arr[0] + c;
        x.arr[1] = this.arr[1];
        return x;
    }
    public SeqComplex ComplexMinus(double c) {
        SeqComplex x = new SeqComplex();
        x.arr[0] = this.arr[0] - c;
        x.arr[1] = this.arr[1];
        return x;
    }
    public SeqComplex ComplexMulti(double c) {
        SeqComplex x = new SeqComplex();
        x.arr[0] = this.arr[0] * c;
        x.arr[1] = this.arr[1] * c;
        return x;
    }
    public String toString() {
        return arr[0] + " + " + arr[1] + "i";
    }
}
```

# 1.3　数学预备知识

## 1.3.1　集合

**1. 集合的概念**

集合是由一些确定的、彼此不同的成员或元素构成的一个整体。成员的个数称为集合的基数。如果集合 $A$ 的成员都属于集合 $B$，那么集合 $A$ 叫作集合 $B$ 的子集。没有元素的集合称为空集，记作 $\varnothing$。

例如，集合 $R$ 由整数 3、4、5 组成，即 $R=\{3,4,5\}$。此时 $R$ 的成员是 3、4、5，$R$ 的基数是 3。3 是 $R$ 的成员，记为 $3\in R$；6 不是 $R$ 的成员，记为 $6\notin R$。$\{3,4\}$ 是 $R$ 的子集。

**2. 集合的表示法**

（1）穷举法：$S=\{2,4,6,8,10\}$。

（2）描述法：$S=\{x\,|\,x$ 是偶数，且 $0<x\leqslant10\}$。

**3. 集合的特性**

（1）确定性：任何一个对象都能被确切地判断是否为集合中的元素。

（2）互异性：集合中的元素不能重复。

（3）无序性：集合中的元素与顺序无关。

## 1.3.2　常用的数学术语

计量单位（measuring unit）：按照 IEEE 规定的表示法标准，位缩写为 b，字节缩写为 B，千字节（$2^{10}$ 字节）缩写为 KB，兆字节（$2^{20}$ 字节）缩写为 MB。

阶乘函数（factorial function）：阶乘函数 $n!$ 是指 $1\sim n$ 的所有整数连乘，其中 $n$ 为大于 0 的整数。因此，$5!=1\times2\times3\times4\times5=120$。特别地，$0!=1$。

取下整和取上整（Floor and Ceiling）：实数 $x$ 的取下整函数记为 $\mathrm{Floor}(x)$，返回不超过 $x$ 的最大整数。例如，$\mathrm{Floor}(233.4)=233$，与 $\mathrm{Floor}(233.0)$ 的结果相同。实数 $x$ 的取上整函数记为 $\mathrm{Ceiling}(x)$，返回不小于 $x$ 的最小整数。例如，$\mathrm{Ceiling}(233.4)=234$，与 $\mathrm{Ceiling}(234.0)=234$ 的结果相同。

取模操作符（Modulo）：取模函数返回整除后的余数，有时也称为求余。在 Java 语言中，取模操作符表示为 %。从余数的定义可知，$n\%m$ 得到一个整数 $r$，满足 $n=qm+r$，其中，$q$ 为整数，且 $0\leqslant r<m$。

## 1.3.3　对数

一般地，如果 $a(a>0,a\neq1)$ 的 $b$ 次幂等于 $N$，即 $a^b=N$，那么数 $b$ 叫作以 $a$ 为底的 $N$ 的对数（logarithm），记作 $\log_a N=b$。其中，$a$ 为对数的底数，$N$ 为真数。

从定义可知，负数和零没有对数。事实上，因为 $a>0$，所以不论 $b$ 是什么实数，都有 $a^b>0$，即不论 $b$ 是什么数，$N$ 永远是正数，因此负数和零没有对数。

　　编程人员经常使用对数,它有两个用途。第一,许多程序都需要对一些对象进行编码,那么表示 $n$ 个编码至少需要多少位呢? 答案是 Ceiling($\log_2 n$)。例如,如果要存储 1000 个不同的编码,至少需要 Ceiling($\log_2 1000$)＝10 位(10 位可以产生 1024 个不同的可用编码)。第二,对数普遍用于分析将问题分解为更小子问题的算法。在一个线性表中查找指定值所使用的折半查找算法就是这样一种算法。折半查找算法首先与中间元素进行比较,以确定下一步是在上半部分进行查找还是在下半部分进行查找;然后继续将适当的子表分半,直到找到指定的值。一个长度为 $n$ 的线性表被逐次分半,直到最后的子表中只有一个元素,一共需要进行多少次呢? 答案是 $\log_2 n$ 次。本书中用到的对数几乎都以 2 为底,这是因为数据结构和算法总是将事情一分为二,或者用二进制位来存储编码。

视频讲解

# 🔑 1.4　算法和算法分析

## 1.4.1　算法的定义和特性

### 1. 定义

　　算法(algorithm)是对特定问题求解步骤的一种描述,是指令的有限序列,其中每一条指令表示一个或多个操作。算法的描述工具有自然语言、框图、PAD 图、伪码、程序设计语言等。在 Java 程序设计语言中,算法一般用类的一个方法进行描述,方法体内的一条条语句就是对问题求解步骤的一种描述。

### 2. 特性

　　(1) 有输入。算法有一个或多个输入数据,输入数据是算法的加工对象,是数据原材料。在 Java 程序设计语言中,算法表现为类的方法,算法的输入可以通过方法的形式参数接收,也可以在方法体内由变量赋值语句指定,还可以在方法体内通过输入语句从键盘、外存等外部设备接收。此外,算法的输入数据也可以由方法所在类的成员变量的值提供。

　　例如,求阶乘的算法有一个输入数据,通过方法的形式参数接收,具体代码如下。

```
static double fact(int n) {
    double s = 1;
    for (int i = 1; i <= n; i++) {
        s = s * i;
    }
    return s;
}
```

　　算法也可以有两个或多个输入数据。例如,求最大公约数的算法有两个输入数据,需要输入两个整数的值。

　　求两个非负整数 $a$ 和 $b$(要求 $a＞b$)的最大公约数可以使用辗转相除法,算法用自然语言描述如下。

　　① $a$ 除以 $b$ 得到的余数为 $c(0 \leqslant c ＜ b)$。

　　② 若 $c＝0$ 则算法结束,$b$ 为最大公约数;否则,转步骤③。

　　③ $a＝b$,$b＝c$,转步骤①。

辗转相除法的两个输入数据均通过方法的形式参数接收,算法用 Java 语言描述如下。

```java
static int gys1(int a, int b) {
    // 最大公约数
    int temp = 0;
    if (a < b) {
        temp = a;
        a = b;
        b = temp;
    }
    int c = a % b;
    while (c != 0) {
        a = b;
        b = c;
        c = a % b;
    }
    return b;
}
```

在 Java 语言中,辗转相除算法的两个输入数据也可以在方法体内通过输入语句从外设键盘接收,具体代码如下。

```java
static int gys2() {
    // 最大公约数
    java.util.Scanner reader = new java.util.Scanner(System.in);
    System.out.print("请输入第一个数: ");
    int a = reader.nextInt();
    System.out.print("请输入第二个数: ");
    int b = reader.nextInt();
    int temp = 0;
    if (a < b) {
        temp = a;
        a = b;
        b = temp;
    }
    int c = a % b;
    while (c != 0) {
        a = b;
        b = c;
        c = a % b;
    }
    return b;
}
```

(2) 有输出。算法有一个或多个输出数据,输出数据是一组与输入有确定关系的值,是算法对输入数据进行加工后得到的结果数据,这种确定关系即为算法的功能。在上面的例子中,阶乘、最大公约数就是算法的输出。

在 Java 程序设计语言中,算法的输出一般通过方法体内的 return 语句返回,如上面两个例子所示;也可以将结果数据输出到屏幕、打印机、外存等外部设备,或者传到网络;还可以表现为方法所在类中成员变量值的改变。

例如,通过辗转相除法求最大公约数,可以将结果数据输出到屏幕,具体代码如下。

```java
static void gys3() {        // 最大公约数
```

```
java.util.Scanner reader = new java.util.Scanner(System.in);
System.out.print("请输入第一个数: ");
int a = reader.nextInt();
System.out.print("请输入第二个数: ");
int b = reader.nextInt();
int temp = 0;
if (a < b) {
    temp = a;
    a = b;
    b = temp;
}
int c = a % b;
while (c != 0) {
    a = b;
    b = c;
    c = a % b;
}
System.out.print("最大公约数为: " + b);
}
```

(3) 确定性。每步定义都是确切的、无歧义的,而不是含糊的、模棱两可的。并且在任何条件下,算法只有唯一的一条执行路径,即对于相同的输入只能得到相同的输出。

在 Java 程序设计语言中,算法的操作步骤通过语句描述,所写语句必须符合语法规定,不符合确定性要求的语句编译不会通过,算法的确定性检验主要由编译器协助完成。

(4) 有穷性。对于任意一组合法的输入值,算法在执行有穷步骤后一定能结束。即算法的操作步骤为有限个,且每步都能在有限时间内完成。

在 Java 程序设计语言中,死循环的算法是不符合设计要求的。事实上,"有穷性"是指算法在合理的范围内。计算机执行 100 年才结束的算法,虽然是有穷的,但超过了合理的限度,也是不可行的。

(5) 有效性。算法的每一步都能被有效地执行,并能得到确定的结果。例如,在除法中,除数不为 0 才能被有效执行,除数为 0 是不能被有效执行的。

在 Java 程序设计语言中,不能被有效执行的语句会中止执行,并产生异常对象。

## 1.4.2 算法设计的要求

对于一个特定的问题,采用的数据结构不同,其设计的算法一般也不同,即使在同一种数据结构下,也可以采用不同的算法。那么,在解决实际问题时,选择哪种算法比较合适,以及如何对现有的算法进行改进,从而设计出更优质的算法,这就是算法设计要解决的问题。评价一个算法优劣的主要标准如下。

### 1. 正确性

算法的正确性(correctness)是指对合法正确的输入能够获取正确的输出。例如,求阶乘的算法,对于合法正确的输入数据 4,算法能够输出正确的结果 24。

对于程序设计语言描述的算法,"正确"大致分为以下 4 个层次。

(1) 不含语法错误,编译通过。

(2) 几组输入数据能输出正确的结果数据。

（3）精心选择的几组典型、苛刻、刁难性数据能得出正确的结果数据。

（4）一切合法输入均能输出正确的结果数据。

显然，达到第四层次意义下的正确是极为困难的，一切合法输入数据量大得惊人，进行逐一测试的方法是不现实的。对大型软件需要进行专业测试，一般情况下，通常以第三层次意义的正确性作为软件验收标准。

**2. 可读性**

算法的可读性（readability）是指算法表达思路清晰，简洁明了，易于理解。对于程序设计语言描述的算法，为了提高可读性，通常的做法是加注释。

**3. 健壮性**

算法的健壮性（robustness），又称为鲁棒性，也称为容错性。算法的健壮性是指当输入数据不合法时，算法也能适当地做出反应或进行处理，从而避免不可控的结果。在程序设计语言 Java 中，通常采用异常处理机制提高算法的健壮性。

**4. 时间效率与空间效率**

算法执行时间越短，则算法的时间效率越高；算法执行时占用的内存空间越少，则算法的空间效率越高。

## 1.4.3　算法的时间效率分析

**1. 算法执行时间**

算法时间效率可以利用算法执行时间进行度量，算法执行时间越短，则算法的时间效率越高；反之，算法执行时间越长，则算法的时间效率越低。

算法执行时间就是依据该算法编制的程序在计算机上运行所消耗的时间，可以利用计算机内部计时功能来获取程序的运行时间，但是该度量标准有以下两个缺陷。

（1）必须首先运行依据算法编制的程序。

（2）所得时间的统计量依赖于计算机硬件、软件的因素，容易掩盖算法本身的优劣。同样的算法，书写程序的语言级别越高，执行效率越低，运行时间越长；同样的源代码，编译程序所产生的机器代码的质量越高，运行时间就越短；同样的机器代码，机器执行指令的速度越快，运行时间就越短。

在分析算法时间效率时，必须去除这些与算法无关的软硬件因素。通常的做法是：从算法中选取一种对于所研究的问题来说是基本操作的原操作，以该基本操作重复执行的次数为基准度量算法的时间效率。

**2. 算法的渐近时间复杂度**

一般情况下，算法中基本操作重复执行的次数是问题规模 $n$ 的函数 $f(n)$，算法的执行时间量度记作：

$$T(n) = O(f(n))$$

其中，$O$ 的形式定义为：若 $f(n)$ 是正整数 $n$ 的一个函数，则 $T(n) = O(f(n))$ 表示存在一个正的常数 $M$，使得当 $n \geqslant n_0$ 时，满足 $|T(n)| \leqslant M|f(n)|$。它表示随着问题规模 $n$ 的增大，算法执行时间的增长率和 $f(n)$ 的增长率相同，称作算法的渐近时间复杂度（time complexity），简称时间复杂度。

很显然，被称作问题的基本操作的原操作，在多数情况下是最深层循环内语句的原操作,它的执行次数与包含它的语句频度相同。语句频度是指该语句重复执行的次数。一般情况下,对一个问题只需要选择一种基本操作来讨论算法的时间复杂度,有时也需要同时考虑几种基本操作,甚至可以对不同的操作赋予不同的权值,以反映执行不同操作所需要的相对时间。这种做法便于综合比较解决同一问题的两种完全不同的算法。

【例 1-1】 求阶乘的算法将乘法操作视为基本操作,乘法操作包含在下面画横线的语句中,基本操作重复执行了 $n$ 次。

```java
static double fact(int n) {
    double s = 1;
    for (int i = 1; i <= n; i++) {
        s = s * i;
    }
    return s;
}
```

【例 1-2】 求 $n$ 行 $n$ 列矩阵所有元素之和的算法将加法操作视为基本操作,加法操作包含在下面画横线的语句中,基本操作重复执行了 $n^2+n$ 次。

```java
static float example(float[][] x, int n) {
    float[] sum = new float[n];
    float totalsum = 0.0f;
    for (int i = 0; i < n; i++) {          // x[ ][ ]中各行数据累加和
        for (int j = 0; j < n; j++)
            sum[i] = sum[i] + x[i][j];
    }
    for (int i = 0; i < n; i++)            // 各行数据汇总相加
        totalsum = totalsum + sum[i];
    return totalsum;
}
```

在例 1-1 中,基本操作执行了 $n$ 次,该算法的时间复杂度记为 $O(n)$;在例 1-2 中,基本操作执行了 $n^2+n$ 次,该算法的时间复杂度记为 $O(n^2)$。基本操作执行次数与 $n$ 是一次函数关系,即 $an+b$($a,b$ 是常数)的形式均记为 $O(n)$;基本操作执行次数与 $n$ 是二次函数关系,即 $cn^2+an+b$($a,b,c$ 是常数)的形式均记为 $O(n^2)$。分析算法的渐近时间复杂度时,重点关注当问题规模 $n$ 由 1 逐渐变大时增长速度最快的项,如何比较项的增长速度?求项关于 $n$ 的一阶导数,比较当 $n$ 取大于 1 的整数值时的一阶导数值,哪个项的一阶导数值大,其增长速度就快。对于一些常用项的增长速度比较有下面的不等式成立,其中 $3^n$ 增长速度最快,常数 $c$ 关于 $n$ 的一阶导数值为 0,增长速度最慢。

$$c < \log_2 n < n < n\log_2 n < n^2 < n^3 < 2^n < 3^n$$

此外,算法中基本操作重复执行的次数还会随问题输入数据集的不同而不同。例如,冒泡排序法的功能是对输入数据序列进行排序,在算法执行完毕后,序列中的数据元素依次递增,即第一个元素最小,最后一个元素最大。冒泡排序算法的思想如下。

假设输入数据序列中的元素个数是 $n$,首先比较第 1 个和第 2 个数据,将其中较小的数据放到第 1 个位置,较大的放到第 2 个位置;然后比较第 2 个和第 3 个数据,仍将较大的放到后一个位置。以此类推,直到比较第 $n-1$ 和第 $n$ 个数据,这样就将待排序序列中的最大的一个放到了第 $n$ 个位置,这个过程称为第 1 趟排序。第 2 趟排序对前 $n-1$ 个数据重复上述过程,但不用考虑第 $n$ 个位置的数据,因为它已经是最大的数据了,此时又将次大的数据

放到了第 $n-1$ 个位置。第 3 趟排序选出第 3 大的数据,放到倒数第 3 个位置。重复这个过程,直到数据依次递增为止(共 $n-1$ 趟)。一趟排序冒出一个泡(数据),故将此算法形象地称为冒泡排序法。

例如,输入数据序列中有 $n=8$ 个数据元素:46,82,40,52,67,31,21,73。

该序列 7 趟排序后的状态如下。

| | | | | | | | | |
|---|---|---|---|---|---|---|---|---|
| 初态: | 46 | 82 | 40 | 52 | 67 | 31 | 21 | 73 |
| 第 1 趟排序后: | 46 | 40 | 52 | 67 | 31 | 21 | 73 | 82 |
| 第 2 趟排序后: | 40 | 46 | 52 | 31 | 21 | 67 | 73 | 82 |
| 第 3 趟排序后: | 40 | 46 | 31 | 21 | 52 | 67 | 73 | 82 |
| 第 4 趟排序后: | 40 | 31 | 21 | 46 | 52 | 67 | 73 | 82 |
| 第 5 趟排序后: | 31 | 21 | 40 | 46 | 52 | 67 | 73 | 82 |
| 第 6 趟排序后: | 21 | 31 | 40 | 46 | 52 | 67 | 73 | 82 |
| 第 7 趟排序后: | 21 | 31 | 40 | 46 | 52 | 67 | 73 | 82 |

冒泡排序算法用 Java 程序设计语言描述如下。

```java
static void bubble_sort(int[] a, int n) {
    int temp;
    for (int i = n - 1; i > 0; i--)
        for (int j = 0; j < i; ++j)
            if (a[j] > a[j + 1]) {
                temp = a[j];a[j] = a[j + 1];a[j + 1] = temp;
            }
}
```

冒泡排序法将数据交换操作视为基本操作,数据交换操作包含在上面画横线的语句中,设输入数据序列中的数据元素个数是 $n$,则冒泡排序法中基本操作重复执行的次数随输入数据状态的不同而不同。

(1) 最坏的情况:当初始状态完全逆序,即数据元素有序递减时,第 1 趟需要进行 $n-1$ 次数据交换,第 2 趟需要进行 $n-2$ 次数据交换,以此类推,第 $n-1$ 趟需要进行 1 次数据交换。该情况的排序如下(此例中的数据元素个数 $n=8$)。

| | | | | | | | | | 次数 |
|---|---|---|---|---|---|---|---|---|---|
| 初态: | 82 | 73 | 67 | 52 | 46 | 40 | 31 | 21 | 次数 |
| 第 1 趟: | 73 | 67 | 52 | 46 | 40 | 31 | 21 | 82 | $n-1$ |
| 第 2 趟: | 67 | 52 | 46 | 40 | 31 | 21 | 73 | 82 | $n-2$ |
| 第 3 趟: | 52 | 46 | 40 | 31 | 21 | 67 | 73 | 82 | $n-3$ |
| 第 4 趟: | 46 | 40 | 31 | 21 | 52 | 67 | 73 | 82 | ⋮ |
| 第 5 趟: | 40 | 31 | 21 | 46 | 52 | 67 | 73 | 82 | ⋮ |
| 第 6 趟: | 31 | 21 | 40 | 46 | 52 | 67 | 73 | 82 | 2 |
| 第 7 趟: | 21 | 31 | 40 | 46 | 52 | 67 | 73 | 82 | 1 |

在最坏的情况下,数据交换操作重复进行的总次数为 $N=(n-1)+(n-2)+\cdots+2+1=n(n-1)/2$。

(2) 最好的情况:当初始状态已经有序递增时,第 1 趟不需要进行数据交换,第 2 趟不需要进行数据交换,以此类推,第 $n-1$ 趟也不需要进行数据交换。该情况的排序如下(此例中的数据元素个数 $n=8$)。

| 初态： | 21 | 31 | 40 | 46 | 52 | 67 | 73 | 82 | 次数 |
|---|---|---|---|---|---|---|---|---|---|
| 第 1 趟： | 21 | 31 | 40 | 46 | 52 | 67 | 73 | 82 | 0 |
| 第 2 趟： | 21 | 31 | 40 | 46 | 52 | 67 | 73 | 82 | 0 |
| 第 3 趟： | 21 | 31 | 40 | 46 | 52 | 67 | 73 | 82 | 0 |
| 第 4 趟： | 21 | 31 | 40 | 46 | 52 | 67 | 73 | 82 | 0 |
| 第 5 趟： | 21 | 31 | 40 | 46 | 52 | 67 | 73 | 82 | 0 |
| 第 6 趟： | 21 | 31 | 40 | 46 | 52 | 67 | 73 | 82 | 0 |
| 第 7 趟： | 21 | 31 | 40 | 46 | 52 | 67 | 73 | 82 | 0 |

在最好的情况下,数据交换操作重复进行的总次数是 0 次。

本书统一约定,计算时间复杂度以最坏情况为准,冒泡排序法的时间复杂度为 $O(n^2)$。

当某一趟排序没有数据交换时,表明数据元素已经递增有序,接下来的排序过程可以不必进行,但此算法依旧会进行完 $n-1$ 次排序过程才终止,为此需要改进该算法。具体做法是：设置一个 boolean 型变量 change,用它来记录一趟排序过程中是否有数据交换。在每趟排序之前,将 change 的值置为 false,每当产生数据交换时,change 的值就改为 true。在每趟排序之后,判断 change 的值,若为 true,则继续进行下一趟排序；若为 false,则表明这一趟没有交换任何数据,排序已经完成。用 Java 程序设计语言描述的改进算法如下。

```java
static void improve_bubble_sort(int[] a, int n) {
    int i, j;
    boolean change = true;
    int temp;
    for (i = n - 1; i > 0 && change; -- i) {
        change = false;
        for (j = 0; j < i; ++j)
            if (a[j] > a[j + 1]) {
                temp = a[j];a[j] = a[j + 1];a[j + 1] = temp;
                change = true;
            }
    }
}
```

在改进算法中,如果输入数据集的初始状态已经呈现递增有序,如 21、31、40、46、52、67、73、82,则 if 分支下的语句无执行的机会,change 的值无法改变为 true,即始终保持 false。在内层循环语句执行结束后,i>0&&change 逻辑表示式的运算结果为 false,不能再次进入外层循环,排序过程终止。

## 1.4.4　算法的空间效率分析

算法的空间效率是指包含算法的程序从运行开始到结束所需的存储空间。执行一个算法所需的存储空间包括 3 部分：①程序指令占用的存储空间；②输入数据占用的存储空间；③实现数据处理任务所必需的辅助存储空间。

类似于算法的执行时间度量,算法的执行空间量度记作：

$$S(n) = O(f(n))$$

指令占用存储空间一般与问题规模 $n$ 无关,$f(n)$ 一般表示成输入数据所占存储空间和辅助存储空间与问题规模 $n$ 的函数关系。

在算法的执行空间量度中，$O$ 的形式定义为：若 $f(n)$ 是正整数 $n$ 的一个函数，则 $S(n)=O(f(n))$ 表示存在一个正的常数 $M$，使得当 $n \geqslant n_0$ 时，满足 $|S(n)| \leqslant M|f(n)|$。它表示随着问题规模 $n$ 的增大，算法执行所占空间的增长率和 $f(n)$ 的增长率相同，称作算法的渐近空间复杂度，简称空间复杂度。与算法的时间复杂度相似，重点关注增长速度最快的项。依据增长速度最快的项，算法的空间复杂度可记为 $O(1)$、$O(n)$、$O(n^2)$ 等，分别称为常量阶、线性阶、平方阶。

很多情况下，实现同一问题的不同算法的输入数据表示形式都是一样的，所占存储空间都是相同的，输入数据所占存储空间与算法无关，如对输入数据进行排序使用多个不同算法，这种情况下可只分析算法的辅助存储空间，$f(n)$ 可表示成辅助存储空间与问题规模 $n$ 的函数关系。例如，冒泡排序法和简单选择排序法这两个排序算法，输入数据所占存储空间是相同的，此时只分析算法的辅助存储空间即可。

第一个排序算法——冒泡排序法的源代码见 1.4.3 节 improve_bubble_sort，除了程序指令和输入数据占用的存储空间外，还必须用到 $i$、$j$、change、temp 这 4 个辅助变量。其中，$i$、$j$、temp 是 int 型变量，分别占用 4 字节的存储空间；change 是 boolean 型变量，占用 2 字节的存储空间。因此，冒泡排序算法辅助变量占用的总存储空间为 14 字节，即 $f(n)=14$，算法的空间复杂度记为 $O(1)$，是常量阶的。

第二个排序算法简单选择排序算法的源代码如下。

```
static void simple_selection_sort(int[] a, int n) {
    int i, j, min, temp = 0;
    for (i = 0; i < n - 1; i++) {
        min = i;
        for (j = i + 1; j < n; j++)
            if (a[j] < a[min])
                min = j;
        if (min != i)                    /* 数组元素交换 */
        {
            temp = a[i];
            a[i] = a[min];
            a[min] = temp;
        }
    }
}
```

简单选择排序算法除程序指令和输入数据占用的存储空间外，还必须用到 $i$、$j$、min、temp 这 4 个辅助变量，它们均为 int 型变量。因此，简单选择排序算法辅助变量占用的总存储空间为 16 字节，即 $f(n)=16$，算法的空间复杂度记为 $O(1)$，也是常量阶的。

若辅助存储空间相对于输入数据量来说是常数，则称该算法为原地工作的。上面两个排序算法都是原地工作的。若 $f(n)$ 随初始输入数据状态的不同而不同，除特别指明外，则均按最坏情况进行分析。

# 🔑 本章小结

本章首先介绍了数据结构在计算机软件设计中的地位以及数据结构的研究内容，数据结构包含数据的逻辑结构和数据的存储结构两部分内容。接下来介绍了数据、数据元素、数据对象、数据结构等基本概念,数据的逻辑结构按照数据元素之间关系的不同可以分为集合结构、线性结构、树状结构和图状结构,数据的逻辑结构在数学上表现为一个二元组($D$,$S$)。按照在内存中表达数据元素之间关系的方式不同,数据的存储结构可分为两种基本的方式:顺序存储和链式存储。本书使用抽象数据类型描述数据逻辑结构,后面章节中将声明线性表、栈、队列、树、图等抽象数据类型,每种抽象数据类型描述一种数据结构的逻辑特性和操作特性,与存储结构及实现无关,实现抽象数据类型依赖于数据的存储结构。

本章还介绍了一些基本的数学术语如集合、对数及一些常用的数学函数。设计好数据结构后需采用算法处理数据,算法的好坏直接决定着软件质量的高低。因此,本章最后介绍了算法的特性,算法的设计要求,以及算法的时间效率和空间效率分析。

在线测试

# 习题 1

## 一、选择题

1. 在数据结构中,与所使用的计算机无关的是数据的(　　)结构。

    A. 存储　　　　　　　B. 物理　　　　　　C. 逻辑　　　　　　　D. 物理和存储

2. 抽象数据类型的 3 个组成部分分别为(　　)。

    A. 数据对象、数据关系和基本操作　　　B. 数据元素、逻辑结构和存储结构

    C. 数据项、数据元素和数据类型　　　　D. 数据元素、数据结构和数据类型

3. 计算机中的算法指的是解决某一个问题的有限运算序列,它必须具备输入、输出、(　　)等 5 个特性。

    A. 有效性、可移植性和可扩充性　　　B. 有效性、有穷性和确定性

    C. 确定性、有穷性和稳定性　　　　　D. 易读性、稳定性和确定性

4. 算法分析的两个主要方面是(　　)。

    A. 空间复杂度和时间复杂度　　　　　B. 正确性和简单性

    C. 可读性和文档性　　　　　　　　　D. 数据复杂性和程序复杂性

5. 下列程序段的时间复杂度为(　　)。

```
for(i = 0;i < m;i++)
  for(j = 0;j < n;j++)
    a[i][j] = i * j;
```

    A. $O(m^2)$　　　　B. $O(n^2)$　　　　C. $O(m \times n)$　　　　D. $O(m+n)$

6. 某算法的语句执行频度为($3n + n\log_2 n + n^2 + 8$),其时间复杂度为(　　)。

    A. $O(n)$　　　　B. $O(n\log_2 n)$　　　C. $O(n^2)$　　　　D. $O(\log_2 n)$

7. 下列程序段的时间复杂度为(　　)。

```
i = 1;
while(i < = n)
  i = i * 3;
```

    A. $O(n)$　　　　B. $O(3n)$　　　　C. $O(\log_3 n)$　　　　D. $O(n^3)$

8. 下列程序段的时间复杂度为(　　)。

```
i = s = 0;
```

```
while(s < n)
    i++;s += i;
```

A. $O(n)$      B. $O(n^2)$      C. $O(\log_2 n)$      D. $O(n^3)$

9. 下列程序段的时间复杂度为（　　）。

```
x = n;y = 0;
while(x >= (y + 1) * (y + 1))
    y = y + 1;
```

A. $O(n)$      B. $O(\sqrt{n})$      C. $O(1)$      D. $O(n^2)$

**二、填空题**

1. _____是对客观事物的符号表示，指所有能输入计算机中且被计算机程序识别和处理的符号的总称。

2. 数据逻辑结构可以分为 4 种基本的类型：_____、_____、_____、_____。

3. 线性结构中元素之间存在_____关系，树状结构中元素之间存在_____关系，图状结构中元素之间存在多对多关系。

4. 在线性结构中，第一个结点没有前驱结点，其余每个结点有且只有_____个前驱结点；最后一个结点没有后继结点，其余每个结点有且只有_____个后继结点。

5. 在树状结构中，树根结点没有前驱结点，其余每个结点有且只有_____个前驱结点；叶子结点没有后继结点，其余每个结点的后继结点数可以有任意多个。

6. 在图状结构中，每个结点的前驱结点数和后继结点数可以_____。

7. 数据逻辑结构被形式地定义为$(D,S)$，其中 $D$ 是_____的有限集合，$S$ 是 $D$ 上的_____的有限集合。

8. 算法的_____性是指对于任意一组合法的输入值，算法在执行有穷步骤后一定能结束。

9. 算法的_____性是指每步定义都是确切的、无歧义的，而不是含糊的、模棱两可的。并且在任何条件下，算法只能有唯一的一条执行路径，即只要输入是相同的就只能得到_____的输出结果。

**三、综合题**

设有数据逻辑结构 DS＝$(D,S)$，试按下列各小题所给条件画出这些逻辑结构的图示，并确定其是哪种逻辑结构。

1. $D=\{d1,d2,d3,d4\}$   $S=\{(d1,d2),(d2,d3),(d3,d4)\}$
2. $D=\{d1,d2,\cdots,d9\}$   $S=\{(d1,d2),(d1,d3),(d3,d4),(d3,d6),(d6,d8),$
     $(d4,d5),(d6,d7),(d8,d9)\}$
3. $D=\{d1,d2,\cdots,d9\}$   $S=\{(d1,d3),(d1,d8),(d2,d3),(d2,d4),(d2,d5),$
     $(d3,d9),(d5,d6),(d8,d9),(d9,d7),(d4,d7),$
     $(d4,d6)\}$

**四、实验题**

1. 从键盘输入两个整数，输出这两个整数的最小公倍数和最大公约数。请尝试用不同的算法实现，并分析这些算法的时间效率与空间效率。

2. 从键盘输入 10 个整数，在屏幕输出这 10 个整数的递增有序序列。请尝试用不同的算法实现，并分析这些算法的时间效率与空间效率。

# 第2章

# 线 性 表

CHAPTER 2

**本章学习目标**

- 理解线性表的基本概念
- 掌握顺序表的相关操作
- 掌握单链表的相关操作
- 了解循环链表、双向链表和静态链表的概念
- 学会利用线性表开发一元多项式运算系统

# 🔑 2.1 线性表的基本概念

## 2.1.1 线性表的定义

线性表是由 $n(n \geqslant 0)$ 个类型相同的数据元素组成的有限序列,通常表示为

$$L = (a_1, a_2, \cdots, a_{i-1}, a_i, a_{i+1}, \cdots, a_n)$$

其中,$L$ 为线性表名称,通常用大写字母表示;$a_i$ 为组成该线性表的数据元素,通常用小写字母表示。

线性表中数据元素的个数 $n$ 称为线性表的长度,当 $n=0$ 时称为空表。表中相邻元素之间存在着前后次序关系,将 $a_{i-1}$ 称为 $a_i$ 的直接前驱,将 $a_{i+1}$ 称为 $a_i$ 的直接后继。

例如,在线性表 $L_A = (34, 89, 765, 12, 90, -34, 22)$ 中,线性表的长度为 7,数据元素类型均为整型,765 是 12 的直接前驱,90 是 12 的直接后继。在线性表 $L_B = ($ "Hello", "World", "China", "Welcome"$)$ 中,线性表的长度为 4,数据元素类型均为字符串型,"World" 是 "China" 的直接前驱,"Welcome" 是 "China" 的直接后继。

## 2.1.2 线性表的特点

(1) 存在唯一的一个"第一元素"。

(2) 存在唯一的一个"最后元素"。

(3) 除第一元素外,线性表中的每个数据元素均只有一个直接前驱。

(4) 除最后元素外,线性表中的每个数据元素均只有一个直接后继。

## 2.1.3 线性表的抽象数据类型

```
ADT List
{
数据对象: D = {aᵢ | aᵢ ∈ ElemSet, i = 1, 2, …, n, n ≥ 0}
数据关系: R = {< aᵢ₋₁, aᵢ > | aᵢ₋₁, aᵢ ∈ D, i = 2, 3, …, n}
基本操作 P:
(1) int Count(): 求长度操作。
操作结果: 返回线性表中所有数据元素的个数, 如果线性表为空, 则返回 0。
(2) Clear(): 清空操作。
操作结果: 从线性表中清除所有数据元素。
(3) boolean IsEmpty(): 判断线性表是否为空。
操作结果: 判断线性表当前的状态, 如果线性表为空, 则返回 TRUE; 否则, 返回 FALSE。
(4) Append(T item): 附加操作。
初始条件: 线性表未满。
操作结果: 将值为 item 的新元素添加到表的末尾。
(5) Insert(T item, int i): 插入操作。
初始条件: 线性表未满且插入位置正确(1 ≤ i ≤ n + 1, n 为插入前的表长)。
操作结果: 在线性表的第 i 个位置上插入一个值为 item 的新元素, 使得原序号为 i, i + 1, …, n 的
数据元素的序号变为 i + 1, i + 2, …, n + 1, 插入后表长 = 原表长 + 1。
(6) T Delete(int i): 删除操作。
初始条件: 线性表不为空且删除位置正确(1 ≤ i ≤ n, n 为删除前的表长)。
操作结果: 在线性表中删除序号为 i 的数据元素, 返回删除后的数据元素。删除后使原序号为 i +
1, i + 2, …, n 的数据元素的序号变为 i, i + 1, …, n - 1, 删除后表长 = 原表长 - 1。
```

(7) $T$ GetElem(int $i$): 取表元操作。

初始条件: 线性表不为空且所取数据元素位置正确($1 \leqslant i \leqslant n$, $n$ 为线性表的表长)。

操作结果: 返回线性表中的第 $i$ 个数据元素。

(8) int Locate($T$ value): 按值查找操作。

操作结果: 在线性表中查找值为 value 的数据元素,其结果返回在线性表中首次出现的值为 value 的数据元素的序号,表示查找成功; 否则,在线性表中未找到值为 value 的数据元素,返回一个特殊值 −1,表示查找失败。

}

关于线性表抽象数据类型的几点说明:

(1) $D$ 是 $n$ 个数据元素的集合, $D$ 是 ElemSet 的子集。ElemSet 表示某个集合,集合中的数据元素类型相同,如整数集、自然数集等。

(2) $R$ 是数据元素之间关系的集合,$<a_{i-1}, a_i>$ 表示 $a_{i-1}$ 和 $a_i$ 之间互为前驱和后继的逻辑关系。

(3) 线性表中的数据元素类型用 $T$ 表示, $T$ 可以是原子类型,也可以是结构类型。整型用 int 表示,逻辑型用 boolean 表示。

(4) 线性表基本操作是定义于逻辑结构上的基本操作,是向使用者提供的使用说明。基本操作只有在存储结构确定之后才能实现。线性表采用的存储结构不同,线性表基本操作的实现算法也不相同。

(5) 线性表基本操作的种类和数量可以根据实际需要决定,也可以定义更复杂的基本操作。例如,将两个或两个以上的线性表合并为一个线性表,将一个线性表拆分为两个或两个以上的线性表,重新复制一个线性表。

(6) 线性表基本操作名称,形式参数数量、名称、类型,返回值类型等由设计者决定。使用者根据设计者的设计规则使用基本操作。

在 Java 程序设计语言中,用接口表示线性表的抽象数据类型如下。

```
interface IListDS < T >
{
    int Count();                //求长度操作
    void Clear();               //清空操作
    boolean IsEmpty();          //判断线性表是否为空操作
    void Append(T item);        //附加操作
    void Insert(T item, int i); //插入操作
    T Delete(int i);            //删除操作
    T GetElem(int i);           //取表元操作
    int Locate(T value);        //按值查找操作
}
```

视频讲解

## 2.2 线性表的顺序存储

### 2.2.1 顺序存储的定义

线性表的顺序存储,是指将线性表的数据元素存放在一组地址连续的存储单元中。在这种存储方式中,以元素在计算机存储器内的物理位置体现互为前驱和后继的逻辑关系,线性表中相邻的元素在存储器内也相邻。

假设每个元素占用 $l$ 个存储单元,且线性表中第一个元素的存储地址是 $\mathrm{LOC}(a_1)=b$,则线性表中第 $i$ 个元素的存储地址是 $\mathrm{LOC}(a_i)=b+(i-1)l$,如图 2-1 所示。线性表的顺序存储结构简称顺序表。

| 存储地址 | 内存状态 | 数据元素在线性表中的位序 |
|---|---|---|
| $b$ | $a_1$ | 1 |
| $b+l$ | $a_2$ | 2 |
| $\vdots$ | $\vdots$ | $\vdots$ |
| $b+(i-1)l$ | $a_i$ | $i$ |
| $\vdots$ | $\vdots$ | $\vdots$ |
| $b+(n-1)l$ | $a_n$ | $n$ |
| $b+nl$ | $a_{n+1}$ | $n+1$ |
| $\vdots$ | $\vdots$ | $\vdots$ |
| $b+(\mathrm{maxlen}-2)l$ | $a_{\mathrm{maxlen}-1}$ | $\mathrm{maxlen}-1$ |

**图 2-1  线性表的顺序存储结构**

本书利用 Java 语言讨论线性表的顺序存储。在 Java 虚拟处理器中,存储单元的编号(即存储地址)对用户来说是透明的、不可见的,且一维数组占用的就是一组地址连续的存储单元。因此,在 Java 虚拟处理器中,线性表的顺序存储会将线性表的数据元素放在一维数组中,数据元素在数组中相邻就表示它们在线性表中互为前驱和后继。

## 2.2.2  顺序表基本操作分析

在线性表的抽象数据类型的定义中讲过,定义于逻辑结构上的基本操作只是向外界使用者提供的一个使用接口,存储结构确定了之后基本操作才能实现。接下来讨论在顺序存储结构(即顺序表)的基本操作的实现,重点分析插入和删除两种基本操作的实现算法。

### 1. 插入操作分析

插入操作 Insert($T$ item, int $i$) 是在线性表的第 $i$ 个位置上插入数据元素 item。在 Java 虚拟处理器中,顺序存储结构中该操作的实现算法为:首先将数组第 $i$ 个位置空出来,也就是从最后一个元素(即第 $n$ 个元素)开始直至第 $i$ 个元素依次后移一位,然后在第 $i$ 个位置上插入数据元素 item。顺序表中的插入操作如图 2-2 所示。

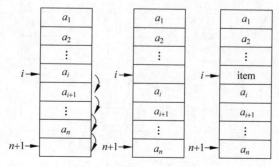

**图 2-2  顺序表中的插入操作**

在顺序表插入操作的实现算法中,数据元素移动操作是基本操作,元素移动次数取决于位置 $i$,插入数据元素到线性表(即数组)的第 $i$ 个位置上,从第 $n$ 个数据元素到第 $i$ 个数据元素都需要往后移动,共需要进行 $n-i+1$ 次数据元素移动。

每一个位置上都有可能插入数据元素,那么平均移动次数是多少呢? 在第 1 个位置上插入需要进行 $n$ 次数据元素移动,在第 2 个位置上插入需要进行 $n-1$ 次数据元素移动,在第 3 个位置上插入需要进行 $n-2$ 次数据元素移动,以此类推,在第 $n+1$ 个位置上插入需要进行 0 次数据元素移动。因此,平均移动次数为

$$E_{\mathrm{S}}=\frac{\sum_{j=1}^{n}j}{n+1}=\frac{n(n+1)/2}{n+1}=\frac{n}{2} \tag{2-1}$$

在每个位置的插入概率相等的情况下,平均移动次数是 $n/2$。但实际每个位置的插入概率不一定相等,此时所需移动元素次数的期望值为

$$E_{\mathrm{is}}=\sum_{i=1}^{n+1}p_{i}(n+1-i) \tag{2-2}$$

其中,$p_i$ 为插入每个位置的概率,且

$$\sum_{i=1}^{n+1}p_{i}=1 \tag{2-3}$$

**【例 2-1】** 在顺序表的插入操作中,假设将数据元素插入第一个位置的概率是 $1/2$,插入其他位置的概率均为 $1/(2n)$,$n$ 是插入操作执行前线性表的长度,请计算顺序表插入操作所需移动元素次数的期望值。

分析: 根据题意,可以列出下式,计算得出移动次数的期望值。

$$\begin{aligned}E_{\mathrm{is}}&=\sum_{i=1}^{n+1}p_{i}(n+1-i)=\frac{1}{2}\times n+\frac{1}{2n}\times\sum_{i=2}^{n+1}(n+1-i)\\&=\frac{n}{2}+\frac{1}{2n}\times\frac{n(n-1)}{2}=\frac{3n-1}{4}\end{aligned} \tag{2-4}$$

**2. 删除操作分析**

删除操作 $T$ Delete(int $i$)是指删除线性表的第 $i$ 个数据元素。在 Java 虚拟处理器中,顺序存储结构中该操作的实现是删除数组第 $i$ 个位置的数据元素 $a_i$,实现算法为: 首先令某个临时变量为数组第 $i$ 个位置数据元素 $a_i$,然后从第 $i+1$ 个元素直至第 $n$ 个元素依次前移一位,如图 2-3 所示。

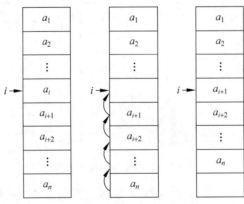

图 2-3 顺序表中的删除操作

在顺序表删除操作的实现算法中,数据元素移动操作是基本操作,元素移动次数取决于位置 $i$,删除线性表(即数组)的第 $i$ 个数据元素,从第 $i+1$ 个数据元素到第 $n$ 个数据元素都需要往前移动一位,一共需要进行 $n-i$ 次数据元素移动。

每一个位置上的数据元素都有可能被删除,那么平均移动次数是多少呢? 删除第 1 个数据元素需要 $n-1$ 次数据元素移动,删除第 2 个数据元素需要 $n-2$ 次数据元素移动,删除第 3 个数据元素需要 $n-3$ 次数据元素移动,以此类推,删除第 $n$ 个数据元素需要 0 次数据元素移动。因此,平均移动次数为

$$E_{id} = \frac{\sum\limits_{j=1}^{n}(n-j)}{n} = \frac{n(n-1)/2}{n} = \frac{n-1}{2} \tag{2-5}$$

在删除每个数据元素的概率相等的情况下,平均移动次数是 $(n-1)/2$。但实际删除每个数据元素的概率不一定相等,此时所需移动元素次数的期望值为

$$E_{id} = \sum_{i=1}^{n} p_i(n-i) \tag{2-6}$$

其中, $p_i$ 为删除第 $i$ 个数据元素的概率,且

$$\sum_{i=1}^{n} p_i = 1 \tag{2-7}$$

【例 2-2】　在顺序表的删除操作中,假设删除第一个数据元素的概率是 $1/2$,删除其他位置元素的概率均为 $1/(2(n-1))$,请计算顺序表删除操作所需移动元素次数的期望值。

分析:根据题意,可以列出下式,计算得出移动次数的期望值。

$$E_{id} = \sum_{i=1}^{n} p_i(n-i) = \frac{1}{2} \times (n-1) + \frac{1}{2(n-1)} \times \sum_{i=2}^{n}(n-i) = \frac{3n-4}{4} \tag{2-8}$$

本节分析了顺序表的两种代表性操作——插入、删除操作的基本算法思路及所需移动元素次数的期望值。接下来讨论利用 Java 语言表达出线性表的顺序存储结构及相关基本操作的实现,即源码实现。

### 2.2.3　顺序表源码实现

#### 1. 顺序表类的实现

(1) 定义顺序表类 SeqList $<T>$,实现接口 IListDS $<T>$。

```
public class SeqList < T > implements IListDS < T >
```

(2) 创建顺序表类 SeqList $<T>$ 中的属性成员。

```
public class SeqList < T > implements IListDS < T > {
    public T[ ] data;
    //数组,用于存储数据元素
    public int maxsize;                //容量
    public int last;
    //指示最后一个元素在数组中的位置
}
```

关于属性成员的几点说明:

① Java 语言中的数组在内存中占用的存储空间是一组地址连续的存储单元,因此,在 Java 虚拟处理器中考虑问题时,认为线性表的顺序存储就是将线性表的数据元素存放到数组 data 中。

② maxsize 表示容量。容量可以用数组的 length 属性(即 data. length)表示,但为了说明线性表的最大长度(容量),并增强可读性,在 SeqList < T >类中用属性成员 maxsize 表示。

③ 线性表中的元素从 data[0]开始依次顺序存放。由于线性表中的实际元素个数一般达不到 maxsize,因此在 SeqList < T >类中需要一个属性成员 last 表示线性表中最后一个数据元素在数组中的位置。last 的值等于线性表中最后一个数据元素在数组中的下标,0≤last≤maxsize−1。当 last 值为−1 时,表示线性表为空表。

(3) 创建顺序表类 SeqList < T >的构造方法。

```
//构造方法
public SeqList( int size) {
    if (size > 0) {
        data = (T[]) new Object[size];      //建立一个长度为 size,类型为 T 的数组
        this.maxsize = size;                //顺序表的容量 maxsize = size
        last = −1;                          //最后一个元素位置 last = −1,表示顺序表为空
    } else
        throw new RuntimeException("初始化容量必须大于 0");
}
```

**2. 基本操作的实现**

在 Java 语言中,一个基本操作表现为类中的一个方法。SeqList < T >类除了必须实现接口 IListDS < T >中的方法外,还可添加一些另外的成员方法。例如,判断线性表是否已满 IsFull()等成员方法。常用的成员方法如下。

(1) 求线性表的长度。

由于数组是 0 基数组,即数组的最小下标为 0,因此线性表的长度就是线性表的最后一个元素在数组中的下标 last 加 1。

在顺序表中求线性表长度的算法实现如下。

```
public int Count() {
    return last + 1;
}
```

(2) 清空操作。

清除线性表中的数据元素是使线性表变为空的操作。在顺序表中,令成员变量 last 的值等于−1 就表示令线性表为空。

在顺序表中清空顺序表的算法实现如下。

```
public void Clear() {
    last = −1;
}
```

(3) 判断线性表是否为空。

如果成员变量 last 的值为−1,则表示线性表为空,返回 true; 否则,返回 false。

在顺序表中判断线性表是否为空的算法实现如下。

```
public boolean IsEmpty() {
    if (last == −1)
```

```
        return true;
    else
        return false;
}
```

该算法的实现也可以写成如下形式。

```
public boolean IsEmpty() {
    return last == -1;
}
```

（4）判断线性表是否为满。

如果线性表为满，则 last 的值等于 maxsize-1，返回 true；否则，返回 false。

在顺序表中判断线性表是否为满的算法实现如下。

```
public boolean IsFull() {
    if (last == maxsize - 1)
        return true;
    else
        return false;
}
```

该算法的实现也可以写成如下形式。

```
public boolean IsFull() {
    return last == maxsize - 1;
}
```

（5）附加操作。

附加操作是指在表未满的情况下，在表的末端添加一个新元素。

在顺序表中附加操作的算法实现如下。

```
public void Append(T item) {
    if (last == maxsize - 1)                //已满
    {
        throw new RuntimeException("线性表已满,无法附加");
    }
    data[++last] = item;                    //在表的末端添加一个新元素,使 last 加 1
}
```

（6）插入操作。

线性表的插入是指在线性表的第 $i$ 个位置插入一个值为 item 的新元素，插入后使原表长为 $n$ 的表 $(a_1,a_2,\cdots,a_{i-1},a_i,a_{i+1},\cdots,a_n)$ 成为表长为 $n+1$ 的表 $(a_1,a_2,\cdots,a_{i-1},$ item$,a_i,a_{i+1},\cdots,a_n)$，其中 $1 \leqslant i \leqslant n+1$（$n$ 为线性表的表长，即 last+1）。当 $i=n+1$（即 $i=$ last+2）时，表示在线性表的末尾插入数据元素。

在顺序表中插入一个数据元素的步骤如下。

① 判断线性表是否已满及插入的位置是否正确，若表满或插入的位置不正确则不能插入。

② 如果表未满且插入的位置正确，则将 $a_n \sim a_i$ 依次向后移动，为新的数据元素空出位置。该步骤在算法中通过循环实现。

③ 将新的数据元素插入空出的第 $i$ 个位置上。

④ 修改 last(相当于修改表长),使它仍等于线性表的最后一个数据元素在数组中的下标。

插入操作的算法实现如下。

```java
public void Insert(T item, int i) {
    // 判断表是否已满
    if (IsFull()) {
        throw new RuntimeException("表已满,无法插入");
    }
    // 判断插入的位置是否正确
    // i 小于 1,表示在第 1 个位置之前插入
    // i 大于 last + 2,表示在最后一个元素后面的第 2 个位置插入
    if (i < 1 || i > last + 2) {
        throw new RuntimeException("位置不正确,无法插入");
    }
    // 元素移动
    for (int j = last; j >= i - 1; --j) {
        data[j + 1] = data[j];
    }
    // 将新的数据元素插入第 i 个位置上
    data[i - 1] = item;
    // 修改表长
    ++last;
}
```

算法的时间复杂度分析:在线性表中实现插入操作,时间主要耗费在数据的移动上,所以可以将移动操作视为基本操作。在第 $i$ 个位置插入一个元素,从 $a_i$ 到 $a_n$ 都要向后移动一个位置,共需要移动 $n-i+1$ 个元素,而 $i$ 的取值范围为 $1 \leqslant i \leqslant n+1$。当 $i=1$ 时,需要移动的元素个数最多,为 $n$ 个;当 $i=n+1$ 时,不需要移动元素。因此,插入操作的时间复杂度为 $O(n)$。假设在第 $i$ 个位置插入的概率为 $p_i = 1/(n+1)$,则平均移动数据元素的次数为 $n/2$,这说明在线性表中实现插入操作平均需要移动表中一半的数据元素。

(7) 删除操作。

线性表的删除操作是指将表中的第 $i$ 个数据元素从表中删除,删除后使原表长为 $n$ 的表$(a_1, a_2, \cdots, a_{i-1}, a_i, a_{i+1}, \cdots, a_n)$变为表长为 $n-1$ 的表$(a_1, a_2, \cdots, a_{i-1}, a_{i+1}, \cdots, a_n)$。$i$ 的取值范围为 $1 \leqslant i \leqslant n$。当 $i=n$ 时,表示删除表末尾的数据元素。

在线性表中删除一个数据元素的步骤如下。

① 判断表是否为空及删除的位置是否正确,若表空或删除的位置不正确则不能删除。

② 如果表为空且删除的位置正确,则将 $a_{i+1} \sim a_n$ 依次向前移动。该步骤在算法中通过循环实现。

③ 修改 last(相当于修改表长),使它仍等于线性表的最后一个数据元素在数组中的下标。

删除操作的算法实现如下。

```java
public T Delete(int i) {
    T tmp;
    // 判断表是否为空
    if (IsEmpty()) {
        throw new RuntimeException("线性表为空,无法删除");
```

```
}
// 判断删除的位置是否正确
// i 小于 1,表示删除第 1 个位置之前的元素
// i 大于 last + 1,表示删除最后一个元素后面的第 1 个位置的元素
if (i < 1 || i > last + 1) {
    throw new RuntimeException("无效的下标:" + i);
}
tmp = data[i - 1];
// tmp 值等于表的第 i 个数据元素 data[i-1]
for (int j = i; j <= last; ++j) {
    data[j - 1] = data[j];
} // 元素移动
-- last;                              // 修改表长
return tmp;                           // 返回 tmp 值
}
```

算法的时间复杂度分析:在顺序表中实现删除操作与插入操作一样,时间主要耗费在数据的移动上。在第 $i$ 个位置删除一个元素,从 $a_{i+1}$ 到 $a_n$ 都要向前移动一个位置,共需要移动 $n-i$ 个元素,而 $i$ 的取值范围为 $1 \leqslant i \leqslant n$。当 $i=1$ 时,需要移动的元素个数最多,为 $n-1$ 个;当 $i=n$ 时,不需要移动元素。因此,删除操作的时间复杂度为 $O(n)$。假设在第 $i$ 个位置删除的概率为 $p_i=1/n$,则平均移动数据元素的次数为 $(n-1)/2$,这说明在顺序表中实现删除操作平均需要移动表中一半的数据元素。

(8) 取表元操作。

取表元操作是指返回表中的第 $i$ 个数据元素,$i$ 的取值范围是 $1 \leqslant i \leqslant n$。

在线性表中取表元的步骤如下。

① 判断表是否为空及位置是否正确。

② 返回表的第 $i$ 个数据元素。

取表元操作的算法实现如下。

```
public T GetElem(int i) {                // 判断表是否为空及位置是否正确
    if (IsEmpty()) {
        throw new RuntimeException("线性表为空,无法获取元素");
    }
    // 判断位置是否正确
    // i 小于 1,表示获取第 1 个位置之前的元素
    // i 大于 last + 1,表示获取最后一个元素后面的第 1 个位置的元素
    if (i < 1 || i > last + 1) {
        throw new RuntimeException("无效的下标:" + i);
    }
    return data[i - 1];                   // 返回表的第 i 个数据元素
}
```

(9) 按值查找操作。

按值查找是指在表中查找与给定值相等的数据元素。实现该操作最简单的方法是:从第一个元素开始依次与给定值比较,如果找到匹配的数据元素,则返回在表中首次出现与给定值相等的数据元素的序号,表示查找成功;否则,在表中没有与给定值匹配的数据元素,返回一个特殊值−1,表示查找失败。

按值查找操作的算法实现如下。

```java
public int Locate(T value) {
    // 表为空
    if (IsEmpty()) {
        return -1;
    }
    int i = 0;
    // 循环处理
    for (i = 0; i <= last; ++i) {
        // 表中存在与给定值相等的元素
        if (data[i].equals(value)) {
            break;
        }
    }
    // 表中不存在与给定值相等的元素
    if (i > last) {
        return -1;
    }
    return i + 1;
}
```

算法的时间复杂度分析：按值查找的主要运算是比较,比较的次数与给定值在表中的位置和表长有关。当给定值与第一个数据元素相等时,比较次数为1；而当给定值与最后一个元素相等时,比较次数为 $n$。因此,平均比较次数为 $(n+1)/2$,时间复杂度为 $O(n)$。由于线性表的顺序存储是用连续的空间存储数据元素,因此按值查找的方法很常用。例如,如果表是有序的,则可以用折半查找法,这样时间效率可以提高很多。

(10) 输出线性表中的元素。

输出线性表中的元素是指返回所有元素的描述字符串,其形式为"(,)"。

输出操作实现算法如下。

```java
public String toString() {
    // 返回所有元素的描述字符串,其形式为"(,)"
    String str = "(";
    if (Count() > 0) {
        str = str + data[0];
        for (int i = 1; i <= last; ++i)
            str = str + "," + data[i];
    }
    str = str + ")";
    return str;
}
```

## 2.2.4 顺序表中的复杂操作

在顺序表中还可以实现更为复杂的基本操作。例如,将两个或两个以上的线性表合并为一个线性表,将一个线性表拆分为两个或两个以上的线性表,重新复制一个线性表,线性表的倒置等。

【例 2-3】 在顺序表中输入数据元素并将其倒置。顺序表的倒置如图 2-4 所示。

算法思路：将第一个元素与最后一个元素交换,将第二个元素与倒数第二个元素交换。一般地,将第 $i$ 个元素与第 $n-i+1$ 个元素交换,$1 \leqslant i \leqslant n/2$($n$ 为线性表中元素的个数)。

(a) 倒置前

| 6 | 40 | 60 | 80 | 45 | 36 | 23 | 11 |
|---|----|----|----|----|----|----|----|

(b) 倒置后

**图 2-4　顺序表的倒置**

倒置算法实现如下,该方法作为 SeqList < T >类的一个方法。

```
public void Reverse() {
    T tmp;
    int n = Count();                        // n 等于表的长度
    // 循环实现顺序表的倒置
    for (int i = 1; i <= n / 2; ++i) {
        tmp = data[i - 1];
        // 数组下标从 0 开始计数,第 i 个元素为 data[i-1]
        data[i - 1] = data[n - i];
        data[n - i] = tmp;
    }
}
```

在该算法中,数据交换操作是基本操作,其基本操作重复执行 $n/2$ 次。因此,该倒置算法的时间复杂度为 $O(n)$。

【**例 2-4**】　已知顺序表 $L_a$ 和 $L_b$ 的数据类型为整型,其数据元素均按升序排列,编写一个算法将它们合并为一个表 $L_c$,要求 $L_c$ 中数据元素也按升序排列。

算法思路：依次扫描 $L_a$ 和 $L_b$ 的数据元素,比较 $L_a$ 和 $L_b$ 当前数据元素的值,将较小值的数据元素赋给 $L_c$,重复比较赋值直到一个顺序表被扫描完,然后将未被扫描完的顺序表中余下的数据元素赋给 $L_c$ 即可。$L_c$ 的容量要能够容纳 $L_a$ 和 $L_b$ 两个表相加的长度。

按升序合并两个表的算法实现如下。

```
public static SeqList < Long > Merge(SeqList < Long > La, SeqList < Long > Lb) {
    SeqList < Long > Lc = new SeqList < Long >(La.maxsize + Lb.maxsize);
    int i = 0;
    int j = 0;
    // 两个表中都有数据元素
    while ((i <= (La.Count() - 1)) && (j <= (Lb.Count() - 1))) {
        if (La.data[i] < Lb.data[j]) {
            Lc.Append(La.data[i++]);
        } else {
            Lc.Append(Lb.data[j++]);
        }
    }
    // a 表中还有数据元素
    while (i <= (La.Count() - 1)) {
        Lc.Append(La.data[i++]);
    }
    // b 表中还有数据元素
    while (j <= (Lb.Count() - 1)) {
        Lc.Append(Lb.data[j++]);
```

```
        }
        return Lc;
    }
```

在该算法中,附加操作是基本操作,附加操作的重复执行次数是 $m+n$ 次,其中 $m$ 是 $L_a$ 的表长,$n$ 是 $L_b$ 的表长。因此,该算法的时间复杂度是 $O(m+n)$。

### 2.2.5 Java 基础类库中的顺序表

Java 语言的推出者设计开发了顺序表类 java.util.ArrayList,供应用程序员使用。在开发软件时,可以利用继承和覆盖技术在 java.util.ArrayList 的基础上开发新的顺序表类,以便切合软件的实际功能需求。java.util.ArrayList 中的部分构造和普通方法如表 2-1 和表 2-2 所示,读者可以结合 java.util.ArrayList 源代码与本书中的 SeqList 进行比较。

表 2-1　构造方法及功能说明

| 构 造 方 法 | 功 能 说 明 |
|---|---|
| Arraylist() | 构造一个初始容量为 10 的空列表 |
| Arraylist(int initialCapacity) | 构造一个具有指定初始容量的空列表 |

表 2-2　普通方法及功能说明

| 返回值类型 | 普 通 方 法 | 功 能 说 明 |
|---|---|---|
| boolean | add($T$ $e$) | 将指定的元素添加到此列表的尾部 |
| void | add(int index,$T$ element) | 将指定的元素插入此列表中的指定位置 |
| void | clear() | 移除此列表中的所有元素 |
| boolean | contains(Object $o$) | 如果此列表中包含指定的元素,则返回 true |
| void | ensureCapacity(int minCapacity) | 如有必要,增加此 ArrayList 实例的容量,以确保它至少能够容纳最小容量参数所指定的元素数 |
| $T$ | get(int index) | 返回此列表中指定位置上的元素 |
| int | indexOf(Object $o$) | 返回此列表中首次出现的指定元素的索引。如果此列表不包含元素,则返回 $-1$ |
| boolean | isEmpty() | 如果此列表中没有元素,则返回 true |
| $T$ | remove(int index) | 移除此列表中指定位置上的元素 |
| boolean | remove(Object $o$) | 移除此列表中首次出现的指定元素(如果存在) |
| void | removeRange(int fromIndex,int toIndex) | 移除列表中索引在 fromIndex(包括)和 toIndex(不包括)之间的所有元素 |
| $T$ | set(int index,$T$ element) | 用指定的元素替代此列表中指定位置上的元素 |
| int | size() | 返回此列表中的元素数 |
| Object[] | toArray() | 按适当顺序(从第一个到最后一个元素)返回包含此列表中所有元素的数组 |

线性表采用顺序存储方式时,存在以下两个问题。

(1) 需要一组编号连续的存储单元。

线性表的顺序存储是将线性表的数据元素存放在一组编号连续的存储单元中。但是,计算机的内存里还有很多比较小的空间。线性表采用顺序存储时,这些零碎的小空间通常得不到充分利用。

（2）插入、删除操作效率低。

每插入或删除一个数据元素，元素移动量都很大，平均每次需要移动线性表一半的数据元素。

为了解决这两个问题，下一节将讨论线性表的另一种存储方式：链式存储。

## 2.3　线性表的链式存储

视频讲解

### 2.3.1　链式存储的基本概念

#### 1. 链式存储的定义

线性表的链式存储是指用一组任意的存储单元（编号可以不连续）存储线性表中的数据元素。

例如，线性表 $L_e$=('A','B','C')，在 Java 语言中，字符型数据占用两个存储单元，即 2 字节。

线性表的顺序存储是指用一组连续的存储单元存储线性表中的数据元素。采用顺序存储方式时，数据的存储是有规律的，可以通过数据元素自身的地址计算出它的后继元素地址，从而确定它的后继元素。如果数据元素 A 的存储地址是 $L$，则可以计算出它的后继元素的存储地址是 $L+2$，$L+2$ 地址的存储单元里存放着 B，表明 A 的后继元素就是 B。数据元素 B 的存储地址是 $L+2$，可以计算出它的后继元素的存储地址是 $L+4$，$L+4$ 地址的存储单元里存放着 C，表明 B 的后继元素就是 C。线性表 $L_e$ 元素的顺序存储地址如图 2-5 所示。

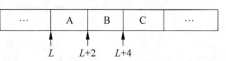

图 2-5　线性表 $L_e$ 元素的顺序存储地址

线性表采用链式存储是指用一组任意的存储单元存放它的数据元素，数据的存储毫无规律可言，无法通过数据元素自身的地址计算出它的后继元素地址，从而无法确定它的后继元素。线性表 $L_e$ 元素的链式存储地址如图 2-6 所示。

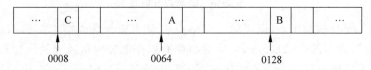

图 2-6　线性表 $L_e$ 元素的链式存储地址

因此，需要在数据元素的后面附加一个地址域，存储它的后继元素的地址，指示它的后继元素的存储位置，如图 2-7 所示。

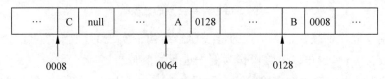

图 2-7　线性表 $L_e$ 元素的后继地址

在查找数据元素后继时，利用数据元素后面附加的地址，可以确定它在逻辑上的后继元素。例如，对于数据元素 A，利用其后附加的元素地址 0128，可以确认它的后继是 B；对于数据元素 B,利用其后附加的元素地址 0008,可以确认它的后继是 C。

由此可以看出链式存储的一个优点:线性表的数据元素不必放在地址连续的存储单元中,零碎空间能得到充分的利用。

在 Java 语言中,内存单元的编号对用户屏蔽(即用户不需要知道),线性表的链式存储结构如图 2-8 所示。

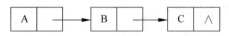

图 2-8　线性表 $L_e$ 的链式存储结构

其中,箭头代表地址,指示下一个元素的存储位置。一个方块称为一个结点,它包含数据和地址两部分。

**2. 结点**

结点是数据和地址的组合。在本书中,数据部分命名为 data,用来存放线性表中的数据元素;地址部分命名为 next,用来存放下一个结点的地址。

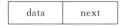

**3. 链表**

线性表的链式存储结构简称为链表。$L=(a_1,a_2,\cdots,a_n)$ 的链式存储结构如图 2-9 所示。

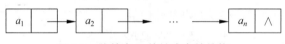

图 2-9　线性表 $L$ 的链式存储结构

只要知道第一个结点的地址,找到第一个元素,就可以沿着地址链一步一步后移,从而确定线性表的所有元素。第一个结点的地址称为链表的首地址,用 head 表示,如图 2-10 所示。

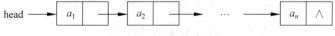

图 2-10　链表的首地址

为了便于实现基本操作,可以在第一个结点之前增加一个头结点。头结点的类型与其他结点一样,分为数据部分和地址部分。头结点的数据部分为空或存放线性表的元素个数,头结点的地址部分指示第一个结点的地址,如图 2-11 所示。因为该种链表的结点只存储后继结点的地址,所以该种形式的链表称为单向链表,简称单链表。

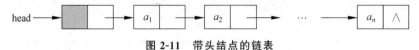

图 2-11　带头结点的链表

下节的基本操作都是在带头结点的链表存储结构下实现的,带头结点的链表使得基本操作的实现较为方便,这里以删除操作为例先进行简要分析。

(1) 在带头结点的链表中删除第一个元素 $a_1$,head 不用变;在带头结点的链表中删除其他元素,head 也不用变。在带头结点的链表中处理第一个元素的操作不存在特殊性。

(2) 在不带头结点的链表中删除第一个元素 $a_1$,需要修改 head 为第二个结点的地址;在不带头结点的链表中删除其他元素,head 不用变。在不带头结点的链表中处理第一个元素的操作存在特殊性。

## 2.3.2　单链表基本操作分析

下面讨论单链表基本操作的实现,重点分析删除和插入。

**1. 删除操作**

删除操作是指删除线性表的第 $i$ 个元素。在单链表中,将第 $i$ 个结点从链表中删除即可,如图 2-12 所示。

删除操作步骤如下。

(1) 从头结点 head 开始,找到第 $i-1$ 个结点 $r$ 和第 $i$ 个结点 $p$。

(2) 令 $i-1$ 个结点 $r$ 的地址域等于第 $i+1$ 个结点的地址,这样第 $i-1$ 个元素 $a_{i-1}$ 的后继就变为 $a_{i+1}$,将第 $i$ 个元素 $a_i$ 从线性表中删除。

单链表的删除操作效率分析:不论线性表多大,只需要修改一次地址。

**2. 插入操作**

插入操作是指在线性表的第 $i$ 个位置插入数据元素 item。在单链表中,在链表的第 $i$ 个位置插入结点 $q$,如图 2-13 所示。

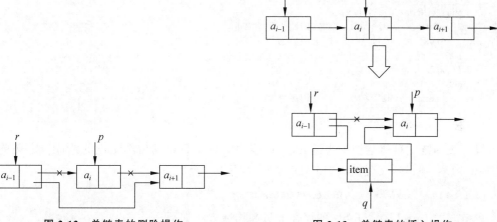

图 2-12　单链表的删除操作　　　　图 2-13　单链表的插入操作

插入操作步骤如下。

(1) 建立新结点 $q$,令 $q$ 的数据域等于 item。

(2) 找到第 $i-1$ 个结点 $r$ 和第 $i$ 个结点 $p$。

(3) 令第 $i-1$ 个结点 $r$ 的地址域指向新结点 $q$,令新结点 $q$ 的地址域指向结点 $p$。

单链表的插入操作效率分析:不论线性表多大,只需要修改两次地址。

## 2.3.3　单链表源码实现

**1. 单链表类的实现**

(1) 线性表的数据类型是 $T$。

(2) 结点的表示。由于结点是数据和地址的组合,因此用一个类来表示,类中包含 data 和 next 两个成员变量,具体代码如下所示。

```
class Node < T > {
    T data;                    // 数据部分,存放线性表的某一个数据元素
    Node < T > next;           // 引用部分,指示下一个结点的地址
}
```

（3）线性表的表示。

只要知道了头结点的地址,就可以沿地址链后移,从而确定线性表的所有元素。用一个 Node < $T$ >型的引用变量,就可以表示线性表。

单链表结点类 Node < $T$ >的实现代码如下。

```
class Node < T > {
    T data;                    // 数据部分,存放线性表的某一个数据元素
    Node < T > next;           // 引用部分,指示下一个结点的地址
    // 两个参数构造器,第一个参数类型为 T,第二个参数类型为 Node < T >
    public Node(T val, Node < T > p) {
        data = val;            // 数据域等于第一个参数值
        next = p;              // 引用域等于第二个参数值
    }
    // 一个参数构造器,参数类型为 Node < T >
    public Node(Node < T > p) {
        next = p;              // 引用域等于参数值
    }
    // 一个参数构造器,参数类型为 T
    public Node(T val) {
        data = val;            // 数据域等于参数值
        next = null;           // 引用域为空
    }
    // 无参构造器
    public Node() {
        next = null;           // 引用域为空
    }
}
```

线性表的链式存储结构称为链表,单链表的结点中只存储后继结点的地址。定义单链表类 LinkList < $T$ >,实现接口 IListDS < $T$ >如下。

```
public class LinkList < T > implements IListDS < T >
```

单链表类 LinkList < $T$ >中的属性成员和构造方法如下。

```
public class LinkList < T > implements IListDS < T > {
    public Node < T > head;
    // 单链表的头引用,根据结点的头引用就可以沿地址链后移,从而确定线性表的所有数据元素
    // 无参构造方法,构造了一个只有头结点的空链表
    public LinkList() {        // 头结点数据域等于 T 类型默认值,引用域为空
        head = new Node < T >();
    }
    // 其他方法
}
```

## 2. 基本操作的实现

在 Java 语言中,一个基本操作表现为类中的一个方法。LinkList < $T$ >类除了必须实现接口 IListDS < $T$ >中的方法外,还可添加一些另外的成员方法。基本操作的实现如下。

（1）求单链表的长度。从头引用开始,逐个结点计数,直到表末尾,具体代码如下。

```
public int Count(){
```

```
    Node<T> p = head;      // 新建结点 p 等于头引用
    int len = 0;           // len 值初始化为 0
    while (p != null)
    {
      ++len;
      p = p.next;
    } // 此循环执行完毕后，len 值为链表结点的个数(包含头结点)
    return len - 1;        // 链表结点的个数减 1 即为线性表的元素个数
}
```

（2）清空操作。清除单链表中的结点是指使单链表为空，单链表为空时头引用 head.next 等于 null，具体代码如下。

```
public void Clear(){
    head.next = null;
    //令头引用 head.next 等于 null
}
```

（3）判断表是否为空。如果单链表的头引用的 next 为 null，则表为空，返回 true；否则，返回 false。

```
public boolean IsEmpty(){
    if(head.next == null)
        return true;
    else
        return false;
}
```

该操作也可以通过如下方式实现。

```
public boolean IsEmpty(){
    return head.next == null;
}
```

（4）附加操作。从单链表的头引用开始遍历单链表，直到单链表的末尾，然后在单链表的末端添加一个新结点，如图 2-14 所示。

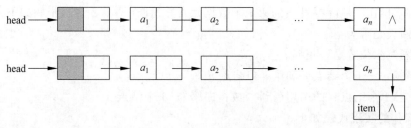

图 2-14　单链表的附加操作

附加操作的实现代码如下。

```
public void Append(T item){
    Node<T> q = new Node<T>(item);
    // q 是新结点，数据域 q.data = item,q.next = null
    Node<T> p = new Node<T>();            //建立一个结点对象 p
    p = head;                             //p 指向链表头结点
    while (p.next != null){
        p = p.next;
    } //此循环执行完毕后，p 指向链表最后一个结点
    p.next = q;
```

  // 链表最后一个结点的引用域指向结点 q,这样新建结点 q 就添加到了单链表的末端
}

(5) 插入操作。在线性表的第 $i$ 个位置插入数据元素 item(见图 2-13),步骤如下。

① 判断插入位置是否正确。

② 找到第 $i-1$ 个结点 $r$ 和第 $i$ 个结点 $p$。

③ 建立新结点 $q$,令 $q$ 的数据域等于 item。

④ 令第 $i-1$ 个结点 $r$ 的指针域指向新结点 $q$,令新结点 $q$ 的指针域指向结点 $p$。

插入操作的实现代码如下。

```java
public void Insert(T item, int i) {
    // ①判断插入位置是否正确
    if ((i < 1) || (i > Count())) {
        // 插入位置不正确,i 值小于 1 时不正确,i 值大于线性表长度 + 1 时不正确
        throw new RuntimeException("Position is error!");
        // 抛出异常
    }
    // ②找到第 i-1 个结点 r 和第 i 个结点 p
    Node < T > p = head;                        // 令 p 指向头结点
    Node < T > r = new Node < T >();           // 新建结点 r
    int j = 1;                                  // 令 j = 1
    while (j <= i) {
        r = p;
        p = p.next;
        ++j;
    } // 此循环执行完毕后, r 指向第 i-1 个位置的结点,p 指向第 i 个位置的结点
    // ③建立新结点 q,令 q 的数据域等于 item
    // ④令第 i-1 个结点 r 的引用域指向新结点 q, 令新结点 q 的引用域指向结点 p
    Node < T > q = new Node < T >(item);
    // 建立新结点 q 数据域 q.data = item,q.next = null
    q.next = p;                                 // 新结点 q 的引用域指向 p
    r.next = q;                                 // r 的引用域指向 q
}
```

(6) 删除操作。删除线性表的第 $i$ 个数据元素并返回(见图 2-12),步骤如下。

① 判断表是否为空。

② 判断删除位置是否正确。

③ 找到第 $i-1$ 个结点 $r$ 和第 $i$ 个结点 $p$。

④ 令 $i-1$ 个结点 $r$ 的引用(指针)域指向第 $i+1$ 个结点。

删除操作的实现代码如下。

```java
public T Delete(int i) {
    // ①判断表是否为空
    if (IsEmpty()) {
        throw new RuntimeException("线性表为空,无法删除");
    }
    // ②判断删除位置是否正确
    // 删除位置不正确,i 值小于 1 时不正确,i 值大于线性表长度时不正确
    if (i < 1 || i > Count()) {
        throw new RuntimeException("删除位置不正确" + i);
    }
    // ③找到第 i-1 个结点 r 和第 i 个结点 p
    Node < T > p = head;                        // 令 p 指向头结点
```

```
    Node < T > r = new Node < T >( );              // 新建结点 r
    int j = 1;                                     // 令 j = 1
    while (j <= i) {
        r = p;
        p = p.next;
        ++j;
    } // 此循环执行完毕后, r 指向第 i − 1 个位置的结点, p 指向第 i 个位置的结点
    // ④令 i − 1 个结点 r 的引用域指向第 i + 1 个结点
    r.next = p.next;
    return p.data;                                 // 返回第 i 个结点的数据域
}
```

(7) 取表元操作。获取线性表的第 i 个数据元素，步骤如下。

① 判断线性表是否为空。

② 判断 i 的值是否正确。

③ 找到第 i 个结点并返回数据域。

取表元操作的实现代码如下。

```
public T GetElem(int i) {
    // ①判断表是否为空
    if (IsEmpty()) {
        throw new RuntimeException("线性表为空,无法获取元素");
    }
    // ②判断删除的位置是否正确
    // 删除位置不正确,i 值小于 1 时不正确,i 值大于线性表长度时不正确
    if (i < 1 || i > Count()) {
        throw new RuntimeException("获取元素位置不正确" + i);
    }
    // ③找到第 i 个结点 p 并返回数据域
    Node < T > p = head;                           // 令 p 指向头结点
    int j = 1;                                     // 令 j = 1
    while (j <= i) {
        p = p.next;
        ++j;
    } // 此循环执行完毕后, p 指向第 i 个位置的结点
    return p.data;                                 // 返回 p 的数据域
}
```

(8) 按值查找操作。线性表中的按值查找是指在表中查找与给定值匹配(假设是相等)的数据元素。从线性表的一个元素开始依次与给定值比较,如果找到,则返回在表中首次出现与给定值匹配(假设是相等)的数据元素的序号,表示查找成功;否则,在线性表中没有与给定值匹配的数据元素,返回一个特殊值(假设是−1),表示查找失败。

按值查找操作的步骤如下。

① 判断线性表是否为空。

② 遍历线性表,查找表中是否存在与给定值匹配的元素。

③ 若查找成功,则返回在表中首次出现与给定值匹配(假设是相等)的数据元素的序号;若查找失败,则返回−1。

按值查找操作的实现代码如下。

```
public int Locate(T value) {                       // ①判断线性表是否为空
    if (head.next == null) {
        return − 1;
```

```
    }
    // ②遍历线性表,查找表中是否存在与给定值匹配的元素
    Node < T > p = new Node < T >();
    p = head.next;
    int i = 1;
    while ((!p.data.equals(value)) && (p != null)) {
        p = p.next;
        ++i;
    }
    // ③若查找成功,则返回在表中首次出现与给定值匹配(假设是相等)的数据元素的序号; 若查
    // 找失败,则返回 - 1
    if (p == null) {
        i = - 1;
    }
    return i;
}
```

(9) 输出线性表。返回所有元素的描述字符串,其形式为"(,)"。

输出操作的实现代码如下。

```
public String toString() {
    // 返回所有元素的描述字符串,形式为"(,)"
    String str = "(";
    Node < T > p = head.next;
    if (p != null) {
        str = str + p.data;
        p = p.next;
    }
    while (p != null) {
        str = str + "," + p.data;
        p = p.next;
    }
    str = str + ")";
    return str;
}
```

## 2.3.4　单链表中的复杂操作

【例 2-5】　编写算法将单链表倒置,即实现如图 2-15 所示的操作,其中图 2-15(a)为倒置前,图 2-15(b)为倒置后。

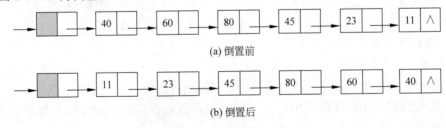

(a) 倒置前

(b) 倒置后

图 2-15　单链表的倒置

算法思路:依次取链表中的每个结点插入链表中的 head 结点后,使其作为第一个结点,如图 2-16 所示。

单链表倒置的实现代码如下。

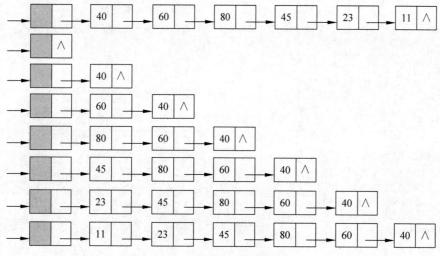

**图 2-16 单链表的倒置过程**

```
public void Reverse() {
    Node<T> p = head.next;                    // p指向链表的第一个结点
    Node<T> q = new Node<T>();
    // 新建一个结点 q,数据域为 T 类型的默认值,引用域是 null
    head.next = null;                          // 链表暂时为空
    while (p != null) {
    // 依次取链表中的每个结点插入 head 后,使其作为链表中第一个结点
        q = p;
        p = p.next;
        q.next = head.next;
        head.next = q;
    }
}
```

【例 2-6】 已知单链表 $H_a$ 和 $H_b$ 的数据类型为整型,其数据元素均按升序排列,编写一个算法将它们合并为一个表 $H_c$,要求 $H_c$ 中结点的值也是升序排列。

算法思路:将 $H_a$ 的头结点作为 $H_c$ 的头结点,依次扫描 $H_a$ 和 $H_b$ 的结点,比较 $H_a$ 和 $H_b$ 当前结点数据域的值,将较小值的结点附加到 $H_c$ 的末尾,重复比较附加直到一个单链表被扫描完,然后将未被扫描完的单链表中余下的结点附加到 $H_c$ 的末尾即可。

按升序合并两表的算法实现如下。

```
public static LinkList<Integer> Merge(LinkList<Integer> Ha, LinkList<Integer> Hb) {
    LinkList<Integer> Hc = new LinkList<Integer>();
    Node<Integer> p = Ha.head.next;
    Node<Integer> q = Hb.head.next;
    Node<Integer> s = new Node<Integer>();
    Hc = Ha;
    Hc.head.next = null;
    while (p != null && q != null) {
        if (p.data < q.data) {
            s = p;
            p = p.next;
        } else if (p.data > q.data) {
            s = q;
            q = q.next;
```

```
        } else {                          // 结点数据相等的情况
            s = p;
            p = p.next;
            q = q.next;
        }
        Hc.Append(s.data);
    }
    if (p == null) {
        p = q;
    }
    while (p != null) {
        s = p;
        p = p.next;
        Hc.Append(s.data);
    }
    return Hc;
}
```

从上面的算法可知,将结点附加到单链表的末尾是非常花时间的,因为定位最后一个结点需要从头结点开始遍历。而将结点插入单链表的头部要节省很多时间,因为这样不需要遍历链表。但由于是将结点插入头部,所以得到的单链表是降序排列而不是升序排列,最后需要将得到的单链表进行倒置。

将结点插入链表 $H_c$ 头部合并 $H_a$ 和 $H_b$ 的算法实现如下。

```
public static LinkList < Integer > ImproveMerge(LinkList < Integer > Ha, LinkList < Integer > Hb)
{
    LinkList < Integer > Hc = new LinkList < Integer >();
    Node < Integer > p = Ha.head.next;
    Node < Integer > q = Hb.head.next;
    Node < Integer > s = new Node < Integer >();
    Hc = Ha;
    Hc.head.next = null;
    // 两个表非空
    while (p != null && q != null) {
        if (p.data < q.data) {
            s = p;
            p = p.next;
        } else if (p.data > q.data) {
            s = q;
            q = q.next;
        } else {                          //两结点数据相等
            s = p;
            p = p.next;
            q = q.next;
        }
        s.next = Hc.head.next;
        Hc.head.next = s;
    }
    // 第 2 个表非空而第 1 个表为空
    if (p == null) {
        p = q;
    }
    // 将两表中的剩余数据元素附加到新表的末尾
    while (p != null) {
        s = p;
```

```
            p = p.next;
            s.next = Hc.head.next;
            Hc.head.next = s;
        }
        Hc.Reverse();
        return Hc;
    }
```

## 2.3.5　其他形式的链表

### 1. 循环链表

有些应用不需要链表中有明显的头、尾结点。在这种情况下,可能需要方便地从最后一个结点访问到第一个结点。此时,最后一个结点的引用域不是空引用,而是保存的第一个结点的地址(如果该链表带结点,则保存的是头结点的地址),也就是头引用的值。带头结点的循环链表(circular linked list)如图 2-17 所示。

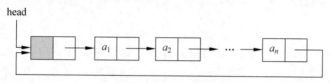

图 2-17　循环链表

将链表最后一个结点的引用改为指向头结点,链表就变成了循环链表。循环链表的基本操作与单链表大致相同,只是判断链表结束的条件并不是判断结点的引用域是否为空,而是判断结点的引用域是否为头引用,其他没有较大的变化。这里不再赘述,读者可以作为习题将循环链表整个类的实现写出来。

### 2. 双向链表

前面介绍的单链表允许从一个结点直接访问它的后继结点,其查找直接后继结点的时间复杂度是 $O(1)$。但是,要找某个结点的直接前驱结点,只能从表的头引用开始遍历各结点。如果某个结点的 next 等于该结点,那么这个结点就是该结点的直接前驱结点。也就是说,查找直接前驱结点的时间复杂度是 $O(n)$,其中 $n$ 是单链表的长度。

当然,也可以在结点的引用域中保存直接前驱结点的地址而不是直接后继结点的地址。这样,查找直接前驱结点的时间复杂度只有 $O(1)$,但查找直接后继结点的时间复杂度是 $O(n)$。如果希望查找直接前驱结点和直接后继结点的时间复杂度都是 $O(1)$,则需要在结点中设两个引用域,一个保存直接前驱结点地址的 prev,一个保存直接后继结点地址的 next,这样构成的链表就是双向链表(doubly linked list)。

双向链表的结点结构如图 2-18 所示。

双向链表结点的定义与单链表结点的定义类似,只是双向链表多了一个字段 prev。双向链表结点类的实现如下。

图 2-18　双向链表的结点结构

```
class DbNode<T> {
    DbNode<T> prev;    // 前驱引用域
    T data;            // 数据域
    DbNode<T> next;    // 后继引用域
    // 三个参数构造器
    public DbNode(T val, DbNode<T> p1, DbNode<T> p2) {
```

```
        data = val;
        prev = p1;
        next = p2;
    }
    // 两个参数构造器
    public DbNode(DbNode < T > p1, DbNode < T > p2) {
        prev = p1;
        next = p2;
    }
    // 一个参数构造器
    public DbNode(T val) {
        data = val;
        prev = null;
        next = null;
    }
    // 无参构造器
    public DbNode() {
        prev = null;
        next = null;
    }
}
```

线性表$(a_1, a_2, \cdots, a_n)$带头结点的双向链表存储结构如图 2-19 所示。

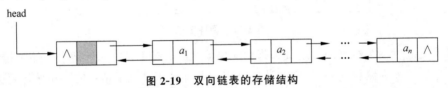

**图 2-19  双向链表的存储结构**

由于双向链表的结点有两个引用,因此,在双向链表中插入和删除结点比单链表要复杂。

1) 插入操作

插入操作要对 4 个引用进行操作。假设 $p$ 是指向双向链表中的某一结点,即 $p$ 存储的是该结点的地址。现要将一个结点 $s$ 插入结点 $p$ 的后面,插入过程如图 2-20 所示(以 $p$ 的直接后继结点存在为例)。

插入操作具体如下。

① p. next. prev＝s。

② s. prev＝p。

③ s. next＝p. next。

④ p. next＝s。

引用域值的操作顺序不是唯一的,但也不是任意的。例如,操作③必须放到操作④的前面完成,否则 $p$ 的直接后继结点就找不到了。

2) 删除操作

删除操作要对两个引用进行操作。假设 $p$ 是指向双向链表中的某一结点,即 $p$ 存储的是该结点的地址。现要将结点 $p$ 删除,删除过程如图 2-21 所示(以 $p$ 的直接后继结点存在为例)。

删除操作具体如下。

① p. prev. next＝p. next。

② p. next. prev＝p. prev。

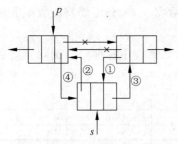

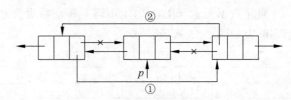

图 2-20 双向链表结点插入示意图　　　　图 2-21 双向链表结点删除示意图

双向链表的其他操作与单链表类似,这里就不一一列举了,读者可以作为习题将双向链表整个类的实现写出来。

**3. 双向循环链表**

与单链表的循环表类似,双向链表也可以有循环表。使头结点的 prev 域指向最后一个结点,最后一个结点的 next 域指向头结点。线性表$(a_1, a_2, \cdots, a_n)$带头结点的双向循环链表存储结构如图 2-22 所示。

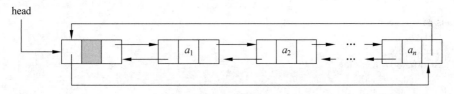

图 2-22 双向循环链表

**4. 静态链表**

有时也可借用一维数组描述线性链表。数组的一个分量表示一个结点,分为数据部分和相邻元素下标部分,用下标部分指示相邻元素结点在数组中的相对位置。这种存储结构需要事先分配较大的空间,但在进行线性表的插入和删除操作时不需要移动数据元素,仅需修改相邻元素在数组中的下标,具有链式存储的主要优点。将这种用数组描述的链表称为静态链表。

线性表("ZHAO","QIAN","SUN","LI","ZHOU","WU")的静态链表存储结构如图 2-23 所示。数组的第一个分量的下标部分表示线性表的第一个元素在数组中的下标,其余分量的下标部分指示后继元素在数组中的下标,线性表最后一个元素分量的下标部分是 0,空闲分量的下标部分是 $-1$。

| 0 |  | 1 |
|---|---|---|
| 1 | ZHAO | 2 |
| 2 | QIAN | 3 |
| 3 | SUN | 4 |
| 4 | LI | 5 |
| 5 | ZHOU | 6 |
| 6 | WU | 0 |
| 7 |  | $-1$ |
| 8 |  | $-1$ |
| 9 |  | $-1$ |

图 2-23 静态链表存储结构

在数据元素"SUN"之后插入"ZHENG",不需要移动数据元素,只需要修改数组分量中的下标部分即可。插入元素后的静态链表如图 2-24 所示。

删除数据元素"QIAN",也不需要移动数据元素,只需要修改下标即可。删除元素后的静态链表如图 2-25 所示。

| 0 | | 1 |
|---|---|---|
| 1 | ZHAO | 2 |
| 2 | QIAN | 3 |
| 3 | SUN | 7 |
| 4 | LI | 5 |
| 5 | ZHOU | 6 |
| 6 | WU | 0 |
| 7 | ZHENG | 4 |
| 8 | | -1 |
| 9 | | -1 |

图 2-24  插入元素后的静态链表

| 0 | | 1 |
|---|---|---|
| 1 | ZHAO | 3 |
| 2 | QIAN | -1 |
| 3 | SUN | 7 |
| 4 | LI | 5 |
| 5 | ZHOU | 6 |
| 6 | WU | 0 |
| 7 | ZHENG | 4 |
| 8 | | -1 |
| 9 | | -1 |

图 2-25  删除元素后的静态链表

静态链表结点类的算法实现如下。

```java
class StaticNode < T > {
    T data;
    int cursor;
    StaticNode(T val) {
        data = val;
        cursor = 0;
    }
    StaticNode(T val, int index) {
        data = val;
        cursor = index;
    }
    StaticNode(int index) {
        cursor = index;
    }
    StaticNode() {
        cursor = 0;
    }
}
```

静态链表类实现接口 IListDS < T >如下。

```java
public class StaticLinkList < T > implements IListDS < T >
```

静态链表类的成员变量和构造方法如下。

```java
StaticNode < T > element[];
// 建立一个容量为 size、初始状态为空的静态链表
public StaticLinkList(int size) {
    if (size > 0) {
        element = (StaticNode < T >[]) new Object[size];
        // 建立一个长度为 size、类型为 StaticNode < T >的数组
        element[0].cursor = 0;
        for (int i = 1; i < element.length; i++)
            element[i].cursor = - 1;
    } else
        throw new IllegalArgumentException("初始化容量必须大于 0");
}
```

基本操作表现为类中的一个方法,以下代码是清空操作的实现。其他基本操作的实现不再赘述,读者可以将此作为习题。

```
// 清空操作
public void Clear() {
    element[0].cursor = 0;
    for (int i = 1; i < element.length; i++)
        elment[i].cursor = -1;
}
```

### 2.3.6 Java 基础类库中的链表

Java 语言的推出者设计开发了双向链表类 java.util.LinkedList,供应用程序员使用。开发软件时,可以利用继承和覆盖技术在 java.util.LinkedList 的基础上开发新类,以便切合软件的实际功能需求。java.util.LinkedList 中的部分构造和普通方法如表 2-3 和表 2-4 所示,读者可以结合 java.util.LinkedList 源代码与本书中的链表类进行比较。

表 2-3 构造方法及功能说明

| 构 造 方 法 | 功 能 说 明 |
|---|---|
| LinkedList() | 构造一个空列表 |

表 2-4 普通方法及功能说明

| 返回值类型 | 普 通 方 法 | 功 能 说 明 |
|---|---|---|
| void | add(int index, $E$ element) | 在此列表中指定的位置插入指定的元素 |
| void | addFirst($E$ e) | 将指定元素插入此列表的开头 |
| void | addLast($E$ e) | 将指定元素添加到此列表的结尾 |
| void | clear() | 从此列表中移除所有元素 |
| int | indexOf(Object $o$) | 返回此列表中首次出现的指定元素的索引。如果此列表中不包含该元素,则返回-1 |
| $E$ | remove(int index) | 移除此列表中指定位置的元素 |
| $E$ | removeLast() | 移除并返回此列表的最后一个元素 |
| $E$ | set(int index, $E$ element) | 将此列表中指定位置的元素替换为指定的元素 |
| int | size() | 返回此列表的元素数 |

# 2.4 顺序表和链表的比较

视频讲解

线性表采用顺序存储方式时的缺点如下。

(1) 需要一组编号连续的存储单元,零碎空间得不到充分利用。内存分配是静态分配方式,建立顺序表时必须明确规定容量。若线性表长度变化较大,则容量难于预先确定,估计过大将造成空间浪费,估计太小又将使空间溢出机会增多。

(2) 删除、插入操作需要大量移动数据元素。

线性表采用链式存储方式时,上述缺点都得到了克服。

(1) 不需要编号连续的存储单元,零碎空间得到了充分利用。内存分配方式是动态分配方式,建立链表时不必明确规定容量,只要计算机内存空间尚有空闲,就不会产生溢出。

(2) 删除、插入操作不需要大量移动数据元素,仅需要修改地址。

相对于链式存储,顺序存储的优点体现在以下两个方面。

(1) 顺序表可以随机存取。

在顺序表中,根据首地址可以直接算出第 $i$ 个数据元素地址,从而获取第 $i$ 个数据元素,这种存取方式称为随机存取。获取第 $i$ 个数据元素的时间复杂度是 $O(1)$。

在链表中想要获取第 $i$ 个数据元素,必须从首地址开始找到头结点,从头结点找到第一个结点的存储地址,从第一个结点找到第二个结点的存储地址,以此类推,直到找到第 $i$ 个数据元素的存储地址,才能获取第 $i$ 个数据元素。在链表中,任何元素都必须从头结点开始"顺藤摸瓜"才能获取,这种存取方式称为顺序存取。获取第 $i$ 个数据元素的时间复杂度是 $O(n)$,其中 $n$ 是线性表的长度。

(2) 顺序表存储密度大。

存储密度(memory density)是指数据本身所占的存储量与整个结构所占的存储量之比,即

$$存储密度=(数据本身所占的存储量)/(存储结构所占的存储总量)$$

链表中的结点需要额外存储后继结点的地址,所以顺序表的存储密度要大于链表的存储密度。存储同样一个线性表,顺序存储所需要的总存储空间小。

综上所述,顺序表和链表的比较如表 2-5 所示。

表 2-5 顺序表和链表的比较

| 顺　序　表 | 链　表 |
| --- | --- |
| 连续的存储空间,静态分配 | 零碎的存储空间,动态分配 |
| 插入、删除操作时需要大量的数据移动 | 插入、删除操作时仅需要修改指针 |
| 随机存取 | 顺序存取 |
| 存储密度大 | 存储密度小 |

在软件开发时,应该根据实际需要权衡顺序存储和链式存储的优缺点,为应用选择一种合适的存储结构。

(1) 当线性表的长度变化不大,且易于事先确定其大小时,为了节约存储空间,宜采用顺序表作为存储结构。

(2) 当线性表的操作主要是进行查找,且很少进行插入和删除操作时,宜采用顺序表作为存储结构。

(3) 当线性表的长度变化较大,且难以估计其容量时,宜采用链表作为存储结构。

(4) 对于频繁进行插入和删除的线性表,宜采用链表作为存储结构。

视频讲解

## 🔑 2.5 一元多项式的表示和运算

在数学中,经常会遇到一元多项式的运算问题,例如,已知两个一元多项式 $A(x)$ 和 $B(x)$,其中 $A(x)=7+3x+9x^8+5x^{17}$,$B(x)=8x+22x^7-9x^8$,求 $A(x)+B(x)$,$A(x)B(x)$,当 $x=5$ 时 $A(x)$ 多项式的值。

当 $A(x)$ 和 $B(x)$ 项数较少时,可以手工求解;当 $A(x)$ 和 $B(x)$ 项数较多时,比如 1000项,手工求解不现实,需要利用计算机协助进行数据处理。

怎样利用计算机协助人们解决一元多项式的运算问题呢？通常分为以下 3 步。

（1）如何表示一元多项式？采用哪种逻辑结构，树、图还是线性表？

（2）逻辑结构在计算机内存中如何存储？采用链式存储还是顺序存储？应该根据实际需要权衡链式存储和顺序存储的优缺点，选择合适的存储结构。

（3）在存储结构基础上编写算法，实现多项式的运算。

前两步是数据结构课程要解决的问题，该过程充分体现了计算机科学中的恒等式：数据结构＋算法＝程序。

下面分别展开描述这 3 个步骤。

（1）如何表示一元多项式？

一般情况下，一元多项式可写为 $Pn(x)=p_1x^{e_1}+p_2x^{e_2}+\cdots+p_nx^{e_n}$。其中，$p_i$ 是指数为 $e_i$ 的项的系数，$0\leqslant e_1<e_2<\cdots<e_n\leqslant n$。

一元多项式的表示与变量符号无关，$Pn(x)=p_1x^{e_1}+p_2x^{e_2}+\cdots+p_nx^{e_n}$ 与 $Pn(u)=p_1u^{e_1}+p_2u^{e_2}+\cdots+p_nu^{e_n}$ 等价，每一项的有用信息只有系数和指数。

所以，一元多项式可以用线性表 $((p_1,e_1),(p_2,e_2),\cdots,(p_n,e_n))$ 进行表示，它的每个元素有两个数据项（系数和指数）。例如：

$A(x)=7+3x+9x^8+5x^{17}$ 可以表示为线性表 $L_A=((7,0),(3,1),(9,8),(5,17))$。

$B(x)=8x+22x^7-9x^8$ 可以表示为 $L_B=((8,1),(22,7),(-9,8))$。

（2）线性表如何存储？在实际应用程序中选用哪一种，应根据实际需要权衡而定。由于程序要处理的一元多项式项数变化可能较大，且实现一元多项式的运算需要频繁进行插入和删除操作，因此本书采用链表作为存储结构。

线性表 $L_A=((7,0),(3,1),(9,8),(5,17))$ 的链式存储结构如图 2-26 所示。

图 2-26　线性表 $L_A$ 的链式存储结构图

线性表 $L_B=((8,1),(22,7),(-9,8))$ 的链式存储结构如图 2-27 所示。

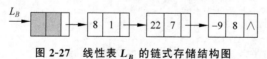

图 2-27　线性表 $L_B$ 的链式存储结构图

（3）在链表中编写算法，实现一元多项式的运算。例如，一元多项式的相加就是由 $L_A$ 和 $L_B$ 链表得到如图 2-28 所示的和链表。

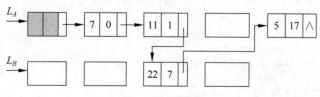

图 2-28　和链表

一元多项式的相加算法的基本思路：在两个多项式链表中，将所有指数相同的结点的对应系数相加，若和不为零，则构成"和多项式"链表中的一项；将指数不相同的结点均对应移到"和多项式"链表中。

一元多项式线性表的数据元素类型定义如下。

```java
class DATATYPE {
    public float coef;
    // 系数域
    public int expn;
    // 指数域
    // 两个参数构造器
    public DATATYPE(float val1, int val2) {
        coef = val1;
        // 系数域等于第一个参数值
        expn = val2;
        // 指数域等于第二个参数值
    }
    // 无参构造器
    public DATATYPE() {
        coef = 0;
        // 系数域等于0
        expn = 0;
        // 指数域等于0
    }
}
```

在一元多项式运算系统中,一元多项式的相加、相减、相乘等功能的实现代码如下。

```java
class 一元多项式 {
    static LinkList < DATATYPE > addpoly(LinkList < DATATYPE > La, LinkList < DATATYPE > Lb) {
        // LinkList 定义见本章 2.3.3 节
        // 此方法正常执行的前提是 La 和 Lb 均为有序一元多项式,指数项从小到大排列
        if (La == null || La.head.next == null)
            return Lb;
        if (Lb == null || Lb.head.next == null)
            return La;
        DATATYPE data1 = new DATATYPE();
        // 调用 DATATYPE()建立对象 data1:系数为 0,指数为 0
        Node < DATATYPE > pa = new Node < DATATYPE >(data1);     // Node 定义见本章 2.3.3 节
        // 建立 Node < DATATYPE > pa
        Node < DATATYPE > pb = new Node < DATATYPE >(data1);
        // 建立 Node < DATATYPE > pb
        Node < DATATYPE > pc = new Node < DATATYPE >(data1);
        DATATYPE data2;
        Node < DATATYPE > pd;
        // 建立 Node < DATATYPE > pc
        LinkList < DATATYPE > Lc = new LinkList < DATATYPE >();
        pc = Lc.head;
        // pc 指向 Lc 头结点
        pa = La.head.next;
        // pa 指向 La 第一个结点
        pb = Lb.head.next;
        // pb 指向 Lb 第一个结点
        int a, b;
        float x;
        while (pa != null && pb != null) {
            a = pa.data.expn;
```

```
        // a 为 La 当前结点指数
        b = pb.data.expn;
        // b 为 Lb 当前结点指数
        if (a < b) {
            data2 = new DATATYPE(pa.data.coef, pa.data.expn);
            pd = new Node < DATATYPE >(data2);
            pc.next = pd;
            // 和多项式当前结点 next 指向 pd
            pc = pd;
            // pc 往前走一步
            pa = pa.next;
            // pa 往前走一步
        } else if (a == b) {
            x = pa.data.coef + pb.data.coef;
            // 指数相等, 系数相加
            pb = pb.next;
            // pb 往前走一步
            if (x != 0)
            {
                data2 = new DATATYPE(x, pa.data.expn);
                pd = new Node < DATATYPE >(data2);
                pc.next = pd;
                pc = pd;
                // 新建一个结点, 并插入和链表中
                pa = pa.next;
            } else {
                pa = pa.next;
                // pa 往前走一步
            }
        } else {
            // a > b
            data2 = new DATATYPE(pb.data.coef, pb.data.expn);
            pd = new Node < DATATYPE >(data2);
            // 新建一个结点, 并插入和链表中
            pc.next = pd;
            // 和多项式当前结点 next 指针 pd
            pc = pd;
            // pc 往前走一步
            pb = pb.next;
            // pb 往前走一步
        }
        if (pa != null)
            pc.next = pa;
        // 若 La 未处理完
        else
            pc.next = pb;
        // 若 Lb 未处理完
    }
    return Lc;
}

static LinkList < DATATYPE > multpolypoly(LinkList < DATATYPE > La, LinkList < DATATYPE >
Lb) {
    // 多项式乘法
```

```
            LinkList < DATATYPE > Lc = new LinkList < DATATYPE >();
            LinkList < DATATYPE > Ld = new LinkList < DATATYPE >();
            // 新建多项式 Lc
            Node < DATATYPE > pa = new Node < DATATYPE >();
            // 建立 Node < DATATYPE > pa
            pa = La.head.next;
            while (pa != null) {
                Ld = multiitempoly(pa.data, Lb);
                Lc = addpoly(Lc, Ld);
                pa = pa.next;
            }
            return Lc;
        }
        static LinkList < DATATYPE > multiitempoly(DATATYPE item, LinkList < DATATYPE > La) {
            // 此方法正常执行的前提是 La 为有序一元多项式,指数项从小到大排列
            DATATYPE data1 = new DATATYPE();
            // 调用 DATATYPE()建立对象 data1,系数为 0,指数为 0
            DATATYPE data2;
            Node < DATATYPE > pa = new Node < DATATYPE >(data1);
            // 建立 Node < DATATYPE > pa
            Node < DATATYPE > pc = new Node < DATATYPE >(data1);
            Node < DATATYPE > pd;
            // 建立 Node < DATATYPE > pc
            LinkList < DATATYPE > Lc = new LinkList < DATATYPE >();
            pc = Lc.head;
            // pc 指向 Lc 头结点
            pa = La.head.next;
            // pa 指向 La 第一个结点
            int a;
            float x;
            while (pa != null) {
                a = pa.data.expn + item.expn;
                // 指数相加
                x = pa.data.coef * item.coef;
                // 系数相乘
                if (x != 0) {
                    data2 = new DATATYPE(x, a);
                    pd = new Node < DATATYPE >(data2);
                    pc.next = pd;
                    pc = pd;
                }
                pa = pa.next;
            }
            return Lc;
        }
        static LinkList < DATATYPE > subpoly(LinkList < DATATYPE > La, LinkList < DATATYPE > Lb) {
            // 多项式相减
            LinkList < DATATYPE > Lc = new LinkList < DATATYPE >();
            LinkList < DATATYPE > Ld;
            DATATYPE item = new DATATYPE( - 1, 0);
            Ld = multiitempoly(item, Lb);
            Lc = addpoly(La, Ld);
            return Lc;
        }
```

```
// 获取字符串
static String GetString(LinkList < DATATYPE > L) {
    String a = "";
     // 判断链表是否为空
    if (L. head. next == null) {
        a = "多项式为空";
    }
    Node < DATATYPE > p = L. head. next;    // 令 p 指向第一个结点
    int i = 1;
    while (p != null){                      // 输出链表的各个元素
        if (i == 1)
            a = a + p. data. coef + "X^" + p. data. expn;
        else if (p. data. coef > 0)
            a = a + " + " + p. data. coef + "X^" + p. data. expn;
        else
            a = a + p. data. coef + "X^" + p. data. expn;
        p = p. next;
        i++;
    }
    return a;
}
```

# 本章小结

　　本章首先介绍了逻辑结构线性表的定义、特点以及线性表抽象数据类型。然后介绍了线性表的两种存储方式：顺序存储和链式存储，基于顺序表和带头结点单链表这两种存储方式实现了线性表抽象数据类型中定义的基本操作，并比较了这两种存储结构的优缺点。接着介绍了单向循环链表、双向链表、双向循环链表、静态链表等 4 种存储结构，并进一步介绍了 Java 基础类中的 java. util. ArrayList 和 java. util. LinkedList 的构造方法及一些常用的方法，供读者分析比较。最后介绍了线性表的应用，讲述如何利用线性表开发一元多项式运算系统。

# 习题 2

在线测试

## 一、选择题

1. 在一个长度为 $n$ 的顺序表中删除第 $i$ 个元素（$0 < i < n$）时，需要向前移动（　　　）个元素。

　　A. $n-i$　　　　　　B. $n-i+1$　　　　　　C. $n-i+1$　　　　　D. $i+1$

2. 当线性表采用链式存储时，其地址（　　　）。

　　A. 必须是连续的　　　　　　　　B. 一定是不连续的

　　C. 部分地址必须连续　　　　　　D. 连续与否均可以

3. 在一个长度为 $n$ 的顺序表中,向顺序表的第 $i$ 个位置($0<i<n+1$)插入一个新元素时,需要向后移动( )个元素。

    A. $n-i$      B. $n-i+1$      C. $n-i-1$      D. $i+1$

4. 顺序表的第一个元素的存储地址是 90,每个元素的长度是 2,则第 6 个元素的存储地址是( )。

    A. 98      B. 100      C. 102      D. 106

5. 在顺序表 $(a_1,\cdots,a_n)$ 中,删除任意一个元素(删除概率相等)所需移动元素的平均移动次数为( )。

    A. $n$      B. $n/2$      C. $(n-1)/2$      D. $(n+1)/2$

6. 若某链表中最常用的操作为在最后一个结点之后插入一个结点和删除最后一个结点,则采用( )存储方式最节省时间。

    A. 双链表                          B. 单链表
    C. 单循环链表                   D. 带头结点的双循环链表

7. 非空的单向循环链表 head 的尾结点 $p$ 满足( )。

    A. $p.\text{next}==\text{head}$             B. $p.\text{next}==\text{NULL}$
    C. $p==\text{NULL}$                  D. $p==\text{head}$

8. 链表不具有的特点是( )。

    A. 可以随机访问任一元素         B. 插入和删除不需要移动元素
    C. 不必事先估计存储空间         D. 所需空间与线性表长度成正比

9. 从表中任意结点出发,都能扫描整个表的是( )。

    A. 单链表      B. 顺序表      C. 循环链表      D. 静态链表

10. 在线性表的下列存储结构中,读取元素耗费的时间最少的是( )。

    A. 单链表      B. 双链表      C. 循环链表      D. 顺序表

11. 在一个单链表中,若删除 $p$ 所指向结点的后继结点,则执行( )。

    A. $p.\text{next}=p.\text{next}.\text{next};$      B. $p=p.\text{next};p.\text{next}=p.\text{next}.\text{next};$
    C. $p=p.\text{next};$                      D. $p=p.\text{next}.\text{next};$

12. 已知引用 $p$ 和 $q$ 分别指向某单链表中的第一个结点和最后一个结点。假设引用 $s$ 指向另一个单链表中的某个结点,则在 $s$ 所指结点之后插入上述链表应执行的语句为( )。

    A. $q.\text{next}=s.\text{next};s.\text{next}=p;$      B. $s.\text{next}=p;q.\text{next}=s.\text{next};$
    C. $p.\text{next}=s.\text{next};s.\text{next}=q;$      D. $s.\text{next}=q;p.\text{next}=s.\text{next};$

13. 以下关于线性表的说法,正确的是( )。

    A. 线性表的顺序存储结构优于链表存储结构
    B. 线性表的顺序存储结构适用于频繁插入、删除数据元素的情况
    C. 线性表的链表存储结构适用于频繁插入、删除数据元素的情况
    D. 线性表的链表存储结构优于顺序存储结构

14. 在一个单链表中,已知 $q$ 所指结点是 $p$ 所指结点的前驱结点,若在 $q$ 和 $p$ 之间插入一个结点 $s$,则执行( )。

    A. $s.\text{next}=p.\text{next};p.\text{next}=s;$      B. $p.\text{next}=s.\text{next};s.\text{next}=p;$
    C. $q.\text{next}=s;s.\text{next}=p;$         D. $p.\text{next}=s;s.\text{next}=q;$

15. 在头引用为 head 且表长大于 1 的单循环链表中,引用 $p$ 指向表中的某个结点,若 $p.\,\text{next.}\,\text{next}==\text{head}$,则(　　)。

  A. $p$ 指向头结点      B. $p$ 指向尾结点

  C. $p$ 的直接后继是头结点   D. $p$ 的直接后继是尾结点

**二、填空题**

1. 线性表是最简单、最常用的一种数据结构。线性表中的元素存在着＿＿＿＿＿＿的关系。

2. 线性表中有且仅有一个开始结点,表中有且仅有一个终端结点。除开始结点外,其他每个元素有且仅有一个＿＿＿＿＿＿；除终端结点外,其他每个元素有且仅有一个＿＿＿＿＿＿。

3. 线性表是 $n(n{\geqslant}0)$ 个数据元素的＿＿＿＿＿＿。其中,$n$ 为数据元素的个数,定义为线性表的＿＿＿＿＿＿。$n=0$ 的表称为＿＿＿＿＿＿。

4. 单链表不要求逻辑上相邻的存储单元在物理上也一定要相邻。它是分配一些＿＿＿＿＿＿的存储单元来存储线性表中的数据元素,这些存储单元可以分散在内存中＿＿＿＿＿＿的位置上,它们在物理上可以是一片连续的存储单元,也可以是＿＿＿＿＿＿的。

5. 线性表的链式存储结构的每个结点需要包括两个部分:一部分用来存放元素的数据信息,称为结点的＿＿＿＿＿＿；另一部分用来存放元素的指向直接后继元素的引用(即直接后继元素的地址信息),称为＿＿＿＿＿＿。

6. 如果将单链表最后一个结点的引用域改为存放链表中的头结点的地址值,则构成了＿＿＿＿＿＿。

7. 为了能够快速地查找到线性表元素的直接前驱,可在每个元素的结点中再增加一个指向其前驱的引用域,这样就构成了＿＿＿＿＿＿。

8. 双向链表某结点的引用 $p$,它所指向结点的后继的前驱与前驱的后继都是＿＿＿＿＿＿。

**三、判断题**

1. 在具有头结点的链式存储结构中,头引用指向链表中的第一个数据结点。　　(　　)

2. 顺序存储的线性表不可以随机存取。　　(　　)

3. 单链表不是一种随机存储结构。　　(　　)

4. 顺序存储结构线性表的插入和删除操作所移动元素的个数与该元素的位置无关。

(　　)

5. 顺序存储方式只能用于存储线性结构。　　(　　)

6. 在线性表的顺序存储结构中,逻辑上相邻的两个元素在物理位置上不一定是相邻的。

(　　)

**四、综合题**

1. 有两个带头结点的单向循环链表,链头引用分别为 $L_1$ 和 $L_2$,要求写出算法将 $L_2$ 链表连接到 $L_1$ 链表之后,且连接后仍保持循环链表形式。

2. 设一个带头结点的单向链表的头引用为 head。设计一个算法,将链表的记录按照 data 域的值递增排序。

3. 设顺序表 va 中的数据元数递增有序。设计一个算法,将 x 插入顺序表的适当位置上,以保持该表的有序性。

4. 已知线性表中的元素以值递增有序排列,并以带头结点的单链表作为存储结构。设计一个算法,删除表中所有大于 $x$ 且小于 $y$ 的元素(若表中存在这样的元素)。

5. 在带头结点的单向循环链表 $L$ 中,结点的数据元素为整型,且按值递增有序存放。给定两个整数 $a$ 和 $b$,且 $a<b$,编写算法删除链表 $L$ 中元素值大于 $a$ 且小于 $b$ 的所有结点。

**五、实验题**

1. 采用顺序存储方式,建立线性表(12,13,24,28,30,42,77)并输出。在线性表的第 5 个位置插入数据元素 25,然后删除线性表中的第 4 个数据元素,输出变化后的线性表并清空线性表。

2. 采用链式存储方式,建立线性表(12,13,24,28,30,42,77)并输出。在线性表的第 5 个位置插入数据元素 25,然后删除线性表中的第 4 个数据元素,输出变化后的线性表并清空线性表。

# 第3章

# 栈和队列

CHAPTER 3

**本章学习目标**
- 理解栈和队列的基本概念
- 掌握顺序栈和链栈的各种操作实现
- 掌握链队列和循环队列的各种操作实现
- 学会利用栈和队列解决应用问题

栈和队列是非常重要的两种数据结构,在软件设计中的应用很多。栈和队列也是线性结构,线性表、栈和队列这3种数据结构的数据元素以及数据元素间的逻辑关系完全相同,区别在于线性表的操作不受限制,而栈和队列的操作受到限制。栈的操作只能在表的一端进行;队列的插入操作在表的一端进行,而其他操作在表的另一端进行。因此,将栈和队列称为操作受限的线性表。

视频讲解

# 3.1　栈的基本概念

## 3.1.1　栈的相关定义

### 1. 栈

栈(stack)是只允许在表尾端进行插入和删除的线性表。

在插入数据元素时,新插入的数据元素 e 只能处于线性表的表尾,如图 3-1 所示。

在删除数据元素时,只能删除线性表的表尾元素,如图 3-2 所示。

$$(a_1, a_2, \cdots, a_n) \Longrightarrow (a_1, a_2, \cdots, a_n, e) \qquad\qquad (a_1, a_2, \cdots, a_{n-1}, a_n) \Longrightarrow (a_1, a_2, \cdots, a_{n-1})$$

　　　图 3-1　插入数据元素　　　　　　　　　　图 3-2　删除数据元素

### 2. 栈顶和栈底

表尾端为栈顶(top),表头端为栈底(bottom)。

### 3. 进栈和出栈

栈的插入操作称为入栈或进栈(push),栈的删除操作称为出栈或退栈(pop)。

### 4. LIFO

最后入栈的数据元素最先出栈,最先入栈的数据元素最后出栈。因此,栈也被称为"后进先出"(Last In First Out,LIFO)的线性表。

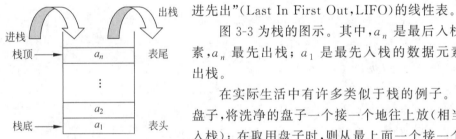

图 3-3　栈的图示

图 3-3 为栈的图示。其中,$a_n$ 是最后入栈的数据元素,$a_n$ 最先出栈;$a_1$ 是最先入栈的数据元素,$a_1$ 最后出栈。

在实际生活中有许多类似于栈的例子。例如,刷洗盘子,将洗净的盘子一个接一个地往上放(相当于将元素入栈);在取用盘子时,则从最上面一个接一个地往下拿(相当于将元素出栈)。

## 3.1.2　栈的抽象数据类型

```
ADT Stack{
数据对象:D = {a_i | a_i ∈ ElemSet, i = 1, 2, …, n, n≥0}
数据关系:R = {< a_{i-1}, a_i > | a_{i-1}, a_i ∈ D, i = 2, …, n}
基本操作:
(1) int Count():求栈的长度。
操作结果:返回栈中数据元素的个数。
(2) boolean IsEmpty():判断栈是否为空。
操作结果:如果栈为空,则返回 TRUE,否则,返回 FALSE。
(3) Clear():清空操作。
操作结果:使栈为空。
(4) Push(T item):入栈操作。
操作结果:将值为 item 的新的数据元素添加到栈顶,栈发生变化。
(5) T Pop():出栈操作。
初始条件:栈不为空。
```

操作结果：将栈顶元素从栈中取出，栈发生变化。

（6）$T$ GetTop( )：取栈顶元素。

初始条件：栈不为空。

操作结果：返回栈顶元素的值，栈不发生变化。

   }

关于栈抽象数据类型中 $D$ 的说明：$D$ 是 $n$ 个数据元素的集合，$D$ 是 ElemSet 的子集。ElemSet 表示某个集合，集合中的数据元素类型相同，如整数集、自然数集等。

关于栈抽象数据类型中 $R$ 的说明：$R$ 是数据元素之间关系的集合，$<a_{i-1}, a_i>$ 表示 $a_{i-1}$ 和 $a_i$ 之间互为前驱和后继的逻辑关系。约定 $a_n$ 端为栈顶，$a_1$ 端为栈底。

栈的数据对象和数据关系与线性表相同。

关于栈抽象数据类型中基本操作的说明：

（1）栈的数据元素类型用 $T$ 表示，$T$ 可以是原子类型，也可以是结构类型。整型用 int 表示，逻辑型用 boolean 表示。

（2）栈的基本操作是定义于逻辑结构上的基本操作，是向使用者提供的使用说明。基本操作只有在存储结构确定之后才能实现。如果栈采用的存储结构不同，则栈的基本操作实现算法也不相同。

（3）基本操作的种类和数量可以根据实际需要决定。但是，栈是操作受限的线性表，不能任意地定义基本操作。例如，不能在栈的第 $i$ 个位置插入数据元素。

（4）基本操作名称，形式参数数量、名称、类型，返回值类型等由设计者决定。使用者根据设计者的设计规则使用基本操作。

在 Java 程序设计语言中，用接口表示栈的抽象数据类型如下。

```
interface IStack < T > {
    int Count();            // 求栈的长度
    boolean IsEmpty();      // 判断栈是否为空
    void Clear();           // 清空操作
    void Push(T item);      // 入栈操作
    T Pop();                // 出栈操作
    T GetTop();             // 取栈顶元素
}
```

与线性表相同，栈也有两种存储方式：顺序存储和链式存储。

# 3.2 栈的顺序存储

## 3.2.1 栈的顺序存储定义

将栈的数据元素存放在一组地址连续的存储单元中。假设每个元素占用 $l$ 个存储单元，栈中第一个元素（即栈底元素）的存储地址是 $LOC(a_1)=b$，那么栈中最后一个元素（即栈顶元素）的存储地址是多少？

栈中第一个元素的存储地址是 $b$，第二个元素的存储地址是 $b+l$，第三个元素的存储地址是 $b+2l$，…，以此类推，第 $n$ 个元素的存储地址是 $b+(n-1)l$，如图 3-4 所示。栈的顺序存储结构简称顺序栈。

在 Java 语言的层面上讨论时,栈的顺序存储是将栈的数据元素自栈底至栈顶放在一维数组中。同时,附设一个 top 指示器指向栈顶元素,如图 3-5 所示。top 的值就是栈顶元素在数组中的下标。也可以让 top 指示器指向栈顶元素的下一个位置。

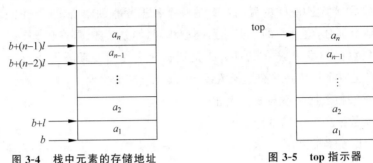

图 3-4    栈中元素的存储地址                图 3-5    top 指示器

## 3.2.2    顺序栈基本操作分析

### 1. 进栈操作

进栈操作即插入元素 $e$ 为新的栈顶元素。栈的插入操作是往栈顶位置插入(即表尾位置),所以不需要移动数据元素,直接插入即可。

进栈操作的步骤如下:

(1) 令 top 值加 1。

(2) 令栈顶元素等于 $e$。

进栈操作如图 3-6 所示。

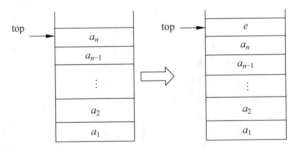

图 3-6    进栈操作

### 2. 出栈操作

出栈操作即删除 $S$ 的栈顶元素并返回其值。栈的删除操作是删除栈顶元素,所以不需要移动数据元素,直接删除即可。

出栈操作的步骤如下:

(1) 令变量=栈顶元素。

(2) 令 top 值减 1,并返回变量的值。

出栈操作如图 3-7 所示。

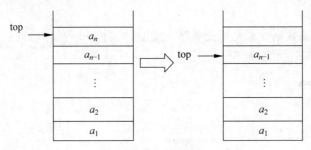

图 3-7　出栈操作

### 3.2.3　顺序栈源码实现

#### 1．顺序栈类的实现

（1）定义顺序栈类 SeqStack$<T>$，实现接口 IStack$<T>$。

public class SeqStack$<$T$>$ implements IStack$<$T$>$

（2）创建顺序栈类 SeqStack$<T>$中的属性成员。

```
public class SeqStack<T> implements IStack<T> {
    public T[] data;                //数组,用于存储顺序栈中的数据元素
    public int maxsize;             //顺序栈的容量
    public int top;                 //指示顺序栈的栈顶,值是栈顶元素在数组中的下标
}
```

关于属性成员的几点说明：

① Java 语言中的数组在内存中占用的存储空间是一组地址连续的存储单元。因此，在 Java 虚拟处理器中考虑问题时，认为栈的顺序存储就是将栈的数据元素存放到数组中。

② maxsize 表示数组的容量。数组的容量可以用 data 的 Length 属性即 data. length 来表示，但为了说明顺序栈的最大长度（顺序栈的容量），在 SeqStack$<T>$类中用字段 maxsize 来表示。

③ top 指示顺序栈的栈顶，值是栈顶元素在数组中的下标。

（3）创建顺序栈类 SeqStack$<T>$的构造方法。

```
public SeqStack(int size){
    data = (T[])new Object[size];;   //类型为 T、长度为 size 的数组存放栈中元素
    maxsize = size;                  //栈的容量等于数组长度
    top = -1;                        //空栈 top 的值为-1
}
```

#### 2．基本操作的实现

（1）求顺序栈的长度。

由于数组是 0 基数组，即数组的最小索引为 0，因此，顺序栈的长度就是栈中最后一个元素的索引 top 加 1。

求顺序栈长度的算法实现如下。

```
public int Count(){
    return top + 1;
}
```

（2）清空操作。

清除顺序栈中的数据元素是指使顺序栈为空,此时 top 等于-1。

清空顺序栈的算法实现如下。

```java
public void Clear(){
    top = - 1;
}
```

（3）判断顺序栈是否为空。

如果顺序栈的 top 为-1,则顺序栈为空,返回 true；否则,返回 false。

判断顺序栈是否为空的算法实现如下。

```java
public boolean IsEmpty(){
    if (top == - 1)
        return true;
    else
        return false;
    }
```

（4）判断顺序栈是否为满。

如果顺序栈为满,top 等于 maxsize-1,则返回 true；否则,返回 false。

判断顺序栈是否为满的算法实现如下。

```java
public boolean IsFull(){
  if (top == maxsize - 1)
    return true;
  else
    return false;
}
```

（5）入栈操作。

入栈操作是指在顺序栈未满的情况下,先使栈顶指示器 top 加 1,然后在栈顶添加一个新元素。

入栈操作的算法实现如下。

```java
public void Push(T item){
    if(top == maxsize - 1){                   //栈满
        System.out.println("Stack is full");  //提示信息
        return;
    }
    data[++top] = item;                       //先使栈顶指示器 top 加 1,然后在栈顶添加一个新元素
}
```

（6）出栈操作。

顺序栈的出栈操作是指在栈不为空的情况下,使栈顶指示器 top 减 1。

出栈操作的算法实现如下。

```java
public T Pop(){
    T tmp ;                                   //T 类型 tmp
    if (IsEmpty()){
        throw new RuntimeException("栈为空,无法删除" );
      }
  tmp = data[top];                            //栈非空, tmp 等于栈顶元素
  top -- ;                                    //栈顶指示器减 1
```

```
    return tmp;                          //返回 tmp
}
```

（7）取栈顶元素。

如果顺序栈不为空,则返回栈顶元素的值;否则,返回特殊值,表示栈为空。

取栈顶元素操作的算法实现如下。

```
public T Getop(){
    T tmp ;                              //T 类型 tmp
    if (IsEmpty()){
        throw new RuntimeException("栈为空,无法删除" );
    }
    tmp = data[top];                     //栈非空, tmp 等于栈顶元素
    //没有栈顶指示器减 1
    return tmp;                          //返回 tmp
}
```

### 3.2.4  Java 基础类库中的顺序栈

Java 语言的推出者设计开发了顺序栈类 java. util. Stack,供应用程序员使用。在开发软件时,可以利用继承和覆盖技术在 java. util. Stack 的基础上开发新的顺序栈类,以便切合软件的实际功能需求。java. util. Stack 中的部分构造和普通方法如表 3-1 和表 3-2 所示,读者可以结合 java. util. Stack 源代码与本书中的 SeqStack 栈比较。

表 3-1  构造方法及功能说明

| 构 造 方 法 | 功 能 说 明 |
| --- | --- |
| Stack() | 创建一个空堆栈 |

表 3-2  普通方法及功能说明

| 返回值类型 | 普 通 方 法 | 功 能 说 明 |
| --- | --- | --- |
| boolean | empty() | 测试堆栈是否为空 |
| T | peek() | 查看堆栈顶部的对象,但不从堆栈中移除它 |
| T | pop() | 移除堆栈顶部的对象,并作为此函数的值返回该对象 |
| T | push(T item) | 将数据元素压入堆栈顶部 |
| int | search(Object o) | 返回对象在堆栈中的位置,以 1 为基数 |

## 3.3  栈的链式存储

### 3.3.1  栈的链式存储定义

栈的另一种存储方式是链式存储,即将栈中的数据元素存放在一组任意的存储单元中,简称为链栈(linked stack)。链栈通常用单链表来表示,它的实现是单链表的简化。因此,链栈结点的结构与单链表结点的结构相同,如图 3-8 所示。

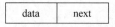

图 3-8  链栈结点

由于链栈的操作只是在一端进行,因此为了操作方便,将栈顶设在链表的头部,并且不需要头结点。栈$(a_1,a_2,a_3,a_4,a_5,a_6)$的链式存储结构如图 3-9 所示。

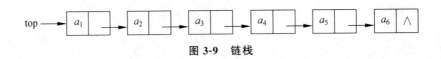

图 3-9    链栈

### 3.3.2    链栈源码实现

链栈用单链表来表示,其结点结构与单链表结点结构相同,因此这里仍然采用单链表中定义的结点类(Node<$T$>)作为链栈中的结点类。

定义链栈泛型类 LinkStack<$T$>,实现接口 IStack<$T$>。在 LinkStack<$T$>类中,用字段 top 表示栈顶结点地址。由于链栈的栈顶指示器不能指示栈的数据元素的个数,因此,在求链栈的长度时,必须将栈中的数据元素一个一个计数,每前进一步就将计数器增加 1,直至到达栈底。这种算法的时间复杂度比较高,为此需要在 LinkStack<$T$>类中增设字段 num 表示链栈中结点的个数,以牺牲空间效率换取求长度等操作时间效率的提高。

链栈泛型类 LinkStack<$T$>中的属性成员和构造方法如下。

```
public class LinkStack<T> implements IStack<T>{
    public Node<T> top;                    // 栈顶指示器
    public int num;                        // 栈中结点的个数
     // 构造器
    public LinkStack(){
        top = null;
        num = 0;
    }
    // 其他方法
}
```

在 Java 语言中,一个基本操作表现为类中的一个方法。LinkList<$T$>类除了必须实现接口 IListDS<$T$>中的方法外,还可添加一些另外的成员方法。链栈基本操作的实现如下。

(1) 求链栈的长度。

num 的大小表示链栈中数据元素的个数,通过返回 num 的值可以求链栈的长度。求链栈长度的算法实现如下。

```
public int GetLength() {
    return num;
}
```

(2) 清空操作。

清空操作是指清除链栈中的结点,使链栈为空。此时,栈顶指示器 top 等于 null,并且 num 等于 0。清空链栈的算法实现如下。

```
public void Clear(){
    top = null;
    num = 0;
}
```

(3) 判断链栈是否为空。

如果链栈的栈底指示器为 null 且 num 等于 0,则链栈为空,返回 true;否则,返回 false。判断链栈是否为空的算法实现如下。

```
public boolean IsEmpty(){
```

```
    if ((top == null) && (num == 0))
        return true;
    else
        return false;
}
```

（4）入栈操作。

链栈的入栈操作是指在栈顶添加一个新结点，top 指向新的结点，num 加 1，栈发生变化。入栈操作的算法实现如下。

```
public void Push(T item) {
    Node<T> q = new Node<T>(item);
    if (top == null)
        top = q;
    else {
        q.next = top;
        top = q;
    }
    ++num;
}
```

（5）出栈操作。

出栈操作是指在栈不为空的情况下，先取出栈顶结点的值，然后将栈顶指示器指向栈顶结点的直接后继结点，使其成为新的栈顶结点，num 减 1，栈发生变化。

出栈操作的算法实现如下。

```
public T Pop() {
    if (IsEmpty()) {
        throw new RuntimeException("Stack is empty!");
    }
    Node<T> p = top;
    top = top.next;
    -- num;
    return p.data;
}
```

（6）取栈顶元素。

如果链栈不为空，则返回栈顶结点的值；否则，抛出异常，栈不发生变化。

取栈顶元素操作的算法实现如下。

```
public T GetTop() {
    if (IsEmpty()) {
        throw new RuntimeException("Stack is empty!");
    }
    return top.data;
}
```

# 3.4 栈的应用举例

由于栈结构具有后进先出的固有特性，因此栈成为程序设计的有力工具。本节讨论两个栈应用的典型示例。

### 3.4.1　数制转换

十进制与其他数制的转换是计算机实现计算的基本问题,下面以十进制和八进制为例讲解如何转换。

#### 1. 八进制转换为十进制

$(2504)_8 \Rightarrow (1348)_{10}$

该数制转换的运算过程如下。

$(2504)_8 = 4 \times 8^0 + 0 \times 8^1 + 5 \times 8^2 + 2 \times 8^3 = 4 + 0 + 5 \times 64 + 2 \times 512 = 4 + 320 + 1024$
$= (1348)_{10}$

怎样利用计算机来完成这个过程?

要求:输入一个任意八进制整数,打印输出与其等值的十进制数。

该过程实现较为简单,可以考虑利用堆栈实现。将八进制的各个数位依次入栈并出栈,出栈时乘以各个数位的权值,然后求加权和即可得到与其等值的十进制数。八进制转换为十进制的代码如下。

```java
public static void OtoD() throws IOException {
    System.out.println("请输入八进制数,按 Enter 键结束:");
    char c;
    int n = 0;
    int dec = 0, i = 0;
    SeqStack< Integer > s = new SeqStack< Integer >(15);
    while ((c = (char) System.in.read()) != '\r') {
    // 从键盘读取字符,遇到 Enter 键则跳出循环
        s.Push(c - '0');                        // 数字字符转换为整型数入栈
    }
    while (!s.IsEmpty()) {
        n = s.Pop();
        dec = dec + n * (int) Math.pow(8, i);
        i = i + 1;
    }
    System.out.println("转换的十进制数是:" + dec);
}
```

#### 2. 十进制转换为八进制

$(1348)_{10} \Rightarrow (2504)_8$

该进制转换的运算过程如下。

| $N$ | $N$ div 8 | $N$ mod 8 |
|---|---|---|
| 1348 | 168 | 4 |
| 168 | 21 | 0 |
| 21 | 2 | 5 |
| 2 | 0 | 2 |

怎样利用计算机来完成这个过程?

要求:输入一个任意十进制整数,打印输出与其等值的八进制数。

计算过程:从低位到高位顺序产生八进制的各个数位 4、0、5、2。

输出:从高位到低位输出各个数位 2、5、0、4。

这个过程符合后产生先输出的原则,可以考虑利用堆栈实现,具体代码如下。

```java
public static void DtoO() {
    int n;
    System.out.println("请输入要转换的十进制数:");
    Scanner reader = new Scanner(System.in);
    // 实例化 Scanner 类对象 reader
    // 调用 reader 对象的相应方法,读取键盘数据
    n = reader.nextInt();
    SeqStack < Integer > s = new SeqStack < Integer >(15);
    // 产生的各个余数位依次入栈
    while (n > 0) {          // 商等于 0 时退出循环
        s.Push(n % 8);      // 余数位入栈
        n = n / 8;          // 整型数相除,结果只保留整数
    }
    // 输出栈中元素,最后产生的余数位最先输出
    System.out.println("转换的八进制数是:");
    while (!s.IsEmpty()) {
        n = s.Pop();
        System.out.print(n);
    }
    reader.close();
}
```

## 3.4.2　表达式求值

表达式求值是程序设计语言编译中的一个基本问题,其实现是栈应用的又一典型示例。

在 Java 语言中,任何一个表达式都是由操作数(operand)、运算符(operator)和界限符(delimiter)组成的。运算符和界限符合称算符。例如,算术表达式$(4+2)\times3-9/5$由操作数 $4$、$2$、$3$、$9$、$5$,运算符$+$、$-$、$\times$、$/$,界限符$($、$)$组成。

为了叙述简洁,本书仅讨论简单算术表达式的求值问题,这种算术表达式只含加、减、乘、除 4 种运算符,操作数是一位整数,读者不难由此推广到更一般的表达式上。简单算术表达式的运算规则如下。

(1) 先乘除,后加减。

(2) 同级运算时先左后右。

(3) 先括号内,后括号外。

根据上述 3 条规则,任意两个相继出现的运算符 $\theta_1$ 和 $\theta_2$ 之间的优先关系如表 3-3 所示,其中"♯"是表达式结束符。

表 3-3　运算符间的优先关系

| $\theta_2$ \ $\theta_1$ | $+$ | $-$ | $\times$ | $/$ | $($ | $)$ | ♯ |
|---|---|---|---|---|---|---|---|
| $+$ | > | > | < | < | < | > | > |
| $-$ | > | > | < | < | < | > | > |
| $\times$ | > | > | > | > | < | > | > |
| $/$ | > | > | > | > | < | > | > |
| $($ | < | < | < | < | < | = | 无 |
| $)$ | > | > | > | > | 无 | > | > |
| ♯ | < | < | < | < | < | 无 | = |

$\theta_1$ 和 $\theta_2$ 之间的优先关系通常为如下 3 种关系。

(1) $\theta_1 < \theta_2$: $\theta_1$ 的优先权低于 $\theta_2$。

(2) $\theta_1 = \theta_2$: $\theta_1$ 的优先权等于 $\theta_2$。

(3) $\theta_1 > \theta_2$: $\theta_1$ 的优先权高于 $\theta_2$。

在表 3-3 中,$\theta_1$ 和 $\theta_2$ 是相继出现的,先出现 $\theta_1$,后出现 $\theta_2$。$\theta_1$ 和 $\theta_2$ 可以是同一运算符。如果 $\theta_1$ 和 $\theta_2$ 都是两个加号,则第一个加号的优先权高。先做第一个加法运算,再做第二个加法运算。

在表 3-3 中,"♯"是表达式结束符,为了算法简洁,在表达式的最左边也虚设一个"♯"构成表达式的一对括号。表中的"("=")"表示当左、右括号相遇时,括号内的运算已完成,同理"♯"="♯"表示整个表达式求值完毕。表中的 3 处"无"表示在表达式中不允许它们相继出现,一旦遇到这种情况,表示出现了语法错误。在下面的讨论中,假设输入的表达式不会出现语法错误。

在处理表达式前,需要先设置两个栈。

(1) 操作数栈(OPRD)存放处理表达式过程中的操作数。

(2) 运算符栈(OPTR)存放处理表达式过程中的运算符。开始时,在运算符栈中的栈底压入一个表达式的结束符"♯"。

在处理表达式时,从左到右依次读出表达式中的各个符号(操作数或运算符),每读出一个符号后,根据运算规则进行如下处理。

(1) 假如是操作数,则将其压入 OPRD,并依次读下一个符号。

(2) 假如是运算符,则令 $\theta_1 =$ OPTR 栈顶运算符,$\theta_2 =$ 读出的运算符。根据 $\theta_1$ 和 $\theta_2$ 关系的不同,分以下 3 种情况分别处理。

① $\theta_1 < \theta_2$: $\theta_2$ 入 OPTR。

② $\theta_1 = \theta_2$: $\theta_1$ 出 OPTR,处理 $\theta_2$ 之后的下一运算符。

③ $\theta_1 > \theta_2$: $\theta_1$ 出 OPTR,操作数出 OPRD,计算 $a\theta_1 b$,计算结果入操作数栈,重新处理 $\theta_2$。其中,$b$ 为先出 OPRD 的操作数,$a$ 为后出 OPRD 的操作数。

(3) OPRD 中剩下的数就是计算结果。

**【例 3-1】** 写出求解表达式♯4+3×5♯时的堆栈变化情况。

分析:表达式的求解步骤如下。

(1) ♯入 OPTR,剩余表达式部分为 4+3×5♯。

(2) 4 入 OPRD,剩余表达式部分为+3×5♯。

(3) 因♯<+,+入 OPTR,剩余表达式部分为 3×5♯。

(4) 3 入 OPRD,剩余表达式部分为×5♯。

(5) 因+<×,×入 OPTR,剩余表达式部分为 5♯。

(6) 5 入 OPRD,剩余表达式部分为♯。

(7) 因×>♯,×出 OPTR,5 和 3 出 OPRD,计算 3×5=15,15 入 OPRD,继续处理♯。

(8) 因+>♯,+出 OPTR,15 和 4 出 OPRD,计算 4+15=19,19 入 OPRD,继续处理♯。

(9) 因♯=♯,♯出 OPTR。此时,表达式求值完毕。返回 Getop(OPRD),即 19。

堆栈变化情况如表 3-4 所示。

表 3-4　求解表达式♯4＋3×5♯时的堆栈变化情况

| 步　　骤 | OPTR | OPRD | 剩余表达式部分 |
|---|---|---|---|
| (1) | ♯ | | 4＋3×5♯ |
| (2) | ♯ | 4 | ＋3×5♯ |
| (3) | ♯,＋ | 4,3,5 | 3×5♯ |
| (4) | ♯,＋ | 4,3 | ×5♯ |
| (5) | ♯,＋,× | 4,3 | 5♯ |
| (6) | ♯,＋,× | 4,3,5 | ♯ |
| (7) | ♯,＋ | 4,15 | ♯ |
| (8) | ♯ | 19 | ♯ |
| (9) | | 19 | |

算术表达式求值的算法实现如下。

```
public static int EvaluateExpression() {
    SeqStack<Character> optr = new SeqStack<Character>(20);
    SeqStack<Integer> opnd = new SeqStack<Integer>(20);
    optr.Push('♯');
    char c = (char) System.in.read();
    char theta = '';
    int a = 0;
    int b = 0;
    while (c != '♯') {
        if ((c != '+') && (c != '-') && (c != '*') && (c != '/') && (c != '(') && (c != ')')) {
            optr.Push(c);
        } else {
            switch (Precede(optr.Getop(), c)) {
            case '<':
                optr.Push(c);
                c = (char) System.in.read();
                break;
            case '=':
                optr.Pop();
                c = (char) System.in.read();
                break;
            case '>':
                theta = optr.Pop();
                a = opnd.Pop();
                b = opnd.Pop();
                opnd.Push(Operate(a, theta, b));
                break;
            }
        }
    }
    return opnd.Getop();
}
```

上述算法调用了两个方法。其中，Precede 是判定 optr 栈顶运算符与读入运算符之间的优先级关系的方法，Operate 是进行二元运算的方法。这两个方法读者可作为练习自行实现。

视频讲解

# 3.5　队列的基本概念

## 3.5.1　队列的相关定义

### 1. 队列

队列(queue)是一种只允许在表尾端进行插入,在表头端进行删除的线性表。

插入数据元素时,新插入的数据元素 $e$ 只能处于线性表的表尾,如图 3-10 所示。

删除数据元素时,只能删除线性表的表头元素,如图 3-11 所示。

图 3-10　插入数据元素　　　　　　　　图 3-11　删除数据元素

### 2. 队头和队尾

队头(front)即表头,队尾(end)即表尾。

### 3. 入队列和出队列

入队列是队列的插入操作,出队列是队列的删除操作。

### 4. FIFO

队头元素 $a_1$ 是最先进队列的,也是最先出队列的;队尾元素 $a_n$ 是最后进队列的,因而也是最后出队列的。因此,队列也被称为“先进先出”(First In First Out,FIFO)线性表。

## 3.5.2　队列的抽象数据类型

```
ADT Queue{
数据对象: D = {a_i | a_i ∈ ElemSet, i = 1,2, ⋯, n, n ≥ 0}
数据关系: R = {< a_{i-1}, a_i > | a_{i-1}, a_i ∈ D, i = 2, ⋯, n}
基本操作 P:
(1) int Count(): 求队列的长度。
操作结果:返回队列中数据元素的个数。
(2) boolean IsEmpty(): 判断队列是否为空。
操作结果:如果队列为空,则返回 TRUE; 否则,返回 FALSE。
(3) Clear(): 清空操作。
操作结果:使队列为空。
(4) In(T item): 入队列操作。
操作结果:将值为 item 的新数据元素添加到队尾,队列发生变化。
(5) T Out(): 出队列操作。
初始条件:队列不为空。
操作结果:将队头元素从队列中取出,队列发生变化。
(6) T GetFront(): 取队头元素。
初始条件:队列不为空。
操作结果:返回队头元素的值,队列不发生变化。
}
```

关于队列抽象数据类型中 $D$ 的说明: $D$ 是 $n$ 个数据元素的集合, $D$ 是 ElemSet 的子集。ElemSet 表示某个集合,集合中的数据元素类型相同,如整数集、自然数集等。

关于队列抽象数据类型中 $R$ 的说明：$R$ 是数据元素之间关系的集合，$<a_{i-1},a_i>$ 表示 $a_{i-1}$ 和 $a_i$ 之间互为前驱和后继的逻辑关系。约定 $a_n$ 端为队尾，$a_1$ 端为队头。

队列的数据对象和数据关系与线性表是相同的。

关于队列抽象数据类型中基本操作的说明：

（1）队列中的数据元素类型用 $T$ 表示，$T$ 可以是原子类型，也可以是结构类型。整型用 int 表示，逻辑型用 boolean 表示。

（2）队列的基本操作是定义于逻辑结构上的基本操作，是向使用者提供的使用说明。基本操作只有在存储结构确定之后才能实现。如果队列采用的存储结构不同，则队列的基本操作实现算法也不相同。

（3）基本操作的种类和数量可以根据实际需要决定。但是，队列是操作受限的线性表，不能任意地定义基本操作。例如，不能在队列的第 $i$ 个位置插入数据元素。

（4）基本操作名称，形式参数数量、名称、类型，返回值类型等由设计者决定。使用者根据设计者的设计规则使用基本操作。

在 Java 程序设计语言中，用接口表示队列的抽象数据类型如下。

```
interface IQueue < T > {
    int Count();          // 求队列的长度
    boolean IsEmpty();    // 判断队列是否为空
    void Clear();         // 清空操作
    void In(T item);      // 入队列操作
    T Out();              // 出队列操作
    T GetFront();         // 取队头元素
}
```

与线性表相同，队列也有两种存储方式：顺序存储和链式存储。

# ⚷ 3.6　队列的链式存储

## 3.6.1　队列的链式存储定义

队列的链式存储是指将队列的数据元素存放在一组任意的存储单元中（编号可以不连续）。队列的链式存储结构简称链队列。

由于数据的存储没有规律，无法根据当前元素的地址算出它的后继元素的地址，因此无法确定它的后继元素。必须在数据元素后面附设一个引用，作为后继元素的地址。

队列 $q=(a_1,a_2,\cdots,a_n)$ 的链式存储结构如图 3-12 所示。

图 3-12　链队列

与线性表相同，为了操作方便，一般在第一个结点之前增加一个头结点。带头结点的链队列如图 3-13 所示。

头结点的类型与其他结点一样，分为数据部分和引用部分。头结点的数据部分为空，引

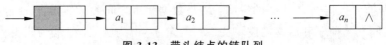

图 3-13　带头结点的链队列

用部分指向链队列的第一个数据元素结点。

　　只要知道头结点的地址,就能"顺藤摸瓜"确定队列的每一个数据元素。头结点的地址用 front 来表示,称 front 为队头引用。

　　因为队列的插入操作都是在队尾进行的,为了提高插入操作的效率,附设一个引用 rear 指示队尾元素的地址,称 rear 为队尾引用。以数据的冗余换取入队操作时间效率的提高。带尾引用的链队列如图 3-14 所示。

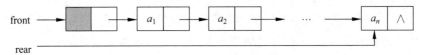

图 3-14　带尾引用的链队列

本教材链队列基本操作的实现指的是带尾引用的链队列基础上实现的。

## 3.6.2　链队列基本操作分析

视频讲解

### 1. 出队列

出队列即删除队列的第一个数据元素,令头结点的引用指向第二个结点,如图 3-15 所示。

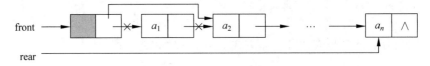

图 3-15　出队列操作

### 2. 入队列

入队列即插入 $e$ 为队列新的队尾元素,其操作步骤如下。

(1) 建立新结点 $s$,数据部分是 $e$,引用部分为 NULL。

(2) $a_n$ 引用指向结点 $s$。

(3) 队尾引用 rear 指向结点 $s$。

入队列操作如图 3-16 所示。

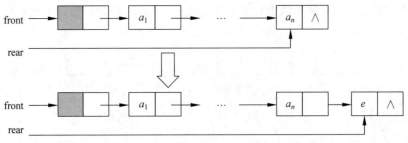

图 3-16　入队列操作

### 3.6.3 链队列源码实现

链队列用单链表来表示,其结点结构与单链表结点结构相同,因此这里仍然采用单链表中定义的结点类(Node<T>)作为链队列中的结点类。

定义链队列泛型类 LinkQueue<T>,实现接口 IQueue<T>。

本书用队头引用和队尾引用的组合来表示队列,即 LinkQueue<T>类中有两个引用 front 和 rear。

链队列泛型类 LinkQueue<T>中的属性成员和构造方法如下。

```
public class LinkQueue<T> implements IQueue<T> {
    // 链队列类 LinkQueue<T>
    public Node<T> front;        // 队头指示器
    public Node<T> rear;         // 队尾指示器
    // 无参构造器 ,构造了一个只有头结点的空队列
    public LinkQueue() {
        front = rear = new Node<T>();
        // 头结点数据域等于 T 类型默认值,引用域为空
    }
    //其他方法
}
```

在 Java 语言中,一个基本操作表现为类中的一个方法。LinkList<T>类除了必须实现接口 IQueue<T>中的方法外,还可添加一些另外的成员方法。链队列基本操作的实现如下。

(1) 求链队列的长度。

从队头引用开始,一个结点一个结点地计数,直到队尾。求链队列长度的代码如下。

```
public int Count() {
    Node<T> p = front;       // 新建结点 p 等于头引用
    int len = 0;             // len 值初始化为 0
    while (p != null) {
        ++len;
        p = p.next;
    }                        // 此循环执行完毕后, len 值为链表结点的个数(包含头结点)
    return len - 1;          // 链表结点的个数减 1 即为队列的元素个数
}
```

(2) 清空操作。

清空操作是指清除队列中的结点,使队列为空。当队列为空时,头引用 front. next 等于 null,rear 等于 front。清空操作如图 3-17 所示,具体代码如下。

```
public void Clear() {
    front.next = null;       // 令头引用 front.next 等于 null
    rear = front;
}
```

(3) 判断链队列是否为空。

队列非空和空的状态如图 3-18 所示。如果链队列的队头指示器等于队尾指示器,则表示链队列为空,返回 true; 否则,返回 false。判断链队列是否为空的代码如下。

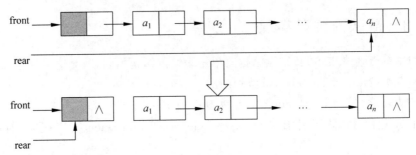

图 3-17 清空操作

```java
public boolean IsEmpty() {
    if (front == rear)
        return true;
    else
        return false;
}
```

(a) 队列非空

(b) 队列为空

图 3-18 队列非空和空状态示意图

当队列为空时,队头指示器 front 的引用域为空,代码也可以写成如下形式。

```java
public boolean IsEmpty() {
    if (front.next == null)
        return true;
    else
        return false;
}
```

(4) 入队操作。

链队列的入队操作是指在队尾添加一个新结点,队尾指示器 rear 指向新的结点。入队操作的算法实现如下。

```java
public void In(T item) {
    Node<T> q = new Node<T>(item);    // 建立新结点 q
    rear.next = q;                    // 最后一个结点的引用域指向新结点
    rear = q;                         // rear 指向新的结点
}
```

(5) 出队操作。

出队操作是指在链队列不为空的情况下,将第 1 个元素出队列。链队列头结点的引用域指向第二个结点,队列发生改变。

如果队列中只有一个元素,则出队列后队列为空,此时需要修改尾引用指向头结点。

出队操作的算法实现如下。

```
public T Out() {
    if (IsEmpty()) {
        throw new RuntimeException("队列为空,无法删除");
    }
    Node < T > p = front.next;         // p指向第一个结点
    front.next = p.next;               // 头引用的 next 域指向第二个结点
    if(Count() == 0) rear = front;     //如果元素出队列后,队列变为空状态,则修改尾引用
    return p.data;                     // 返回第一个结点的数据
}
```

（6）获取链队列头结点的值。

如果链队列不为空,则返回链队列第一个结点的值；否则,返回提示信息,表示队列为空,队列不发生改变。获取链队列头结点的值的算法实现如下。

```
public T GetFront() {
    if (IsEmpty()) {
        throw new RuntimeException("队列为空,无法获取");
    }
    Node < T > p = front.next;         // p指向第一个结点
    return p.data;                     // 返回第一个结点的数据
}
```

# 🔑 3.7　队列的顺序存储

## 3.7.1　队列的顺序存储定义

队列的顺序存储是指将队列的数据元素存放在一组地址连续的存储单元中,在 Java 语言中就是将数据元素存放在一维数组中。由于队列的删除位置只能是队列的第一个位置,因此为了避免删除数据元素时大量地移动数据元素,附设一个 front 指示队头元素在数组中的下标,同时附设一个整型的 rear 指示队尾元素在数组中的位置,其值等于队尾元素在数组中的下标加 1。队列的顺序存储结构简称为顺序队列。

队列（J1,J2,J3）的顺序存储结构如图 3-19 所示,其中 front＝0,rear＝3。

空队列如图 3-20 所示,其中 rear＝front＝0。

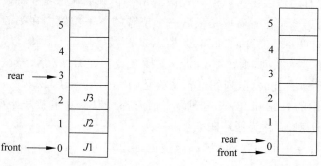

图 3-19　队列（J1,J2,J3）的顺序存储结构　　　图 3-20　空队列

### 3.7.2  顺序队列基本操作分析

#### 1. 入队操作

顺序队列入队操作是指在 rear 处插入元素,然后将 rear 值加 1,如图 3-21 所示。

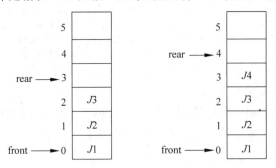

图 3-21  入队列

#### 2. 出队操作

顺序队列出队操作是指删除 front 处的队头元素,即队头指示器 front 加 1,如图 3-22 所示。经过若干插入、删除操作之后,某一时刻队列的状态如图 3-23 所示。

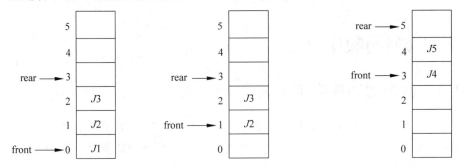

图 3-22  出队列          图 3-23  某一时刻队列的状态

此时,队尾 rear 已经指向了数组的最后一个位置,若再有元素入列,则会导致"溢出",即元素下标超出队尾 rear 的最大值。在图 3-23 中,虽然队尾 rear 已经指向了最后一个位置,但事实上数组中还有空位置。也就是说,数组的存储空间并没有满,但队列却发生了溢出,将这种现象称为假溢出。如何处理假溢出?正确的做法是:将数组的空间想象成一个环状的空间,将第 0 个位置看成是最后一个位置的下一位置。在第 5 个位置插入数据元素 J6 后,rear 指向第 0 个位置,如图 3-24 所示。

如果 J7 需要入队列,则在第 0 个位置插入数据元素 J7,rear 后移并指向第 1 个位置,如图 3-25 所示。此时,队列的逻辑结构是($J4,J5,J6,J7$)。

顺序队列中的 rear 和 front 达到最大值后都可以从 0 重新开始循环,所以顺序队列又称为循环顺序队列,简称为循环队列。

循环队列存在一个问题:队满和队空的标志均为 front=rear,如图 3-26 所示,如何区分队满和队空?

解决方案:少用一个空间,当队列中的元素个数达到数组的长度减 1 时,就标志队列已满,数据元素不能再入队列了,如图 3-27 所示。

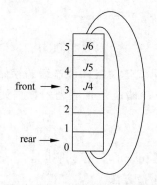

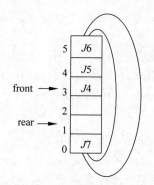

图 3-24　rear 指向第 0 个位置　　　　图 3-25　rear 指向第 1 个位置

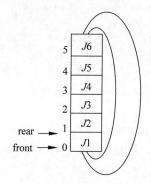

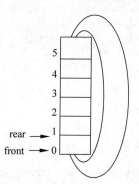

图 3-26　队满和队空(无法区分)

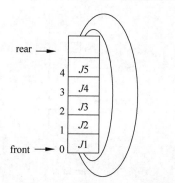

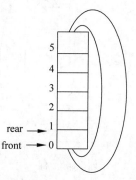

图 3-27　队满和队空(可区分)

## 3.7.3　循环顺序队列源码实现

视频讲解

### 1. 循环顺序队列类的实现

(1)定义循环顺序队列类 CSeqQueue$<T>$,实现接口 IQueue$<T>$。

```
public class CSeqQueue<T> implements IQueue<T>
```

(2)创建循环顺序队列类 CSeqQueue$<T>$中的属性成员。

```
public class CSeqQueue<T> implements IQueue<T> {
    public T[] data;
        //数组,用于存储队列中的数据元素
    public int maxsize;
    public int front;       //队头,front 的变化范围是 0～maxsize-1
```

```
    public int rear;        //队尾,rear 的变化范围也是 0~maxsize-1
}
```

关于属性成员的几点说明:

① Java 语言中的数组在内存中占用的存储空间就是一组地址连续的存储单元,因此,在 Java 虚拟处理器中考虑问题时,认为队列的顺序存储就是将队列的数据元素存放到数组中。

② maxsize 表示数组的容量。

③ 队头 front 的变化范围是 0~maxsize-1,队尾 rear 的变化范围也是 0~maxsize-1。

(3) 创建循环顺序队列类 CSeqQueue< T >的构造方法。

```
public CSeqQueue(int size) {
    data = (T[]) new Object[size];
    maxsize = size;
    front = rear = 0;
}
```

**2. 基本操作的实现**

(1) 求顺序队列的长度。

① rear>front,如图 3-28(a)所示。此时,循环顺序队列的长度为 rear-front。

② 当 rear 到达数组的上限后又从数组的底端开始,rear<front,如图 3-28(b)所示。此时,循环顺序队列的长度为 rear-front+maxsize。

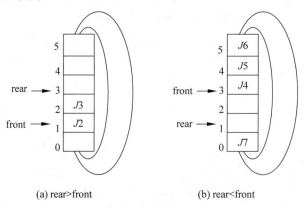

(a) rear>front　　　　　　(b) rear<front

**图 3-28　求队列长度**

综合以上两种情况,求循环顺序队列长度的代码如下。

```
public int Count() {
    return (rear - front + maxsize) % maxsize;
}
```

(2) 清空操作。

清空操作是指使循环顺序队列为空,rear 和 front 相等即表示循环队列为空,代码如下。

```
public void Clear() {
    front = rear;
}
```

(3) 判断循环顺序队列是否为空。

如果循环顺序队列的 rear 和 front 相等,则循环顺序队列为空,返回 true; 否则,返回 false。

```
public boolean IsEmpty() {
    if (front == rear)
        return true;
    else
        return false;
}
```

（4）判断循环顺序队列是否为满。

① 当 rear＞front 时（见图 3-29(a)），如果循环顺序队列为满，则有(rear＋1)％ maxsize＝＝front 成立。

② 当 rear＜front 时（见图 3-29(b)），如果循环顺序队列为满，则有 rear＋1＝＝front 成立，且(rear＋1)％ maxsize＝＝front 也成立。

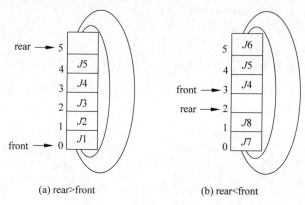

图 3-29　判断队列状态是否为满

综合以上两种情况，队列满的标志为(rear＋1)％ maxsize＝＝front。

当循环顺序队列为满，即(rear＋1)％ maxsize＝＝front 时，则返回 true；否则，返回 false。

判断循环顺序队列是否为满的代码如下。

```
public boolean IsFull(){
    return (rear + 1) % maxsize == front;
}
```

（5）入队操作。

入队操作通常是指在循环顺序队列未满的情况下，在 rear 处插入元素，然后使循环顺序队列的 rear 加 1。特别地，如果 rear 已是数组的最后一个位置，则插入元素后，rear 由 maxsize−1 变为 0。

入队操作的代码如下。

```
public void In(T item) {
    if (IsFull()) {
        System.out.println("Queue is full");
        return;
    }
    data[rear] = item;
    if (rear == maxsize - 1)
        rear = 0;
    else
        rear = rear + 1;
}
```

综合以上两种情况,rear 的变化表达式为

$$rear = (rear+1)\%maxsize = \begin{cases} 0, & 当 rear=maxsize-1 时 \\ rear+1, & 当 rear<maxsize-1 时 \end{cases}$$

因此,入队操作是指在循环顺序队列未满的情况下,在 rear 处插入元素,使得 rear = (rear+1)%maxsize。代码也可写成如下形式。

```java
public void In1(T item) {
    if (IsFull()) {
        System.out.println("Queue is full");
        return;
    }
    data[rear] = item;
    rear = (rear + 1) % maxsize;
}
```

(6) 出队操作。

循环顺序队列的出队操作通常是指在队列不为空的情况下,使队头指示器 front 加 1。特别地,如果 front 已是数组的最后一个位置,则元素出队后,front 由 maxsize-1 变为 0。出队操作的代码如下。

```java
public T Out() {
    T tmp;
    // 判断队列是否为空
    if (IsEmpty()) {
        throw new RuntimeException("队列为空");
    }
    tmp = data[front];
    if (front == maxsize - 1)
        front = 0;
    else
        front = front + 1;
    return tmp;
}
```

综合以上两种情况,front 的变化表达式为

$$front = (front+1)\%maxsize = \begin{cases} 0, & 当 front=maxsize-1 时 \\ front+1, & 当 front<maxsize-1 时 \end{cases}$$

因此,循环顺序队列的出队操作是指在队列不为空的情况下,使得 front = (front+1)%maxsize。代码也可写成如下形式。

```java
public T Out1() {
    T tmp;
    // 判断队列是否为空
    if (IsEmpty()) {
        throw new RuntimeException("队列为空");
    }
    tmp = data[front];
    front = (front + 1) % maxsize;
    return tmp;
}
```

(7) 获取队头元素。

如果循环顺序队列不为空,则返回队头元素的值。

```
public T GetFront() {
    if (IsEmpty()) {
        throw new RuntimeException("队列为空");
    }
    return data[front];
}
```

## 3.8　Java 基础类库中的队列

Java 语言的推出者设计开发了 java. util. Queue,供应用程序员使用。在 Java 基础类库中,实现该接口的类有 AbstractQueue、ArrayBlockingQueue、ArrayDeque、ConcurrentLinkedQueue、DelayQueue、LinkedBlockingDeque、LinkedBlockingQueue、LinkedList、PriorityBlockingQueue、PriorityQueue、SynchronousQueue。在开发软件时,也可以开发新类实现该接口,以便切合软件的实际功能需求。java. util. Queue 中的部分接口方法如表 3-5 所示。

表 3-5　接口方法及功能说明

| 返回值类型 | 接 口 方 法 | 功 能 说 明 |
|---|---|---|
| boolean | add(T e) | 将指定的元素插入此队列(如果立即可行且不会违反容量限制)。如果成功,则返回 true;如果当前没有可用的空间,则抛出 IllegalStateException |
| T | element() | 获取但不移除此队列的头 |
| boolean | offer(T e) | 将指定的元素插入此队列(如果立即可行且不会违反容量限制)。当使用有容量限制的队列时,此方法通常要优于 add(T),后者可能无法插入元素而只是抛出一个异常 |
| T | peek() | 获取但不移除此队列的头。如果此队列为空,则返回 null |
| T | poll() | 获取并移除此队列的头。如果此队列为空,则返回 null |
| T | remove() | 获取并移除此队列的头 |

## 3.9　队列的应用举例

视频讲解

队列的典型应用是通过编程判断一个字符串是否为回文。回文是指一个字符序列以中间字符为基准,其两边字符完全相同,如字符序列"ACBDEDBCA"是回文。

算法思想:判断一个字符序列是否为回文,即将第一个字符与最后一个字符相比较,第二个字符与倒数第二个字符比较,以此类推,直至第 $i$ 个字符与第 $n-i$ 个字符比较。如果每次比较都相等,则该序列为回文;如果某次比较不相等,则不是回文。因此,可以将字符序列分别入队列和栈,然后逐个出队列和出栈,并比较出队列的字符和出栈的字符是否相等。如果字符比较全部相等,则该字符序列是回文;否则,该序列不是回文。

算法中的队列和栈可以采用任意存储结构,本例采用循环顺序队列和顺序栈来实现,其他的情况读者可作为习题。算法中假设输入的都是英文字符而没有其他字符,对于输入其他字符情况的处理,读者可以自行实践。使用循环顺序队列和顺序栈来判断一个字符串是否为回文的代码如下。

```
public static void main(String[] args) throws IOException {
    // TODO Auto - generated method stub
    SeqStack < Character > s = new SeqStack < Character >(50);    // 建立堆栈 s
    CSeqQueue < Character > q = new CSeqQueue < Character >(50);    // 建立队列 q
    System.out.println("请输入字符串,按 Enter 键结束");
    char c;
    while ((c = (char) System.in.read()) != '\r') {
        // 从键盘读入字符,遇到 Enter 键则跳出循环
        s.Push(c);                                    // 字符入栈
        q.In(c);                                      // 字符入队列
    }
    while (!s.IsEmpty() && !q.IsEmpty()) {
        // 队列和栈均不空,进行以下比较
        if (s.Pop() != q.Out()) {
            // 出栈和出队列元素不相等,退出循环
            break;
        }
    }
    if (!s.IsEmpty() && !q.IsEmpty()) {
        // 栈或队列非空,是从 break 语句退出循环
        System.out.println("这不是回文!");
    } else {
        // 栈和队列均为空,不是从 break 语句退出循环
        System.out.println("这是回文!");
    }
}
```

## 🔑 本章小结

　　本章内容分成两大部分:栈和队列。栈和队列均是操作受限的线性表。第一部分首先介绍了栈的基本概念和抽象数据类型栈;然后介绍了栈的两种存储结构:顺序栈和链栈,基于顺序栈和链栈实现了抽象数据类型栈中的基本操作,并介绍了 Java 基础类库中的顺序栈 java.util.Stack 的部分代表性方法的功能,供读者分析比较;最后讲了栈的应用,利用栈实现了数制转换和表达式求值。第二部分首先介绍了队列的基本概念和抽象数据类型队列;然后介绍了队列的两种存储结构:带尾引用的单向链队列和循环顺序队列,基于链队列和循环顺序队列实现了抽象数据类中队列中的基本操作,并介绍了 Java 基础类库中 java.util.Queue 接口的部分方法及实现该接口的类,供读者分析比较;最后讲了队列的应用,综合利用队列和栈判断一个字符串是否为回文。

在线测试

## 🔑 习题 3

### 一、选择题

　　1. 若一个栈的输入序列是 $1,2,3,\cdots,n$,且输出序列的第一个元素是 $n$,则第 $k$ 个输出元素是(　　)。

　　　　A. $k$　　　　　　　B. $n-k-1$　　　　　C. $n-k+1$　　　　　D. 不确定

2. 栈与队列都是(　　)。

　　A. 链式存储的线性结构　　　　　　B. 链式存储的非线性结构

　　C. 限制存取点的线性结构　　　　　D. 限制存取点的非线性结构

3. 在解决计算机主机与打印机之间速度不匹配问题时,通常设置一个打印数据缓冲区,主机将要输出的数据依次写入该缓冲区,而打印机则从该缓冲区中取走数据打印。该缓冲区应该是一个(　　)结构。

　　A. 堆栈　　　　　　B. 队列　　　　　　C. 数组　　　　　　D. 线性表

4. 循环队列的队头和队尾引用分别为 front 和 rear,判断一个循环队列 $Q$(最多 $n$ 个元素)为满的条件是(　　)。

　　A. $Q.\text{rear}==Q.\text{front}$　　　　　　B. $Q.\text{rear}==Q.\text{front}+1$

　　C. $Q.\text{front}==(Q.\text{rear}+1)\%n$　　D. $Q.\text{front}==(Q.\text{rear}-1)\%n$

5. 假设用一个大小为 6 的数组来实现循环队列,且当前 rear 和 front 的值分别为 0 和 3。当从队列中删除一个元素,再加入两个元素后,rear 和 front 的值分别为(　　)。

　　A. 1 和 5　　　　　B. 2 和 4　　　　　C. 4 和 2　　　　　D. 5 和 1

6. 队列的插入操作是在(　　)。

　　A. 队尾　　　　　　　　　　　　　B. 队头

　　C. 队列任意位置　　　　　　　　　D. 队头元素后

7. 循环队列的队头和队尾引用分别为 front 和 rear,则判断循环队列为空的条件是(　　)。

　　A. front==rear　　　　　　　　　B. front==0

　　C. rear==0　　　　　　　　　　　D. front=rear+1

8. 假设有一个顺序栈 $S$,其栈顶引用为 top,则将元素 $e$ 入栈的操作是(　　)。

　　A. $S.\text{top}=e;S.\text{top}++$　　　　　B. $S.\text{top}++;S.\text{top}=e$

　　C. $S.\text{top}=e$　　　　　　　　　　D. $S.\text{top}=e$

9. 栈的插入和删除操作在(　　)。

　　A. 栈底　　　　　　B. 栈顶　　　　　　C. 任意位置　　　　D. 指定位置

10. 判定一个顺序栈 $S$(栈空间大小为 $n$)为空的条件是(　　)。

　　A. $S.\text{top}==0$　　　　　　　　　B. $S.\text{top}!=0$

　　C. $S.\text{top}==n$　　　　　　　　　D. $S.\text{top}!=n$

11. 在一个链队列中,front 和 rear 分别为头引用和尾引用,则插入一个结点 $s$ 的操作为(　　)。

　　A. front=front.next　　　　　　　B. $s.\text{next}=\text{rear};\text{rear}=s$

　　C. rear.next=$s$;rear=$s$　　　　　D. $s.\text{next}=\text{front};\text{front}=s$

12. 若一个队列的入队序列是 1,2,3,4,则队列的出队序列是(　　)。

　　A. 1,2,3,4　　　　　　　　　　　B. 4,3,2,1

　　C. 1,4,3,2　　　　　　　　　　　D. 3,4,1,2

13. 当用大小为 $N$ 的数组存储顺序循环队列时,该队列的最大长度为(　　)。

　　A. $N$　　　　　　B. $N+1$　　　　　C. $N-1$　　　　　D. $N-2$

14. 队列的删除操作是在(　　)。

　　A. 队首　　　　　　B. 队尾　　　　　　C. 队前　　　　　　D. 队后

15. 循环队列用数组 $A[0..m-1]$ 存放其元素值,已知其头尾引用分别是 front 和 rear,则当前队列中的元素个数是(    )。

    A. (rear−front+m)%m
        B. rear−front+1

    C. rear−front−1
           D. rear−front

16. 在一个链队列中,假设 front 和 rear 分别为队头引用和队尾引用,则删除一个结点的操作是(    )。

    A. front=front.next
        B. rear=rear.next

    C. rear.next=front
        D. front.next=rear

17. 队列和栈的主要区别是(    )。

    A. 逻辑结构不同
        B. 存储结构不同

    C. 所包含的运算个数不同
    D. 限定插入和删除的位置不同

**二、填空题**

1. 栈是限定在_____一端进行插入或删除操作的线性表。在栈中,允许插入和删除操作的一端称为_____,而另一端称为_____。不含元素的栈称为_____。

2. 在栈的运算中,栈的插入操作称为_____,栈的删除操作称为_____。

3. 根据栈的定义,每一次进栈的元素都在原栈顶元素之上,并成为新的_____;每一次出栈的元素总是当前的_____,最后进栈的元素总是最先出栈。因此,栈也称为后进先出线性表,简称为_____表。

4. 栈是一种操作受到限制的线性表,是一种特殊的线性表。因此,栈也有_____和_____两种存储结构,分别称为_____和_____。

5. 队列也是一种特殊的线性表。在队列中,允许插入的一端称为_____,允许删除的一端称为_____。

6. 已知栈的输入序列为 $1,2,3,\cdots,n$,输出序列为 $a_1,a_2,\cdots,a_n$,符合 $a_2==n$ 的输出序列的个数为_____。

7. 设栈 $S$ 和队列 $Q$ 的初始状态为空,元素 $e1,e2,e3,e4,e5,e6$ 依次通过栈 $S$,一个元素出栈后即进入队列 $Q$。若 6 个元素出队的序列是 $e2,e4,e3,e6,e5,e1$,则栈的容量至少应该是_____。

8. 设循环队列的容量为 70,现经过一系列的入队和出队操作后,front 为 20,rear 为 11,则队列中元素的个数为_____。

**三、判断题**

1. 栈和队列都是限制存取点的线性结构。                     (    )

2. 不同的入栈和出栈组合可能得到相同的输出序列。        (    )

3. 循环队列是顺序存储结构。                           (    )

4. 当循环队列满时,rear==front。                    (    )

5. 在对链队列(带头结点)进行出队操作时,不会改变 front 引用的值。   (    )

**四、综合题**

1. 设有 4 个元素 $A$、$B$、$C$ 和 $D$ 进栈,试给出它们所有可能的出栈顺序。

2. 假设以带头结点的循环链表表示队列,只设一个引用指向队尾结点,且不设头引用,请写出图 3-30 相应的入队列算法。

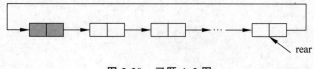

图 3-30 习题 4.2 图

**五、实验题**

1. 编写程序,从键盘输入一个十进制数,输出与其等值的八进制数。
2. 编写程序,利用栈和队列实现判断一个字符串是否为回文。

# 第4章

# 串

CHAPTER 4

**本章学习目标**
- 理解串的基本概念
- 掌握串的各种存储结构
- 掌握串的各种操作实现

在应用程序中,使用最频繁的类型是字符串。字符串(简称串)是一种特殊的线性表,其特殊性在于串中的数据元素是一个个的字符。字符串在计算机领域的应用十分广泛。例如,在汇编和高级语言的编译程序中,源程序和目标程序都是字符串数据。在事务处理程序中,顾客的姓名、地址及货物的名称、产地和规格等,都被作为字符串来处理。另外,字符串还具有一些自身的特性。因此,将字符串作为一种数据结构来研究。几乎所有的程序设计语言都将串定义为固有的数据类型,因此可以直接利用系统提供的字符串类型实现基本操作。

# 4.1 串的基本概念

视频讲解

## 4.1.1 串的相关定义

### 1. 串

串是由 $n(n \geqslant 0)$ 个字符组成的有限序列,一般记为 $s = "a1, a2, a3, \cdots, an"$。

线性表是由 $n(n \geqslant 0)$ 个类型相同的数据元素组成的有限序列,串也是线性表,限定它的数据元素类型是字符型,即串是数据元素类型受限的线性表。

### 2. 串长度

串长度是串中包含的字符个数。例如,$a = "LIMING"$,字符串 $a$ 的长度为 6;$b = $ "DATASTRUCTURE ",字符串 $b$ 的长度为 14。需要注意的是,字符 D 前面的空格也是一个字符。

### 3. 空串

空串是不包含任何字符的串。空串的书写形式是"",其长度为 0。

### 4. 空格串

空格串是由一个或多个空格组成的串。空格串的书写形式是" ",其长度是串中空格字符的个数。

### 5. 串相等

串相等当且仅当两个串长度相同,并且各个对应位置的字符都相同。例如,"abc"和"abc"是相等的,而"abc"和"ab c"是不相等的。

### 6. 子串

由串中任意多个连续的字符组成的子序列称为该串的子串。例如,$b = "DATASTRUCTURE "$,$c = "STRU"$,$c$ 即为 $b$ 的子串,$c$ 在 $b$ 中的位置即 $c$ 的第一个字符在 $b$ 中的位置(从 1 开始计数是 5,从 0 开始计数则是 4)。

## 4.1.2 串的抽象数据类型

```
ADT String
{
数据对象: D = {a_i | a_i ∈ CharacterSet, i = 1, 2, …, n, n≥0}
数据关系: R = {< a_{i-1}, a_i >| a_{i-1}, a_i ∈ D, i = 2, 3, …, n}
基本操作 P:
(1) int GetLength(): 求串长操作。
操作结果: 返回串中字符的个数。
(2) boolean Compare(StringDS s): 串比较。
操作结果: 如果两个串的长度相等且对应位置的字符相同,则串相等,返回 TRUE; 否则,返回 FALSE。
(3) String SubString(int index, int len): 求子串。
初始条件: index 和 len 值合法。
操作结果: 从主串的第 index 个位置(从 0 开始计数)起查找长度为 len 的子串,若找到,则返回该子串; 否则,抛出异常。
(4) String Concat(String s): 串连接。
操作结果: 将两个串连接成一个新串并返回。
(5) String Insert(int index, String s): 串插入。
初始条件: index 位置正确。
```

操作结果:在串的第 index 个位置(从 0 开始计数)插入一个串 s。该操作返回一个新串,新串的第 1 部分是从该串开始到第 index 个位置(不包括)之间的字符,第 2 部分是串 s,第 3 部分是从该串第 index 个位置(包括)到结束位置之间的字符。

(6) String Delete(int index,int len):串删除操作。

初始条件: index 和 len 值合法。

操作结果:将从串的 index 位置(从 0 开始计数)起连续的 len 个字符的子串从主串中删除,并返回一个新串。新串的前半部分是从原串开始到第 index 个位置(不包括)之间的字符,后半部分是从原串第 index + len 个位置(包括)到结束位置的字符。

(7) int Index(String s):串定位操作。

操作结果:查找子串 s 在主串中首次出现的位置(从 0 开始计数),如果找到,则返回子串 s 的位置(从 0 开始计数);否则,返回 −1。

}

# 4.2　串的顺序存储

## 4.2.1　串的顺序存储定义

串的顺序存储是指将字符串中的数据元素存储在一组编号连续的存储单元中,在 Java 语言中就是将字符串中的数据元素存放在 char 类型的一维数组中。

## 4.2.2　顺序串源码实现

### 1. 顺序串类的实现

(1) 定义顺序字符串类 StringDS。

```
public class StringDS
```

(2) 创建字符串类 StringDS 中的成员变量。

```
public class StringDS {
    public char[] data;        //字符数组,存放字符串中的数据元素
    //成员变量
}
```

(3) 创建字符串类中的构造器。

```
// 构造器
public StringDS(char[] arr) {
    data = new char[arr.length];
    for (int i = 0; i < arr.length; ++i) {
        data[i] = arr[i];
    }
}
// 构造器
public StringDS(int len) {
    data = new char[len];
}
```

### 2. 基本操作的实现

(1) 求串长。求串的长度就是求串中字符的个数,可以通过求数组 data 的长度来求串的长度。求串的长度的算法实现如下。

```
public int GetLength() {
    return data.length;
}
```

（2）串比较。如果两个串的长度相等且对应位置的字符相同，则串相等，返回 TRUE；否则，返回 FALSE。串比较的算法实现如下。

```
public boolean Compare(StringDS s) {
    int len = ((this.GetLength() <= s.GetLength()) ? this.GetLength() : s.GetLength());
    int i = 0;
    for (i = 0; i < len; ++i) {
        if (this.data[i] != s.data[i])
            break;
    }
    if (i == len && this.GetLength() == s.GetLength())
        return TRUE;
    else
        return FALSE;
}
```

（3）求子串。从主串的第 index 个位置（从 0 开始计数）起查找长度为 len 的子串，若找到，则返回该子串；否则，抛出异常。求子串的算法实现如下。

```
public StringDS SubString(int index, int len) {
    if ((index < 0) || (index > this.GetLength() - 1) || (len < 0) || (len > (this.GetLength() -
index))) {
        throw new RuntimeException("Position or Length is error!");
    }
    StringDS s = new StringDS(len);
    for (int i = 0; i < len; ++i) {
        s.data[i] = this.data[i + index];
    }
    return s;
}
```

（4）串连接。将两个串连接为一个串，其结果返回一个新串。新串的长度是两个串的长度之和，新串的前半部分是原串，长度为该串的长度；新串的后半部分是串 $s$，长度为串 $s$ 的长度。串连接的算法实现如下。

```
public StringDS Concat(StringDS s) {
    StringDS s1 = new StringDS(this.GetLength() + s.GetLength());
    for (int i = 0; i < this.GetLength(); ++i) {
        s1.data[i] = this.data[i];
    }
    for (int j = 0; j < s.GetLength(); ++j) {
        s1.data[this.GetLength() + j] = s.data[j];
    }
    return s1;
}
```

（5）串插入。串插入是指在一个串的第 index 个位置（从 0 开始计数）插入一个串 $s$。如果位置符合条件，则该操作返回一个新串，新串的长度是该串的长度与串 $s$ 的长度之和。其中，新串的第 1 部分是从该串的开始到第 index 个位置（不包括）之间的字符，第 2 部分是串 $s$，第 3 部分是从该串第 index 个位置（包括）到结束位置之间的字符。如果位置不符合条件,则抛出异常。串插入的算法如下。

```java
public StringDS Insert(int index, StringDS s) {
    if (index < 0 || index > this.GetLength() - 1) {
        throw new RuntimeException("Position is error!");
    }
    int len = s.GetLength();
    int len2 = len + this.GetLength();
    StringDS s1 = new StringDS(len2);
    for (int i = 0; i < index; ++i) {
        s1.data[i] = this.data[i];
    }
    for (int i = index; i < index + len; ++i) {
        s1.data[i] = s.data[i - index];
    }
    for (int i = index + len; i < len2; ++i) {
        s1.data[i] = this.data[i - len];
    }
    return s1;
}
```

(6) 串删除。串删除是从把串的第 index 个位置(从 0 开始计数)起连续的 len 个字符的子串从主串中删除。如果位置和长度符合条件,则该操作返回一个新串,新串的长度是原串的长度减去 len,新串的前半部分是从原串开始到第 index 个位置(不包括)之间的字符,后半部分是从原串第 index+len 个位置(包括)到原串结束位置之间的字符。如果位置和长度不符合条件,则抛出异常。串删除的算法实现如下。

```java
public StringDS Delete(int index, int len) {
    if ((index < 0) || (index > this.GetLength() - 1) || (len < 0) || (len > this.GetLength() -
index)) {
        throw new RuntimeException("Position or Length is error!");
    }
    StringDS s = new StringDS(this.GetLength() - len);
    for (int i = 0; i < index; ++i) {
        s.data[i] = this.data[i];
    }
    for (int i = index + len; i < this.GetLength(); ++i) {
        s.data[i - len] = this.data[i];
    }
    return s;
}
```

(7) 串定位。查找子串 s 在主串中首次出现的位置(从 0 开始计数)。如果找到,则返回子串 s 的位置(从 0 开始计数);否则,返回 −1。串定位的算法实现如下。

```java
public int Index(StringDS s) {
    if (this.GetLength() < s.GetLength()) {
        return -1;
    }
    int i = 0;
    int len = this.GetLength() - s.GetLength();
    while (i <= len) {
        if (this.SubString(i, s.GetLength()).Compare(s) == true) {
            break;
```

```
        }
        i++;
    }
    if (i < = len) {
        return i;
    }
    return - 1;
}
```

## 🔑 4.3　Java 语言中的顺序串

### 1. 方法功能说明

Java 语言的推出者设计开发了顺序串类 java. lang. String,供应用程序员使用。String 类定义了许多方法,可以通过下述格式调用 Java 定义的方法: <字符串变量名>. <方法名>。表 4-1 列出了 String 类的常用方法及功能说明。

表 4-1　String 类的常用方法及功能说明

| 方　　　法 | 功 能 说 明 |
| --- | --- |
| public int length() | 返回字符串的长度 |
| public boolean equals(Object anObject) | 将给定字符串与当前字符串相比较,若两字符串相等,则返回 true;否则,返回 false |
| public String substring(int beginIndex) | 返回字符串中从 beginIndex 开始到结束的子串 |
| public String substring(int beginIndex, int endIndex) | 返回从 beginIndex 开始到 endIndex(不包括)的子串 |
| public char charAt(int index) | 返回 index 指定位置的字符 |
| public int indexOf(String str) | 返回 str 在字符串中第一次出现的位置 |
| public String replace(char oldChar, char newChar) | 以 newChar 字符替换串中所有 oldChar 字符 |
| public String trim() | 去掉字符串的首尾空格 |

### 2. 方法使用

(1) int length():返回当前字符串的长度。

例如:

```
String s2 = "hello world" ;
System. out. println(s2.length());
```

代码执行结果:

11

(2) boolean equals(Object anObject):当 anObject 不为空且与当前 String 对象一致时,返回 true;否则,返回 false。

例如:

```
String s1 = "Hello";
String s2 = new String("Hello");
System. out. println(s1.equals(s2));
```

代码执行结果：

```
true
```

(3) String substring(int beginIndex)：取从第 beginIndex 个位置(从 0 开始计数)开始到结束位置的子串。

String substring(int beginIndex，int endIndex)：取从第 beginIndex 个位置(从 0 开始计数)开始到 endIndex 位置(不包括)的子串。

例如：

```
String s = "Welcome to Java World!";
String b = s.substring(11);      //从第 11 位开始
System.out.println(b);
String c = s.substring(8,11);   //从第 8 位开始,在第 11 位(不包括)结束
System.out.println(c);
```

代码执行结果：

```
Java World!
to
```

(4) char charAt(int index)：取字符串中的某个字符,其中的参数 index 指的是字符串的序数。字符串的序数为 $0 \sim \text{length} - 1$。

例如：

```
String s = new String("abcdefghijklmnopqrstuvwxyz");
System.out.println("s.charAt(5):" + s.charAt(5) );
```

代码执行结果：

```
s.charAt(5): f
```

(5) int indexOf(String str)：返回 str 在字符串中第一次出现的位置。

例如：

```
String s = new String("write once,run anywhere!");
String ss = new String("run");
System.out.println("s.indexOf(ss): " + s.indexOf(ss) );
```

代码执行结果：

```
s.indexOf(ss):11
```

(6) int compareTo(String anotherString)：将当前 String 对象与 anotherString 比较。如果两者相等,则返回 0；否则,从两个字符串的第 0 个字符开始比较,返回第一个不相等的字符差。另外,如果较长字符串的前半部分恰巧是较短的字符串,则返回它们的长度差。

例如：

```
String s1 = new String("abcdefghijklmn");
String s2 = new String("abcdefghij");
String s3 = new String("abcdefghijalmn");
System.out.println("s1.compareTo(s2):" + s1.compareTo(s2) );
//返回长度差
System.out.println("s1.compareTo(s3):" + s1.compareTo(s3) );
//返回'k' - 'a'的差
```

代码执行结果：

```
s1.compareTo(s2):4
s1.compareTo(s3):10
```

（7）String replace(char oldChar，char newChar)：将字符串中所有的 oldChar 替换为 newChar。

例如：

```
String s2 = "我是程序员,我在学 Java";
String e = s2.replace('我','你');
System.out.println(e);
```

代码执行结果为：

你是程序员,你在学 Java

（8）public String trim()：返回删除开头和结尾空格后的字符串。

例如：

```
String s1 = " sun java ";
String d = s1.trim();          //删除首尾的空格
System.out.println("s1.trim():" + d);
```

代码执行结果：

s1.trim():sun java

（9）String toLowerCase()：将字符串转换为小写。String toUpperCase()：将字符串转换为大写。

例如：

```
String s = new String("java.lang.Class String");
System.out.println("s.toUpperCase(): " + s.toUpperCase() );
System.out.println("s.toLowerCase(): " + s.toLowerCase() )
```

代码执行结果：

```
s.toUpperCase(): JAVA.LANG.CLASS STRING
s.toLowerCase():java.lang.class string
```

# 4.4 串的链式存储

串的链式存储是指将字符串中的数据元素存储在一组编号不连续的存储单元中,并在每个数据元素后附设一个引用,以指示其后继地址。"ABCDEFGHIJ"的链式存储结构如图 4-1 所示。

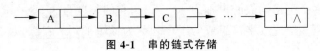

图 4-1 串的链式存储

因为字符型元素占用空间较小,因此可以在一个结点上存放多个数据元素。将这种存储方式称为串的块链存储,如图 4-2 所示。

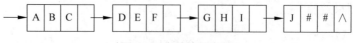

图 4-2　串的块链存储

在该种存储方式中,由于串长并不一定是结点中存放元素个数的整数倍,因此链表中最后一个结点不一定全被占满,此时通常补上"♯"或其他的非串值字符。

关于链串的源码实现,本书不再赘述,读者可以将链串类的实现作为习题。

## 🔑 本章小结

本章首先介绍了串的基本概念,串是数据元素类型受到限制的线性表。然后介绍了串的顺序存储,基于串的顺序存储结构实现了抽象数据类型串中的基本操作,并介绍了 Java 基础类库中的顺序串 java. lang. String 的部分代表性方法的功能与使用,供读者分析比较。最后介绍了串的链式存储结构。

在线测试

## 🔑 习题 4

### 一、选择题

1. 空串与空格串(　　　)。

　　A. 相同　　　　　　B. 不相同　　　　　C. 可能相同　　　　D. 无法确定

2. 串与普通的线性表相比较,它的特殊性体现在(　　　)。

　　A. 顺序的存储结构　　　　　　　　B. 链接的存储结构

　　C. 数据元素是一个字符　　　　　　D. 数据元素可以任意

3. 设有串 $S=$ "Computer",则其子串的数目是(　　　)。

　　A. 36　　　　　　　B. 37　　　　　　　C. 8　　　　　　　D. 9

4. 设 SUBSTR$(S,i,k)$ 是求 $S$ 中从第 $i$ 个字符到第 $k-1$ 个字符的子串的操作(从 1 开始计数),则对于 $S=$ "Beijing&Nanjing",S. SUBSTR$(S,4,9)=$(　　　)。

　　A. "ijing"　　　　B. "jing&"　　　　C. "ingNa"　　　　D. "ing&N"

### 二、填空题

1. 串是由零个或多个字符组成的_____,通常记作 $s=$"$c_1,c_2,\cdots,c_n$"$(n\geqslant0)$。串中的 $c_i(1\leqslant i\leqslant n)$ 可以是字母、数字或其他字符。

2. 串中字符的个数称为串的_____。

3. 不含有任何字符的串称为_____,它的长度为_____。

4. 由一个或多个空格构成的串称为_____,它的长度为_____。

5. 由串中任意多个连续字符组成的子序列称为该串的_____,包含_____的串称为主串。

### 三、判断题

1. 子串是由主串中字符构成的有限序列。　　　　　　　　　　　　　　　　(　　　)

2. 串中的元素只能是字符。　　　　　　　　　　　　　　　　　　　　　　(　　　)

3. 串中的元素只可能是字母。　　　　　　　　　　　　　　　　（　　　）

4. 串是一种特殊的线性表。　　　　　　　　　　　　　　　　　（　　　）

5. 串中可以包含空格字符。　　　　　　　　　　　　　　　　　（　　　）

6. 串的长度不能为零。　　　　　　　　　　　　　　　　　　　（　　　）

7. 两个串相等则必有串长度相同。　　　　　　　　　　　　　　（　　　）

8. 两个串相等则各位置上字符必须对应相等。　　　　　　　　　（　　　）

**四、实验题**

1. 利用 Java 中的 String 类实现判断一个字符串是否为回文。

# 第5章

# 数组、矩阵和广义表

CHAPTER 5

**本章学习目标**
- 理解数组、矩阵和广义表的基本概念及存储结构
- 掌握广义表的基本操作实现
- 学会利用广义表解决应用问题

## ⚷ 5.1　数组

### 5.1.1　数组的定义

数组是一种比较常用的数据结构,几乎所有的程序设计语言都支持这种数据结构或将这种数据结构设定为语言的固有类型。数组可以看成线性表的推广。Java 语言支持数组,且对数组的维数没有严格的界限,但是三维以上的数组基本不常使用,使用最多的是一维、二维数组。此外,Java 语言也可以支持更复杂的数组。

### 5.1.2　数组的存储

数组一般不进行插入和删除操作,也就是说,数组一旦建立,结构中的元素个数和元素间的关系就不再发生变化。因此,一般都是采用顺序存储的方法来表示数组。一维数组的存储相对来说比较简单,即将数组元素 $a_0 \sim a_{n-1}$ 依次放在一组地址连续的存储单元中,如图 5-1 所示。

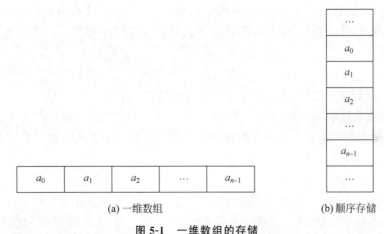

(a) 一维数组　　　　　　　　　　(b) 顺序存储

**图 5-1　一维数组的存储**

计算机的内存结构是一维(线性)地址结构,将多维数组存放(映射)到内存一维结构时,会出现次序约定问题。因此,必须按某种次序将多维数组元素排成线性序列,然后将该线性序列存放到内存中。

二维数组是最简单的多维数组,以图 5-2(a)为例说明多维数组存放(映射)到内存一维结构时的次序约定问题。二维数组通常有以下两种顺序存储方式。

(1) 行优先顺序(以行序为主序)。先存储第 1 行的元素,再存储第 2 行的元素,最后存储第 $m$ 行的元素。存储次序为 $a_{00}$, $a_{01}$,$\cdots$,$a_{0(n-1)}$, $a_{10}$, $a_{11}$,$\cdots$,$a_{1(n-1)}$,$\cdots$,$a_{(m-1)0}$, $a_{(m-1)1}$,$\cdots$,$a_{(m-1)(n-1)}$,如图 5-2(b)所示。在 PASCAL、C 语言中,二维数组是按行优先顺序存储的。

(2) 列优先顺序(以列序为主序)。先存储第 1 列的元素,再存储第 2 列的元素,最后存储第 $n$ 列的元素。存储次序为 $a_{00}$, $a_{10}$,$\cdots$,$a_{(m-1)0}$, $a_{01}$, $a_{11}$,$\cdots$,$a_{(m-1)1}$,$\cdots$,$a_{0(n-1)}$, $a_{1(n-1)}$,$\cdots$,$a_{(m-1)(n-1)}$,如图 5-2(c)所示。在 FORTRAN 语言中,数组是按列优先顺序存储的。

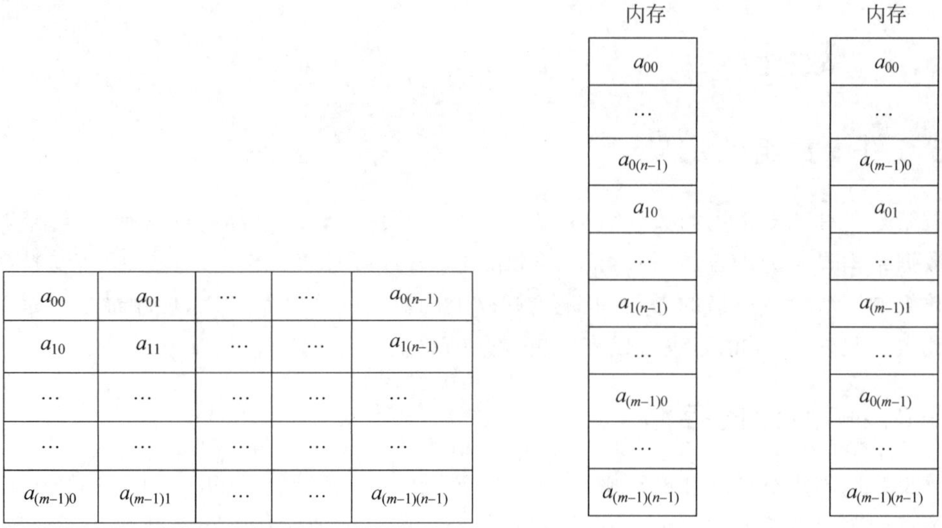

| $a_{00}$ | $a_{01}$ | ... | ... | $a_{0(n-1)}$ |
|---|---|---|---|---|
| $a_{10}$ | $a_{11}$ | ... | ... | $a_{1(n-1)}$ |
| ... | ... | ... | ... | ... |
| ... | ... | ... | ... | ... |
| $a_{(m-1)0}$ | $a_{(m-1)1}$ | ... | ... | $a_{(m-1)(n-1)}$ |

内存
| $a_{00}$ |
|---|
| ... |
| $a_{0(n-1)}$ |
| $a_{10}$ |
| ... |
| $a_{1(n-1)}$ |
| ... |
| $a_{(m-1)0}$ |
| ... |
| $a_{(m-1)(n-1)}$ |

内存
| $a_{00}$ |
|---|
| ... |
| $a_{(m-1)0}$ |
| $a_{01}$ |
| ... |
| $a_{(m-1)1}$ |
| ... |
| $a_{0(m-1)}$ |
| ... |
| $a_{(m-1)(n-1)}$ |

(a) 二维数组　　　　　　　　(b) 行序为主序　　(c) 列序为主序

图 5-2　二维数组及其顺序存储图形式

由此可见,对于数组,一旦规定了它的维数和各维的长度,便可为它分配存储空间。反之,只要给出一组下标即可求得相应数组元素的存储位置。下面用以行序为主序的存储结构为例加以说明。

假设二维数组 $a[m..n]$ 的每个元素只占 $L$ 个存储单元,"按行优先"存放数组,且首元素 $a_{00}$ 的地址为 LOC(0, 0),求任意元素 $a_{ij}$ 的地址。

求数组元素地址的基本原理:

$a_{ij}$ 的起始地址＝第一个元素的起始地址＋该元素前面的元素个数×单位长度

第一个元素的起始地址是已知的,且每个元素的单位长度 $L$ 也是已知的。此时,要解决的问题是 $a_{ij}$ 前面的元素个数。

$a_{ij}$ 排在第 $i+1$ 行、第 $j+1$ 列,前面的 $i$ 行有 $n\times i$ 个元素。在第 $i+1$ 行,第 $j+1$ 个元素 $a_{ij}$ 前面还有 $j$ 个元素,则 $a_{ij}$ 前面的元素有 $n\times i+j$ 个。由此得到如下地址计算公式:

$$\text{LOC}(i, j) = \text{LOC}(0, 0) + (n \times i + j)L \tag{5-1}$$

推广到一般情况,可得 $n$ 维数组的数据元素存储位置的计算公式:

$$\begin{aligned}
\text{LOC}(j_1, j_2, \cdots, j_n) &= \text{LOC}(0, 0, \cdots, 0) + (b_2 \times \cdots \times b_n \times j_1 + \\
&\quad b_3 \times \cdots \times b_n \times j_2 + \cdots + b_n \times j_{n-1} + j_n)L \\
&= \text{LOC}(0, 0, \cdots, 0) + \left( \sum_{i=1}^{n-1} j_i \prod_{k=i+1}^{n} b_k + j_n \right)L
\end{aligned} \tag{5-2}$$

上式可缩写成:

$$\text{LOC}(j_1, j_2, \cdots, j_n) = \text{LOC}(0, 0, \cdots, 0) + \sum_{i=1}^{n} c_i j_i \tag{5-3}$$

其中, $c_n = L, c_{i-1} = b_i \times c_i, 1 < i \leqslant n$。

式(5-3)称为 $n$ 维数组的映像函数。容易看出,数组元素的存储位置是其下标的线性函数,一旦确定了数组的各维的长度, $c_i$ 就是常数。由于计算各个元素存储位置的时间相等,所以存取数组中任意元素的时间也相等。将具有这一特点的存储结构称为随机存储结构。

从内存的角度来说,Java 是没有二维(多维)数组的。所谓的 Java 二维数组的本质是存放数组的数组,所以二维数组的本质还是一维数组,只是数组元素是引用,数组中的每一个元素都指向了另一个一维数组而已。

```
int[ ][ ] arr = new int[3][ ];
arr[0] = new int[3];
arr[1] = new int[5];
arr[2] = new int[4];
```

以上 4 条语句创建了一个逻辑意义上的二维数组,该数组共 3 行。其中,第 1 行为 3 个数据元素,第 2 行为 5 个数据元素,第 3 行为 4 个数据元素,arr[1][2]代表数组第 2 行、第 3 列的数据元素。但是,arr 实质上是一个一维数组,3 个数组元素都是引用,分别指向了 3 个一维数组,如图 5-3 所示。在图 5-3 中,d69c、e922、154f 等 16 进制数表示内存单元的编号,即引用。

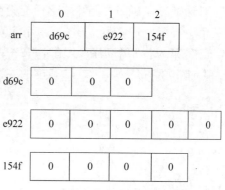

图 5-3 Java 中的二维数组

# 5.2 矩阵

在科学与工程计算问题中,矩阵是一种常用的数学对象。在使用高级语言进行编程时,通常将一个矩阵描述为一个二维数组。这样,可以对其元素进行随机存取,各种矩阵运算也非常简单。

在一些特殊矩阵中,元素呈某种规律分布或者矩阵中有大量的零元素(如对称矩阵、三角矩阵、对角矩阵、稀疏矩阵等),如果仍用二维数组存储,则会造成极大的浪费(尤其是在处理高阶矩阵时)。为了节省存储空间,可以对这类特殊矩阵进行压缩存储。

## 5.2.1 特殊矩阵的压缩存储

### 1. 对称矩阵的压缩存储

若 $n$ 阶方阵 $\boldsymbol{A}$ 中的元素满足特性 $a_{ij}=a_{ji}$,其中 $1 \leqslant i,j \leqslant n$,则称 $\boldsymbol{A}$ 为 $n$ 阶对称矩阵,一个 5 阶对称矩阵如图 5-4 所示。

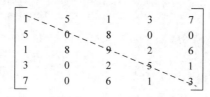

图 5-4 5 阶对称矩阵

对称矩阵关于主对角线对称,只需存储上三角或下三角中的元素。在此假设存储下三角中的元素,则对称矩阵的压缩存储就是将矩阵下三角中的元素按行优先(也可以按列优先)的顺序存储到一维数组中,如图 5-5 所示。

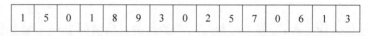

| 1 | 5 | 0 | 1 | 8 | 9 | 3 | 0 | 2 | 5 | 7 | 0 | 6 | 1 | 3 |

图 5-5　对称矩阵的压缩存储

对于对称矩阵的压缩存储,需要探讨以下 3 个问题。

(1) 假设对称矩阵 $A$ 有 $n$ 行 $n$ 列,对称矩阵 $A$ 的压缩存储需要一个多大的一维数组?

对称矩阵 $A$ 的下三角中有多少元素就需要一个多大的一维数组。那么对称矩阵 $A$ 的下三角中有多少元素呢? 第 1 行 1 个元素,第 2 行 2 个元素,第 3 行 3 个元素,……,第 $i$ 行 $i$ 个元素,第 $n$ 行 $n$ 个元素,共有 $1+2+\cdots+n=n(n+1)/2$ 个元素。因此,对称矩阵 $A$ 的压缩存储需要一个 $n(n+1)/2$ 长度的一维数组,如图 5-6 所示。

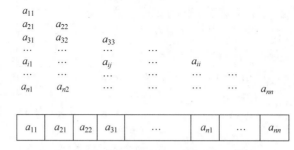

图 5-6　$n$ 阶对称矩阵的下三角及其一维数组

(2) 假设对称矩阵中的元素定义为 double 型,压缩存储可以节省多少存储空间?

非压缩存储(即用二维数组存储)所用存储空间为 $8 \times n \times n$ 字节,压缩存储所用存储空间$=8 \times n(n+1)/2=4n(n+1)$ 字节,节省的存储空间$=8 \times n \times n - 4n(n+1)=4n(n-1)$字节。

(3) 对称矩阵中的元素 $a_{ij}$($i \geqslant j$ 时)在一维数组中的下标是什么?

要想知道元素 $a_{ij}$ 在一维数组中的下标,必须先知道元素 $a_{ij}$ 前面有多少个元素。元素 $a_{ij}$ 前面有 $i-1$ 行,共有 $1+2+\cdots+i-1=i(i-1)/2$ 个元素;第 $i$ 行前面有 $j-1$ 个元素,共有 $i(i-1)/2+j-1$ 个元素。因此,元素 $a_{ij}$ 是一维数组的第 $i(i-1)/2+j$ 个元素,它的下标是 $i(i-1)/2+j-1$。

压缩对称矩阵的代码实现如下。

```java
public class symmetrymatrix {
    private double[] A;
    // A 是一维数组,存放对称矩阵的下三角(包括对角线)中的数据元素
    private int n;
    // n 是对称矩阵阶数
    public symmetrymatrix(int n) {
        // 构造一个数据元素全为 0 的 n 阶对称矩阵
        this.n = n;
        A = new double[n * (n + 1) / 2];
    }
    public int getDimension() {
        return n;
    }
    public double[] getArray() {
        return A;
```

```
    }
    public double get(int i, int j) {
        // i,j 合法取值范围为[1,n]
        if (i < 0 || i > n)
            throw new IllegalArgumentException("非法参数");
        if (j < 0 || j > n)
            throw new IllegalArgumentException("非法参数");
        if (i >= j)
            return A[i * (i - 1) / 2 + j - 1];
        else
            return A[j * (j - 1) / 2 + i - 1];
    }
    public void set(int i, int j, double s) {
        // i,j 合法取值范围为[1,n]
        if (i < 0 || i > n)
            throw new IllegalArgumentException("非法参数");
        if (j < 0 || j > n)
            throw new IllegalArgumentException("非法参数");
        if (i >= j)
            A[i * (i - 1) / 2 + j - 1] = s;
        else
            A[j * (j - 1) / 2 + i - 1] = s;
    }
    public symmetrymatrix plus(symmetrymatrix B) {
        // 对称矩阵相加
        checkMatrixDimensions(B);
        symmetrymatrix X = new symmetrymatrix(n);
        double C[] = X.getArray();
        for (int i = 0; i < n * (n + 1) / 2; i++) {
            C[i] = A[i] + B.A[i];
        }
        return X;
    }

    public symmetrymatrix minus(symmetrymatrix B) {
        // 对称矩阵相减
        checkMatrixDimensions(B);
        symmetrymatrix X = new symmetrymatrix(n);
        double C[] = X.getArray();
        for (int i = 0; i < n * (n + 1) / 2; i++) {
            C[i] = A[i] - B.A[i];
        }
        return X;
    }
    private void checkMatrixDimensions(symmetrymatrix B) {
        if (B.n != n) {
            throw new IllegalArgumentException("非法参数");
        }
    }
}
```

除了矩阵的加减外,矩阵的运算还包括矩阵的转置、矩阵求逆、矩阵的乘除等。可以将矩阵的每一种运算作为一个方法,并分别加到类中。例如,在对称矩阵压缩存储结构下实现两个对称矩阵相乘,代码如下。

```
public double[][] multiply(symmetrymatrix B) {
```

```
// 对称矩阵相乘
checkMatrixDimensions(B);
double c[][] = new double[n][n];
// 对称矩阵相乘结果不一定是对称矩阵,积矩阵用二维数组存储
for (int i = 1; i <= n; ++i)
    for (int j = 1; j <= n; ++j) {
        c[i - 1][j - 1] = 0;              // 二维数组中的行下标、列下标从 0 开始
        for (int k = 1; k <= n; ++k)
            c[i - 1][j - 1] = c[i - 1][j - 1] + this.get(i, k) * B.get(k, j);
    }
return c;
}
```

其余运算的代码实现,读者可作为练习自行完成。

**2. 三角矩阵的压缩存储**

若 $n$ 阶方阵的下(上)三角(不包括对角线)中的元素均为常量 $c$,则称为上(下)三角矩阵。$n$ 阶下三角矩阵如图 5-7 所示。

$$\begin{bmatrix} a_{11} & c & c & c & c & c & c \\ a_{21} & a_{22} & c & c & c & c & c \\ a_{31} & a_{32} & a_{33} & c & c & c & c \\ \cdots & \cdots & \cdots & \cdots & c & c & c \\ a_{i1} & \cdots & a_{ij} & \cdots & a_{ii} & c & c \\ \cdots & \cdots & \cdots & \cdots & \cdots & \cdots & c \\ a_{n1} & a_{n2} & \cdots & \cdots & \cdots & \cdots & a_{nn} \end{bmatrix}$$

图 5-7 下三角矩阵

本书以下三角矩阵为例探讨三角矩阵的压缩存储。下三角矩阵的压缩存储就是将矩阵下三角中的元素按行优先(也可以按列优先)的顺序存储到一维数组中,并将常量 $c$ 存储到数组的最后一个位置。

| $a_{11}$ | $a_{21}$ | $a_{22}$ | $a_{31}$ | $\cdots$ | $a_{n1}$ | $\cdots$ | $a_{nn}$ | $c$ |
|---|---|---|---|---|---|---|---|---|

对于下三角矩阵的压缩存储,同样需要探讨以下 3 个问题。

(1) 假设下三角矩阵 $A$ 有 $n$ 行 $n$ 列,下三角矩阵 $A$ 的压缩存储需要一个多大的一维数组?

下三角矩阵 $A$ 的下三角(包括对角线)中的非常量元素个数:第 1 行 1 个元素,第 2 行 2 个元素,第 3 行 3 个元素,……,第 $i$ 行 $i$ 个元素,第 $n$ 行 $n$ 个元素,共有 $1+2+\cdots+n=n(n+1)/2$ 个元素。因此,下三角矩阵 $A$ 的压缩存储需要一个 $n(n+1)/2+1$ 长度的一维数组。

(2) 如果下三角矩阵中的元素为 double 型,下三角矩阵的压缩存储节省了多少存储空间?

非压缩存储(即用二维数组存储)所用存储空间为 $8 \times n \times n$ 字节,压缩存储所用存储空间为 $4n(n+1)+8$ 字节,可节省 $4n(n-1)-8$ 字节的存储空间。

(3) 下三角矩阵中的元素 $a_{ij}$($i \geqslant j$ 时)在一维数组中的下标是什么?

元素 $a_{ij}$ 前面有 $i-1$ 行,共有 $1+2+\cdots+i-1=i(i-1)/2$ 个元素;第 $i$ 行前面有 $j-1$ 个元素,共有 $i(i-1)/2+j-1$ 个元素。因此,元素 $a_{ij}$ 是一维数组的第 $i(i-1)/2+j$

个元素,它的下标是 $i(i-1)/2+j-1$。常量 $c$ 是一维数组中的最后一个元素,它的下标是 $n(n+1)/2$。

压缩下三角矩阵的代码实现如下。

```java
public class lowertriangularmatrix {
    private double[] A;
    // A 是一维数组,存放矩阵下三角(包括对角线)中的数据元素及上三角区域的常量
    private int n;          // n 是下三角矩阵阶数
    public lowertriangularmatrix(int n) {
        // 构造一个数据元素全为 0 的 n 阶下三角矩阵
        this.n = n;
        A = new double[n * (n + 1) / 2 + 1];
    }
    public int getDimension() {
        return n;
    }
    public double get(int i, int j) {
        // i,j 合法取值范围为[1,n]
        if (i < 0 || i > n)
            throw new IllegalArgumentException("Illegal Argument");
        if (j < 0 || j > n)
            throw new IllegalArgumentException("Illegal Argument");
        if (i >= j)
            return A[i * (i - 1) / 2 + j - 1];
        else
            return A[n * (n + 1) / 2];
    }
    public void set(int i, int j, double s) {
        // i,j 合法取值范围为[1,n]
        if (i < 0 || i > n)
            throw new IllegalArgumentException("Illegal Argument");
        if (j < 0 || j > n)
            throw new IllegalArgumentException("Illegal Argument");
        if (i >= j)
            A[i * (i - 1) / 2 + j - 1] = s;
        else
            A[n * (n + 1) / 2] = s;
    }
    public double[] getArray() {
        return A;
    }

    public lowertriangularmatrix plus(lowertriangularmatrix B) {
        //相加
        checkMatrixDimensions(B);
        lowertriangularmatrix X = new lowertriangularmatrix(n);
        double C[] = X.getArray();
        for (int i = 0; i <= n * (n + 1) / 2; i++) {
            C[i] = A[i] + B.A[i];
        }
        return X;
    }
    public lowertriangularmatrix minus(lowertriangularmatrix B) {
        //相减
        checkMatrixDimensions(B);
        lowertriangularmatrix X = new lowertriangularmatrix(n);
```

```
        double C[] = X.getArray();
        for (int i = 0; i <= n * (n + 1) / 2; i++) {
            C[i] = A[i] - B.A[i];
        }
        return X;
    }
    private void checkMatrixDimensions(lowertriangularmatrix B) {
        if (B.n != n) {
            throw new IllegalArgumentException("Matrix dimensions must agree.");
        }
    }
}
```

在下三角矩阵压缩存储结构下可以实现矩阵的转置、矩阵求逆、矩阵的乘除等运算,读者可作为练习自行完成。

### 3. 对角矩阵的压缩存储

在对角矩阵中,除了主对角线和主对角线上方或下方若干条对角线上的元素外,其余元素皆为零,即所有的非零元素集中在以主对角线为中心的带状区域中,如图 5-8 所示。在如图 5-8 所示的矩阵中,只有主对角线及其上、下两条对角线的数据元素不为 0,该矩阵为三对角矩阵。

$$\begin{bmatrix} a_{11} & a_{12} & 0 & 0 & 0 & \cdots & 0 \\ a_{21} & a_{22} & a_{23} & 0 & 0 & \cdots & 0 \\ 0 & a_{32} & a_{33} & a_{34} & 0 & \cdots & 0 \\ 0 & 0 & \cdots & \cdots & \cdots & 0 & 0 \\ 0 & \cdots & 0 & a_{i(i-1)} & a_{ii} & a_{i(i+1)} & 0 \\ 0 & \cdots & 0 & 0 & a_{(n-1)(n-2)} & a_{(n-1)(n-1)} & a_{(n-1)n} \\ 0 & \cdots & 0 & 0 & 0 & a_{n(n-1)} & a_{nn} \end{bmatrix}$$

**图 5-8　三对角矩阵**

在该三对角矩阵中,非零元素仅出现在主对角线上($a_{ii}$,$1 \leqslant i \leqslant n$)、主对角线上方的对角线上($a_{i(i+1)}$,$1 \leqslant i \leqslant n-1$)、主对角线下方的对角线上($a_{(i+1)i}$,$1 \leqslant i \leqslant n-1$)。显然,当 $|i-j|>1$ 时,元素 $a_{ij}=0$。

由此可知,一个 $k$ 对角矩阵($k$ 为奇数)$A$ 满足条件:当 $|i-j|>(k-1)/2$ 时,$a_{ij}=0$。

对角矩阵可按行优先顺序或对角线顺序将其压缩存储到一个数组中,并且也能找到每个非零元素和数组下标的对应关系。仍然以三对角矩阵为例进行讨论。

当 $i=1$,$j=1$、2,或 $i=n$,$j=n-1$、$n$,或 $1<i<n$ 时,除 $j=i-1$、$i$、$i+1$ 的元素 $a_{ij}$ 外,其余元素都是 0。

对于这种矩阵,当以“按行优先顺序”压缩存储时,第 1 行和第 $n$ 行均有两个非零元素,其余每行的非零元素都是 3 个,则需存储的元素个数为 $3n-2$。三对角矩阵的压缩存储形式如图 5-9 所示。

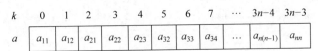

| $k$ | 0 | 1 | 2 | 3 | 4 | 5 | 6 | 7 | $\cdots$ | $3n-4$ | $3n-3$ |
|---|---|---|---|---|---|---|---|---|---|---|---|
| $a$ | $a_{11}$ | $a_{12}$ | $a_{21}$ | $a_{22}$ | $a_{23}$ | $a_{32}$ | $a_{33}$ | $a_{34}$ | $\cdots$ | $a_{n(n-1)}$ | $a_{nn}$ |

**图 5-9　三对角矩阵的压缩存储**

数组 $a$ 中的元素 $a[k]$ 与三对角矩阵中的元素 $a_{ij}$ 存在一一对应的关系。在 $a_{ij}$ 之前有 $i-1$ 行,有 $3i-4$ 个非零元素,在第 $i$ 行有 $j-i+1$ 个非零元素,共有 $2i+j-3$ 个非零元素。这样,非零元素 $a_{ij}$ 在数组中的下标为 $2i+j-3$。在图 5-9 中,$a_{34}$ 在数组中的下标 $k=2\times3+4-3=7$,对应 $a[7]$。

　　压缩三对角矩阵的代码实现,读者可作为练习自行完成。

　　上述各种特殊矩阵的非零元素的分布都是有规律的,因此总能找到一种方法将它们压缩存储到一个一维数组中,并且一般都能找到矩阵中的元素与该一维数组元素的对应关系,通过这个关系仍能对矩阵的元素进行随机存取。

## 5.2.2　稀疏矩阵的压缩存储

视频讲解

　　如果矩阵中只有少量的非零元素,并且这些非零元素在矩阵中的分布没有规律,则称为随机稀疏矩阵,简称为稀疏矩阵。稀疏矩阵示例如图 5-10 所示。

　　假设在 $m\times n$ 的矩阵中有 $t$ 个非零元素,令 $\delta=t/mn$,称 $\delta$ 为矩阵的稀疏因子。图 5-10 所示矩阵的稀疏因子为 $7/30\approx0.23=23\%$,该矩阵并不属于严格意义上的稀疏矩阵,只有稀疏因子小于 5% 的矩阵才能称为稀疏矩阵。

　　稀疏矩阵的压缩存储:只存储非零元素。

　　描述非零元素的信息:该非零元素所在的行数,该非零元素所在的列数,该非零元素的值。

　　整个稀疏矩阵的表示:每个非零元素由(row,col,value)唯一确定,整个矩阵可表示为一个三元组表,如图 5-11 所示。

$$\begin{bmatrix} 3 & 0 & 0 & 5 & 0 & 0 \\ 0 & 0 & -2 & 0 & 0 & 0 \\ 1 & 0 & 4 & 0 & 6 & 0 \\ 0 & 0 & 0 & 0 & 0 & 0 \\ 0 & 0 & -1 & 0 & 0 & 0 \end{bmatrix}$$

图 5-10　稀疏矩阵示例

| row | col | value |
|---|---|---|
| 1 | 1 | 3 |
| 1 | 4 | 5 |
| 2 | 3 | –2 |
| 3 | 1 | 1 |
| 3 | 3 | 4 |
| 3 | 5 | 6 |
| 5 | 3 | –1 |

图 5-11　稀疏矩阵三元组表

### 1. 三元组顺序表

　　在 Java 语言中,三元组表的顺序存储就是将三元组表存放到一维数组中,该种存储结构简称为三元组顺序表。

　　假设图 5-10 所示的稀疏矩阵 **A** 的数据元素是 double 型(8 字节),row、col 是 int 型(4 字节),value 是 double 型(8 字节),则稀疏矩阵 **A** 采用三元顺序表存储节省了多少存储空间?

　　稀疏矩阵 **A** 采用二维数组存储所用的存储空间$=5\times6\times8=240$ 字节,采用三元顺序表存储所用的存储空间$=7\times16=112$ 字节,则节省的存储空间$=240-112=128$ 字节。

　　由此可知,稀疏矩阵稀疏因子越小,节省的存储空间越多。

　　如何表示三元组表的一行? 三元组表的每一行都是由 3 个数据项组成的,考虑用类表示,代码如下。

```
class Triple {      // 三元组表的每一行都是由 3 个数据项组成的,考虑用类表示
    public int row, col;
```

```
            public double value;
            public Triple() {
                row = 0;
                col = 0;
                value = 0;
            }
            public Triple(int row, int col, int value) {
                this.row = row;
                this.col = col;
                this.value = value;
            }
    }
```

三元组顺序表类的代码实现如下。

```
class TMatrix {
    public Triple[] data;              // 非零元素三元组表
    public int rn, cn, tn;             // 矩阵的行数、列数和非零元素个数
    public TMatrix(int size) {
        data = new Triple[size];
        for (int i = 0; i < size; i++) {
            data[i] = new Triple();
        }
    }
    public TMatrix(int rn, int cn, int size) {
        // 目前无非零元素,全是零
        data = new Triple[size];
        for (int i = 0; i < size; i++) {
            data[i] = new Triple();
        }
        this.rn = rn;
        this.cn = cn;
        this.tn = 0;
    }
    public double get(int i, int j) {
        // i 的合法取值范围为[1, rn]
        // j 的合法取值范围为[1, cn]
        if (i < 1 || i > rn || j < 1 || j > cn)
            throw new IllegalArgumentException("行标列标非法");
        int k;
        for (k = 0; k < tn; k++) {
            if (data[k].row == i && data[k].col == j)
                break;
        }
        if (k < tn)                    // 非 0
        {
            return data[k].value;
        } else
            return 0;
    }
    public void set(int i, int j, double s) {
        if (i < 1 || i > rn || j < 1 || j > cn)
            throw new IllegalArgumentException("行标列标非法");
        // i 的合法取值范围为[1, rn]
        // j 的合法取值范围为[1, cn]
        int k = 0;
        for (k = 0; k < tn; k++) {
```

```
                    if (data[k].row == i && data[k].col == j)
                        break;
            }
            // 分 4 种情况
            // (1)s != 0 && k < tn,表示矩阵中第 i 行第 j 列的元素非零,新设置数值 s 非零,此时只要
            // 令 data[k].value = s 即可
            // (2)s != 0 && k == tn,表示矩阵中第 i 行第 j 列的元素是零,新设置数值 s 非零,此时需
            // 要插入( i, j, s)到数组中
            // (3)s == 0 && k < tn,表示矩阵中第 i 行第 j 列的元素非零,新设置数值是零,此时需要从
            // 数组中删除 data[k],即( i, j,value)从 data[k + 1]到 data[tn - 1]依次上移
            // (4)s == 0 && k == tn,表示矩阵中第 i 行第 j 列的元素是零,新设置数值 s 也是零,此时
            // 不用做任何处理
            if (s != 0 && k < tn)
                data[k].value = s;
            if (s != 0 && k == tn) {
                // 判断数组中有没有空间
                if (tn == data.length)      // 如果没有空间,则抛出异常; 否则,进行插入
                {
                    throw new RuntimeException("已满,不能插入");
                } else {
                    int position = 0;
                    int k1;
                    for (k1 = 0; k1 < tn; k1++) {
                        if (data[k1].row < i)
                            position++;
                        if (data[k1].row == i && data[k1].col < j)
                            position++;
                        if (data[k1].row > i)
                            break;
                    }
                    // 找到合适的插入位置
                    // 从 tn - 1 至 position 依次后移一位
                    for (int k2 = tn - 1; k2 >= position; k2--)
                        data[k2 + 1] = data[k2];
                    data[position].row = i;
                    data[position].col = j;
                    data[position].value = s;
                    tn++;
                }
            }
        if(s == 0 && k < tn){
            //从数组中删除 data[k]
            for (int k2 = k; k2 < tn - 1; k2++)
                data[k2] = data[k2 + 1];
            tn--;
        }
    }
```

当稀疏矩阵采用三元组表存储结构时,不能对矩阵的元素进行随机存取,此时需要利用类中的 set 和 get 方法对矩阵的数据元素进行存取。下面讨论在这种压缩存储结构下的矩阵转置运算。

假设有一个 $m \times n$ 的矩阵 $\boldsymbol{A}$,它的转置 $\boldsymbol{B}$ 是一个 $n \times m$ 的矩阵,且 $\boldsymbol{B}[i][j] = \boldsymbol{A}[j][i]$ $(0 \leqslant i \leqslant n, 0 \leqslant j \leqslant m)$,即 $\boldsymbol{B}$ 的行是 $\boldsymbol{A}$ 的列,$\boldsymbol{B}$ 的列是 $\boldsymbol{A}$ 的行。设稀疏矩阵 $\boldsymbol{A}$ 是按行优先顺序压缩存储在三元组表 $\boldsymbol{A}$.data 中的,若只是简单地通过交换 $\boldsymbol{A}$.data 中 $i$ 和 $j$ 的内容得到

三元组表 $\boldsymbol{B}$.data,则 $\boldsymbol{B}$.data 将是一个按列优先顺序存储的稀疏矩阵 $\boldsymbol{B}$。要得到按行优先顺序存储的 $\boldsymbol{B}$.data,就必须重新排列三元组表 $\boldsymbol{B}$.data 中元素的顺序。

求转置矩阵的基本算法思想如下。

① 将矩阵的行、列下标值交换,即将三元组表中的行、列位置值 $i$、$j$ 相互交换。

② 重排三元组表中元素的顺序,即交换后仍然是按行优先顺序排序的。

(1) 方法一。

算法思想:根据稀疏矩阵 $\boldsymbol{A}$ 的三元组表 $\boldsymbol{A}$.data 中的列次序,依次找到相应的三元组,并将其存入 $\boldsymbol{B}$.data 中。每次寻找三元组都需要完整扫描三元组表 $\boldsymbol{A}$.data,找到之后自然就成为按行优先的转置矩阵的压缩存储表示。

按方法一求转置矩阵的算法实现如下,其中 this 代表当前矩阵 $\boldsymbol{A}$。

```java
TMatrix TransMatrix() {
    int p, q, col;
    TMatrix B = new TMatrix(this.data.length);
    B.rn = this.cn;
    B.cn = this.rn;
    B.tn = this.tn;
    /* 设置三元组表 B.data 的行数、列数和非零元素个数 */
    if (B.tn == 0)
        System.out.println("The Matrix = 0\n");
    else {
        q = 0;
        for (col = 1; col <= this.cn; col++)
            /* 每循环一次即找到转置后的一个三元组 */
            for (p = 0; p < B.tn; p++)
                /* 循环次数是非零元素个数 */
                if (this.data[p].col == col) {
                    B.data[q].row = this.data[p].col;
                    B.data[q].col = this.data[p].row;
                    B.data[q].value = this.data[p].value;
                    q++;
                }
    }
    return B;
}
```

算法分析:本算法的主要工作是在 p 和 col 的两个循环中完成的,故算法的时间复杂度为 $O(\text{cn} \times \text{tn})$,即与矩阵的列数和非零元素个数的乘积成正比。

稀疏矩阵如果采用普通存储方式(即二维数组),则其转置算法代码如下。

```java
for(int col = 0; col < cn ;++col)
    for(int row = 0 ; row < rn ;++row)
        b[col][row] = a[row][col] ;
```

此时,其时间复杂度为 $O(\text{cn} \times \text{rn})$。

当非零元素的个数 tn 与 rn $\times$ cn 为相同数量级时,算法 TransMatrix 的时间复杂度为 $O(\text{rn} \times \text{cn}^2)$。

由此可见,该算法虽然节省了存储空间,但时间复杂度却大大增加,所以算法 TransMatrix 只适合于稀疏矩阵中非零元素的个数 tn 远远小于 rn $\times$ cn 的情况。

（2）方法二。

算法思想：直接按照稀疏矩阵 $A$ 的三元组表 $A.$data 的次序依次顺序转换，并将转换后的三元组放置于三元组表 $B.$data 的恰当位置。

算法分析：若能预先确定原矩阵 $A$ 中每一列的（即 $B$ 中每一行）第一个非零元素在 $B.$data 中应有的位置（下标值，从 0 开始计数），则在转置时就可以直接放在 $B.$data 中的恰当位置。因此，应先求得 $A$ 中每一列的非零元素个数。

附设两个辅助数组：num[ ] 和 cpot[ ]。

① num[col]：统计 $A$ 的第 col 列中非零元素的个数。

② cpot[col]：指示 $A$ 的第 col 列中第一个非零元素在 $B.$data 中的恰当位置（下标值，从 0 开始计数）。

显然有以下关系成立。

$$\begin{cases} cpot[1] = 0 \\ cpot[col] = cpot[col-1] + num[col-1], 2 \leqslant col \leqslant A.cn \end{cases}$$

对于图 5-12 中的稀疏矩阵 $A$，可以求得 num[col] 和 cpot[col] 的值如表 5-1 所示。

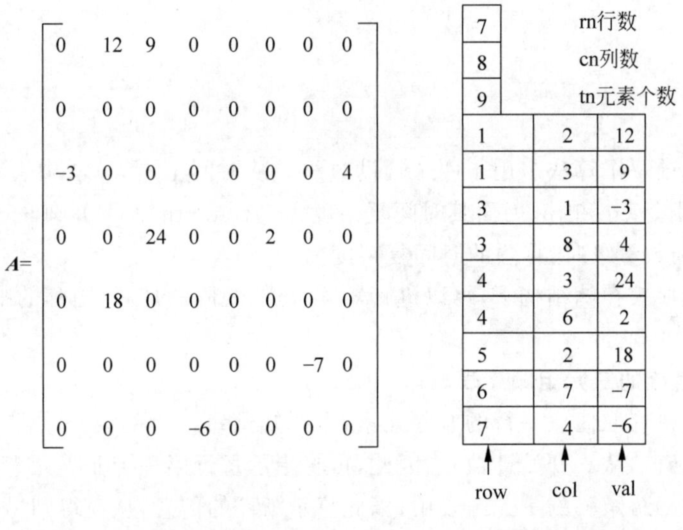

(a) 稀疏矩阵示例　　　　(b) 矩阵$A$的三元组顺序表

图 5-12　稀疏矩阵及三元组顺序表

表 5-1　num[col] 和 cpot[col] 的值表

| col | 1 | 2 | 3 | 4 | 5 | 6 | 7 | 8 |
|---|---|---|---|---|---|---|---|---|
| num[col] | 1 | 2 | 2 | 1 | 0 | 1 | 1 | 1 |
| cpot[col] | 0 | 1 | 3 | 5 | 6 | 6 | 7 | 8 |

快速转置算法代码如下，其中 this 代表当前矩阵 $A$。

```
TMatrix FastTransMatrix() {
    int p, q, col, k;
    int[] num = new int[this.cn];
    int[] cpot = new int[this.cn];
    TMatrix B = new TMatrix(this.data.length);
    B.rn = this.cn;
    B.cn = this.rn;
```

```
        B.tn = this.tn;
        /* 设置三元组表 B.data 的行数、列数和非零元素个数 */
        if (B.tn == 0)
            System.out.println("The Matrix = 0\n");
        else {
            for (col = 0; col < this.cn; ++col)
                num[col] = 0;
            /* 下标 col 从 0 开始计数 */
            /* 向量 num[]初始化为 0 */
            for (k = 0; k < this.tn; ++k)
                ++num[this.data[k].col - 1];
            /* 求原矩阵中每一列的非零元素个数 */
            for (cpot[0] = 0, col = 1; col < this.cn; ++col)
                cpot[col] = cpot[col - 1] + num[col - 1];
            /* 求第 col 列中第一个非零元素在 B.data 中的序号 */
            for (p = 0; p < this.tn; ++p) {
                col = this.data[p].col - 1;
                q = cpot[col];
                B.data[q].row = this.data[p].col;
                B.data[q].col = this.data[p].row;
                B.data[q].value = this.data[p].value;
                ++cpot[col];
            }
        }
        return B;
    }
```

该算法比起前一个算法多用了两个辅助数组。从时间上看,算法中有 4 个并列的单循环,循环次数分别是 cn 和 tn,因而其时间复杂度为 $O(cn+tn)$。当矩阵的非零元素个数 tn 与 cn×rn 为相同数量级时,算法的时间复杂度为 $O(cn×rn)$。

在三元组顺序表存储结构下,可以进行矩阵求逆、矩阵的加减、矩阵的乘除等运算,读者可作为练习自行实现。

**2. 行逻辑链接的三元组顺序表**

为了便于随机存取任意一行的非零元素,需要知道每一行的第一个非零元素在三元组表中的位置(下标值,从 0 开始计数)。因此,可将指示每行第一个非零元素在三元组表中位置的数组固定在稀疏矩阵的三元组表中,以此指示"行"的信息,从而得到另一种顺序存储结构:行逻辑链接的三元组顺序表,其类型描述如下。

```
public class RLSMatrix {
    public Triple[] data;            /* 非零元素的三元组表 */
    public int[] rpos;               /* 各行第一个非零元素的位置表 */
    public int rn, cn, tn;           /* 矩阵的行数、列数和非零元素个数 */

    public RLSMatrix(int size, int rn, int cn) {
        data = new Triple[size];
        for (int i = 0; i < size; i++)
            data[i] = new Triple();
        this.rn = rn;
        this.cn = cn;
        this.tn = 0;
        rpos = new int[this.rn];
    }

    public RLSMatrix(Triple[] data, int rn, int cn, int tn) {
```

```
            this.data = data;
            this.rn = rn;
            this.cn = cn;
            this.tn = tn;
            rpos = new int[rn];
            int[] num = new int[rn];    // 各行的非零元素个数
            int i;
            if (tn == 0)
                System.out.println("The Matrix A = 0\n");
            else {
                for (i = 0; i < rn; ++i)
                    num[i] = 0;
                /* 将向量 num[]初始化为 0 */
                for (int k = 0; k < tn; ++k)
                    ++num[data[k].row - 1];
                /* 求矩阵中每一行非零元素的个数 */
                for (rpos[0] = 0, i = 1; i < rn; ++i)
                    rpos[i] = rpos[i - 1] + num[i - 1];
                /* 求第 i 行中第一个非零元素在 data 中的序号 */
            }
    }
    public double get(int i, int j) {
        // i 的合法取值范围为[1,rn]
        // j 的合法取值范围为[1,cn]
        if (i < 1 || i > rn || j < 1 || j > cn)
            throw new IllegalArgumentException("行标列标非法");
        int k;
        for (k = rpos[i - 1]; k < rpos[i]; k++) {
            if (data[k].col == j)
                break;
        }
        if (k < rpos[i])                // 非零
            return data[k].value;
        else
            return 0;
    }

    public void set(int i, int j, double s) {
        if (i < 1 || i > rn || j < 1 || j > cn)
            throw new IllegalArgumentException("行标列标非法");
        // i 的合法取值范围为[1,rn]
        // j 的合法取值范围为[1,cn]
        int k;
        for (k = rpos[i - 1]; k < rpos[i]; k++) {
            if (data[k].col == j)
                break;
        }
        // 分 4 种情况
        // (1)s != 0 &&k < rpos[i],表示矩阵中第 i 行第 j 列的元素非零,新设置数值 s 非零,此时
        // 只要令 data[k].value = s 即可
        // (2)s != 0 &&k == rpos[i],表示矩阵中第 i 行第 j 列的元素是零,新设置数值 s 非零,此
        // 时需要插入(i, j, s)到数组中,并修改 rpos
        // (3)s == 0 &&k < rpos[i],表示矩阵中第 i 行第 j 列的元素非零,新设置数值是零,此时需
        // 要从数组中删除(i, j, value)并修改 rpos
        // (4)s == 0 &&k == rpos[i],表示矩阵中第 i 行第 j 列的元素是零,新设置数值 s 也是零,
        // 此时不用做任何处理
        if (s != 0 && k < rpos[i])
            data[k].value = s;          // 修改此元素的值
```

```
            if (s != 0 && k == rpos[i]) {
                // 判断数组中有没有空间
                if (tn == data.length)           // 如果没有空间,则抛出异常;否则,进行插入
                {
                    throw new RuntimeException("已满,不能插入");
                } else {
                    int position = rpos[i-1];
                    int k1;
                    for (k1 = rpos[i-1]; k1 < rpos[i]; k1++) {
                        if( data[k1].col < j)
                            position++;
                        if (data[k1].col > j)
                            break;
                    }
                    // 找到合适的插入位置
                    // 从 tn-1 至 position 依次后移一位
                    for (int k2 = tn - 1; k2 >= position; k2-- )
                        data[k2 + 1] = data[k2];
                    data[position].row = i;
                    data[position].col = j;
                    data[position].value = s;
                    tn++;
                    for( int k3 = i;k3 < rn;k3++)
                        rpos[k3]++;
                }
            }
            if (s != 0 && k == rpos[i])
            {
                //从数组中删除 data[k]
                for (int k2 = k; k2 < tn-1; k2++)
                    data[k2] = data[k2 + 1];
                tn-- ;
                for( int k3 = i;k3 < rn;k3++)
                    rpos[k3]-- ;
            }
        }
    }
```

当稀疏矩阵采用这种行逻辑链接的三元组顺序表存储结构时,同样不能对矩阵的元素进行随机存取,此时利用类中的 set 和 get 方法对矩阵的数据元素进行存取。下面讨论在这种行逻辑链接的三元组顺序表存储结构下的矩阵相乘运算。

矩阵的乘法定义如下。

设有两个矩阵: $A = (a_{ij})_{m \times n}$, $B = (b_{ij})_{n \times t}$,则 $C = A \times B = (c_{ij})_{m \times t}$,其中, $c_{ij} = \sum a_{ik} \times b_{kj}$, $1 \leqslant k \leqslant n, 1 \leqslant i \leqslant m, 1 \leqslant j \leqslant t$。

如果矩阵采用二维数组存储结构(行、列下标均从 0 开始),则可用的经典算法是三重循环,代码如下。

```
for(i = 1;i <= m;++i)
    for(j = 1;j <= t;++j){
    c[i-1][j-1] = 0;
    for (k = 1; k <= n; ++k)
        c[i-1][j-1] = c[i-1][j-1] + a[i-1][k-1] * b[k-1][j-1];
}
```

假设两个稀疏矩阵 $A = (a_{ij})_{m \times n}$ 和 $B = (b_{ij})_{n \times t}$ 采用行逻辑链接的三元组顺序表存储

结构,即 **A**. data 按行优先顺序存储矩阵 **A** 中的非零元素,**A**. tn 表示矩阵 **A** 中的非零元素个数,**A**. rn=$m$ 表示稀疏矩阵 **A** 的行数,**A**. cn=$n$ 表示稀疏矩阵 **A** 的列数,**A**. rpos 存储每一行的第一个非零元素在 **A**. data 数组中的下标;**B**. data 按行优先顺序存储矩阵 **B** 中的非零元素,**B**. tn 表示矩阵 **B** 中的非零元素个数,**B**. rn=$n$ 表示稀疏矩阵 **B** 的行数,**B**. cn=$t$ 表示稀疏矩阵 **B** 的列数,**B**. rpos 存储每一行的第一个非零元素在 **B**. data 数组中的下标。

稀疏矩阵相乘算法思想如下。

对于 **A** 中的每个元素 **A**. data[$p$]($p$=0,1,…,**A**. tn−1),找到 **B** 中所有满足条件 **A**. data[$p$]. col=**B**. data[$q$]. row 的元素 **B**. data[$q$],求得 **A**. data[$p$]. value×**B**. data[$q$]. value,该乘积是积矩阵元素 $c_{ij}$ 中($i$ 的值是 **A**. data[$p$]. row,$j$ 的值是 **B**. data[$q$]. col)的一部分,求得所有这样的乘积并累加求和就能得到 $c_{ij}$。

为得到非零的乘积,只要对 **A**. data[]中每个元素($i$,$k$,$a_{ik}$)($1 \leqslant i \leqslant$ **A**. rn,$1 \leqslant k \leqslant$ **A**. cn),找到 **B**. data[]中所有相应的元素($k$,$j$,$b_{kj}$)($1 \leqslant k \leqslant$ **B**. rn,$1 \leqslant j \leqslant$ **B**. cn)相乘即可。因此必须知道矩阵 **B** 中第 $k$ 行的所有非零元素,而 **B**. rpos[]向量中提供了相应的信息。

**B**. rpos[row−1]指示了矩阵 **B** 的第 row 行中第一个非零元素在 **B**. data[]中的位置(数组元素下标,从零开始计数),**B**. rpos[row+1−1]−1 指示了第 row 行中最后一个非零元素在 **B**. data[]中的位置(数组元素下标,从 0 开始计数)。显然,最后一行中最后一个非零元素在 **B**. data[]中的位置就是 **B**. tn−1。

假设两个稀疏矩阵相乘的结果矩阵还是稀疏矩阵,仍旧采用行逻辑链接的三元组顺序表存储结构,两个稀疏矩阵相乘的算法代码如下。

```java
static void MultsMatrix(RLSMatrix A, RLSMatrix B, RLSMatrix C)
/* 求矩阵 A 、B 的积 C = A * B,采用行逻辑链接的顺序表 */
{
    float[] ctemp = new float[B.cn];        // 行累加器
    int p, q, arow, ccol, brow, i, t, ta;   // ta 循环的终止条件
    if (A.cn != B.rn) {
        System.out.println("Error\n");
        return;
    } else {
        C.rn = A.rn;
        C.cn = B.cn;
        C.tn = 0;                           /* 初始化 C */
        if (A.tn * B.tn != 0)               /* C 是非零矩阵 */
        {
            for (arow = 1; arow <= A.rn; ++arow) {
                for (i = 0; i < B.cn; i++)
                    ctemp[i] = 0;
                /* 当前行累加器数组清零 */
                C.rpos[arow - 1] = C.tn;
                if (arow == A.rn)
                    ta = A.tn;
                else                        // ta 是循环的终止条件
                    ta = A.rpos[arow - 1 + 1]; //
                for (p = A.rpos[arow - 1]; p < ta; ++p)
                /* 遍历第 arow 行的每一个非零元素 */
                {
                    brow = A.data[p].col;
                    /* 找到元素在 B.data[]中的行号 */
                    if (brow < B.cn)
```

```
                    t = B.rpos[brow - 1 + 1];
                else
                    t = B.tn;            // 设置循环变量的终止值
                q = B.rpos[brow - 1];
                for (; q < t; ++q) {    // 循环变量的起始值
                    ccol = B.data[q].col;
                    /* 积元素在 C 中的列号 */
                    ctemp[ccol - 1] += A.data[p].value * B.data[q].value;
                }
            } /* 求出 C 中第 arow 行中的非零元素 */
            for (ccol = 1; ccol <= C.cn; ++ccol)
                if (ctemp[ccol - 1] != 0) {
                    C.data[C.tn].row = arow;
                    C.data[C.tn].col = ccol;
                    C.data[C.tn].value = ctemp[ccol - 1];
                    C.tn++;
                }
        }
    }
}
```

如果能事先估算出乘积矩阵不是稀疏矩阵,则可以采用二维数组存储乘积矩阵,算法将更加简单。

对于行逻辑链接的三元组顺序表存储结构下的矩阵转置、矩阵求逆、矩阵加减等其他运算,读者可作为练习自行实现。

### 3. 十字链表

对于稀疏矩阵,当非零元素的个数和位置在操作过程中变化较大时,不宜采用三元组表的顺序存储结构,采用三元组表的链式存储结构会更恰当。

在链式存储中,矩阵的每一个非零元素用一个结点表示,该结点除了(row, col, value)数据部分外,还有行引用和列引用,如图 5-13 所示。其中,列引用指示同一列中的下一个非零元素,行引用指示同一行中的下一个非零元素。

矩阵 **B** 的链式存储结构如图 5-14 所示。

$$B_{3\times4}=\begin{bmatrix} 3 & 0 & 0 & 5 \\ 0 & -1 & 0 & 0 \\ 3 & 0 & 0 & 0 \end{bmatrix}$$

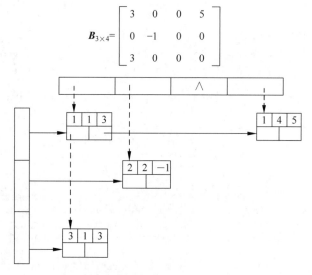

| row | col | value |
|-----|-----|-------|
| 列引用down | | 行引用right |

图 5-13　稀疏矩阵的链式存储结点

图 5-14　稀疏矩阵的链式存储结构

在链式存储结构中，每行有一个头引用，头引用指向各行的第一个非零元素结点，如果该行中没有非零元素结点，则头引用是空；每列有一个头引用，头引用指向各列的第一个非零元素结点，如果该列中没有非零元素结点，则头引用是空。

例如，矩阵 *B* 的第一行第一列的数据元素值是 3，列引用 down 指向同一列中的下一个非零元素 3，行引用 right 指向同一行中的下一个非零元素。

因为每个非零元素结点既处于某一行的单链表中，又处于某一列的单链表中，就像一个交叉的十字路口，所以将稀疏矩阵的这种链式存储结构称为十字链表。

结点类的定义如下。

```
class OLNode {                        /* 非零元素结点 */
    public int row, col;              /* 行号和列号 */
    public double value;              /* 元素值 */
    public OLNode down, right;
    public OLNode() {
        row = 0;
        col = 0;
        value = 0;
        down = null;
        right = null;
    }
    public OLNode(int row, int col, int value) {
        this.row = row;
        this.col = col;
        this.value = value;
        down = null;
        right = null;
    }
    public OLNode(int row, int col, int value, OLNode down, OLNode right){
        this.row = row;
        this.col = col;
        this.value = value;
        this.down = down;
        this.right = right;
    }
}
```

十字链表类 CrossLinkedListSparseMatrix 的成员变量及构造方法如下。

```
public class CrossLinkedListSparseMatrix {
    public int rn;                    /* 矩阵的行数 */
    public int cn;                    /* 矩阵的列数 */
    public int tn;                    /* 非零元素总数 */
    public OLNode[] rhead;            // 行头结点数组
    public OLNode[] chead;            // 列头结点数组
    // 无参构造器
    public CrossLinkedListSparseMatrix() {
        rn = 0;
        cn = 0;
        tn = 0;
        rhead = new OLNode[rn];
        for (int i = 0; i < rn; ++i) {
            rhead[i] = new OLNode();
            rhead[i] = null;
        }
```

```
            chead = new OLNode[cn];
            for (int j = 0; j < cn; ++j) {
                chead[j] = new OLNode();
                chead[j] = null;
            }
        }
    public CrossLinkedListSparseMatrix(int row, int col) {
        rn = row;
        cn = col;
        tn = 0;
        rhead = new OLNode[rn];
        for (int i = 0; i < rn; ++i) {
            rhead[i] = new OLNode();
            rhead[i] = null;
        }
        chead = new OLNode[cn];
        for (int j = 0; j < cn; ++j) {
            chead[j] = new OLNode();
            chead[j] = null;
        }
    }
    public CrossLinkedListSparseMatrix(int row, int col, int tn, OLNode[] rhead, OLNode[]
chead) {
        rn = row;
        cn = col;
        this.tn = tn;
        this.rhead = new OLNode[rn];
        int i, j;
        for (i = 0; i < rn || i < rhead.length; ++i) {
            this.rhead[i] = rhead[i];
        }
        while (i < rn) {
            rhead[i] = new OLNode();
            rhead[i] = null;
        }
        this.chead = new OLNode[cn];
        for (j = 0; j < cn || j < chead.length; ++j) {
            this.chead[j] = chead[j];
        }
        while (j < cn) {
            chead[j] = new OLNode();
            chead[j] = null;
        }
    }
}
```

　　当稀疏矩阵采用十字链表存储结构时，矩阵元素失去了可随机存取的优点，十字链表存储结构下的数据元素存取方法如下。

```
public double get(int i, int j) {
    // 判断行标和列标是否合法,若不合法则抛出异常
    if (i <= 0 || i > rn || j <= 0 || j > cn) {
        throw new RuntimeException("行标和列标非法");
    }
    // i 的合法值是大于 0 且小于 rn 的整数
    // j 的合法值是大于 0 且小于 cn 的整数
    OLNode temp = rhead[i - 1];
```

```java
    if (temp == null) {
        return 0;                      // 此行链表为空,表示该行没有非零元素
    }

    while (temp.col < j && temp.right != null) {
        temp = temp.right;             //循环执行完毕后,temp.col 值大于或等于 j
    }
    if (temp.col == j)
        return temp.value;
    else
        return 0;
}
public void set(int i, int j, double s) {
    // 判断行标和列标是否合法,若不合法则抛出异常
    if (i <= 0 || i > rn || j <= 0 || j > cn) {
        throw new RuntimeException("行标和列标非法");
    }
    // 在第 i 行链表查找列下标为 j 的元素结点
    OLNode cq;
    OLNode rowprior, colprior;
    for (cq = rhead[i - 1]; cq != null; cq = cq.right) {
        if (cq.col == j)
            break;
        // 稀疏矩阵第 i 行第 j 列的元素非零,跳出循环
    }
    // 分 4 种情况
    // (1)s != 0 &&cq!= null,表示矩阵中第 i 行第 j 列的元素非零,新设置数值 s 非零,此时只要令
    // cq.value = s 即可
    // (2)s != 0 &&cq == null,表示矩阵中第 i 行第 j 列的元素是零,新设置数值 s 非零,此时插入
    // (i, j, s)到行列链表中
    // (3)s == 0 &&cq!= null,表示矩阵中第 i 行第 j 列的元素非零,新设置数值 s 是零,此时需要
    // 从行列链表中删除结点(i, j, value)
    // (4)s == 0 &&cq == null,表示矩阵中第 i 行第 j 列的元素是零,新设置数值 s 也是零,此时不
    // 用做任何处理
    if (s != 0 && cq != null)
        cq.value = s;
    if (s != 0 && cq == null) {
        OLNode p = new OLNode();  // 建立新结点
        p.row = i;
        p.col = j;
        p.value = s;              // 给新结点赋值

        if ((rhead[i - 1] == null) || (rhead[i - 1].col > j))
        // 行中没有结点或者该结点应插入行链表中的第一个位置
        {
            p.right = rhead[i - 1];
            rhead[i - 1] = p;
        } else {
            // 寻找在行表中的插入位置
            for (rowprior = rhead[i - 1]; rowprior.right != null
                    && rowprior.right.col < j; rowprior = rowprior.right)
                ;
            // 此循环执行完毕,rowprior 指向新结点在行链表中的前驱结点
            p.right = rowprior.right;
            rowprior.right = p;
        }
        // 在列链表中插入新结点
```

```
            if ((chead[j - 1] == null) || (chead[j - 1].col > i))
            // 列中没有结点或者该结点应插入列链表中的第一个位置
            {
                p.right = chead[j - 1];
                chead[j - 1] = p;
            } else {
                // 寻找在列表中的插入位置
                for (colprior = chead[j - 1]; colprior.down != null && colprior.down.row < i;
colprior = colprior.down)
                    ;
                // 此循环执行完毕,colprior 指向新结点在列链表中的前驱结点
                p.down = colprior.down;
                colprior.down = p;
            }

            tn++;
        }
        if (s == 0 && cq != null) {
            // 从行列链表中删除当前 cq 结点
            if (rhead[i - 1] == cq)
                rhead[i - 1] = cq.right;
            else {
                // 如果不是行链表的第一个结点,则找到行链表中的前驱结点,令前驱结点的 right
                // 指向 cq.right
                for (rowprior = rhead[i - 1]; rowprior.right != null && rowprior.right.col < j;
rowprior = rowprior.right)
                    ;
                // 此循环执行完毕,rowprior 指向 cq 的行链表中的前驱结点
                rowprior.right = cq.right;
            }
            if (chead[j - 1] == cq)
                chead[j - 1] = cq.down;
            else {
                // 如果不是列链表的第一个结点,则找到列表中的前驱结点,令前驱结点的 down 指向
                // cq.down
                for (colprior = chead[j - 1]; colprior.down != null && colprior.down.row < i;
colprior = colprior.down)
                    ;
                // 此循环执行完毕,rowprior 指向 cq 的行链表中的前驱结点
                colprior.down = cq.down;
            }
            tn--;
        }
    }
}
```

　　行、列链表中均不存在头结点,处理行或列中的第一个数据元素时存在特殊性。由于 set 方法的实现代码比较烦琐,读者可尝试更改存储结构,在行、列链表中加上头结点后,比较一下不同存储结构下 set 方法的实现。

　　对于稀疏矩阵,建立并显示十字链表存储结构的实现算法如下。

```
public static void createspmatrixol() {
    Scanner reader = new Scanner(System.in);
    // 实例化 Scanner 类对象 reader
    System.out.println("请输入稀疏矩阵的行数、列数");
    int m = reader.nextInt();          // 矩阵的行数
    int n = reader.nextInt();          // 矩阵的列数
```

```
CrossLinkedListSparseMatrix Matrix = new CrossLinkedListSparseMatrix(m, n);
// 各行、列链表均为空链表
// 按任意次序输入非零元素
int k;
while (true)                          // k = 0 表示输入结束
{
    System.out.println("请输入数据元素序号,0 表示结束输入");
    k = reader.nextInt();
    if (k == 0)
        break;
    System.out.println("请输入数据元素的行标、列标、值");
    int i = reader.nextInt();         // 非零元素行标
    int j = reader.nextInt();         // 非零元素列标
    int e = reader.nextInt();         // 非零元素
    OLNode p = new OLNode();          // 建立新结点
    OLNode q = new OLNode();          // 建立新结点 q,q 是一个替代变量
    p.row = i;
    p.col = j;
    p.value = e;                      // 给结点赋值
    // 将新结点 p 插入行、列链表中
    if ((Matrix.rhead[i - 1] == null) || (Matrix.rhead[i - 1].col > j))
    // 行中没有结点或者该结点应插入行链表中的第一个位置
    {
        p.right = Matrix.rhead[i - 1];
        Matrix.rhead[i - 1] = p;
    } else {                          // 寻找在行表中的插入位置
        for (q = Matrix.rhead[i - 1]; q.right != null && q.right.col < j; q = q.right);

            p.right = q.right;
            q.right = p;
        // 完成行插入
    }
    if (Matrix.chead[j - 1] == null || Matrix.rhead[j - 1].row > i)
    // 列中没有结点或者该结点应插入列链表中的第一个位置
    {
        p.down = Matrix.chead[j - 1];
        Matrix.chead[j - 1] = p;
    } else {                          // 寻找在列表中的插入位置
        for (q = Matrix.chead[j - 1]; q.down != null && q.down.row < i; q = q.down);

            p.down = q.down;
            q.down = p;
        // 完成列插入
    }
    Matrix.tn++;
}
Matrix.print();
}
public void print() {                 // 显示十字链表存储结构
    OLNode p = new OLNode();
    for (int i = 0; i < rn; ++i) {
        p = rhead[i];
        System.out.println((i + 1) + "行元素");
        while (p != null) {
            System.out.println(p);
            System.out.println(p.row);
            System.out.println(p.col);
```

```
                    System.out.println(p.value);
                    System.out.println(p.down);
                    System.out.println(p.right);
                    System.out.println();
                    p = p.right;
                }
            }
        }
```

对于 $m$ 行 $n$ 列且有 $t$ 个非零元素的稀疏矩阵,上述建立算法 createspmatrixol 的执行时间为 $O(t \times s)$,其中 $s = \max\{m, n\}$。这是因为每建立一个非零元素的结点,都要寻找它在行表和列表中的插入位置,此算法对非零元素输入的先后次序没有任何要求。若按以行序为主序的次序依次输入三元组,则可将建立十字链表的算法改写成 $O(t)$ 数量级($t$ 为非零元素的个数)。

下面讨论在使用十字链表表示稀疏矩阵时,如何实现两个矩阵 $A$ 和 $B$ 的相加运算。

两个矩阵相加与第 2 章中讨论的两个一元多项式相加极为相似,所不同的是一元多项式中只有一个变元(即指数项),而矩阵相加有两个变元(行值和列值)。矩阵中的每个结点既在行表又在列表中,使得插入和删除时引用的修改稍微复杂,因此需要更多的辅助引用。

利用原矩阵 $A$ 的十字链表,转换为和矩阵的十字链表。设两个矩阵相加后的结果为 $A'$,则和矩阵 $A'$ 中的非零元 $a'_{\text{row,col}}$ 只可能有 3 种情况,即 $a_{\text{row,col}} + b_{\text{row,col}}$,$a_{\text{row,col}}(b_{\text{row,col}} = 0$ 时),$b_{\text{row,col}}(a_{\text{row,col}} = 0$ 时)。因此,当将 $B$ 加到 $A$ 上时,对矩阵 $A$ 的十字链表来说,可能是改变结点的 value 域值($a_{\text{row,col}} + b_{\text{row,col}} \ne 0$)、不变($b_{\text{row,col}} = 0$)或插入一个新结点($a_{\text{row,col}} = 0$)。此外,还有一种可能的情况是:与矩阵 $A$ 中的某个非零元素相对应,和矩阵 $A'$ 中是零元素($a_{\text{row,col}} + b_{\text{row,col}} = 0$),即对 $A$ 的操作是删除一个结点。由此可知,整个运算过程从矩阵的第一行起逐行进行,从每一行的表头出发分别找到 $A$ 和 $B$ 在该行中的第一个非零元素结点并开始比较,然后按上述 4 种不同情况分别处理。

假设非空引用 pa 和 pb 分别指向 $A$、$B$ 中行值相同的两个结点,pa==null 表明矩阵 $A$ 在该行中没有非零元素,则上述 4 种情况的具体处理过程如下。

(1) 若 pa==null 或 pa.col>pb.col,则需要在矩阵 $A$ 的链表中插入一个值为 $b_{\text{row,col}}$ 的结点。此时需要改变同一行中前一结点的 right 域值,以及同一列中前一结点的 down 域值。

(2) 若 pa.col<pb.col,则只需将 pa 引用往右推进一步。

(3) 若 pa.col==pb.col 且 pa.value+pb.value!=0,则只需将 $a_{\text{row,col}} + b_{\text{row,col}}$ 的值送到 pa 所指结点的 value 域即可,其他所有域的值都不变。

(4) 若 pa.col==pb.col 且 pa.value+pb.value==0,则需要在矩阵 $A$ 的链表中删除 pa 所指的结点。此时需要改变同一行中前一结点的 right 域值,以及同一列中前一结点的 down 域值。

为了便于插入和删除结点,还需要设立一些辅助引用。①在 $A$ 的行链表上设 pre 引用,指示 pa 所指结点的前驱结点;②在 $A$ 的每一列的链表上设一个引用 hl[col-1],它的初值与列链表的头引用相同,即 hl[col-1]=chead[col-1](数组下标从 0 开始计数)。

下面简要描述将矩阵 $B$ 加到矩阵 $A$ 上的操作过程。

(1) 令 pa 和 pb 初始化,分别指向 $A$ 和 $B$ 的第一行的第一个非零元素的结点。

pa = A.rhead[0];pb = B.rhead[0];pre = null;

且令 hl 初始化：

```
for(col = 1;col < = A.cn;col++)hl[col - 1] = A.chead[col - 1];
```

（2）重复本步骤，依次处理本行结点，直到 B 中无非零元素的结点，即 pb＝＝null 为止。

① 若 pa＝＝null 或 pa.col＞pb.col（即 *A* 的这一行的非零元素已处理完），则需在 *A* 中插入一个 pb 所指结点的复制结点。假设新结点的地址为 $p$，则 *A* 的行表中的引用变化如下。

```
if (pre == null)
    A.rhead[p.row - 1] = p;
else
    pre.right = p;
p.right = pa;pre = p;
```

*A* 在列表中的引用也要进行相应的改变。首先需要从 hl[p.col−1] 开始找到新结点在同一列中的前驱结点，并让 hl[p.col−1] 指向它，然后在列链表中插入新结点。

```
if(!A.chead[p.col - 1]||A.chead[p.col - 1].row > p.row){
    p.down = A.chead[p.col - 1];A.chead[p.col - 1] = p;
}
else{
    p.down = hl[p.col - 1].down;hl[p.col - 1].down = p;
}
hl[p.col - 1] = p;
```

② 若 pa!＝null 且 pa.col＜pb.col，则令 pa 指向本行下一个非零元素结点。

```
pre = pa;pa = pa.right;
```

③ 若 pa.col＝＝pb.col，则将 *B* 中当前结点的值加到 *A* 中当前结点上。

```
pa.value = pa.value + pb.value;
```

此时，若 pa.value!＝0，则引用不变；否则，删除 *A* 中该结点。

```
if (pre == null)
    A.rhead[pa.row - 1] = pa.right;
else
    pre.right = pa.right;
p = pa;pa = pa.right;
```

同时，为了改变列表中的引用，需要先找到同一列中的前驱结点，且让 hl[pa.col] 指向该结点，然后修改相应引用如下。

```
if (A.chead[p.col - 1] == p)
    A.chead[p.col - 1] = hl[p.col - 1] = p.down;
else
    hl[p.col - 1].down = p.down;
```

（3）若本行不是最后一行，则令 pa 和 pb 指向下一行的第一个非零元素结点，然后转到步骤（2）；否则，算法结束。

通过对该算法的分析可以得出结论：从一个结点来看，进行比较、修改引用所需的时间是一个常数；整个运算过程的关键在于对 *A* 和 *B* 的十字链表逐行扫描，其循环次数主要取决于矩阵 *A* 和 *B* 中非零元素的个数 ta 和 tb；所以该算法的时间复杂度为 $O(\text{ta}+\text{tb})$。

对于十字链表存储结构下的矩阵转置、矩阵求逆、矩阵加减等其他运算，读者可作为练习自行实现。

视频讲解

# 5.3 广义表

## 5.3.1 广义表的定义

广义表是线性表的推广和扩充,在人工智能领域中的应用十分广泛。

线性表(Linear List)是由 $n(n \geqslant 0)$ 个类型相同的数据元素组成的有限序列,通常记作 $L=(a_1,a_2,\cdots,a_{i-1},a_i,a_{i+1},\cdots,a_n)$。而广义表(Generalized List)是由 $n(n \geqslant 0)$ 个数据元素组成的有限序列,通常记作 $\text{LS}=(\alpha_1,\alpha_2,\cdots,\alpha_i,\cdots,\alpha_n)$。

关于广义表的几点说明:

(1) $\alpha_i$ 与 $\alpha_j$ 类型可以不同。$\alpha_i$ 可以是原子元素,也可以是子表元素。例如,$C=(a,(b,c,d))$ 是一个广义表,第一个数据元素是一个原子元素 $a$,第二个数据元素是子表 $(b,c,d)$。

(2) 广义表的长度。广义表的长度是指广义表中的数据元素个数。例如,广义表 $C$ 的长度是 2,广义表 $A=()$ 的长度是 0。

(3) 广义表的深度。广义表的深度是指广义表展开式所含括号的重数。例如,广义表 $C$ 的深度是 2。又如,广义表 $B=(A,C)$ 的深度需要依据广义表 $B$ 的展开式 $((),(a,(b,c,d)))$ 进行判断,展开式括号的重数是三重,则广义表 $B$ 的深度是 3。

(4) 广义表的表头(head)和表尾(tail)。广义表 $\text{LS}=(\alpha_1,\alpha_2,\cdots,\alpha_i,\cdots,\alpha_n)$ 的表头是 $\alpha_1$,表尾是 $(\alpha_2,\cdots,\alpha_i,\cdots,\alpha_n)$。广义表 $C=(a,(b,c,d))$ 的表头是 $a$,表尾是 $((b,c,d))$。广义表 $D=(e)$ 的表头为 $e$,表尾为空表()。

## 5.3.2 广义表的抽象数据类型

```
ADT GLlist
{
数据对象: D = {e_i | i = 1,2,…,n,n≥0; e_i ∈ AtomSet 或 e_i ∈ GList,AtomSet 为某个数据对象}
数据关系: R = {< e_{i-1},e_i >|e_{i-1},e_i ∈ D,2≤i≤n}
基本操作:
(1) CreateGList(String s)。
初始条件: s 是广义表的书写形式串。
操作结果: 由 s 创建广义表L。
(2) GListLength()。
操作结果: 求广义表 L 的长度,即元素个数。
(3) GListDepth()。
操作结果: 求广义表 L 的深度。
(4) GListEmpty()。
操作结果: 判定广义表 L 是否为空。
(5) GetHead()。
操作结果: 取广义表 L 的表头。
(6) GetTail()。
操作结果: 取广义表 L 的表尾。
```

(7) insertFirstGL(e)。
操作结果：插入元素 e 作为广义表 L 的第一元素。
(8) DeleteFirstGL)。
初始条件：广义表不为空。
操作结果：删除广义表 L 的第一元素，并用 e 返回其值。
(9) Traverse()。
操作结果：遍历广义表 L。
}

## 5.3.3　广义表的存储结构

由于广义表数据元素可以具有不同结构，因此难以用顺序方式存储。一般用链接方式存储广义表，称为广义链表。广义表 $LS=(\alpha_1,\alpha_2,\cdots,\alpha_i,\cdots,\alpha_n)$ 的元素 $\alpha_i$ 可以是原子，也可以是子表。因此，广义链表中有两种不同类型的结点：原子结点和子表结点。

### 1．第一种存储结构

原子数据元素结点由两部分组成：标志域 0 和原子元素的值。子表数据元素结点由 3 部分组成：标志域 1、子表表头引用 hp 和子表表尾 tp 引用。原子结点和子表结点如图 5-15 所示。

广义表 $L=(a,(b))$ 的第一种链式存储结构如图 5-16 所示。

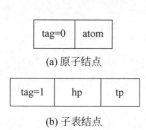

(a) 原子结点

(b) 子表结点

图 5-15　第一种存储结构的原子结点和子表结点

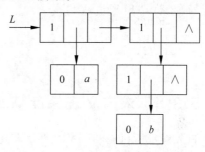

图 5-16　广义表的第一种链式存储结构

由于 Java 不支持共用体，因此原子结点和子表结点用一个类来表示，该类共有 4 个成员变量，通过 tag 值是 0 或 1 来区分是原子结点还是子表结点。原子结点的 tag 值为 0，并且原子结点的 hp 引用域和 tp 引用域一定为空；子表结点的 tag 值为 1，并且子表结点的 atom 域一定为空。

该链式存储结构结点的 Java 描述如下。

```
class GLnode {
    public int tag;
    public String atom;
    public GLnode hp;
    public GLnode tp;
}
```

### 2．第二种存储结构
广义表也可采用另一种形式的存储结构，原子结点和子表结点如图 5-17 所示。

(a)原子结点          (b)子表结点

图 5-17 第二种存储结构的原子结点和子表结点

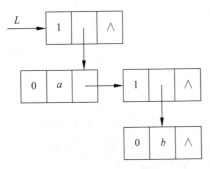

图 5-18 广义表的第二种链式存储结构

原子数据元素结点由 3 部分组成：标志域 0 和原子元素的值 atom 和下一个元素引用 tp。子表数据元素结点也由 3 部分组成：标志域 1、子表表头引用 hp 和下一个元素引用 tp。

广义表 $L=(a,(b))$ 的第二种链式存储结构如图 5-18 所示。

由于 Java 不支持共用体，因此原子结点和子表结点用一个类来表示，该类共有 4 个成员变量，通过 tag 值是 0 或 1 来区分是原子结点还是子表结点。原子结点的 tag 值为 0，并且原子结点的 hp 引用域一定为空；子表结点的 tag 值为 1，并且子表结点的 atom 域一定为空。

该链式存储结构结点的 Java 描述如下。

```java
class GLnode {
    public int tag;
    public String atom;
    public GLnode hp;
    public GLnode tp;
}
```

## 5.3.4 求广义表深度基本操作的实现

首先约定所讨论的广义表都是非递归表且无共享子表。广义表的深度定义为广义表中括弧的重数，是广义表的一种量度。例如，多元多项式广义表的深度为多项式中变元的个数。

设非空广义表为 $LS=(\alpha_1,\alpha_2,\cdots,\alpha_i,\cdots,\alpha_n)$，其中 $\alpha_i(i=1,2,\cdots,n)$ 为原子或 LS 的子表，则求 LS 的深度可分解为 $n$ 个子问题，每个子问题为求 $\alpha_i$ 的深度。若 $\alpha_i$ 是原子，则由定义可知其深度为零；若 $\alpha_i$ 是广义表，则同样进行分解处理，而 LS 的深度为 $\alpha_i(i=1,2,\cdots,n)$ 的深度的最大值加 1。空表也是广义表，并由定义可知空表的深度为 1。

由此可见，求广义表的深度的递归算法有两个终结状态：空表和原子。只要求得 $\alpha_i$ $(i=1,2,\cdots,n)$ 的深度，广义表的深度就容易求得了，显然应比子表深度的最大值多 1。

广义表 $LS=(\alpha_1,\alpha_2,\cdots,\alpha_n)$ 的深度 DEPTH(LS) 的递归定义如下。

(1) 基本项：DEPTH(LS)=1，当 LS 为空表时；

DEPTH(LS)=0，当 LS 为原子时。

(2) 归纳项：$DEPTH(LS)=1+MAX\{DEPTH(\alpha_i)\}$。

由此定义容易写出求深度的递归函数。假设 $L$ 是 GLnode 型的变量(采用 5.3.3 节中的第一种存储结构)，则 $L=null$ 表明广义表为空表，$L.tag=0$ 表明是原子。在其他情况下，$L$ 指向表结点，该结点中的 hp 引用指向表头，即为 $L$ 的第一个子表，而结点中的 tp 所指表尾结点中的 hp 指向 L 的第二个子表,在第一层中由 tp 相连的所有尾结点中的 hp 均指向 L 的子表。由此,求广义表深度的递归方法实现如下。

```java
public int Depth(GLnode L) {          // 采用头尾链表存储结构,求广义表 L 的深度
    GLnode pp = new GLnode();
    if (L == null)
        return 1;                     // 空表深度为 1
    if (L.tag == 0)
        return 0;                     // 原子深度为 0
    else {
        int max = 0;
        for (pp = L; pp != null; pp = pp.tp) {
            int dep = Depth(pp.hp);   // 求以 pp.hp 为头引用的子表深度
            if (dep > max)
                max = dep;
        }
        return max + 1;               // 非空表的深度是各元素的深度的最大值加 1
    }
}// GListDepth
```

上述算法的执行过程实质上是遍历广义表的过程,在遍历中首先求得各子表的深度,然后综合得到广义表的深度。例如,图 5-19 展示了求广义表 $D$ 的深度的过程,其中用虚线示意遍历过程中引用 $L$ 的变化状况,在指向结点的虚线旁标记的是将要遍历的子表,而在从结点射出的虚线旁标记的数字是刚求得的子表深度。由图 5-20 可见,广义表 $D=(A,B,C)=((\ ),(e),(a,(b,c,d)))$ 的深度为 3。若按递归定义分析广义表 $D$ 的深度,则有:

$\mathrm{DEPTH}(D)=1+\mathrm{MAX}(\mathrm{DEPTH}(A),\mathrm{DEPTH}(B),\mathrm{DEPTH}(C))$

$\mathrm{DEPTH}(B)=1+\mathrm{MAX}(\mathrm{DEPTH}(e))=1+0=1$

$\mathrm{DFPTH}(C)=1+\mathrm{MAX}(\mathrm{DEPTH}(a),\mathrm{DEPTH}((b,c,d)))=2$

$\mathrm{DEPTH}(a)=0$

$\mathrm{DEPTH}((b,c,d))=1+\mathrm{MAX}(\mathrm{DEPTH}(b),\mathrm{DEPTH}(c),\mathrm{DEPTH}(d))=1+0=1$

由此,$\mathrm{DEPTH}(D)=1+\mathrm{MAX}(1,1,2)=3$。

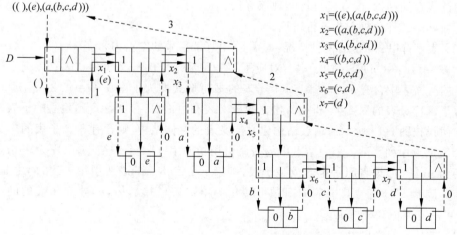

图 5-19　求广义表 $D$ 的深度的过程

利用面向对象思想思考问题时,GLnode 型的引用可以确定整个广义表。因此,这里定义广义表类 GL,将 GLnode 型的引用作为类 GL 的成员变量,定义 GListDepth() 作为类 GL 的方法,返回值是广义表的深度。在广义表的链式存储结构下实现求深度操作的代码如下。

```java
class GL {
    GLnode L;                                //成员变量
    public int GListDepth() {                // 采用头尾链表存储结构,求广义表 L 的深度
        return Depth(L);
    }// GListDepth
    public int Depth(GLnode L) {             // 采用头尾链表存储结构,求广义表 L 的深度
        GLnode pp = new GLnode();
        if (L == null)
            return 1;                        // 空表深度为 1
        if (L.tag == 0)
            return 0;                        // 原子深度为 0
        else {
            int max = 0;
            for (pp = L; pp != null; pp = pp.tp) {
                int dep = Depth(pp.hp);      // 求以 pp.hp 为头引用的子表深度
                if (dep > max)
                    max = dep;
            }
            return max + 1;                  // 非空表的深度是各元素的深度的最大值加 1
        }
    }//Depth
}
```

在对广义表的操作进行递归定义时,可以有两种分析方法。一种是将广义表分解成表头和表尾两部分;另一种是将广义表看成是含有 $n$ 个并列子表(假设原子也视作子表)的表。在讨论建立广义表的存储结构时,这两种分析方法均可使用。

假设将广义表的书写形式看成是一个字符串 $s$,则当 $s$ 为非空白串时广义表非空。此时可以利用 5.3.2 节中定义的取列表表头 GetHead 和取列表表尾 GetTail 两个方法建立广义表的链表存储结构,读者可自行实现该算法。

下面就第二种分析方法进行讨论。

广义表字符串 $s$ 可能有两种情况:①$s=$"()"(带括号的空白串);②$s=(\alpha_1,\alpha_2,\cdots,\alpha_n)$,其中 $\alpha_i(i=1,2,\cdots,n)$ 是 $s$ 的子串。对应于第一种情况 $s$ 的广义表为空表;对应于第二种情况 $s$ 的广义表中含有 $n$ 个子表,每个子表的书写形式即为子串 $\alpha_i(i=1,2,\cdots,n)$。此时可类似于求广义表的深度,分析由 $s$ 建立的广义表和由 $\alpha_i(i=1,2,\cdots,n)$ 建立的子表之间的关系。假设按图 5-17 所示的结点结构建立广义表的存储结构,则含有 $n$ 个子表的广义表中有 $n$ 个表结点序列。第 $i$ 个表结点中的表尾引用指向第 $i+1$ 个表结点,第 $n$ 个表结点的表尾引用为 null。如果将原子也看成是子表,则第 $i$ 个表结点的表头引用 hp 指向由 $\alpha_i$ 建立的子表。因此,由 $s$ 建立广义表的问题可转化为由 $\alpha_i(i=1,2,\cdots,n)$ 建立子表的问题。此时,$\alpha_i$ 可能有以下 3 种情况。

(1) 带括号的空白串;

(2) 长度为 1 的单字符串;

(3) 长度大于 1 的字符串。

显然,前两种情况为递归的终结状态,子表为空表或只含一个原子结点,后一种情况为递归调用。因此,在不考虑输入字符串可能出错的前提下,可以得到下列建立广义表链表存储结构的递归定义。

(1) 基本项:置空广义表,当 $s$ 为空表串时;

建立原子结点的子表,当 $s$ 为单字符串时。

(2) 归纳项:假设 sub 为删去 $s$ 中最外层括号后的字符串,记为"$s_1,s_2,\cdots,s_n$",其中 $s_i(i=1,2,\cdots,n)$ 为非空字符串。对每一个 $s_i$ 建立一个表结点,并令其 hp 域的引用为由 $s_i$ 建立的子表的头引用,除最后建立的表结点的尾引用为 null 外,其余表结点的尾引用均指向其后建立的表结点。

假定方法 string[] sever(str)的功能为:从字符串 str 中取出第一个","之前的字串并赋给 hsub,使 str 成为删去子串 hstr 和","之后的剩余串;若串 str 中没有字符",",则操作后的 hsub 即为操作前的 str,而操作后的 str 为空串"";返回 hsub 和 str(将二者存放在一个长度为 2 的字符串数组中,并返回该字符串数组)。根据上述递归定义可得创建广义表存储结构的递归算法如下。

```
public GLnode createGList(String s) {
    // 采用头尾链表存储结构,由广义表的书写形式串 s 创建广义表 L,设 emp = "()"
    String emp = "()";                  // 建立字符串类 emp
    String hsub = "";
    String[] str = new String[2];
    GLnode L1 = new GLnode();           // 创建表结点
    if (s == emp)
        L1 = null;                      // 创建空表
    else {
        if (s.length() == 1) {
            L1.tag = 0;
            L1.atom = s;
        } // 创建单原子广义表
        else {
            L1.tag = 1;
            GLnode p = L1;
            GLnode q;
            String sub = s.substring(1, (s.length() - 1));      // 删外层括号
            do {                        // 重复创建 n 个子表
                str = sever(sub);       // 从 sub 中分离出表头串 hsub 和表尾串
                hsub = str[0];          // hsub 初始值为空
                sub = str[1];           // sub 初始值为空
                p.hp = createGList(hsub);
                q = p;
                if (!sub.equals("")) {  // 表尾不空
                    // 新建结点
                    p = new GLnode();
                    p.tag = 1;
                    q.tp = p;

                } // if
            } while (!sub.equals(""));
```

```
                q.tp = null;
            } // else
        } // else
        return L1;
    } // CreateGList
    public String[ ] sever(String str) {
        // 将非空串 str 分割成两部分:hsub 为第一个外层',' 之前的子串(表头),str 为之后的子串
        // 在 str = "((5,6),(7,8,9))"调用方法中先删外层括号 str = "(5,6),(7,8,9)",则 hsub = "(5,6)",
        // str = "(7,8,9)"
        // 在 str = "((5,6))"调用方法中先删外层括号 str = "(5,6)",则 hsub = "(5,6)",str = ""
        // 在 str = "(5)"调用方法中先删外层括号 str = "5",则 hsub = "5",str = ""
        String hsub = "";                        // hsub 初始值为空
        int n = str.length();
        int i = -1;
        int k = 0;                               // k 为尚未配对的左括号个数
        String ch;
        do {                                     // 搜索最外层的第一个逗号
            i++;
            ch = str.substring(i, i + 1);
            if (ch.equals("(")) {
                k++;
            } else if (ch.equals(")")) {
                k--;
            }
        } while ((i < (n - 1)) && (!ch.equals(",") || k != 0));
        if (i < n - 1) {
            hsub = str.substring(0, i);
            str = str.substring(i + 1, n);
        } else {
            hsub = str;
            str = "";
        }
        String[ ] str1 = new String[2];
        str1[0] = hsub;
        str1[1] = str;
        return str1;
    }// sever
```

调用方法代码如下。

```
public static void main(String[ ] args) {
    GL List1 = new GL();
    List1.L = List1.createGList("(((((6)),7,8),9),8)");
    System.out.println(List1.GListDepth());
}
```

## 5.3.5  m 元多项式的表示

在一般情况下使用的广义表大多既不是递归表,也不为其他表所共享。对广义表可以这样理解,广义表中的一个数据元素可以是另一个广义表,m 元多项式的表示就是这种应用的典型实例。在第 2 章中,作为线性表的应用实例讨论了一元多项式,一个 n 项

一元多项式可以用一个长度为 $n$ 且每个数据元素有两个数据项(系数项和指数项)的线性表进行表示。

下面将讨论如何表示 $m$ 元多项式。

如果用线性表进行表示,则每个数据元素需要 $m+1$ 个数据项,以此存储一个系数值和 $m$ 个指数值。这将产生两个问题:一是无论多项式中各项的变元数是多少,若都按 $m$ 个变元分配存储空间,则将造成浪费;反之,若按各项实际的变元数分配存储空间,则会造成结点的大小不匀,给操作带来不便。二是对 $m$ 值不同的多项式,线性表中的结点大小也不同,这同样会引起存储管理的不便。

由于 $m$ 元多项式中每一项的变元数目的不均匀性和变元信息的重要性,因此不适于用线性表表示。例如,三元多项式

$$P(x,y,z)=x^{10}y^3z^2+2x^6y^3z^2+3x^5y^2z^2+x^4y^4z+6x^3y^4z+2yz+15$$

其中,各项的变元数目不尽相同,$y^3$、$z^2$ 等因子多次出现。将该多项式改写为

$$P(x,y,z)=((x^{10}+2x^6)y^3+3x^5y^2)z^2+((x^4+6x^3)y^4+2y)z+15$$

此时,多项式 $P$ 是变元 $z$ 的多项式,即 $Az^2+Bz+15z^0$,其中 $A$ 和 $B$ 本身又是一个 $(x,y)$ 的二元多项式,15 是 $z$ 的零次项的系数。进一步考察 $A(x,y)$,也可将其看成是 $y$ 的多项式。例如,$Cy^3+Dy^2$,其中 $C$ 和 $D$ 为 $x$ 的一元多项式。

任何一个 $m$ 元多项式都可以先分解出一个主变元,然后再分解出第二个变元等。因此,一个 $m$ 元的多项式首先是它的主变元的多项式,而其系数 $R$ 是第二变元的多项式,由此可用广义表表示 $m$ 元多项式。例如,上述三元多项式可用下面的广义表表示,广义表的深度即为变元个数。

$$P=z((A,2),(B,1),(15,0))$$

其中,$A=y((C,3),(D,2))$。

$C=x((1,10),(2,6))$

$D=x((3,5))$

$B=y((E,4),(F,1))$

$E=x((1,4),(6,3))$

$F=x((2,0))$

类似于广义表的第二种存储结构,定义表示 $m$ 元多项式的广义表的存储结构,链表的结点结构如图 5-20 所示。

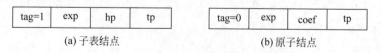

| tag=1 | exp | hp | tp | | tag=0 | exp | coef | tp |

(a) 子表结点　　　　　　　　　(b) 原子结点

**图 5-20　$m$ 元多项式的链表结点结构**

$P=z((A,2),(B,1),(15,0))$ 的广义表的存储结构如图 5-21 所示,在每一层上增设一个表头结点并利用 exp 指示该层的变元,可用一维数组存储多项式中的所有变元,故 exp 域存储的是该变元在一维数组中的下标。头引用 $p$ 所指表结点中 exp 的值 3 为多项式中变元的个数。由此可见,这种存储结构可以表示任何元的多项式。

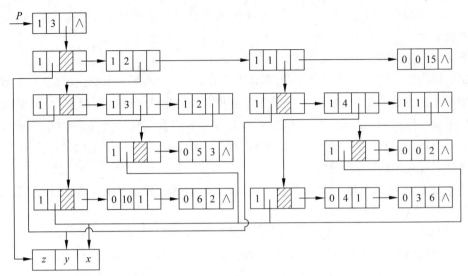

图 5-21　三元多项式 $P(x,y,z)$ 的存储结构

## 本章小结

本章内容分为 3 部分：数组、矩阵和广义表。第一部分介绍了一维数组和二维数组的存储。第二部分介绍了几种特殊矩阵：对称矩阵、三角矩阵、对角矩阵和稀疏矩阵，对这些特殊矩阵仍采用二维数组存储会造成浪费，因此研究了这些特殊矩阵的压缩存储，并探讨了这些特殊矩阵在不同的存储结构下各种矩阵运算的实现。第三部分介绍了广义表，首先介绍了广义表的定义、广义表抽象数据类型，然后介绍了广义表的两种链式存储结构及 Java 语言描述，接着基于第一种链式存储结构——头尾链表实现了抽象数据类型广义表中的求长度操作，最后介绍了广义表的应用——利用广义表表示 $m$ 元多项式。

在线测试

## 习题 5

### 一、选择题

1. 设广义表 $L=((a,b,c))$，则 $L$ 的长度和深度分别为(　　)。
　　A. 1 和 1　　　　　B. 1 和 3　　　　　C. 1 和 2　　　　　D. 2 和 3

2. 广义表 $((a),a)$ 的表尾是(　　)。
　　A. $a$　　　　　　　B. $(a)$　　　　　　C. $()$　　　　　　D. $((a))$

3. 一个非空广义表的表头(　　)。
　　A. 不可能是子表　　　　　　　　　　B. 只能是子表
　　C. 只能是原子　　　　　　　　　　　D. 可以是子表或原子

4. 数组 $A[0..5,0..6]$ 的每个元素占 5 字节，将其按列优先次序存储在起始地址为 1000 的内存单元中，则元素 $A[5][5]$ 的地址是(　　)。
　　A. 1175　　　　　　B. 1180　　　　　　C. 1205　　　　　　D. 1210

5. 广义表 $G=(a,b(c,d,(e,f)),g)$ 的长度是(　　)。

　　A. 3　　　　　　　　B. 4　　　　　　　　C. 7　　　　　　　　D. 8

6. 对一些特殊矩阵采用压缩存储的目的主要是为了(　　)。

　　A. 使表达变得简单　　　　　　　　B. 使矩阵元素的存取变得简单

　　C. 去掉矩阵中的多余元素　　　　　D. 减少不必要的存储空间的开销

7. 设矩阵 $A$ 是一个对称矩阵,为了节省存储空间,将其下三角部分按行序存放在一维数组 $B[1..n(n-1)/2]$ 中,对下三角部分中的任意元素 $a_{i,j}(i \geqslant j)$,在一维数组 $B$ 的下标位置 $k$ 的值是(　　)。

　　A. $i(i-1)/2+j-1$　　　　　　　B. $i(i-1)/2+j$

　　C. $i(i+1)/2+j-1$　　　　　　　D. $i(i+1)/2+j$

8. 以下有关广义表的说法,正确的是(　　)。

　　A. 由 0 个或多个原子或子表构成的有限序列

　　B. 至少有一个元素是子表

　　C. 不能递归定义

　　D. 不能为空表

二、填空题

1. 由于计算机内存中的存储单元是一个一维的存储结构,因此要想按顺序将多维数组存储到计算机存储单元中就必须解决排列顺序问题。对于二维数组,有两种排列形式:一种是_____;另一种是_____。

2. 零元素数目远远多于非零元素数目,并且非零元素的分布没有规律的矩阵称为_____。

3. 在一个 $n$ 阶方阵 $A$ 中,若元素满足性质: $a_{ij}=a_{ji}(0 \leqslant i,j \leqslant n-1)$,则称 $A$ 为 $n$ 阶_____。

4. _____运算是矩阵运算中最基本的一项,它是将一个 $m \times n$ 的矩阵变成另外一个 $n \times m$ 的矩阵,同时使原来矩阵中元素的行、列位置互换而值保持不变。

5. 广义表是 $n(n \geqslant 0)$ 个元素的序列,记作 $A=(a_1,a_2,\cdots,a_n)$。其中,$A$ 是广义表的_____,$n$ 是它的_____,当 $n=0$ 时称为_____。

6. 在一个非空的广义表中,其元素 $a_i$ 可以是某一确定类型的单个元素,称为_____;也可以是一个广义表,称为_____。

7. 广义表的定义是一种递归的定义,广义表是一种递归的数据结构。当广义表非空时,称第一个元素 $a_1$ 为广义表 $A$ 的_____,其余元素组成的表 $(a_2,a_3,\cdots,a_n)$ 是 $A$ 的_____。

8. 已知二维数组 $A[m][n]$ 采用行序为主方式存储,每个元素占 $k$ 个存储单元,并且第一个元素的存储地址是 $LOC(A[0][0])$,则 $A[i][j]$ 的地址是_____。

9. 稀疏矩阵常用的压缩存储方式有_____和_____。

三、判断题

1. 稀疏矩阵在压缩存储后必然会失去随机存取功能。　　　　　　　　　　(　　)

2. 若一个广义表的表头为空表,则此广义表为空表。　　　　　　　　　　(　　)

3. 广义表是线性表的推广,是一类线性数据结构。　　　　　　　　　　　(　　)

4. 假设一个稀疏矩阵 $A_{m \times n}$ 采用三元组形式表示,若将三元组中有关行下标与列下标的值互换,并将 $m$ 和 $n$ 的值互换,则可完成 $A_{m \times n}$ 的转置运算。　　　　　(　　)

5. 数组中的元素必定具有相同的数据类型。　　　　　(　　)

6. 如果广义表中的每个元素都是原子,则该广义表即为线性表。　　　　　(　　)

7. 广义表中的原子个数即为广义表的长度。　　　　　(　　)

8. 广义表是一种多层次的数据结构,其元素可以是单原子或子表。　　　　　(　　)

**四、综合题**

1. 现有一个稀疏矩阵如图 5-22 所示,请给出它的三元组顺序表和十字链表。

$$\begin{bmatrix} 0 & 3 & 1 & 0 \\ 1 & 0 & 0 & 0 \\ 0 & 2 & 1 & 0 \\ 0 & 0 & -2 & 0 \end{bmatrix}$$

图 5-22 稀疏矩阵示例

**五、实验题**

1. 请开发一个对角矩阵运算系统,基于对角矩阵的压缩方式实现对角矩阵的相加、相乘、转置等运算。

2. 请开发一个稀疏矩阵运算系统,实现稀疏矩阵的相加、相乘、转置等运算,并尝试在二维数组、三元组顺序表、十字链表等不同的存储结构下实现。

# 第6章

# 树和二叉树

CHAPTER 6

**本章学习目标**
- 理解树的基本概念
- 掌握二叉树的基本概念及存储结构
- 掌握二叉树的遍历和线索链表
- 掌握树、二叉树和森林之间的转换
- 学会利用哈夫曼树解决实际应用问题

从线性结构的研究过渡到树形结构的研究,是数据结构课程学习的一次跃变。树形结构是一类非常重要的非线性结构。直观地讲,树形结构是以分支关系定义的层次结构。树在客观世界中广泛存在,如人类社会族谱和各种社会组织结构都可以用树形象表示。树在计算机领域也有着广泛的应用,例如,在编译程序中用树表示源程序的语法结构,在分析算法的行为时用树描述其执行过程等。本章将详细讨论树和二叉树数据结构,主要介绍树和二叉树的基本概念,二叉树的遍历算法,树和二叉树的各种存储结构,建立在各种存储结构上的操作及应用示例等。

# 🔑 6.1　树

视频讲解

## 6.1.1　树的定义

### 1. 树的递归定义

树(tree)是 $n(n \geqslant 0)$ 个结点的有限集合 $T$。

当 $n=0$ 时称为空树。如果 $n > 0$,则:

(1) 有且只有一个特殊的树的根(root)结点;

(2) 当 $n>1$ 时,其余的结点被分为 $m(m>0)$ 个互不相交的子集 $T_1,T_2,\cdots,T_m$,其中每个子集本身又是一棵树,称为根的子树(subtree)。

这是树的递归定义,即用树来定义树。只有一个结点的树必定仅由根组成,如图 6-1(a)所示。

### 2. 树的非递归定义

树(tree)是 $n(n \geqslant 0)$ 个结点的有限集合 $T$。

当 $n=0$ 时称为空树,如果 $n > 0$,则:

(1) 有且只有一个特殊的树的根(root)结点;

(2) 当 $n>1$ 时,有一个特定的根(root)的结点,它只有后继,但没有前驱;其余结点有且仅有一个直接前驱,但可以有 0 个或多个后继。

利用非递归的定义判断图 6-1(b)是否为一棵树? 首先,有一个特定的根(root)的结点 $A$,它只有后继,但没有前驱;其次,其余结点 $B$、$C$、$D$、$E$、$F$、$G$、$H$、$I$、$J$、$K$、$L$、$M$ 都满足有且仅有一个直接前驱,但有 0 个或多个后继的条件。因此,该结构是一棵树。

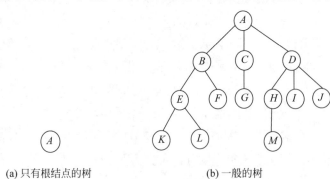

(a) 只有根结点的树　　　　　　(b) 一般的树

图 6-1　树的示例

## 6.1.2　树的基本术语

结点:数据元素及其射出的分支。

结点的子树:结点的子树数等于该结点射出的分支结点数。例如,在图 6-1(b)中,结点 $A$ 有 3 棵子树。

结点的度:结点射出的分支数。例如,在图 6-1(b)中,结点 $A$ 的度是 3,$B$ 的度是 2,$C$

的度是 1，$M$ 的度是 0。

树的度：树内各结点度的最大值。例如，在图 6-1（b）中，树的度是 3。

叶子结点（终端）：度为 0 的结点。例如，在图 6-1（b）中，叶子结点有 $F$、$G$、$I$、$J$、$K$、$L$、$M$。

非终端结点：度不为 0 的结点。例如，在图 6-1（b）中，非终端结点有 $A$、$B$、$C$、$D$、$E$、$H$。

结点的层次：树中根结点的层次为 1，下一层结点的层次是 2，以此类推。例如，在图 6-1（b）中，$A$ 的层次是 1，$B$、$C$、$D$ 的层次是 2，$E$、$F$、$G$、$H$、$I$、$J$ 的层次是 3，$K$、$L$、$M$ 的层次是 4。

树的深度：树中所有结点层次的最大值。例如，在图 6-1（b）中，树的深度是 4。

父结点：结点的前驱称为该结点的父亲。例如，在图 6-1（b）中，$B$、$C$、$D$ 的父亲都是 $A$。

孩子结点：结点的后继称为该结点的孩子。例如，在图 6-1（b）中，$A$ 有 3 个孩子：$B$、$C$、$D$。

兄弟结点：同一个父亲的孩子之间互称兄弟。例如，在图 6-1（b）中，$B$、$C$、$D$ 互为兄弟。

堂兄弟结点：兄弟的孩子之间互称堂兄弟。例如，在图 6-1（b）中，$F$ 和 $G$ 互称堂兄弟。

有序树、无序树：如果树中每棵子树从左向右的排列拥有一定的顺序，不得互换顺序，则称为有序树；否则，称为无序树。如果图 6-1（b）中的 3 棵子树如果不能互换顺序，则称为有序树。如果这 3 棵子树的排列顺序是无关紧要的，可以互换顺序，则称为无序树。

## 6.1.3　树的表示形式

树的常用表示形式如下。

（1）倒悬树。最常用的表示形式，如图 6-1（b）所示。

（2）嵌套集合形状。一些集合的集体。对于任何两个集合，表现为不相交或一个集合包含另一个集合。例如，图 6-2（a）是图 6-1（b）树的嵌套集合形式。

（3）广义表形式。例如，图 6-2（b）是树的广义表形式。

（4）凹入法表示形式。例如，图 6-2（c）是树的凹入法表示形式。

(a) 树的嵌套集合形式

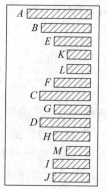

$(A(B(E(K,L),F),C(G),D(H(M),I,J)))$

(b) 树的广义表形式　　　　(c) 树的凹入法表示形式

**图 6-2　树的 3 种表示法**

树的表示方法的多样化正说明了树结构在日常生活及计算机程序设计中的重要性。

## 6.1.4　树的抽象数据类型

ADT Tree{

数据对象: $D = \{a_i \mid a_i \in \text{ElemSet}, i = 1, 2, \cdots, n, n \geqslant 0\}$

数据关系: 若 $D$ 为空集,则称为空树。若 $D$ 仅含一个数据元素,则关系 $R$ 为空集; 否则, $R = \{H\}$,其二元关系如下。

(1) 在 $D$ 中存在唯一的称为根的数据元素 root,它在关系 $H$ 下无前驱。

(2) 若 $D - \{\text{root}\} \neq \varnothing$,则存在 $D - \{\text{root}\}$ 的一个划分 $D_1, D_2, \cdots, D_m (m > 0)$. 对任意 $j \neq k (1 \leqslant j, k \leqslant m)$,有 $D_j \cap D_k = \varnothing$; 对任意 $i (1 \leqslant i \leqslant m)$,唯一存在数据元素 $x_i \in D_i$,有 $\{\text{root}, x_i\} \in H$。

(3) 对应于 $D - \{\text{root}\}$ 的划分, $H - \{<\text{root}, x_1>, \cdots, <\text{root}, x_n>\}$ 有唯一的一个划分 $H_1, H_2, \cdots, H_m (m > 0)$。对任意 $j \neq k (1 \leqslant j, k \leqslant m)$,有 $H_j \cap H_k = \varnothing$; 对任意 $i (1 \leqslant i \leqslant m)$, $H_i$ 是 $D_i$ 上的二元关系。

(4) $(D_i, \{H_i\})$ 是一棵符合本定义的树,称为根 root 的子树。

基本操作:

(1) Node < $T$ > Root(): 求树根。

初始条件: 树不为空;

操作结果: 返回树根元素。

(2) Node < $T$ > Parent(Node < $T$ > t): 求 $t$ 的双亲。

初始条件: $t$ 的双亲存在;

操作结果: 返回数据元素 $t$ 的双亲。

(3) Node < $T$ > Child(Node < $T$ > t, int i): 求 $t$ 的第 $i$ 个孩子。

初始条件: $i$ 值合法;

操作结果: 返回 $t$ 的第 $i$ 个孩子,树不发生变化。

(4) Node < $T$ > RightSibling(Node < $T$ > t): 求 $t$ 的第一个右边兄弟。

初始条件: $t$ 的右兄弟存在;

操作结果: 返回 $t$ 的第一个右边兄弟结点,树不发生变化。

(5) Insert(Tree s, Node < $T$ > t, int i): 将树 $s$ 插入树中作为 $t$ 的第 $i$ 棵子树。

初始条件: $i$ 值合法;

操作结果: 将树 $s$ 插入树中作为 $t$ 的第 $i$ 棵子树. 树发生变化。

(6) Delete(Node < $T$ > t, int i): 删除 $t$ 的第 $i$ 棵子树。

初始条件: $i$ 值合法;

操作结果: 删除 $t$ 的第 $i$ 棵子树. 树发生变化。

(7) Clear(): 清空树。

操作结果: 清空树,树发生变化。

(8) boolean IsEmpty(): 判断树是否为空树。

操作结果: 如果该树为空树,则返回 true; 否则,返回 false。

(9) intGetDepth(): 求树的深度。

操作结果: 返回树的深度。

}

关于树抽象数据类型中 $D$ 的说明: $D$ 是 $n$ 个数据元素的集合,是 ElemSet 的子集。ElemSet 表示某个集合,集合中的数据元素类型相同,如整数集、自然数集等。

关于树抽象数据类型中基本操作的说明:

(1) 树中的数据元素结点类型用 Node < $T$ > 表示。整型用 int 表示,逻辑型用 boolean 表示。

(2) 树基本操作是定义于逻辑结构上的基本操作,是向使用者提供的使用说明。基本操作只有在存储结构确定之后才能实现。如果树采用的存储结构不同,则树基本操作的实现算法也不相同。

（3）基本操作的种类和数量可以根据实际需要决定。

（4）基本操作名称，形式参数数量、名称、类型，返回值类型等由设计者决定。使用者根据设计者的设计规则使用基本操作。

在研究一般树的存储结构和基本操作的实现之前，需要先研究一种特殊的树——二叉树。

## 6.2 二叉树

### 6.2.1 二叉树的定义

视频讲解

#### 1. 二叉树的特点

（1）每个结点至多有两棵子树（即二叉树中不存在度大于 2 的结点）。

（2）二叉树的子树有左右之分，其次序不能任意颠倒。

一棵二叉树的示例如图 6-3 所示。

#### 2. 二叉树的 5 种形态

二叉树的 5 种形态如图 6-4 所示。

(a) 空二叉树    (b) 仅有根结点的二叉树

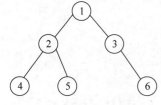

图 6-3　二叉树

(c) 只有左子树，
右子树为空的二叉树

(d) 只有右子树，
左子树为空的二叉树

(e) 左、右子树均
非空的二叉树

图 6-4　二叉树的 5 种形态

#### 3. 二叉树的抽象数据类型

```
ADT BinaryTree{
```
数据对象 $D$：$D = \{a_i | a_i \in \text{ElemSet}, i = 1, 2, \cdots, n, n \geqslant 0\}$，$D$ 为 $n$ 个数据元素的集合。

数据关系 $R$：若 $D = \varnothing$，则 $R = \varnothing$，即为空二叉树。若 $D \neq \varnothing$，则 $R = \{H\}$，其二元关系如下。

（1）在 $D$ 中存在唯一的称为根的数据元素 root，它在关系 $H$ 下无前驱。

（2）若 $D - \{\text{root}\} \neq \varnothing$，则存在 $D - \{\text{root}\} = \{D_l, D_r\}$，且 $D_l \bigcap D_r = \varnothing$。

（3）若 $D_l \neq \varnothing$，则 $D_l$ 中存在唯一的元素 $x_l$，$<\text{root}, x_l>$ 属于 $H$，且存在 $D_l$ 上的关系 $H_l$ 真包含于 $H$。若 $D_r \neq \varnothing$，则 $D_r$ 中存在唯一的元素 $x_r$，$<\text{root}, x_r> \in H$，且存在 $D_r$ 上的关系 $H_r$ 真包含于 $H$。$H = \{<\text{root}, x_l>, <\text{root}, x_r>, H_l, H_r\}$。

（4）$(D_l, \{H_l\})$ 是一棵符合本定义的二叉树，称为根的左子树；$(D_r, \{H_r\})$ 是一棵符合本定义的二叉树，称为根的右子树。

基本操作 $P$：

（1）boolean IsEmpty()：判断是否为空二叉树。

操作结果：如果该二叉树为空，则返回 true；否则，返回 false。

（2）Node < $T$ > GetLChild(Node < $T$ >$p$)：获取结点 $p$ 的左孩子结点。

初始条件：$p$ 不为空；

操作结果：返回结点 $p$ 的左孩子结点。

(3) Node < $T$ > GetRChild(Node < $T$ > $p$): 获取结点 $p$ 的右孩子结点。

初始条件: $p$ 不为空;

操作结果: 返回结点 $p$ 的右孩子结点。

(4) void InsertL($T$ val, Node < $T$ > $p$): 左插入。

初始条件: $p$ 不为空;

操作结果: 将结点 $p$ 的左子树插入值为 val 的新结点,使原来的左子树成为新结点的左子树。二叉树发生变化。

(5) void InsertR($T$ val, Node < $T$ > $p$): 右插入。

初始条件: $p$ 不为空;

操作结果: 将结点 $p$ 的右子树插入值为 val 的新结点,使原来的右子树成为新结点的右子树。二叉树发生变化。

(6) Node < $T$ > DeleteL(Node < $T$ > $p$): 删除 $p$ 的左子树。

初始条件: $p$ 非空;

操作结果: 删除 $p$ 的左子树。二叉树发生变化。

(7) Node < $T$ > DeleteR(Node < 1 > $p$): 删除 $p$ 的右子树。

初始条件: $p$ 非空;

操作结果: 删除 $p$ 的右子树。二叉树发生变化。

(8) boolean IsLeaf(Node < $T$ > $p$): 判断是否为叶子结点。

初始条件: $p$ 非空;

操作结果: 判断 $p$ 是否为叶子结点。如果是叶子结点,则返回 true; 否则,返回 false。

(9) void PreOrder(): 二叉树的前序遍历。

操作结果: 按照先根次序访问二叉树中的结点,且仅访问一次。

(10) void InOrder(): 二叉树的中序遍历。

操作结果: 按照中根次序访问二叉树中的结点,且仅访问一次。

(11) void PostOrder(): 二叉树的后序遍历。

操作结果: 按照后根次序访问二叉树中的结点,且仅访问一次。

(12) void LevelOrder(): 二叉树的层次遍历。

操作结果: 按照层次次序访问二叉树中的结点,且仅访问一次。

}

关于二叉树抽象数据类型中 $D$ 的说明: $D$ 是 $n$ 个数据元素的集合,是 ElemSet 的子集。ElemSet 表示某个集合,集合中的数据元素类型相同,如整数集、自然数集等。

关于二叉树抽象数据类型中基本操作的说明:

(1) 二叉树中的数据元素结点类型用 Node < $T$ > 表示, $T$ 可以是原子类型,也可以是结构类型。整型用 int 表示,逻辑型用 boolean 表示。

(2) 二叉树基本操作是定义于逻辑结构上的基本操作,是向使用者提供的使用说明。基本操作只有在存储结构确定之后才能实现。如果二叉树采用的存储结构不同,则二叉树基本操作的实现算法也不相同。

(3) 基本操作的种类和数量可以根据实际需要决定。

(4) 基本操作名称,形式参数数量、名称、类型,返回值类型等由设计者决定。使用者根据设计者的设计规则使用基本操作。

## 6.2.2 二叉树的性质

视频讲解

二叉树具有下列 5 个重要的性质。

【性质 1】 在二叉树的第 $i$ 层上最多有 $2^{i-1}$ 个结点($i \geq 1$)。

证明：数学归纳法。

当 $i=1$ 时，$2^{i-1}=1$。二叉树的第 1 层上只有一个根结点，第一层的结点数 $1 \leqslant 2^{i-1}$。此时，命题成立。

假设当 $i=k$ 时命题成立，即第 $k$ 层上的结点数目最多为 $2^{k-1}$。

则当 $i=k+1$ 时，第 $k+1$ 层上的结点数目最多为第 $k$ 层上的两倍，即 $2 \times 2^{k-1} = 2^{k+1-1}$。此时，命题也成立。

综上所述，命题成立。

【性质 2】　深度为 $k$ 的二叉树最多有 $2^k-1$ 个结点（$k \geqslant 1$）。

证明：利用性质 1 的结论，每一层具有的最多结点数如表 6-1 所示。

表 6-1　二叉树各层最多结点数

| 树的第 $i$ 层 | $k$ | … | $i$ | 2 | 1 |
| --- | --- | --- | --- | --- | --- |
| 每层最多结点数 | $2^{k-1}$ | … | $2^{i-1}$ | $2^1$ | $2^0$ |

因此，深度为 k 的二叉树所具有的最多结点数如下式所示。

$$2^0 + 2^1 + 2^2 + \cdots + 2^{k-1} = \frac{1-2^k}{1-2} = 2^k - 1$$

【性质 3】　对于任意一棵二叉树，如果度为 0 的结点（即叶子结点）个数为 $n_0$，度为 2 的结点个数为 $n_2$，则 $n_0 = n_2 + 1$。

证明：设度为 1 的结点有 $n_1$ 个，总结点个数为 $n$，分支数为 $e$。

因为二叉树中所有结点的度都小于等于 2，所以有总结点数＝度为 0 的结点数＋度为 1 的结点数＋度为 2 的结点数，即 $n = n_0 + n_1 + n_2$。

除了根结点外，其余结点都有一个分支进入，总结点数＝总分支数+1，即 $n = e + 1$。

又因为这些分支都是由度为 1 或度为 2 的结点射出的，所以有 $e = 2n_2 + n_1$。

综上所述，$n_0 + n_1 + n_2 = 2n_2 + n_1 + 1$，即 $n_0 = n_2 + 1$。

性质 4 和性质 5 都是关于完全二叉树的。完全二叉树是一种特殊形态的二叉树，在学习完全二叉树定义之前，必须先明确满二叉树的定义。

定义 1：满二叉树（binary tree）。

一棵深度为 $k$ 且有 $2^k-1$ 个结点的二叉树称为满二叉树。

图 6-5(a)所示二叉树深度是 3，但结点数是 $6 \neq 2^3-1$，所以不是满二叉树；图 6-5(b)所示二叉树深度是 4，结点数是 $15 = 2^4-1$，所以是满二叉树。

对图 6-5(b)满二叉树的结点按照从上至下、从左往右的顺序进行编号，如图 6-6 所示。

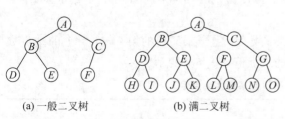

(a) 一般二叉树　　　　　　(b) 满二叉树

图 6-5　二叉树示例

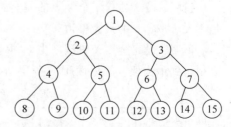

图 6-6　满二叉树的编号

由满二叉树引出完全二叉树的定义。

定义 2：完全二叉树(complete binary tree)。

对于深度为 $k$、结点为 $n$ 个的二叉树，当且仅当其每个结点都与深度为 $k$ 的满二叉树中编号为 $1\sim n$ 的结点一一对应时，称为完全二叉树。

判断一棵二叉树是否为完全二叉树步骤如下。

(1) 对二叉树从上到下、自左至右进行编号。

(2) 对比二叉树结点与相同编号的满二叉树结点位置是否一一对应。若一一对应，则是完全二叉树；如不一一对应，则不是完全二叉树。

例如，在图 6-7(a)中，二叉树 $a$ 的每个结点都与同编号的满二叉树结点位置一一对应，所以是完全二叉树；在图 6-7(b)中，二叉树 $b$ 从结点 6 开始与同编号的满二叉树结点位置不对应，所以不是完全二叉树；在图 6-7(c)中，二叉树 $c$ 从结点 6 开始与同编号的满二叉树结点位置不对应，所以不是完全二叉树。

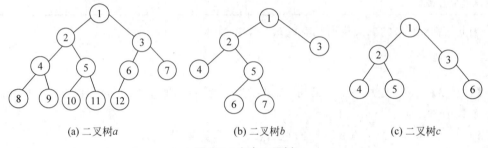

(a) 二叉树$a$　　　　　　(b) 二叉树$b$　　　　　　(c) 二叉树$c$

图 6-7　完全二叉树

完全二叉树的另一种定义：若设二叉树的深度为 $h$，则共有 $h$ 层。除第 $h$ 层外，其他各层($1\sim h-1$)的结点数都必须达到最大个数，第 $h$ 层可以从右向左连续缺少若干结点(第 $h$ 层也可以为满)。二叉树 $a$ 的第 1、2、3 层结点数都达到了最大个数，第 4 层从右向左连续缺少 3 个结点，所以是完全二叉树。二叉树 $b$ 的第 3 层结点数没有达到最大个数，所以不是完全二叉树。二叉树 $c$ 的第 1、2 层结点数都达到了最大个数，但第 3 层不满足从右向左缺少结点，所以不是完全二叉树。

完全二叉树的特点：

(1) 只允许最后一层有空缺结点且空缺在右边，即叶子结点只能在层次最大的两层上出现。

(2) 对于任意结点，如果其右子树的深度为 $j$，则其左子树的深度必为 $j$ 或 $j+1$。

特点(1)显然成立。对于特点(2)，在图 6-7 所示的完全二叉树 $a$ 中，结点 3 的右子树深度是 1，左子树深度是 2；结点 2 的右子树深度是 2，左子树深度是 2。

【性质 4】　具有 $n$ 个结点的完全二叉树的深度为 $\lfloor \log_2 n \rfloor + 1$。其中，$\lfloor \log_2 n \rfloor$ 的结果是不大于 $\log_2 n$ 的最大整数。

证明：设完全二叉树深度为 $k$，根据二叉树定义，完全二叉树的第 $k-1$ 层上的结点数必须达到最大值。根据性质 1，各层结点数的最大值如表 6-2 所示。

表 6-2　完全二叉树各层最大结点数

| 树的第 $k$ 层 | $k-1$ | ... | 3 | 2 | 1 |
|---|---|---|---|---|---|
| 每层结点数 | $2^{k-2}$ | ... | $2^2$ | $2^1$ | $2^0$ |

$k-1$ 层的结点总数为 $2^{k-1}-1$。第 $k$ 层最少有 1 个结点,最多有 $2^{k-1}$ 个结点。因此,结点数 $n$ 满足 $2^{k-1}\leqslant n\leqslant 2^k-1$,由此可推出 $2^{k-1}\leqslant n<2^k$。

两边取以 2 为底的对数,得 $k-1\leqslant\log_2 n<k$,即 $\log_2 n<k\leqslant\log_2 n+1$。

因为 $k$ 是整数,所以 $k=\lfloor\log_2 n\rfloor+1$。

**【性质 5】**　如果将一棵有 $n$ 个结点的完全二叉树的结点按程序(自顶向下,同一层自左向右)连续编号为 $1,2,\cdots,n$,则对结点 $i$ 有以下关系。

(1) 若 $i=1$,则 $i$ 是二叉树的根,且无双亲;若 $i>1$,则 $i$ 的双亲为 $\lfloor i/2\rfloor$。

(2) 若 $2i\leqslant n$,则 $i$ 的左孩子为 $2i$;否则,无左孩子。

(3) 若 $2i+1\leqslant n$,则 $i$ 的右孩子为 $2i+1$;否则,无右孩子。

证明:用数学归纳法证明。首先证明(2)和(3),然后由(2)和(3)导出(1)。

当 $i=1$ 时,由完全二叉树的定义可知,结点 $i$ 的左孩子的编号是 2,右孩子的编号是 3。

若 $2>n$,则二叉树中不存在编号为 2 的结点,说明结点 $i$ 的左孩子不存在。

若 $3>n$,则二叉树中不存在编号为 3 的结点,说明结点 $i$ 的右孩子不存在。

现假设对于编号为 $j(1\leqslant j\leqslant i)$ 的结点,(2)和(3)成立,即

当 $2j\leqslant n$ 时结点 $j$ 的左孩子编号是 $2j$;当 $2j>n$ 时,结点 $j$ 的左孩子结点不存在。

当 $2j+1\leqslant n$ 时结点 $j$ 的右孩子编号是 $2j+1$;当 $2j+1>n$ 时,结点 $j$ 的右孩子结点不存在。

当 $i=j+1$ 时,由完全二叉树的定义可知,若结点 $i$ 的左孩子结点存在,则其左孩子结点的编号一定等于编号为 $j$ 的右孩子的编号加 1;结点 $i$ 的左孩子的编号为 $(2j+1)+1=2(j+1)=2i$,如图 6-8 所示,且有 $2i\leqslant n$。与此相反,若 $2i>n$,则左孩子结点不存在。同样地,若结点 $i$ 的右孩子结点存在,则其右孩子的编号为 $2i+1$,且有 $2i+1\leqslant n$。与此相反,若 $2i+1>n$,则左孩子结点不存在。结论(2)和(3)得证。

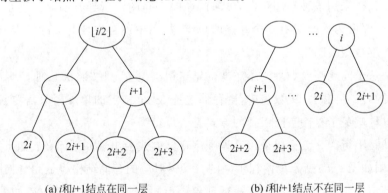

(a) $i$ 和 $i+1$ 结点在同一层　　　　(b) $i$ 和 $i+1$ 结点不在同一层

**图 6-8　完全二叉树中结点 $i$ 和 $i+1$ 的左、右孩子**

再由(2)和(3)证明(1)。

当 $i=1$ 时,显然编号为 1 的是根结点,无双亲结点。

当 $i>1$ 时,设编号为 $i$ 的结点的双亲结点的编号为 $m$。

若编号为 $i$ 的结点是其双亲结点的左孩子,则由(2)有:

$i=2m$，即 $m=i/2$。因为 $i$ 是偶数，$i/2=\lfloor i/2 \rfloor$，所以 $m=\lfloor i/2 \rfloor$。

若编号为 $i$ 的结点是其双亲结点的右孩子，则由(3)有：

$i=2m+1$，即 $m=(i-1)/2$。因为 $i$ 是奇数，$(i-1)/2=\lfloor i/2 \rfloor$，所以 $m=\lfloor i/2 \rfloor$。

综上所述，当 $i>1$ 时，其双亲结点的编号为 $\lfloor i/2 \rfloor$。

### 6.2.3　二叉树的存储结构

视频讲解

**1. 二叉树的顺序存储**

(1) 完全二叉树的顺序存储：将完全二叉树中的结点按照从上至下、自左往右的顺序存储到一维数组中，如图 6-9 所示。

(2) 普通二叉树的顺序存储：将普通二叉树中的结点按照从上至下、自左往右的顺序存储到一维数组中，注意中间的空缺结点也要留出相应的位置，如图 6-10 所示。

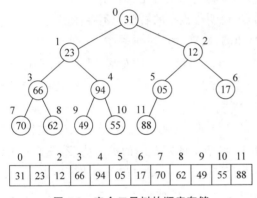

图 6-9　完全二叉树的顺序存储

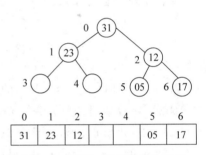

图 6-10　普通二叉树的顺序存储

当普通二叉树采用该种顺序存储方式时，存储空间的浪费异常明显。这是因为在最坏的情况下，一个深度为 $k$ 且只有 $k$ 个结点的单支树(树中不存在度为 2 的结点)却需要长度为 $2^k-1$ 的一维数组。

怎样解决这个问题呢？如果不给空缺的结点留出位置，只按照从上到下、从左到右的顺序将二叉树的结点存储到一维数组中，则存储这样 30 个结点的单支树只需要长度为 30 的一维数组。这种避免了存储空间浪费的方式是否可行呢？

答案显然是不行的。二叉树采用这种顺序存储方式会出现如下问题：如果不给空缺结点留出位置，则如图 6-11 所示的两棵不同的二叉树对应的存储结构将是完全相同的。

设计存储结构时要严格避免出现该种现象。不同的二叉树必须对应不同的存储结构，从数学世界到计算机内存世界的映像必须是一一对应的，需要严格避免二义性。使用顺序存储解决存储空间的浪费是不可行的，必须寻求其他解决问题的方式。下面讨论二叉树的链式存储。

**2. 二叉树的链式存储**

(1) 二叉链表。

二叉链表的结点结构包含两个引用域和一个数据域。引用域存储指向左、右孩子的指

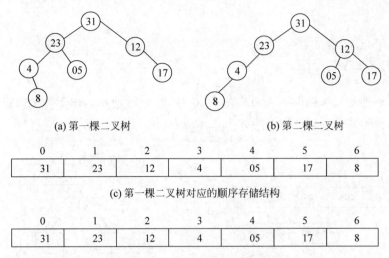

(a) 第一棵二叉树　　　　　　　　(b) 第二棵二叉树

| 0 | 1 | 2 | 3 | 4 | 5 | 6 |
|---|---|---|---|---|---|---|
| 31 | 23 | 12 | 4 | 05 | 17 | 8 |

(c) 第一棵二叉树对应的顺序存储结构

| 0 | 1 | 2 | 3 | 4 | 5 | 6 |
|---|---|---|---|---|---|---|
| 31 | 23 | 12 | 4 | 05 | 17 | 8 |

(d) 第二棵二叉树对应的顺序存储结构

**图 6-11　二叉树顺序存储**

针,数据域存储结点本身的信息,如图 6-12 所示。

结点的 Java 语言描述如下。

```
class Node<T>
 {
   T data;
   Node<T> leftchild,rightchild;
};
```

二叉树的链式存储结构如图 6-13 所示。由于每个结点包含两个引用,因此将这种形式的链式存储结构称为二叉链表。

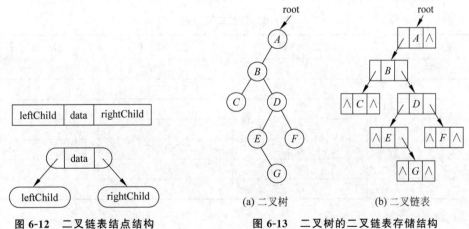

**图 6-12　二叉链表结点结构**

**图 6-13　二叉树的二叉链表存储结构**

(a) 二叉树　　　(b) 二叉链表

(2) 三叉链表。

三叉链表的结点结构包含 3 个引用域和一个数据域。引用域存储指向左、右孩子的引用和指向父亲的引用,数据域存储结点本身的信息,如图 6-14 所示。

结点的 Java 语言描述如下。

```
class Node<T>
```

```
{
    T data;
    Node < T > leftchild,rightchild;
    Node < T > parent;
};
```

图 6-13(a)所示二叉树的三叉链式存储结构如图 6-15 所示。由于每个结点包含三个引用,因此将这种形式的链式存储结构称为三叉链表。

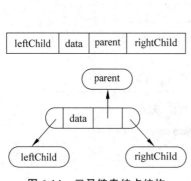

图 6-14    三叉链表结点结构

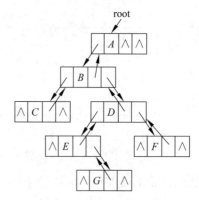

图 6-15    三叉链表存储结构

### 3. 二叉树的静态链式存储

(1) 静态二叉链表。

通常也可以借用一维数组描述二叉链表。数组的一个分量表示一个结点,分为数据部分、左孩子下标部分和右孩子下标部分,用下标部分指示左、右孩子结点在数组中的相对位置,如无左、右孩子则用 $-1$ 表示,将这种用数组描述的二叉链表称为静态二叉链表。图 6-13(a)所示二叉树的静态二叉链表存储结构如表 6-3 所示。

表 6-3    静态二叉链表

| 下　　标 | 数　　据 | 左　孩　子 | 右　孩　子 |
|---|---|---|---|
| 0 | A | 1 | $-1$ |
| 1 | B | 2 | $-1$ |
| 2 | C | $-1$ | $-1$ |
| 3 | D | 4 | 5 |
| 4 | E | $-1$ | 6 |
| 5 | F | $-1$ | $-1$ |
| 6 | G | $-1$ | $-1$ |

(2) 静态三叉链表。

同样也可以借用一维数组描述三叉链表。数组的一个分量表示一个结点,分为数据部分、父亲下标部分、左孩子下标部分和右孩子下标部分,用下标部分指示父结点及左、右孩子结点在数组中的相对位置,如无上述结点则用 $-1$ 表示,将这种用数组描述的三叉链表称为静态三叉链表。图 6-13(a)所示二叉树的静态三叉链表存储结构如表 6-4 所示。

表 6-4　静态三叉链表

| 下　　标 | 数　据 | 父　　亲 | 左　孩　子 | 右　孩　子 |
|---|---|---|---|---|
| 0 | A | -1 | 1 | -1 |
| 1 | B | 0 | 2 | 3 |
| 2 | C | 1 | -1 | -1 |
| 3 | D | 1 | 4 | 5 |
| 4 | E | 3 | -1 | 6 |
| 5 | F | 3 | -1 | -1 |
| 6 | G | 4 | -1 | -1 |

在顺序存储结构、三叉链表存储结构及静态链表存储结构下的基本操作的实现不再赘述,读者可作为练习实现。在此重点阐述二叉链表存储结构下的基本操作的实现。

**4．二叉树的二叉链表类**

1) 结点类的实现

二叉树的二叉链表的结点类有 3 个成员字段：数据域字段 data、左孩子引用域字段 leftchild 和右孩子引用域字段 rightchild。二叉树的二叉链表的结点类的实现如下。

```
class Node < T > {
    public T data;                          // 数据域
    public Node < T > leftchild;            // 左孩子
    public Node < T > rightchild;           // 右孩子
    // 三个参数构造器
    public Node(T val, Node < T > lp, Node < T > rp) {
        data = val;
        leftchild = lp;
        rightchild = rp;
    }
    // 两个参数构造器
    public Node(Node < T > lp, Node < T > rp) {
        leftchild = lp;
        rightchild = rp;
    }
    // 一个参数构造器
    public Node(T val) {
        data = val;
        leftchild = null;
        rightchild = null;
    }
    // 无参构造器
    public Node() {
        leftchild = null;
        rightchild = null;
    }
}
```

2) 二叉链表类的实现

(1) 左插操作分析 InsertL($T$ val，Node$< T >p$)。

该操作将结点 $p$ 的左子树插入值为 val 的新结点,使原来的左子树成为新结点的左子树,具体步骤如下。

① 建立值为 val 的新结点;

② 使原来的左子树成为新结点的左子树;

③ 使新结点成为结点 $p$ 的左孩子。

左插操作如图 6-16 所示。

(2) 右插操作分析 InsertR($T$ val,Node$<T>p$)。

该操作将结点 $p$ 的右子树插入值为 val 的新结点,使原来的右子树成为新结点的右子树,具体步骤如下。

① 建立值为 val 的新结点;

② 使原来的右子树成为新结点的右子树;

③ 使新结点成为结点 $p$ 的右孩子。

右插操作如图 6-17 所示。

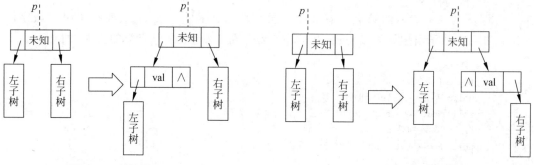

图 6-16　左插操作　　　　　　　　　　图 6-17　右插操作

只要知道了根结点的地址,就可以确定整棵二叉树,所以用一个根结点引用 root 就可以确定整棵树。二叉链表的类 BiTree$<T>$只有一个成员字段 root 表示根结点引用,其实现代码如下。

```java
public class BiTree<T> {
    public Node<T> root;                  // 根结点引用
    // 无参构造器
    public BiTree() {
        root = null;
    }
    // 一个参数构造器
    public BiTree(T val) {
        Node<T> p = new Node<T>(val);
        root = p;
    }
    // 三个参数构造器
    public BiTree(T val, Node<T> lp, Node<T> rp) {
        Node<T> p = new Node<T>(val, lp, rp);
        root = p;
    }
    // 判断是否为空二叉树
    public boolean IsEmpty() {
        if (root == null) {
            return true;
        } else {
```

```
            return false;
        }
    }
    // 获取根结点
    public Node<T> Getroot() {
        return root;
    }
    // 获取结点的左孩子结点
    public Node<T> Getleftchild(Node<T> p) {
        return p.leftchild;
    }
    // 获取结点的右孩子结点
    public Node<T> Getrightchild(Node<T> p) {
        return p.rightchild;
    }
    // 将结点 p 的左子树插入值为 val 的新结点
    // 原来的左子树成为新结点的左子树
    public void InsertL(T val, Node<T> p) {
        Node<T> tmp = new Node<T>(val);
        // 建立值为 val 的新结点
        tmp.leftchild = p.leftchild;
        // 原来的左子树成为新结点的左子树
        p.leftchild = tmp;
        // 新结点成为结点 p 的左孩子
    }
    // 将结点 p 的右子树插入值为 val 的新结点
    // 原来的右子树成为新结点的右子树
    public void InsertR(T val, Node<T> p) {
        Node<T> tmp = new Node<T>(val);
        // 建立值为 val 的新结点
        tmp.rightchild = p.rightchild;
        // 原来的右子树成为新结点的右子树
        p.rightchild = tmp;
        // 新结点成为结点 p 的右孩子
    }
    // 若 p 非空,则删除 p 的左子树
    public Node<T> DeleteL(Node<T> p) {
        if ((p == null) || (p.leftchild == null)) {   // p为空或 p 无左子树
            return null;                               // 返回空引用
        }
        Node<T> tmp = p.leftchild;
        // 令新的引用 tmp 指向左子树
        p.leftchild = null;                            // 令左子树为空,即删除左子树
        return tmp;                                    // 返回原来的左子树
    }
    // 若 p 非空,则删除 p 的右子树
    public Node<T> DeleteR(Node<T> p) {
        if ((p == null) || (p.rightchild == null)) {  // p为空或 p 无右子树
            return null;                               // 返回空引用
        }
        Node<T> tmp = p.rightchild;
        // 令新的引用 tmp 指向右子树
        p.rightchild = null;                           // 令右子树为空,即删除右子树
        return tmp;                                    // 返回原来的右子树
    }
    // 判断是否为叶子结点
    public boolean IsLeaf(Node<T> p) {
```

```
    if ((p != null) && (p.leftchild == null) && (p.rightchild == null)) {
    // p不为空,且无左孩子和右孩子
        return true;
    } else {
        return false;
    }
    }
}
```

视频讲解

# 🔑 6.3　二叉树的遍历和线索链表

## 6.3.1　二叉树的遍历

所谓二叉树的遍历(traverse),是指按某种次序访问树中的结点,要求每个结点仅访问一次。

“访问”的含义很广,可以是对结点进行各种处理,如输出结点的信息等。遍历对线性结构来说是一个容易解决的问题,而对二叉树则不然。由于二叉树是一种非线性结构,每个结点都可能有两棵子树,因此需要寻找一种规律,以使二叉树上的结点能排列在一个线性队列上,从而便于遍历。

回顾二叉树的递归定义可知,二义树由 3 个基本单元组成:根结点、左子树和右子树。因此,若能依次遍历这 3 部分,便可遍历整个二叉树。假如以 L、D、R 分别表示遍历根的左子树、访问根结点、遍历根的右子树,则可能的遍历次序有先序(DLR)、中序(LDR)、后序(LRD)、逆先序(DRL)、逆中序(RDL)、逆后序(RLD)。

若限定先左后右的次序,则只有前 3 种情况。本节只分析二叉树的先序、中序和后序遍历,读者可自行分析逆先序、逆中序和逆后序的遍历情况。

遍历的结果通常是产生一个关于结点的线性序列。

### 1. 先序遍历

先序遍历二叉树算法的框架如下。

(1) 若二叉树为空,则执行空操作。

(2) 若二叉树不为空,则访问根结点(D),先序遍历左子树(L),先序遍历右子树(R)。

图 6-18 所示表达式语法树的先序遍历结果为 $-\times a\,b\,c$ ,这是表达式的前缀形式,又称波兰式。

根据先序遍历二叉树算法的框架和二叉链表存储结构,可以得到用 Java 语言表示的算法如下。

```
public void PreOrder(Node < T > root) {
    // 根结点为空
    if (root == null) {
        return;
    }
    // 处理根结点
    System.out.println(root.data);
    // 先序遍历左子树
    PreOrder(root.leftchild);
```

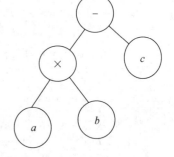

图 6-18　表达式语法树

```
    // 先序遍历右子树
    PreOrder(root.rightchild);
}
```

BiTree < T >类中的 PreOrder()基本操作实现代码如下。

```
public void PreOrder(){
    PreOrder(this.root);
}
```

### 2．中序遍历

中序遍历二叉树算法的框架如下。

（1）若二叉树为空，则执行空操作。

（2）若二叉树不为空，则中序遍历左子树（L），访问根结点（D），中序遍历右子树（R）。

图 6-18 所示表达式语法树的中序遍历结果为 $a \times b - c$，这是表达式的中缀形式。

根据中序遍历二叉树算法的框架和二叉链表存储结构，可以得到用 Java 语言表示的算法如下。

```
public void InOrder(Node < T > root) {
    // 根结点为空
    if (root == null) {
        return;
    }
    // 中序遍历左子树
    InOrder(root.leftchild);
    // 处理根结点
    System.out.println(root.data);
    // 中序遍历右子树
    InOrder(root.rightchild);
}
```

递归算法的效率非常低下，下面给出两个中序遍历二叉树的非递归算法，以供读者分析比较。

（1）第一个中序遍历二叉树的非递归算法。

```
public void InOrderTraverse1(Node < T > root) {
    // 采用二叉链表存储结构,中序遍历二叉树 T 的非递归算法,对每个数据元素屏幕输出
    SeqStack < Node < T >> S = new SeqStack < Node < T >>(100);
    Node < T > P = root;                    // 空引用退栈
    S.Push(root);                           // 根结点进栈
    while (S.IsEmpty() == false) {
        while ((P = S.Getop()) != null)
            S.Push(P.leftchild);
        // 栈不空且栈顶元素的值不为空引用,引用一直左移
        P = S.Pop();                        // 空引用退栈
        if (S.IsEmpty() == false) {         // 访问结点,引用右移一步
            P = S.Pop();
            System.out.println(P.data);
            S.Push(P.rightchild);
        } // if
    } // While
}
```

（2）第二个中序遍历二叉树的非递归算法。

```
public void InOrderTraverse2(Node < T > root) {
```

```
// 采用二叉链表存储结构,中序遍历二叉树 T 的非递归算法,对每个数据元素屏幕输出
SeqStack < Node < T>> S = new SeqStack < Node < T>>(100);
Node < T> P = root;
while (P != null || S.IsEmpty() == false) {
    if (P != null) {
        S.Push(P);
        P = P.leftchild;
    } // 根引用进栈,遍历左子树
    else                            // 根引用出栈,访问根结点,遍历右子树
    {
        P = S.Pop();
        System.out.println(P.data);
        P = P.rightchild;
    } // else
} // While
} // InorderTraverse2
```

### 3. 后序遍历

后序遍历二叉树算法的框架如下。

(1) 若二叉树为空,则执行空操作。

(2) 若二叉树不为空,则后序遍历左子树(L),后序遍历右子树(R),访问根结点(D)。

图 6-18 所示表达式语法树的后序遍历结果为 $ab \times c -$,这是表达式的后缀形式。

根据后序遍历二叉树算法的框架,可以得到用 Java 语言表示的算法如下。

```
public void PostOrder(Node < T> root) {
    // 根结点为空
    if (root == null) {
        return;
    }
    // 后序遍历左子树
    PostOrder(root.leftchild);
    // 后序遍历右子树
    PostOrder(root.rightchild);
    // 处理根结点
    System.out.println(root.data);
}
```

### 4. 层序遍历

层序遍历的基本思想：层序遍历结点的顺序是先遇到的结点先访问,与队列操作的顺序相同。在进行层序遍历时,通常设置一个队列以将根结点引用入队,当队列非空时循环执行以下 3 步。

(1) 从队列中取出一个结点引用,并访问该结点；

(2) 若该结点的左子树非空,则将该结点的左子树引用入队；

(3) 若该结点的右子树非空,则将该结点的右子树引用入队。

层序遍历的算法实现如下。

```
public void LevelOrder(Node < T> root) {
    // 根结点为空
    if (root == null) {
        return;
    }
    // 设置一个队列保存层序遍历的结点
```

```
CSeqQueue < Node < T >> sq = new CSeqQueue < Node < T >>(50);
// 根结点入队
sq.In(root);
// 队列非空,结点没有处理完
while (!sq.IsEmpty()) {
    // 结点出队
    Node < T > tmp = sq.Out();
    // 处理当前结点
    System.out.println(tmp.data);
    // 将当前结点的左孩子结点入队
    if (tmp.leftchild != null) {
        sq.In(tmp.leftchild);
    }
    // 将当前结点的右孩子结点入队
    if (tmp.rightchild != null) {
        sq.In(tmp.rightchild);
    }
}
}
```

## 6.3.2　二叉线索链表

当以二叉链表作为存储结构时,只能找到结点的左、右孩子信息,却无法直接得到结点的前驱和后继信息(如按照中序遍历次序确定的信息)。$n$ 个结点的二叉链表有 $n+1$ 个空引用域,能否利用这些空的引用域存储结点的前驱和后继信息(如按照中序遍历次序确定的信息)? 答案当然是可以的。利用空的左引用指向结点的前驱,利用空的右引用指向结点的后继,将指向前驱或后继的引用称为线索,将这种存储结构称为二叉线索链表。

二叉线索链表的结点结构如图 6-19 所示。

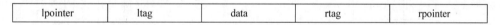

| lpointer | ltag | data | rtag | rpointer |

**图 6-19　二叉线索链表结点结构**

为了区别左引用指向的是左孩子还是前驱,加一个 ltag 标志位: ltag＝0 表示左引用指向的是左孩子; ltag＝1 表示左引用指向的是前驱。

同样地,为了区别右引用指向的是右孩子还是后继,也加一个 rtag 标志位: rtag＝0 表示右引用指向的是右孩子; rtag＝1 表示右引用指向的是后继。

该结点结构用 Java 语言描述如下。

```
class BiThrNode < T > {
    public T data;
    public BiThrNode < T > lpointer, rpointer;
    public int ltag, rtag;
    public BiThrNode() {
        lpointer = null;
        rpointer = null;
        ltag = 0;
        rtag = 0;
    }
    public BiThrNode(T data) {
        this.data = data;
        lpointer = null;
```

```
            rpointer = null;
            ltag = 0;
            rtag = 0;
        }
    }
```

如果空的左引用指向的是中序遍历下的前驱,则空的右引用指向的是中序遍历下的后继,将这种二叉线索链表称为中序线索链表。

如果空的左引用指向的是先序遍历下的前驱,则空的右引用指向的是先序遍历下的后继,将这种二叉线索链表称为先序线索链表。

如果空的左引用指向的是后序遍历下的前驱,则空的右引用指向的是后序遍历下的后继,将这种二叉线索链表称为后序线索链表。

【例6-1】　画出图6-20所示二叉树的中序线索链表。

(1) 画出二叉树的二叉链表存储结构,如图6-21所示。

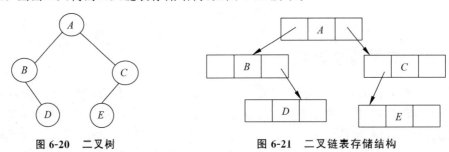

图6-20　二叉树　　　　　　　图6-21　二叉链表存储结构

(2) 增加标志位,有孩子结点的地方填"0",没孩子结点的地方填"1",如图6-22所示。根据中序遍历的结果 $BDAEC$ 将空的引用(线索)补上,如图6-23所示。

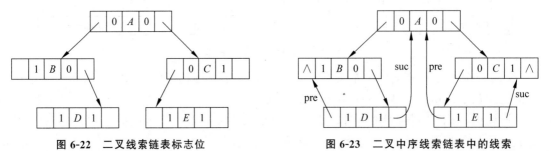

图6-22　二叉线索链表标志位　　　　图6-23　二叉中序线索链表中的线索

在中序遍历下,$B$ 是第一个结点,$B$ 没有前驱,所以 $B$ 的左引用仍为空;$C$ 是最后一个结点,$C$ 没有后继,所以 $C$ 的右引用仍为空。

为了方便处理,一般情况下会在线索链表上加一个头结点,令剩下的两个空引用都指向头结点。头结点的左引用指向根结点,头结点的右引用指向按中序遍历的最后一个结点。头结点的左标志是0,右标志是1。图6-18所示二叉树的二叉中序线索链表存储结构如图6-24所示。

同理,图6-20所示二叉树的二叉先序线索链表存储结构如图6-25所示。

在二叉线索链表存储结构下进行遍历,先找到序列中的第一个结点,然后依次查找结点后继,直至后继为空。如何在线索链表存储结构中查找结点的后继呢?以图6-26的中序线索链表为例进行分析,树中所有叶子结点的右链直接指示了结点的后继,如结点 $b$ 的后继为结点"×"。若树中所有非终端结点的右链均指示右孩子,则无法由此得到后继信息。根据

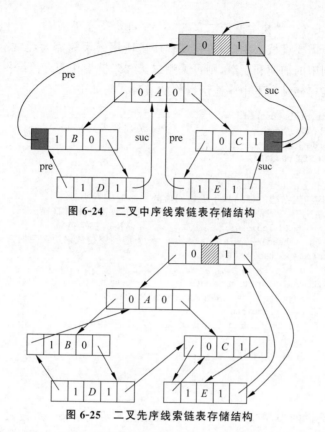

图 6-24　二叉中序线索链表存储结构

图 6-25　二叉先序线索链表存储结构

中序遍历的规律可知：结点的后继应是遍历其右子树时访问的第一个结点，即右子树中最
左下方的结点。例如，在查找结点"×"的后继时，首先沿右引用找到其右子树的根结点
"一"，然后沿着左引用往下寻找其左标志为 1 的结点，即为结点"×"的后继，这里是结点 $c$。
反之，在中序线索树中找结点前驱的规律是：若其左标志为 1，则左链指示其前驱；否则，遍
历左子树时最后访问的结点（左子树中最右下方的结点）为其前驱。

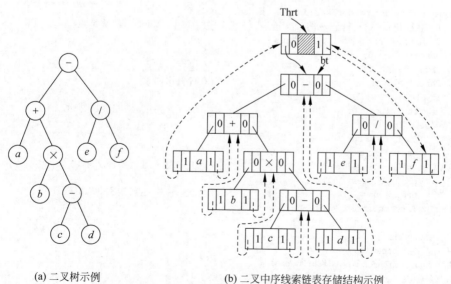

(a) 二叉树示例　　　　　　(b) 二叉中序线索链表存储结构示例

图 6-26　二叉树及其中序线索链表存储结构

　　可见,在中序线索二叉树上遍历二叉树,其时间复杂度仍为 $O(n)$,但常数因子比上节讨论的算法小且不需要设栈。因此,若在某程序中所用二叉树需要经常遍历或查找结点在遍历所得线性序列中的前驱和后继,则可采用二叉线索链表作为存储结构。

　　中序线索链表存储结构下中序遍历操作的实现代码如下。

```
public class Inorderbithrtree {
    public BiThrNode head;                  // 属性成员 head
    public Inorderbithrtree() {
    head = new BiThrNode();
    }
    public void inorderTraverse() {
        // 中序线索链表存储结构下无返回值的中序遍历方法
        // 中序遍历二叉线索树的非递归算法,对每个数据元素屏幕输出
        Node p = head.lpointer;             // P 指向根结点
        while (p != head) {                 // 遇到空树或遍历结束时,p == head
            while (p.ltag == 0)
                p = p.lpointer;
            System.out.println(p.data);     // 访问其左子树为空的结点
            while (p.ltag == 1 && p.rpointer != head) {
                p = p.rpointer;
                System.out.println(p.data); // 访问后继结点
            }
            p = p.rpointer;
        }
    }
}
```

　　如何进行二叉树的中序线索化呢? 由于线索化的实质是将二叉链表中的空引用改为指向前驱或后继,而前驱或后继的信息只有在遍历时才能得到,因此线索化的过程即为在遍历的过程中修改空引用的过程。为了记下遍历过程中访问结点的先后关系,附设一个引用 pre 始终指向刚刚访问过的结点,若引用 $p$ 指向当前访问的结点,则 pre 指向它的前驱。由此可得中序遍历建立中序线索化链表的算法如下,其中 pre 可作为 Inorderbithrtree 类的一个成员变量,为 InorderThreading 方法和 InThreading 方法共用。

```
public BiThrNode InorderThreading(BiThrNode Tree) {
    // 参数是带左、右标志域的二叉链表,将其中序线索化。Thrt 指向头结点
    BiThrNode Thrt = new BiThrNode();
    Thrt.ltag = 0;
    Thrt.rtag = 1;                          // 建立头结点
    Thrt.rpointer = Thrt;                   // 右引用回指
    if (Tree == null)
        Thrt.lpointer = Thrt;               // 若二叉树空,则左引用回指
    else {
        Thrt.lpointer = Tree;
        pre = Thrt;
        InThreading(Tree);                  // 中序遍历进行中序线索化
        pre.rpointer = Thrt;
        pre.rtag = 1;                       // 最后一个结点线索化
        Thrt.rpointer = pre;
    }
    return Thrt;
}// InOrderThreading
public void InThreading(BiThrNode p) {
    if (p != null) {
        InThreading(p.lpointer);            // 左子树线索化
```

```
            if (p.lpointer == null) {
                p.ltag = 1;
                p.lpointer = pre;
            } // 前驱线索
            if (pre.rpointer == null) {
                pre.rtag = 1;
                pre.rpointer = p;
            } // 后继线索
            pre = p;                            // 保持 pre 指向 p 的前驱
            InThreading(p.rpointer);            // 右子树线索化
        }
    } // InThreading
```

调用算法代码如下。

```
public static void main(String[ ] args) {
    // TODO Auto - generated method stub
    // 建立二叉链表并中序线索化,在二叉中序线索链表存储结构下进行中序遍历操作
    Inorderbithrtree evergreen1 = new Inorderbithrtree();
    BiThrNode a = new BiThrNode("A");
    BiThrNode b = new BiThrNode("B");
    BiThrNode c = new BiThrNode("C");
    BiThrNode d = new BiThrNode("D");
    BiThrNode e = new BiThrNode("E");
    a.lpointer = b;
    a.rpointer = c;
    b.rpointer = d;
    c.lpointer = e;
    evergreen1.head = evergreen1.InorderThreading(a);
    // 测试中序线索化方法是否正确地建立中序线索链表存储结构
    evergreen1.inorderTraverse();
    // 在中序线索链表存储结构下测试无参中序遍历方法
}
```

在后序线索链表中查找结点后序遍历下的后继要相对复杂,可分为以下 3 种情况。

(1) 若结点 $x$ 是二叉树的根,则其后继为空。

(2) 若结点 $x$ 是其双亲的右孩子或是其双亲的左孩子且其双亲没有右子树,则其后继为双亲结点。

(3) 若结点 $x$ 是其双亲的左孩子且其双亲有右子树,则其后继为双亲的右子树上按后序遍历列出的第一个结点。

例如,图 6-27 中虚线所示为二叉树结点在后序遍历下的后继,结点 $B$ 的后继为结点 $C$,结点 $C$ 的后继为结点 $D$,结点 $F$ 的后继为结点 $G$,而结点 $D$ 的后继为结点 $E$。可见,在后序线索链表中查找结点在后序遍历下的后继需要知道结点双亲,因此需要将带标志域的二叉后序线索链表作为存储结构,如图 6-27 所示。

后序线索链表结点定义、后序线索链表存储结构下后序遍历操作的实现代码、后序线索化和调用方法代码如下。

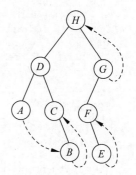

图 6-27　结点在后序遍历下的后继

```
class PostorderbithrNode {
    public String data;
    // 数据域
    public PostorderbithrNode lpointer, rpointer, parent;
    // 左引用域、右引用域、双亲结点
```

```java
    public int ltag, rtag;
    // 当 ltag 为 0 时,左引用指向左孩子; 当 ltag 为 1 时,左引用指向后序下的前驱
    // 当 rtag 为 0 时,右引用指向右孩子; 当 rtag 为 1 时,右引用指向后序下的后继
    // 无参构造器
    public PostorderbithrNode() {
        data = "";
        lpointer = null;
        rpointer = null;
        parent = null;
        ltag = 0;
        rtag = 0;
    }
    public PostorderbithrNode(String data) {
        this.data = data;
        lpointer = null;
        rpointer = null;
        parent = null;
        ltag = 0;
        rtag = 0;
    }
}
public class Postorderbithrtree {
    public PostorderbithrNode head;                        // 属性成员 head
    public PostorderbithrNode pre = new PostorderbithrNode();
    // 全局变量,为 InorderThreading 方法和 InThreading 方法共用
    // 构造器
    public Postorderbithrtree() {
        head = new PostorderbithrNode();
    }
    // 后序线索化
    public PostorderbithrNode PostorderThreading(PostorderbithrNode Tree)
    {
        // 遍历二叉树,并将后序线索化
        PostorderbithrNode Thrt = new PostorderbithrNode();
        Thrt.ltag = 0;
        Thrt.rtag = 1;                                     // 建立头结点
        Thrt.rpointer = Thrt;                              // 右引用回指
        if (Tree == null)
            Thrt.lpointer = Thrt;                          // 若二叉树空,则左引用回指
        else {
            Thrt.lpointer = Tree;
            pre = Thrt;
            PostThreading(Tree);                           // 后序遍历进行后序线索化
            if (pre.rpointer == null) {
                pre.rpointer = Thrt;
                pre.rtag = 1;
            } // 最后一个结点线索化
            Thrt.rpointer = pre;
            pre.parent = Thrt;
        }
        return Thrt;
    } // PostorderThreading
    void PostThreading(PostorderbithrNode p) {
        if (p != null) {
            PostThreading(p.lpointer);                     // 左子树线索化
            PostThreading(p.rpointer);                     // 右子树线索化
            if (p.lpointer == null)                        // 前驱线索
            {
```

```
                p.ltag = 1;
                p.lpointer = pre;
            }
            if (pre != null && pre.rpointer == null)  // 后继线索
            {
                pre.rtag = 1;
                pre.rpointer = p;
            }
            pre = p;
        }
    }
    public void PostOrderTraverse() {
        // 后序线索链表存储结构下后序遍历的实现
        // 效率高,不需要堆栈或队列
        PostorderbithrNode previous = new PostorderbithrNode();
        if (head != null) {
            PostorderbithrNode p = head;
            while (previous != head) {
                while (p.ltag == 0)                    // 查找二叉树最左边的结点
                {
                    p = p.lpointer;
                }
                while (p != head && p.rtag == 1)
                {
                    System.out.println(p.data);
                    previous = p;
                    p = p.rpointer;
                }
                while (previous != head && p.rpointer == previous)
                {   //如果 previous 指向根结点,则不需要查找双亲结点
                    //同时也是遍历结束的标志
                    System.out.println(p.data);
                    previous = p;
                    if (previous != head)
                        p = p.parent;                  // 查找双亲结点
                }
                if (p.rtag == 0)                        // 相当于又从新结点往左走
                {
                    p = p.rpointer;
                }
            }
        }


    }
    // 调用算法
    public static void main(String[] args) {
    // 建立二叉树并后序线索化,由后序线索链表存储结构获取二叉树的后序序列
        Postorderbithrtree evergreen1 = new Postorderbithrtree();
        PostorderbithrNode a = new PostorderbithrNode("A");
        PostorderbithrNode b = new PostorderbithrNode("B");
        PostorderbithrNode c = new PostorderbithrNode("C");
        PostorderbithrNode d = new PostorderbithrNode("D");
        PostorderbithrNode e = new PostorderbithrNode("E");
        a.lpointer = b;
        a.rpointer = c;
        b.rpointer = d;
        c.lpointer = e;
        b.parent = a;
```

```
            c.parent = a;
            d.parent = b;
            e.parent = c;
            evergreen1.head = evergreen1.PostorderThreading(a);
            // 测试后序线索化方法是否正确地建立后序线索链表存储结构
            evergreen1.PostOrderTraverse();
            // 在后序线索链表存储结构下测试无参后序遍历方法是否正常运行
        }
    }
```

先序线索链表结点定义、先序线索链表存储结构下先序遍历操作的实现代码、先序线索化和调用方法代码等不再赘述,读者可作为练习自行实现。

视频讲解

## 6.4　树和森林

### 6.4.1　树的存储

在实际应用中,可以使用多种形式的存储结构表示树。下面介绍 4 种常用的存储结构。

#### 1. 双亲表示法

双亲表示法主要描述的是结点的双亲关系,指出结点的双亲。将树的结点按照从上至下、从左往右的顺序存储到一维数组中,同时附设一个指示器指示其双亲结点在数组中的位置。图 6-28(a)所示树的双亲表示法存储结构如图 6-28(b)所示。

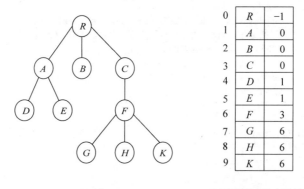

(a) 树　　　　　　　　　(b) 双亲表示法存储结构

**图 6-28　树及双亲表示法存储结构**

双亲表示法存储结构用 Java 语言描述如下。

```java
class PTNode < T > {          // 元素类型
    T data;
    int parent;
    // 双亲位置
}
class PTree < T > {
    PTNode < T >[] nodes;
    int root, n;              // 树根的位置及树中的结点数
}
```

树的双亲表示法对于实现 Parent(t)操作和 Root()操作非常方便。Parent(t)操作可以在常量时间内实现。反复调用 Parent(t)操作,直到遇到无双亲的结点(其 parent 值为 −1)

时,便找到了树的根,这就是 Root()操作的执行过程。用树的双亲表示法实现查找孩子结点和兄弟结点等操作非常困难,因为这需要查询整个数组。基于双亲表示法存储结构可以实现树的抽象数据类型中定义的基本操作,读者可作为练习自行实现。

### 2. 孩子表示法

孩子表示法主要描述的是结点的孩子关系,指出结点的孩子。由于树中每个结点可能有多棵子树,因此需要用多重链表,即每个结点有多个引用域,其中每个引用指向一棵子树的根结点。此时,链表中的结点可以有如下两种结点格式。

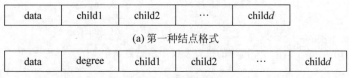

(a) 第一种结点格式

(b) 第二种结点格式

**图 6-29 链表结点格式**

若采用第一种结点格式,则多重链表中的结点是同构的,其中 $d$ 为树的度。由于树中很多结点的度都小于 $d$,因此链表中有很多空链域,空间较为浪费。不难推出,在一棵结点为 $n$、度为 $k$ 的树中必有 $n(k-1)+1$ 个空链域。若采用第二种结点格式,则多重链表中结点是异构的,其中 degree 为结点的度,其值等于 $d$。此时,虽然能够节约存储空间,但操作并不方便。

另一种方式是将每个结点的孩子结点进行排列,看成是一个线性表,且以单链表作为存储结构,则 $n$ 个结点有 $n$ 个孩子链表(叶子结点的孩子链表为空表)。此时,$n$ 个头引用又组成了一个线性表,为了便于查找,可以采用顺序存储结构。

图 6-28(a)所示树的孩子表示法存储结构如图 6-30 所示。

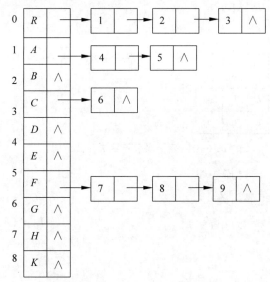

**图 6-30 孩子表示法存储结构**

该存储结构用 Java 语言描述如下。

(1) 孩子链表中的结点定义。

```java
class CTNode {
    int child;
```

```
      CTNode next;
  }
```

（2）数组中的元素类型定义。

```
class CTBox < T > {
    T data;
    CTNode firstchild;
    // 孩子链表头引用
}
```

（3）树类的定义。

```
class CTree < T > {
    CTBox < T >[ ] nodes;
    int root, n;              // 树根的位置及树中的结点数
}
```

　　利用孩子表示法存储结构查找结点的孩子比较容易，但查找结点的双亲比较困难。基于孩子表示法存储结构可以实现树的抽象数据类型中定义的基本操作，读者可作为练习自行实现。

### 3. 孩子双亲表示法

　　孩子双亲表示法是上述两种方法的组合，同时指出结点的双亲及孩子。图 6-28(a)所示树的孩子双亲表示法存储结构如图 6-31 所示。

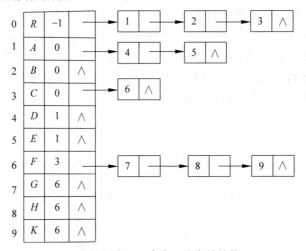

图 6-31　孩子双亲表示法存储结构

该存储结构用 Java 语言描述如下。

（1）孩子链表中的结点定义。

```
class CTNode {
    int child;
    CTNode next;
}
```

（2）数组中的元素类型定义。

```
class CPTBox < T > {
    T data;
    int parent;
    CTNode firstchild;
    // 孩子链表头指针
}
```

（3）树类的定义。

```
class CPTree < T > {
    private CPTBox < T >[ ] nodes;
    int root, n;              // 根的位置及结点数
}
```

　　利用孩子双亲表示法存储结构查找结点的双亲和孩子都很容易。基于孩子表示法存储结构可以实现树的抽象数据类型中定义的基本操作，读者可作为练习自行实现。

#### 4. 孩子兄弟表示法

　　孩子兄弟表示法同时指出结点的孩子及兄弟，左引用指向结点的第一个孩子结点，右引用指向下一个兄弟（右兄弟）结点。图 6-28(a) 所示树的孩子兄弟表示法存储结构如图 6-32 所示。

　　该存储结构用 Java 语言描述如下。

（1）结点的定义。

```
class CSNode < T > {
    T data;
    CSNode < T > firstchild;
    CSNode < T > nextsibling;
}
```

（2）树类的定义。

```
class CSTreee < T > {
    CSNode < T > root;
}
```

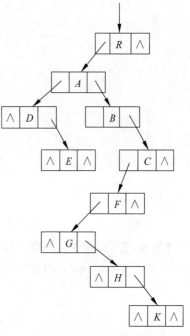

图 6-32　孩子兄弟表示法存储结构

　　基于孩子兄弟表示法存储结构可以实现树的抽象类型中定义的基本操作，读者可作为练习自行实现。

## 6.4.2　森林与二叉树的转换

　　以二叉链表为媒介可以导出树和二叉树之间的对应关系。给定一棵树，可以找到唯一的一棵二叉树与之对应。图 6-28(a) 所示树对应的二叉树如图 6-33 所示。

　　从树的二叉链表表示的定义可知，任何一棵与树对应的二叉树，其右子树必为空。若将森林中第二棵树的根结点看成是第一棵树的根结点的兄弟，则同样可导出森林和二叉树的对应关系。这个一一对应的关系使得森林或树与二叉树可以相互转换，其转换方式如下。

#### 1. 森林转换为二叉树

　　如果 $F=\{T_1,T_2,\cdots,T_m\}$ 是森林，则可按如下规则转换为一棵二叉树 $B=(\text{root},\text{LB},\text{RB})$。

　　（1）若 $F$ 为空，即 $m=0$，则 $B$ 为空树。

　　（2）若 $F$ 非空，即 $m\neq0$，则 $B$ 的根 root 即为森林中第 1 棵树的根 $\text{ROOT}(T_1)$。$B$ 的左子树 LB 是由 $T_1$ 中根结点的子树森林 $F'=\{T_{11},T_{12},\cdots,T_{1m1}\}$ 转换来的二叉树，$B$ 的右子树 RB 是由森林 $F'=\{T_2,T_3,\cdots,T_m\}$ 转换来的二叉树。

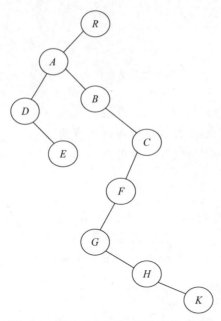

图 6-33　图 6-28(a)所示树对应的二叉树

【例 6-2】　将 3 棵树的森林转换为二叉树。

(1) 将图 6-34 森林中的每一棵树都转换为二叉树。

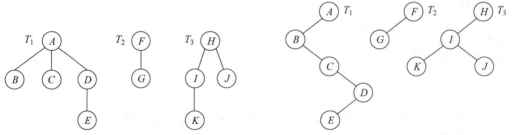

图 6-34　3 棵树的森林　　　　　　　　图 6-35　3 棵树的二叉树表示

(2) 将第 2 棵二叉树作为第 1 棵二叉树的右子树。

(3) 将第 3 棵二叉树作为第 2 棵二叉树的右子树,此时图 6-36 所示的森林对应的二叉树如图 6-37 所示。

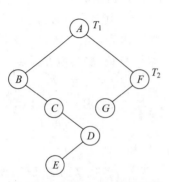

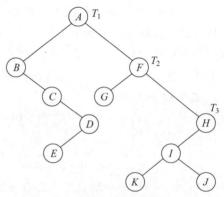

图 6-36　$T_2$ 并入 $T_1$ 的右子树　　　　　图 6-37　3 棵树的森林对应的二叉树

## 2. 二叉树转换为森林

如果 $B=(\text{root},\text{LB},\text{RB})$ 是一棵二叉树,则可按如下规则转换为森林 $F=\{T_1,T_2,\cdots,T_m\}$。

(1) 若 $B$ 为空,则 $F$ 为空。

(2) 若 $B$ 非空,则 $F$ 中第 1 棵树 $T_1$ 的根 $\text{ROOT}(T_1)$ 即为二叉树 $B$ 的根 root。$T_1$ 中根结点的子树森林 $F_1$ 是由 $B$ 的左子树 LB 转换来的森林,除 $T_1$ 之外的树组成的森林 $F'=\{T_2,T_3,\cdots,T_m\}$ 是由 $B$ 的右子树 RB 转换来的森林。

【例 6-3】　将图 6-37 所示的二叉树转换为森林。

(1) 分解二叉树。

取二叉树的根及左子树作为第 1 棵二叉树 $T_1$,取其右子树的根及左子树作为第 2 棵二叉树 $T_2$,以此类推。

(2) 将没有右子树的二叉树转换为树,此时得到 3 棵树的森林如图 6-34 所示。

## 6.4.3　树与森林的遍历

### 1. 树的遍历

由树的定义可以引出两种次序遍历树的方法。

(1) 先根遍历:先访问树的根结点,然后依次先根遍历根的每棵子树。

(2) 后根遍历:先依次后根遍历每棵子树,然后访问根结点。

图 6-38 所示树的先根遍历结果:$A\,B\,C\,D\,E$,图 6-38 所示树的后根遍历结果:$B\,D\,C\,E\,A$。

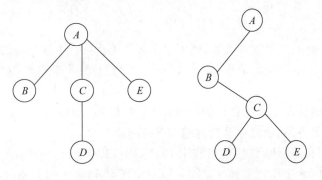

(a) 待遍历的树　　　　(b) 待遍历的树对应的二叉树

图 6-38　待遍历的树及其对应的二叉树

对应二叉树的先序遍历结果:$A\,B\,C\,D\,E$,对应二叉树的中序遍历结果:$B\,D\,C\,E\,A$。

树的先根遍历等价于转换后的二叉树的先序遍历,树的后根遍历等价于转换后的二叉树的中序遍历。

由此可见,当以二叉链表作为树的存储结构时,可以借用二叉树的先序遍历和中序遍历的算法实现树的先根遍历和后根遍历。

### 2. 森林的遍历

由森林的定义可以推出森林的两种遍历方式。

(1) 先根次序遍历森林。

若森林非空,则可按以下规则进行遍历。

① 访问森林的第一棵树的根结点;

② 先根次序遍历第一棵树的子树森林；

③ 先根次序遍历其他树组成的森林。

(2) 中根次序遍历森林。

若森林非空,可按以下规则进行遍历。

① 中根次序遍历第一棵树的子树森林；

② 访问森林的第一棵树的根结点；

③ 中根次序遍历其他树组成的森林。

图 6-34 所示森林的先根遍历序列：$A B C D E F G H I K J$。

图 6-34 所示森林的中根遍历序列：$B C E D A G F K I J H$。

若对图 6-37 中与图 6-34 所示森林对应的二叉树进行先序遍历和中序遍历,则可得与上述序列顺序相同的序列。

森林的先根遍历等价于对应二叉树的先序遍历,森林的中根遍历等价于对应二叉树的中序遍历。

## 6.5 树与等价问题

在离散数学中,等价关系和等价类的定义如下。

如果集合 $S$ 中的关系 $R$ 是自反的、对称的、传递的,则称其为等价关系。设 $R$ 是集合 $S$ 的等价关系,对任何 $x \in S$,由 $[x]_R = \{y \mid y \in S \land xRy\}$ 给出的集合 $[x]_R \subseteq S$ 称为由 $x \in S$ 生成的一个 $R$ 等价类。

若 $R$ 是集合 $S$ 上的一个等价关系,则由这个等价关系可产生该集合的唯一划分。如果按 $R$ 将 $S$ 划分为若干不相交的子集 $S_1, S_2, \cdots, S_n$,则它们的并即为 $S$,这些子集 $S_i$ 称为 $S$ 的 $R$ 等价类。

等价关系是现实世界中广泛存在的一种关系,许多应用问题可以归纳为按给定的等价关系划分某集合为等价类,通常称这类问题为等价问题。

例如,在 FORTRAN 语言中,可以利用 EQUIVALENCE 语句使数个程序变量共享同一存储单位。该问题的实质就是按 EQUIVALANCE 语句确定的关系对程序中的变量集合进行划分,所得等价类的数目即为需要分配的存储单位,而同一等价类中的程序变量可被分配到同一存储单位中。此外,划分等价类的算法思想也可用于求网络的最小生成树等图的算法中。那么应如何划分等价类呢?假设集合 $S$ 有 $n$ 个元素,$m$ 个形如 $(x,y)(x,y \in S)$ 的等价偶对确定了等价关系 $R$,此时需求 $S$ 的划分。

确定等价类的算法实现步骤如下。

(1) 令 $S$ 中每个元素各自形成一个只含单个成员的子集,记作 $S_1, S_2, \cdots, S_n$。

(2) 重复读入 $m$ 个偶对,对每个读入的偶对 $(x,y)$,判定 $x$ 和 $y$ 所属子集。不失一般性,假设 $x \in S_i, y \in S_j$;若 $S_i \neq S_j$,则将 $S_i$ 并入 $S_j$,并置 $S_i$ 为空(或将 $S_j$ 并入 $S_i$,并置 $S_j$ 为空)。当 $m$ 个偶对都被处理后,$S_1, S_2, \cdots, S_n$ 中的所有非空子集即为 $S$ 的 $R$ 等价类。

由此可见,划分等价类需要对集合进行的操作主要有 3 个：①构造只含单个成员的集合；②判定某个单元素所在子集；③归并两个互不相交的集合为一个集合。因此,需要一个包含上述 3 个操作的抽象数据类型 MFSet。

```
ADT MFSet{
数据对象：若设 S 是 MFSet 型的集合,则 S 由 n(n>0)个子集 S_i(i=1,2,…,n)构成,每个子集的成
员都是子界[-maxnumber,maxnumber]内的整数。
数据关系：S_1 ∪ S_2 ∪ … ∪ S_n = S, S_i ⊂ S(i=1,2,…,n)
基本操作：
Initial(n,x_1,x_2,…,x_n);
操作结果：初始化操作。构造一个由 n 个子集(每个子集只含单个成员 x)构成的集合 S。
Find(x);
初始条件：S 是已存在的集合, x 是 S 中某个子集的成员。
操作结果：查找函数。确定 S 中 x 所属子集 S_i。
Merge(i,j);
初始条件：S_i 和 S_j 是 S 中的两个互不相交的非空集合。
操作结果：归并操作。将 S_i 和 S_j 中的一个并入另一个。
}
```

以集合为基础(结构)的抽象数据类型可以用多种方法实现,如用位向量表示集合或用
有序表示集合等。如何高效地实现以集合为基础的抽象数据类型,则取决于该集合的大小
及对此集合所进行的操作。根据 MFSet 类型中定义的查找函数和归并操作的特点,可以利
用树形结构表示集合。约定以森林 $F=(T_1,T_2,…,T_n)$ 表示 MFset 型的集合 $S$,森林中的
每棵树 $T_i(i=1,2,…,n)$ 表示 $S$ 中的一个元素子集 $S_i(S_i⊂S,i=1,2,…,n)$,树中的每个
结点表示子集中的一个成员 $x$。为了操作方便,令每个结点含有一个指向其双亲的指针。
例如,图 6-39(a)、(b)中的两棵树分别表示子集 $S_1=\{1,3,6,9\}$ 和 $S_2=\{2,8,10\}$。显然,这
样的树形结构易于实现上述两种集合的操作。由于各子集中的成员均不相同,因此只要将
一棵子集树的根指向另一棵子集树的根即可实现集合的"并"操作。例如,图 6-39(c)中的
$S_1∪S_2$。此外,完成查找某个成员所在集合的操作,需要从该成员结点出发,顺链而进,直
至找到树的根结点为止。

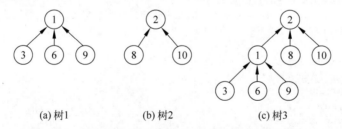

(a) 树1　　　　(b) 树2　　　　(c) 树3

**图 6-39　集合的树形结构表示法**

为便于实现上述操作,森林宜采用双亲表示法作为存储结构,实现代码如下。

```
class PfNode<T> {
    public T data;
    public int parent;
    PfNode() {
        parent = -1;
    }
}
public class Pforest<T> {
    public PfNode<T>[] nodes;
    public int n;                           // 结点数
```

```java
public Pforest(T[ ] S) {
    nodes = new PfNode[S.length];
    n = S.length;
    // 创造一个 n 棵树的森林,每棵树只有一个根结点
    for (int i = 0; i <= n - 1; i++) {
        nodes[i] = new PfNode < T >( );
        nodes[i].data = S[i];
        nodes[i].parent = - 1;
    }
}
// 查找 x 在数组中的位置
public int locate(T x) {
    int j;
    for (j = 0; j <= n - 1; j++)
        if (nodes[j].data.equals(x))
            break;
    if (j <= n - 1)
        return j;
    else
        return -1;
}
public int findmfset(int i) {
    int j;
    // 查找 nodes[i]所在子集的根
    if (i < 0 || i > n - 1)
        return -1;                      // i 非法
    for (j = i; nodes[j].parent > 0; j = nodes[j].parent)
        ;
    return j;
} // findmfset
public boolean mergemfset(int i, int j) {
    // nodes[i]和 nodes[j]分别为 s 的互不相交的两个子集 si 和 sj 的根结点
    // 求 si 和 sj 的并集
    if (i < 0 || i > n - 1 || j < 0 || j > n - 1)
        return false;
    nodes[i].parent = j;
    return true;
} // mergemfset
public void printmfset( ) {
    String s = "";
    for (int j = 0; j < n; j++) {
        if (nodes[j].parent < 0)          // 输出各棵树代表的等价类
        {
            s = "等价类: " + nodes[j].data + " ";
            for (int i = 0; i < n; i++) {
                if (nodes[i].parent == j)
                    s = s + nodes[i].data + " ";
            }
            System.out.println(s);
        }
    }
}
```

上述两个算法 findmfset(int i) 和 mergemfset(int i, int j) 的时间复杂度分别为 $O(d)$ 和 $O(1)$，其中 $d$ 是树的深度。从前面的讨论可知，这种表示集合的树的深度与树的形成过程有关。试分析一个极端的例子，假设有 $n$ 个子集 $S_1, S_2, \cdots, S_n$，每个子集只有一个成员 $S_i = \{i\}$ $(i=1,2,\cdots,n)$，则可用 $n$ 棵只有一个根结点的树表示，如图 6-40(a) 表示。现进行 $n-1$ 次"并"操作，并假设每次都是含成员多的根结点指向含成员少的根结点，则最后得到的集合树的深度为 $n$，如图 6-40(b) 所示。如果再加上在每次"并"操作之后都要进行查找成员"1"所在子集的操作，则全部操作的时间便是 $O(n^2)$ 了。

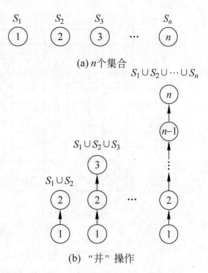

(a) $n$ 个集合

(b) "并" 操作

图 6-40　"并"操作的一种极端情形

改进的办法是在进行"并"操作之前先判别子集中所含成员的数目，然后令含成员少的子集树根结点指向含成员多的子集的根。为此，需要相应地修改存储结构，令根结点的 parent 域存储子集中所含成员数目的负值。

修改后的"并"操作算法如下。

```
public boolean mixmfset( int i, int j) {
    // nodes[i]和 nodes[j]分别为互不相交的两个子集 si 和 sj 的根结点,求并集
    if (i < 0 || i > n - 1 || j < 0 || j > n - 1)
        return false;
    if (nodes[i].parent > nodes[j].parent) {
        // si 所含成员数比 sj 少
        nodes[j].parent += nodes[i].parent;
        nodes[i].parent = j;
    } else {
        nodes[i].parent += nodes[j].parent;
        nodes[j].parent = i;
    }
    return true;
}// mixmfset
```

可以证明，按此算法进行"并"操作得到的集合树，其深度不超过 $\lfloor \log_2 n \rfloor + 1$，其中 $n$ 为集合 $S$ 中所有子集所含成员数的总和。

由此，利用算法 findmfset 和 mixmfset 解等价问题的时间复杂度为 $O(n\log_2 n)$（当集合中有 $n$ 个元素时，至多进行 $n-1$ 次 mix 操作）。

【例 6-4】　假设集合 $S = \{x \mid 1 \leqslant x \leqslant n, x \text{ 是正整数}\}$，$R$ 是 $S$ 上的一个等价关系。$R = \{(1,2),(3,4),(5,6),(7,8),(1,3),(5,7),(1,5)\}$，求 $S$ 的等价类。

以 Pforest 类型的变量 $s$ 表示集合 $S$，$S$ 中成员个数为 $s.n$。初始时，由于每个成员自成一个等价类，则 $s.\text{nodes}[i].\text{parent}$ 的值均为 $-1$。每处理一个等价偶对 $(m,n)$，首先必须确定 $m$ 和 $n$ 各自所属集合，若这两个集合相同，则说明此等价关系是多余的，无须进行处理；否则，合并这两个集合。图 6-41 展示了处理 $R$ 中前 7 个等价关系时 $s$ 的变化状况，其中图 6-41(a) 为森林的初始状态，处理 $(1,2),(3,4),(5,6),(7,8)$ 后的森林状态如图 6-41(b) 所示；处理 $(1,3),(5,7)$ 后的森林状态如图 6-41(c) 所示；处理 $(1,5)$ 后的森林状态如图 6-41(d) 所示。

| 下标 | data | parent |
|---|---|---|
| 0 | 1 | −1 |
| 1 | 2 | −1 |
| 2 | 3 | −1 |
| 3 | 4 | −1 |
| 4 | 5 | −1 |
| 5 | 6 | −1 |
| 6 | 7 | −1 |
| 7 | 8 | −1 |
| 8 | 9 | −1 |
| … | … | −1 |
| n−1 | n | −1 |

(a) 初始状态

| 下标 | data | parent |
|---|---|---|
| 0 | 1 | −2 |
| 1 | 2 | 0 |
| 2 | 3 | −2 |
| 3 | 4 | 2 |
| 4 | 5 | −2 |
| 5 | 6 | 4 |
| 6 | 7 | −2 |
| 7 | 8 | 6 |
| 8 | 9 | −1 |
| … | … | −1 |
| n−1 | n | −1 |

(b) 中间状态1

| 下标 | data | parent |
|---|---|---|
| 0 | 1 | −4 |
| 1 | 2 | 0 |
| 2 | 3 | 0 |
| 3 | 4 | 2 |
| 4 | 5 | −4 |
| 5 | 6 | 4 |
| 6 | 7 | 4 |
| 7 | 8 | 6 |
| 8 | 9 | −1 |
| … | … | −1 |
| n−1 | n | −1 |

(c) 中间状态2

| 下标 | data | parent |
|---|---|---|
| 0 | 1 | −8 |
| 1 | 2 | 0 |
| 2 | 3 | 0 |
| 3 | 4 | 2 |
| 4 | 5 | 0 |
| 5 | 6 | 4 |
| 6 | 7 | 4 |
| 7 | 8 | 6 |
| 8 | 9 | −1 |
| … | … | −1 |
| n−1 | n | −1 |

(d) 结束状态

**图 6-41 求等价类过程示例**

图 6-42 为表示集合的森林，其中图 6-42(a)为与图 6-41(d)相对应的森林状态。

显然，随着子集逐对合并，树的深度也越来越大，为了进一步减少确定元素所在集合的时间，可以进一步改进算法。当所查元素 m 不在树的第二层时，在算法中增加一个"压缩路径"的功能，即将所有从根到元素 n 路径上的元素都变成树根的孩子。对数据元素 8 压缩路径后，图 6-42(a)的森林就变成了图 6-42(b)的森林。

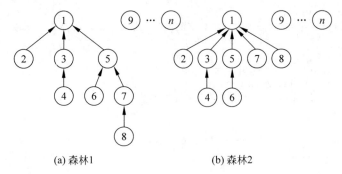

(a) 森林1          (b) 森林2

**图 6-42 表示集合的森林**

"压缩路径"算法代码如下。

```java
public int fix_mfset(int i) {        //i 是元素 m 在 nodes 数组中的下标
    // 确定 nodes[i]所在子集,并将从 nodes[i]至根路径上的所有结点都变成根的孩子结点
    int j, t;
    if (i < 0 || i > n − 1)
        return − 1;
    for (j = i; nodes[j].parent > − 1; j = nodes[j].parent)
        ; // 找到 i 结点的根 j
    for (int k = i; k != j; k = t) {
        t = nodes[k].parent;
        nodes[k].parent = j;        // 将从 i 至根路径上的所有结点都变成根的孩子结点
    }
    return j;                       // 返回根结点
}
```

调用算法代码如下。

```java
public static void main(String[] args) {
    // TODO Auto − generated method stub
```

```
String od;
String qian;
String hou;
int t1;
int j1, j2;
System.out.println("请输入集合中的元素个数");
Scanner reader = new Scanner(System.in);
int n = reader.nextInt();
String S[] = new String[n];
System.out.println("请输入集合中元素");              // 假设输入的是自然数
for (int i = 0; i < n; i++) {
    System.out.println("请输入第" + (i + 1) + "个数据元素");
    S[i] = reader.next();
}
Pforest<String> euivalence = new Pforest<String>(S);
System.out.println("请输入集合中的偶对,0 表示输入结束");
while (!(od = reader.next()).equals("0"))           // 以 2,3 该种形式输入
{
    t1 = od.indexOf(",");
    qian = od.substring(0, t1);
    hou = od.substring(t1 + 1, od.length());
    j1 = euivalence.locate(qian);

    if (j1 == -1) {
        System.out.println("集合中不存在偶对中的数据元素");
        break;
    }
    if (euivalence.nodes[j1].parent >= 0)
        euivalence.fix_mfset(j1);
    j2 = euivalence.locate(hou);
    if (j2 == -1) {
        System.out.println("集合中不存在偶对中的数据元素");
        break;
    }
    if (euivalence.nodes[j2].parent >= 0)
        euivalence.fix_mfset(j2);
    while (euivalence.nodes[j1].parent >= 0)
        j1 = euivalence.nodes[j1].parent;          // 找到 j1 所在子树的根
    while (euivalence.nodes[j2].parent >= 0)
        j2 = euivalence.nodes[j2].parent;          // 找到 j2 所在子树的根
    euivalence.mixmfset(j1, j2);                    // 合并两棵子树
}
// 输出建立的森林
for (int j = 0; j < euivalence.n; j++) {
    System.out.print(euivalence.nodes[j].data + " ");
    System.out.println((euivalence.nodes[j].parent));
}
if (od.equals("0"))                                // 正常结束循环,输出结合的等价类
{
    euivalence.printmfset();
}
}
```

已经证明,利用算法 fixmfset 和 mixmfset 划分大小为 $n$ 的集合为等价类的时间复杂度为 $O(n\alpha(n))$。其中,$\alpha(n)$ 是一个增长极其缓慢的函数。若定义单变量的阿克曼函数为 $A(x)=A(x,x)$,则函数 $\alpha(n)$ 定义为 $A(x)$ 的逆,即 $\alpha(n)$ 的值是使 $A(x) \geqslant n$ 成立的最小

$x$。因此,对于常见的正整数而言,$\alpha(n) \leqslant 4$。

# 6.6 哈夫曼树及其应用

## 6.6.1 哈夫曼树

### 1. 路径长度

两个结点之间的路径长度(path length)是连接两结点的路径上的分支数。树的路径长度是各结点到根结点的路径长度之和。在图 6-43 中,树 $a$ 的 1 和 8 之间的路径长度是 3,1 和 6 之间的路径长度是 2。树 $a$ 的路径长度=$1+1+2+2+2+2+3=13$,树 $b$ 的路径长度=$1+1+2+2+2+3+3=14$。

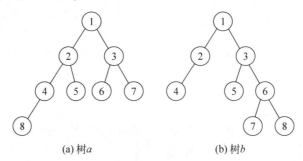

图 6-43　树的路径长度

### 2. 带权路径长度

给树的每个结点都赋予一个权,图 6-43 中圆圈内的数字就是结点的权。结点的带权路径长度(Weighted Path Length,WPL)是指从该结点到树根的路径长度与结点上权的乘积。例如,在图 6-43(a)中,8 结点的带权路径长度是 $8 \times 3=24$,在图 6-43(b)中,4 结点的带权路径长度是 $4 \times 2=8$。树的带权路径长度是树的各叶结点所带的权值与该结点到根的路径长度的乘积的和。例如,图 6-43(a)树的带权路径长度是 $8 \times 3+7 \times 2+6 \times 2+5 \times 2=60$,图 6-43(b)树的带权路径长度是 $4 \times 2+5 \times 2+7 \times 3+8 \times 3=63$。

### 3. 哈夫曼树定义及构造

给定 $n$ 个权值$\{w_1, w_2, \cdots, w_n\}$,在 $n$ 个叶结点(叶结点权值分别为 $w_1, w_2, \cdots, w_n$)的带权二叉树中,带权路径长度达到最小的二叉树称为哈夫曼树(Huffman Tree),又称最优二叉树。

对于给定的 $n$ 个权值$\{w_1, w_2, \cdots, w_n\}$,如何构造一棵哈夫曼树?

(1) 由给定的 $n$ 个权值$\{w_1, w_2, \cdots, w_n\}$,构造具有 $n$ 棵二叉树的森林 $F=\{T_1, T_2, \cdots, T_n\}$,其中每一棵二叉树 $T_i$ 只有一个带有权值 $w_i$ 的根结点,其左、右子树均为空。

(2) 重复以下步骤,直到 $F$ 中仅剩下一棵树为止。

在 $F$ 中选取两棵根结点的权值最小的二叉树,作为左、右子树合并成一棵新的二叉树,且新二叉树的根结点的权值为其左、右子树上根结点的权值之和。

给定 4 个权值$\{7,5,2,4\}$,哈夫曼树构造示例如图 6-44 所示。

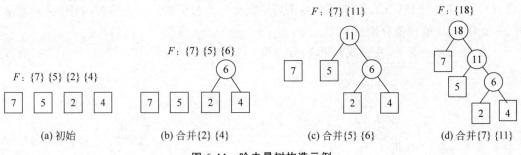

图 6-44　哈夫曼树构造示例

## 6.6.2　哈夫曼树的应用

### 1. 哈夫曼编码

信息传输过程：信息进行编码形成二进制码文；二进制码文在介质中传输至接收方；接收方对收到的二进制码文按编码规则进行译码，还原成信息。信息传输的简化模型如图 6-45 所示。

信息 —编码→ 二进制码文 —传输→ 二进制码文 —译码→ 信息

图 6-45　信息传输简化模型

例如，要通过网络传输 7 道选择题的答案"ABACCDA"，由于要传输的信息中只出现 A、B、C、D 4 种字符，因此用两位二进制编码就可以。如果对 A、B、C、D 的编码方案为 A—00、B—01、C—10、D—11，则信息"ABACCDA"的二进制码文为 00010010101100，总长为 14 位。二进制码文到达接收方后，接收方按照两位一个字符的编码原则进行译码，还原成信息"ABACCDA"。

在其他因素相同的情况下，所要传输的二进制码文长度越短，信息传输所需要的时间就越短，信息的传输速度就越快。

为减少二进制码文长度，重新设 A、B、C、D 4 个字符的编码为 A—0、B—00、C—1、D—01，则信息"ABACCDA"的二进制码文为 000011010，总长为 9 位。

如果采用此编码方案，接收方对收到的二进制码文 000011010 进行译码时会出现什么问题呢？二进制码文的前 4 位 0000 译成 ABA、AAAA、BB、BAA 都可以。尽管这种编码方案缩短了二进制码文，但由于不能正确地译码，因此是不可行的。

如何编码才能正确地译码呢？只有前缀编码才能正确地译码。前缀编码是指任何一个字符的编码都不是另一个字符的编码的前缀。采用前缀编码在译码时不会有歧义。例如，A—00、B—01、C—10、D—11，A—0、B—100、C—101、D—11 是前缀编码，而 A—0、B—00、C—1、D—01 不是前缀编码。

利用哈夫曼树可以构造一种不等长的二进制编码，并且构造所得的哈夫曼编码是一种最优前缀编码，能使所传二进制码文的总长度最短。

### 2. 构造哈夫曼编码

如何利用哈夫曼树构造哈夫曼编码？

（1）以信息"ABACCDA"各个字符出现的次数作为权值构造哈夫曼树,如图 6-46 所示。字符 A、B、C、D 的权值分别是 3、1、2、1。

（2）从根结点开始,左分支填 0,右分支填 1,如图 6-47 所示。

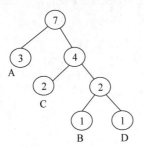

图 6-46　哈夫曼树示例

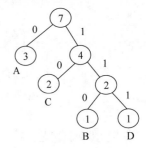

图 6-47　哈夫曼编码示例

根据哈夫曼树可以得到哈夫曼编码方案：A—0、B—110、C—10、D—111。

按哈夫曼编码对信息"ABACCDA"进行编码,得到二进制码文 0 110 010101110。该二进制码文总长度为 13 位,是最优前缀编码。

对前缀编码的其他情况进行简单分析：

（1）按照前缀编码 A—0、B—100、C—101、D—11,对信息"ABACCDA"进行编码,所得二进制码文 0100010110111 0 的总长度为 14 位。

（2）按照前缀编码 A—00、B—01、C—10、D—11,对信息"ABACCDA"进行编码,所得二进制码文 00010010101100 的总长度为 14 位。

【例 6-5】 已知某系统在通信联络中只可能出现 8 种字符 A、B、C、D、E、F、G、H,其出现概率分别为 0.05、0.29、0.07、0.08、0.14、0.23、0.03、0.11。试设计哈夫曼编码。

分析：可以用概率{0.05,0.29,0.07,0.08,0.14,0.23,0.03,0.11}作为权值构造哈夫曼树,也可以用概率×100 作为权值构造哈夫曼树,只要各个权值的比例保持不变即可。这里以{5,29,7,8,14,23,3,11}作为权值构造哈夫曼树。

（1）构造哈夫曼树,如图 6-48 所示。

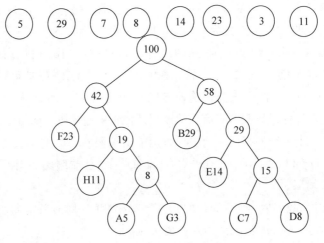

图 6-48　构造哈夫曼树

（2）左分支填 0，右分支填 1，可得到 8 个字符的哈夫曼编码，如图 6-49 所示。

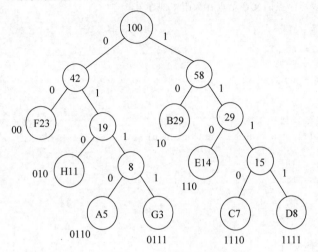

图 6-49　哈夫曼编码

### 3．源码实现

对应于哈夫曼树不同的存储结构，建立哈夫曼树和求哈夫曼编码的实现算法也不尽相同。假定哈夫曼树采用静态三叉链表存储结构，每个数组元素有以下 4 个域。

| weight | parent | lChild | rChild |
|--------|--------|--------|--------|

（1）weight 域，存放该结点的权值。

（2）lChild 域，存放该结点的左孩子结点在数组中的序号。

（3）rChild 域，存放该结点的右孩子结点在数组中的序号。

（4）parent 域，存放结点的父亲结点在数组中的序号。

图 6-50(a)所示哈夫曼树的存储结构如图 6-50(b)所示。

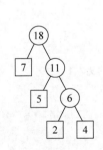

| | weight | parent | lChild | rChild |
|---|--------|--------|--------|--------|
| 0 | 7 | 6 | −1 | −1 |
| 1 | 5 | 5 | −1 | −1 |
| 2 | 2 | 4 | −1 | −1 |
| 3 | 4 | 4 | −1 | −1 |
| 4 | 6 | 5 | 2 | 3 |
| 5 | 11 | 6 | 1 | 4 |
| 6 | 18 | −1 | 0 | 5 |

(a)哈夫曼树　　　　　　(b)存储结构

图 6-50　哈夫曼树及存储结构

结点类代码如下。

```
class Node {
    public float weight;
    // weight 表示该结点的权值
    public int lChild;
    public int rChild;
    // lChild 和 rChild 分别表示左、右孩子结点在数组中的序号
```

```
            public int parent;
            // parent 表示结点的父亲结点在数组中的序号
            // 无参构造器
            public Node() {
                weight = 0;
                lChild = -1;
                rChild = -1;
                parent = -1;
            }
            // 4 个参数构造器
            public Node(float w, int lc, int rc, int p) {
                weight = w;
                lChild = lc;
                rChild = rc;
                parent = p;
            }
        }
```

哈夫曼树类代码如下。

```
public class HuffmanTree {
        public int leafNum;
        // leafNum 表示哈夫曼树叶子结点的数目
        public Node[] data;
        // data 数组用于存放结点
        // 构造器
        public HuffmanTree(int n) {
            leafNum = n;
            data = new Node[2 * n - 1];
            // 在哈夫曼树中没有度为 1 的结点,哈夫曼树中总结点数 = n0 + n2。又由二叉树的性质知
    // n0 = n2 + 1,即 n2 = n0 - 1,所以哈夫曼树中总结点数 = n0 + n2 = 2n0 - 1。当叶子结点数目为 n 时,
    // 总结点数目为 2n - 1,此时需要一个长度为 2n - 1 的数组存储哈夫曼树中的结点
        }
        // 成员方法 Create,它的功能是输入 n 个叶子结点的权值,创建一棵哈夫曼树
        public void Create() {
            float min1;
            float min2;
            int tmp1;
            int tmp2;
            // 令所有结点的父亲域、左孩子域、右孩子域均为 -1
            for (int i = 0; i < 2 * leafNum - 1; i++) {
                data[i] = new Node();
                data[i].parent = data[i].lChild = data[i].rChild = -1;
            }
            // 输入 n 个叶子结点的权值
            Scanner reader = new Scanner(System.in);        // 实例化 Scanner 类对象 reader
            // 调用 reader 对象的相应方法,读取输入数据
            for (int i = 0; i < leafNum; ++i) {
                System.out.print("第" + (i + 1) + "个叶子结点的权值");
                data[i].weight = reader.nextFloat();
            }
            // 处理 leafNum 个叶子结点,建立哈夫曼树
            for (int i = leafNum; i < 2 * leafNum - 1; ++i) {
                min1 = min2 = Float.MAX_VALUE;
                tmp1 = tmp2 = 0;
                // 在 0~i-1 个结点中查找权值最小的两个结点,min1 <= min2。当循环执行完毕后,
                // min1 为权值最小的结点的权值,min2 为权值次小的结点的权值
```

```
        for (int j = 0; j < i; ++j) {
            if ((data[j].weight < min1) && (data[j].parent == -1)) {
                min2 = min1;
                tmp2 = tmp1;
                tmp1 = j;
                min1 = data[j].weight;
            } else if ((data[j].weight < min2) && (data[j].parent == -1)){
                min2 = data[j].weight;
                tmp2 = j;
            }
        }
        // 权值最小的两个结点的父结点为 i
        data[tmp1].parent = i;
        data[tmp2].parent = i;
        data[i].weight = data[tmp1].weight + data[tmp2].weight;
        // 父结点的权值为两个结点的权值之和
        // 权值最小的两个结点分别是 i 结点的左孩子和右孩子
        data[i].lChild = tmp1;
        data[i].rChild = tmp2;
    }
}
}
```

在叶子结点为 7、5、2、4 的哈夫曼树构造过程中,结点数组的变化如图 6-51 所示。

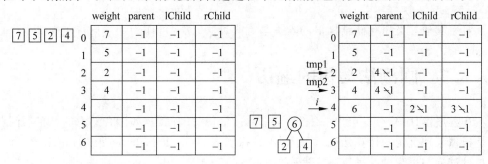

(a) 数组状态1  (b) 数组状态2

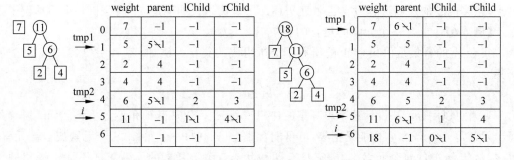

(c) 数组状态3  (d) 数组状态4

图 6-51 哈夫曼树构造过程中结点数组变化情况

将哈夫曼编码算法作为 HuffmanTree 类的一个方法,其实现代码如下。

```
public void huffmancode() {
    String[] huffman = new String[leafNum];
    // 新建一个字符串数组 huffman,长度为叶子结点的数目,存放各叶子的哈夫曼编码
    for (int i = 0; i < leafNum; i++) {
```

```
        huffman[i] = "";                        // 第 i 个字符串初始值为空
        for (int c = i, f = data[i].parent; f != -1; c = f, f = data[f].parent){
            if (data[f].lChild == c)
                huffman[i] = "0" + huffman[i];
            else
                huffman[i] = "1" + huffman[i];
        } // 从叶子到根逆向求各个叶子结点的哈夫曼编码
        System.out.println( data[i].weight + "的哈夫曼编码是" + huffman[i]);
    }
}
```

调用算法代码如下。

```
public static void main(String[] args) {
    System.out.print("请输入叶子结点的数目");
    // 实例化 Scanner 类对象 reader
    Scanner reader = new Scanner(System.in);
    // 调用 reader 对象的相应方法,读取输入数据
    int m = reader.nextInt();
    HuffmanTree ceshi = new HuffmanTree(m);
    // 调用构造函数
    System.out.println("请输入各叶子结点的权值");
    ceshi.Create();                        // 构造哈夫曼树
    ceshi.huffmancode();                   // 求哈夫曼编码
}
```

对于其他二叉树存储结构下的哈夫曼编码算法,读者可作为练习自行实现。

## 🔑 6.7 回溯法与树的遍历

在程序设计中,有一类求一组解、全部解或最优解的问题,如读者熟悉的 8 皇后问题等,不是根据某种确定的计算法则,而是利用试探和回溯(backtrack)的搜索技术求解。回溯法也是设计递归过程的一种重要方法,它的求解过程实质上是一个先序遍历一棵"状态树"的过程,只是这棵树不是遍历前预先建立的,而是隐含在遍历过程中。如果认识到"树的隐含"这点,很多问题的递归过程设计也就迎刃而解了。为了说明问题,下面分析一个简单例子。

【例 6-6】 求含 $n$ 个元素的集合的幂集。

集合 $A$ 的幂集是由集合 $A$ 的所有子集所组成的集合。例如,若 $A=\{1,2,3\}$,则 $A$ 的幂集为

$$\rho(A)=\{\{1,2,3\},\{1,2\},\{1,3\},\{1\},\{2,3\},\{2\},\{3\},\varnothing\}$$

通常可以用分治法设计这个求幂集的递归过程,也可以从其他角度分析该问题。幂集的每个元素是一个集合,它可能是空集,也可能含集合 $A$ 中的一个元素、两个元素或全部元素。反之,从集合 $A$ 的每个元素来看,它只有两种状态:属于幂集的元素集或不属于幂集的元素集。求幂集 $\rho(A)$ 的元素的过程可以看成是依次对集合 $A$ 中的元素进行"取"或"舍(弃)"的过程,并且可以用一棵如图 6-52 所示的二叉树来表示过程中幂集元素的状态变化情况。

在图 6-52 中,根结点表示幂集元素的初始状态(为空集),叶子结点表示它的终结状态(如 8 个叶子结点表示幂集 $\rho(A)$ 的 8 个元素),第 $i(i=2,3,\cdots,n-1)$ 层的分支结点表示已对集合 $A$ 中的前 $i-1$ 个元素进行了取/舍处理的当前状态(左分支表示"取",右分支表示"舍")。因此,求幂集元素的过程即为先序遍历状态树的过程,其算法描述如下。

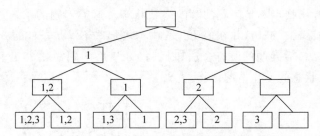

图 6-52 幂集元素在生成过程中的状态图

```
void PowerSet(int i, int n)
{
    //求含 n 个元素的集合 A 的幂集 (A).进入函数时已对 A 中的前 i-1 个元素进行了取舍处理
    //现从第 i 个元素起进行取舍处理.若 i>n,则求得幂集的一个元素并输出
    //初始调用:PowerSet(1,n)
    if (i > n) 输出幂集的一个元素;
    else
    {
        取第 i 个元素; PowerSet(i + 1, n);
        舍第 i 个元素; PowerSet(i + 1, n);
    }
} //Powerset
```

对上述算法求精需要确定数据结构。假设以线性表表示集合,则求精后的算法如下。

```java
import java.util.ArrayList;
import java.util.List;
public class Test {
    public static void powerSet(int i, List < Integer > A, List < Integer > B){
        // 线性表 A 表示集合 A,线性表 B 表示幂集 (A)的一个元素
        // 局部量 i 为进入方法时表 B 的当前长度。第一次调用本方法时,B 为空表,i = 1
        if (i > = A.size())
            System.out.print(B.toString() + ",");
        // 输出当前 B 值,即幂集 (A)的一个元素
        else {
            int x = A.get(i);
            B.add(x);
            powerSet(i + 1, A, B);
            B.remove(new Integer(x));
            powerSet(i + 1, A, B);
        }
    }
    public static void main(String[] args) {
        ArrayList < Integer > A = new ArrayList < Integer >();
        A.add(1);
        A.add(2);
        A.add(3);
        ArrayList < Integer > B = new ArrayList < Integer >();
        powerSet(0, A, B);
    }
}
```

图 6-52 中的状态变化树是一棵满二叉树,树中每个叶子结点的状态都是求解过程中可能出现的状态(即问题的解)。然而很多问题需要用回溯和试探求解,此时描述求解过程的状态树不是一棵满多叉树。当试探过程中出现的状态和问题所求解产生矛盾时,不再继续

试探,这时出现的叶子结点不是问题的解的终结状态。这类问题的求解过程可以看成是在约束条件下进行先序(根)遍历,并在遍历过程中剪去那些不满足条件的分支。

**【例 6-7】** 求 4 皇后问题的所有合法布局(将 8 皇后问题简化为 4 皇后问题),图 6-53 为求解过程中棋盘状态的变化情况。

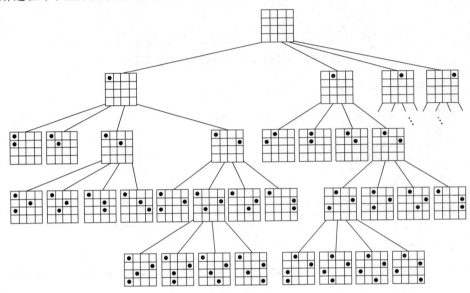

图 6-53　4 皇后问题的棋盘状态树

这是一棵四叉树,树中每个结点表示一个局部布局或完整布局。根结点表示棋盘的初始状态:棋盘上无任何棋子。每个(皇后)棋子都有 4 个可选择的位置,但在任何时刻,棋盘的合法布局都必须满足 3 个约束条件,即任何两个棋子都不占据棋盘上的同一行、同一列或同一对角线。除结点 a 外的叶子结点都是不合法的布局,求所有合法布局的过程即在上述约束条件下先根遍历状态树的过程。在遍历中访问结点的操作:判别棋盘上是否已得到一个完整的布局(即棋盘上是否已摆上 4 个棋子),若是,则输出该布局;否则,依次先根遍历满足约束条件的各棵子树。首先判断该子树根的布局是否合法,若合法,则先根遍历该子树;否则,剪去该子树分支。求所有合法布局的算法思路如下。

```
void Trial(int i, int n)
{
    //进入本方法时,在 n×n 棋盘的前 i-1 行已放置了互不攻击(即满足前述的 3 个约束条件)的
    //i-1 个棋子
    //现从第 i 行起继续为后续棋子选择合适的位置
    //当 i>n 时,求得一个合法布局并输出
    if (i > n) 输出棋盘的当前布局;          //当 n=4 时,即为 4 皇后问题
    else for (j = l; j <= n; ++j)
        {
            在第 i 行、第 j 列放置一个棋子;
            if (当前布局合法) Trial(i + 1, n);
            移走第 i 行、第 j 列的棋子;
        }
}//Trial
```

该算法可进一步求精,在此不再赘述。该算法可作为回溯法求解的一般模式,类似问题有骑士游历、迷宫问题、选最优解问题等。

## 🔑 6.8 树的计数

本节将讨论树的计数问题：具有 $n$ 个结点的不同形态的树有多少棵？下面首先讨论二叉树的情况，然后可将结果推广到树。

在讨论二叉树的计数之前，需要先明确两个以下不同的概念。

（1）二叉树 $T$ 和 $T'$ 相似：二者都为空树或二者都不为空树，且它们的左、右子树分别相似。

（2）二叉树 $T$ 和 $T'$ 等价：二者不仅相似，而且所有对应结点上的数据元素均相同。

二叉树的计数问题就是讨论具有 $n$ 个结点且互不相似的二叉树的数目 $b_n$。在 $n$ 值很小的情况下：$b_0 = 0$ 为空树；$b_1 = 1$ 是只有一个根结点的树；$b_2 = 2$ 和 $b_3 = 3$ 的形态分别如图 6-54(a) 和图 6-54(b) 所示。

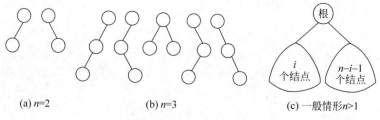

(a) $n=2$      (b) $n=3$      (c) 一般情形 $n>1$

**图 6-54 二叉树的形态**

一般情况下，一棵具有 $n(n>1)$ 个结点的二叉树可以看成是由一个根结点、一棵具有 $i$ 个结点的左子树和一棵具有 $n-i-1$ 个结点的右子树组成的（如图 6-54(c) 所示），其中 $0 \leqslant i \leqslant n-1$。由此可得下列递推公式：

$$\begin{cases} b_0 = 1 \\ b_n = \sum_{i=0}^{n-1} b_i b_{n-i-1}, \quad n \geqslant 1 \end{cases} \tag{6-1}$$

可以利用生成函数分析该递推公式。对序列 $b_0, b_1, \cdots, b_n \cdots$ 定义生成函数：

$$B(z) = b_0 + b_1 z + b_2 z^2 + \cdots + b_n z^n + \cdots = \sum_{k=0}^{\infty} b_k z^k \tag{6-2}$$

因为

$$\begin{aligned} B^2(z) &= b_0 b_0 + (b_0 b_1 + b_1 b_0) z + (b_0 b_2 + b_1 b_1 + b_2 b_0) z^2 + \cdots \\ &= \sum_{p=0}^{\infty} \left( \sum_{i=0}^{p} b_i b_{p-i} \right) z^p \end{aligned} \tag{6-3}$$

所以根据式 (6-1) 可得

$$B^2(z) = \sum_{p=0}^{\infty} b_{p+1} z^p \tag{6-4}$$

由此可得

$$zB^2(z) = B(z) - 1 \tag{6-5}$$

即

$$zB^2(z) - B(z) + 1 = 0 \tag{6-6}$$

对式(6-6)求解可得

$$B(z) = \frac{1 \pm \sqrt{1-4z}}{2z} \tag{6-7}$$

由初值 $b_0 = 1$，应有 $\lim\limits_{z \to 0} B(z) = b_0 = 1$，则

$$B(z) = \frac{1 - \sqrt{1-4z}}{2z} \tag{6-8}$$

利用二项式展开式(6-8)，则

$$(1-4z)^{\frac{1}{2}} = \sum_{k=0}^{\infty} C_k^{\frac{1}{2}} (-4z)^k \tag{6-9}$$

当 $k = 0$ 时，式(6-9)的第一项是 1，故有

$$B(z) = \frac{1}{2} \sum_{k=1}^{\infty} C_k^{\frac{1}{2}} (-1)^{k-1} 2^{2k} z^{k-1} = \sum_{m=0}^{\infty} C_{m+1}^{\frac{1}{2}} (-1)^m 2^{2m+1} z^m \tag{6-10}$$

$$= 1 + z + 2z^2 + 5z^3 + 14z^4 + 42z^5 + \cdots$$

联立式(6-2)和式(6-10)可得

$$b_n = C_{n+1}^{\frac{1}{2}} (-1)^n 2^{2n+1} = \frac{\frac{1}{2}\left(\frac{1}{2}-1\right)\left(\frac{1}{2}-2\right)\cdots\left(\frac{1}{2}-n\right)}{(n+1)!} (-1)^n 2^{2n+1} \tag{6-11}$$

下面从另一个角度分析该问题。由二叉树的遍历已经知道，任意一棵二叉树结点的前序序列和中序序列是唯一的。反过来，给定结点的先序序列和中序序列，能否确定一棵二叉树呢？又是否唯一呢？

根据定义，二叉树的先序遍历是先访问根结点 $D$，然后遍历左子树 $L$，最后遍历右子树 $R$。也就是说，在结点的先序序列中，第一个结点必是根 $D$ 由于中序遍历是先遍历左子树 $L$，然后访问根 $D$，最后遍历右子树 $R$，因此根结点 $D$ 将中序序列分割成两部分：在 $D$ 之前是左子树结点的中序序列，在 $D$ 之后是右子树结点的中序序列。反过来，根据左子树的中序序列中的结点个数，又可将先序序列(除根以外)分成左子树的先序序列和右子树的先序序列两部分。以此类推，便可递归得到整棵二叉树。

**【例 6-8】** 已知结点的先序序列和中序序列分别为 $ABCDEFG$ 和 $CBEDAFG$，则可按上述分解求得整棵二叉树，其构造过程如图 6-55 所示。

由先序序列可知二叉树的根为 $A$，则其左子树的中序序列为 $CBED$，右子树的中序序列为 $FG$。反过来可知其左子树的先序序列必为 $BCDE$，右子树的先序序列为 $FG$。类似地，由左子树的先序序列和中序序列构造可得 $A$ 的左子树，由右子树的先序序列和中序序列构造可得 $A$ 的右子树。由此构造过程可知，给定结点的先序序列和中序序列，可以确定一棵二叉树。以二叉链表作为存储结构，该构造过程的代码如下。

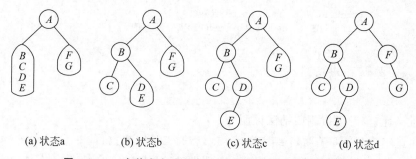

(a) 状态a　　　　(b) 状态b　　　　(c) 状态c　　　　(d) 状态d

图 6-55　　由前序序列和中序序列构造一棵二叉树的过程

```
public Node < Character > constructbitree(String A, String B) {
    // 假设两个字符串均为正确的前序遍历和中序遍历序列
    // A 和 B 字符串中间均无空格
    A = A.replaceAll(" ", "");
    B = B.replaceAll(" ", "");
    if (A.length() == 0&&B.length() == 0) return null;
    if (A.length() == 1 && B.length() == 1) {  // 左、右子树均无
        Node < Character > p = new Node < Character >(A.charAt(0));
        return p;
    } else {
        Node < Character > p = new Node < Character >(A.charAt(0));
        // 先序序列的第一个字符是二叉树的根
        int i = B.indexOf(A.substring(0, 1));
        // 找到二叉树的根在中序序列中的位置
        // 如果二叉树的根在中序序列中的位置是正数第 1,则无左子树
        if (i == 0) {                          // 无左子树
            p.leftchild = null;
            String rightA = A.substring(i + 1);
            String rightB = B.substring(i + 1);
            p.rightchild = constructbitree(rightA, rightB);
            return p;
        }
        // 如果二叉树的根在中序序列中的位置是倒数第 1,则无右子树
        else if (i == B.length() - 1) {        // 无右子树
            p.rightchild = null;
            String leftB = B.substring(0, i);
            String leftA = A.substring(1, i + 1);
            p.leftchild = constructbitree(leftA, leftB);
            return p;

        }
        // 以下情况是左、右子树均有
        // 找到根结点在 B 中的位置
        // 左边的是左子树的中序序列
        // 右边的是右子树的中序序列
        // i 是树根在 B 中的位置
        else {
            String leftB = B.substring(0, i);
            // 左子树的中序序列
            String rightB = B.substring(i + 1);
            // 从 A 中获取左子树的前序序列和右子树的前序序列
            // 左子树的前序序列从 A 的第二个字符开始的 leftB 长度(即 i)的字符串,后面的
            // 字符串即为右子树的前序序列
            String leftA = A.substring(1, i + 1);
            String rightA = A.substring(i + 1);
```

```
        p.leftchild = constructbitree(leftA, leftB);
        p.rightchild = constructbitree(rightA, rightB);
        return p;
    }
    // 返回二叉树的树根结点
    }
}
```

至于唯一性,读者可试用归纳法证明。

下面由此结论分析具有 $n$ 个结点的不同形态的二叉树的数目。

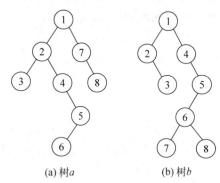

(a) 树$a$　　　(b) 树$b$

**图 6-56　具有不同中序序列的二叉树**

假设对二叉树的 $n$ 个结点编号为 $1\sim n$,且令其前序序列为 $1,2,\cdots,n$,则由前面的分析可知,不同的二叉树所得的中序序列不同。图 6-56 为两棵有 8 个结点的二叉树,它们的先序序列都是 12345678,而树 $a$ 的中序序列为 32465178,树 $b$ 的中序序列为 23147685。

不同形态的二叉树的数目恰好是先序序列均为 $12\cdots n$ 的二叉树所能得到的中序序列的数目。中序遍历的过程实质上是一个结点进栈和出栈的过程。二叉树的形态确定了其结点进栈和出栈的顺序,也确定了其结点的中序序列。例如,图 6-57 为不同形态的二叉树($n=3$)在中序遍历时的栈的状态和访问结点次序的关系。

| 栈状态 | 访问 | 栈状态 | 访问 | 栈状态 | 访问 | 栈状态 | 访问 | 栈状态 | 访问 |
|---|---|---|---|---|---|---|---|---|---|
| 空 | | 空 | | 空 | | 空 | | 空 | |
| 1 | | 1 | | 1 | | 1 | | 1 | |
| 1 2 | | 1 2 | | 1 2 | | 空 | 1 | 空 | 1 |
| 1 2 3 | | 1 | 2 | 1 | 2 | 2 | | 2 | |
| 1 2 | 3 | 1 3 | | 空 | 1 | 2 3 | | 空 | 2 |
| 1 | 2 | 1 | 3 | 3 | | 2 | 3 | 3 | |
| 空 | 1 | 空 | 1 | 空 | 3 | 空 | 2 | 空 | 3 |

**图 6-57　中序遍历时的进栈和出栈过程**

由此可知,由先序序列 $12\cdots n$ 所能得到的中序序列的数目恰为序列 $12\cdots n$ 按不同顺序进栈和出栈所能得到的排列的数目。这个数目为

$$C_{2n}^n - C_{2n}^{n-1} = \frac{1}{n+1}C_{2n}^n \qquad (6\text{-}12)$$

由二叉树的计数可以推得树的计数,一棵树可转换成唯一的一棵没有右子树的二叉树,反之亦然。因此,具有 $n$ 个结点且有不同形态的树的数目 $t_n$ 和具有 $n-1$ 个结点且互不相似的二叉树的数目相同,即 $t_n = b_{n-1}$。图 6-58 展示了具有 4 个结点的树和具有 3 个结点的二叉树的关系,可见图 6-58(c)和图 6-58(d)是两棵有不同形态的树(这里指有序树,在无序

树中是相同的形态）。

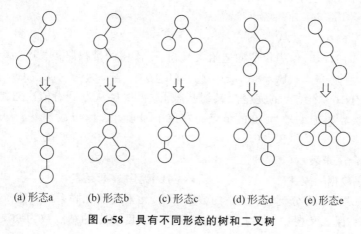

(a) 形态a　　(b) 形态b　　(c) 形态c　　(d) 形态d　　(e) 形态e

图 6-58　具有不同形态的树和二叉树

## 🔑 本章小结

本章首先介绍了树的定义和有关树的基本术语,以及树的抽象数据类型定义,从一种特殊的树——二叉树开始,介绍了二叉树的特点、抽象数据类型、性质及证明,着重介绍了二叉树的存储结构:顺序存储结构、二叉链表、三叉链表、静态二叉链表、静态三叉链表、中序线索链表、先序线索链表、后序线索链表,并基于二叉链表存储结构实现了抽象数据类型二叉树中定义的基本操作。接着介绍了树的 4 种存储结构:双亲表示法存储结构、孩子表示法存储结构、孩子-双亲表示法存储结构、孩子—兄弟表示法存储结构,基于孩子—兄弟表示法存储结构,得出了树和二叉树的对应关系;因为森林是由一棵或多棵树组成的,所以可以进一步推导出森林和二叉树的对应关系,并研究了树和森林的遍历与它对应二叉树遍历的等价关系。然后介绍了树和二叉树的应用:利用树求解集合上某一等价关系下的划分,即等价类;利用树的遍历求集合的幂集和 $n$ 皇后问题的合法布局;利用最优二叉树即哈夫曼树求解通信系统中字符的最优前缀编码。最后介绍了树的计数,即分析了具有 $n$ 个结点的不同形态的树有多少棵的问题。

## 🔑 习题 6

在线测试

### 一、选择题

1. 如果二叉树的深度为 $k$,则该二叉树最多有(　　)个结点。

　　A. $2k$　　　　　　B. $2^{k-1}$　　　　　　C. $2^k-1$　　　　　　D. $2k-1$

2. 用顺序存储的方法,将完全二叉树中的所有结点按逐层从左到右的顺序存放在一维数组 $R[1..N]$ 中。若结点 $R[i]$ 有右孩子,则其右孩子是(　　)。

　　A. $R[2i-1]$　　B. $R[2i+1]$　　C. $R[2i]$　　　　D. $R[2/i]$

3. 在一棵具有 5 层的满二叉树中,结点总数最多为(　　)。

　　A. 31　　　　　　B. 32　　　　　　C. 33　　　　　　D. 16

4. 某二叉树的中序序列为 $ABCDEFG$,后序序列为 $BDCAFGE$,则其左子树中的结点数目为(　　)。

  A. 3      B. 2      C. 4      D. 5

5. 若以$\{4,5,6,7,8\}$作为权值构造哈夫曼树,则该树的带权路径长度为(　　)。

  A. 67      B. 68      C. 69      D. 70

6. 将一棵有 100 个结点的完全二叉树从根开始,逐层从左到右依次对结点进行编号。若根结点的编号为 1,则编号为 49 的结点的左孩子编号为(　　)。

  A. 98      B. 99      C. 50      D. 48

7. 树最适合用来表示(　　)。

  A. 有序数据元素       B. 无序数据元素

  C. 元素之间具有分支层次关系的数据   D. 元素之间无联系的数据

8. 假定在一棵二叉树中,度为 2 的结点数为 15,度为 1 的结点数为 30,则结点总数为(　　)个。

  A. 60      B. 61      C. 62      D. 47

9. 用顺序存储的方法,将完全二叉树中的所有结点按逐层从左到右的顺序存放在一维数组 $R[1..n]$ 中。若结点 $R[i]$ 有左孩子,则其左孩子是(　　)。

  A. $R[2i-1]$    B. $R[2i+1]$    C. $R[2i]$    D. $R[2/i]$

10. 下列说法中正确的是(　　)。

  A. 度为 2 的树是二叉树

  B. 子树有严格左右之分的树是二叉树

  C. 度为 2 的有序树是二叉树

  D. 子树有严格左右之分且度不超过 2 的树是二叉树

11. 树的先根序列等同于与该树对应的二叉树的(　　)。

  A. 先序序列    B. 中序序列    C. 后序序列    D. 层序序列

12. 按照二叉树的定义,具有 3 个结点的二叉树有(　　)种。

  A. 3      B. 4      C. 5      D. 6

## 二、判断题

1. 存在这样的二叉树,对它采用任何次序的遍历,结果都相同。     (　　)

2. 在哈夫曼编码中,当两个字符出现的频率相同时,其编码也相同,对于这种情况应做特殊处理。     (　　)

3. 一个含有 $n$ 个结点的完全二叉树,它的深度是 $\lfloor \log_2 n \rfloor$。     (　　)

4. 若完全二叉树的某结点无左孩子,则它必是叶结点。     (　　)

## 三、填空题

1. 具有 $n$ 个结点的完全二叉树的深度是_____。

2. 哈夫曼树是其树的带权路径长度_____的二叉树。

3. 在一棵二叉树中,度为 0 的结点的个数是 $n0$,度为 2 的结点的个数为 $n2$,则有 $n0=$_____。

4. 树内各结点度的_____称为树的度。

## 四、综合题

1. 假设以有序对 $<p,c>$ 表示从双亲结点到孩子结点的一条边,若已知树中边的集合为

$\{<a,b>,<a,d>,<a,c>,<c,e>,<c,f>,<c,g>,<c,h>,<e,i>,<e,j>,<g,k>\}$,请回答下列问题：

(1) 哪个结点是根结点？

(2) 哪些结点是叶子结点？

(3) 哪些结点是 $k$ 的祖先结点？

(4) 哪些结点是 $j$ 的兄弟结点？

(5) 树的深度是多少？

2. 假设用于通信的电文仅由 8 个字母 $A$、$B$、$C$、$D$、$E$、$F$、$G$、$H$ 组成,字母在电文中出现的频率分别为 0.07,0.19,0.02,0.06,0.32,0.03,0.21,0.10。请为这 8 个字母设计哈夫曼编码。

3. 已知一棵二叉树的先序序列为 $ABDGJEHCFIKL$,中序序列为 $DJGBEHACKILF$。试画出该二叉树的形态。

4. 已知某森林的二叉树如图 6-59 所示,试画出它所表示的森林。

5. 已知某森林如下,试画出与图 6-60 所示的森林相对应的二叉树,并指出森林中的叶子结点在二叉树中具有的特点。

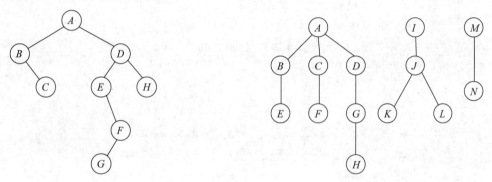

图 6-59　某森林的二叉树　　　　　　　　　　图 6-60　某森林

6. 已知某二叉树如图 6-61 所示,请写出先序、中序、后序遍历的序列。

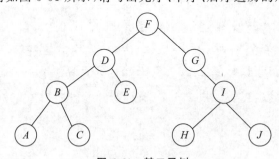

图 6-61　某二叉树

**五、实验题**

1. 从键盘输入 $n$ 个字符的权值,输出此 $n$ 个字符的哈夫曼编码,请尝试基于二叉树不同的存储结构实现。

2. 从键盘输入某一集合 $s$ 的 $r$ 等价关系,即输入 $n$ 个等价偶对,输出 $s$ 基于 $r$ 的等价类。

# 第7章

# 图

CHAPTER 7

**本章学习目标**

- 掌握图的基本概念
- 掌握图的存储结构
- 掌握图的深度优先遍历和广度优先遍历
- 掌握最小生成树算法的实现
- 掌握拓扑排序算法、最短路径算法的实现
- 学会利用图解决实际应用问题

图（graph）是一种比线性表和树更为复杂的数据结构。在线性表中，结点之间的关系是线性关系，除第一个结点和最后一个结点外，每个结点只有一个前驱和一个后继。在树中，结点之间的关系实质上是层次关系，除根结点之外，其余结点都只有一个前驱，但可以有 0 个或多个后继。在图结构中，对结点的前驱和后继个数都是不加限制的，即结点可以有 0 个或多个前驱，也可以有 0 个或多个后继。图的应用极为广泛，已渗入语言学、逻辑学、物理学、化学、电信、计算机科学和数学等领域。

# 7.1　图的基本概念

按照图的边是否有方向,可以将图分为两类:有向图和无向图。

## 7.1.1　有向图

如果图的每条边都用箭头指明了方向,则称该图为有向图。有向图 $G_1$ 如图 7-1 所示。有向图的相关术语如下。

**顶点**:用圆圈表示。有向图 $G_1$ 共有 4 个顶点: $V_1,V_2,V_3,V_4$。

**弧**:也称有向边,用箭头表示。有向图 $G_1$ 共有 4 条弧,即$<V_1,V_3>,<V_1,V_2>,<V_3,V_4>,<V_4,V_1>$。

**弧头、弧尾**:在有向图 $G_1$ 中,弧$<V_1,V_3>$的弧头是 $V_1$,弧尾是 $V_3$。

**二元组**:顶点的集合和弧的集合,用来描述有向图。

例如有向图 $G_1=(V,A)$,其中 $V=\{V_1,V_2,V_3,V_4\}$, $A=\{<V_1,V_3>,<V_1,V_2>,<V_3,V_4>,<V_4,V_1>\}$。

**完全有向图**:若有 $n$ 个顶点的有向图有 $n(n-1)$ 条弧,则该图为完全有向图,如图 7-2 所示。

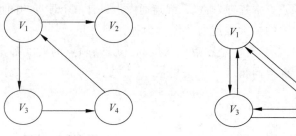

图 7-1　有向图 $G_1$　　　　图 7-2　完全有向图

**子图**:设有两个有向图 $G=(V,A)$ 和 $G'=(V',A')$。若 $V'$ 包含于 $V$ 且 $A'$ 包含于 $A$,则称图 $G'$ 是图 $G$ 的子图。图 7-3 为有向图 $G_1$ 的两个子图。

**权**:与有向图的弧相关的数称为权。权可以表示从一个顶点到另一个顶点的距离或耗费。带权的图也称为网,如图 7-4 所示。在图 7-4 中,弧$<V_6,V_1>$的权是 3。

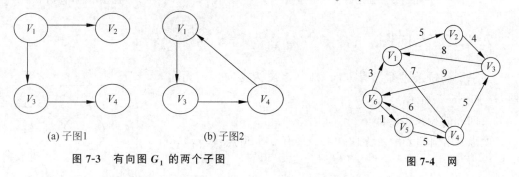

(a) 子图1　　　　　　(b) 子图2

图 7-3　有向图 $G_1$ 的两个子图

图 7-4　网

**顶点的入度(InDegree)**:以顶点 $V$ 为头的弧的数目,记为 $\mathrm{ID}(V)$。在图 7-4 中,顶点 $V_1$ 的入度是 2。

顶点的出度(**OutDegree**)：以顶点 $V$ 为尾的弧的数目，记为 $OD(V)$。在图 7-4 中，顶点 $V_1$ 的出度是 2。

顶点的度(**TotalDegree**)：顶点的度等于顶点的入度加顶点的出度，即 $TD(V) = ID(V) + OD(V)$。在图 7-4 中，顶点 $V_1$ 的度是 4。

邻接：如果在有向图中存在弧$< V_p, V_q >$，则称 $V_p$ 邻接到 $V_q$，$V_q$ 邻接自 $V_p$。

在有向图 7-4 中，顶点 $V_1$ 邻接到 $V_2$、$V_4$，顶点 $V_1$ 邻接自 $V_3$、$V_6$。

路径：若从某个顶点 $V_p$ 出发，经过顶点 $V_1, V_2, \cdots, V_m$ 到达 $V_q$，则称顶点序列($V_p$, $V_1, V_2, \cdots, V_m, V_q$)为从 $V_p$ 到 $V_q$ 的路径。在有向图 7-4 中，顶点 $V_6$ 到 $V_3$ 的路径有($V_6$, $V_1, V_2, V_3$)、($V_6, V_5, V_4, V_3$)、($V_6, V_1, V_4, V_3$)。

路径长度：定义为该路径上弧的数目。例如，上述 3 条路径的长度均为 3。

简单路径：若某条路径经过的顶点均不相同，则称此路径为简单路径。例如，上述 3 条路径都是简单路径。

简单回路或简单环(simple ring)：起点和终点相同($V_p = V_q$)的简单路径称为简单回路或简单环。在图 7-4 中，($V_1, V_2, V_3, V_1$)就是一个简单回路，除此之外还有许多简单回路。

强连通：对于有向图，若从顶点 $V_p$ 到顶点 $V_q$ 以及从顶点 $V_q$ 到顶点 $V_p$ 之间都有路径，则称这两点是**强连通**的。在图 7-5(a)中，顶点 $V_3$ 和 $V_4$ 是强连通的。

强连通图：若有向图中任意两个不同顶点 $V_p$，$V_q$ 都强连通，则称该图为强连通图。图 7-5(b)中的任意两个顶点都强连通，所以是强连通图。只有一个顶点的图也是强连通图。

强连通分量：有向图中的极大强连通子图称为强连通分量。

有向树：在有向图中，若只有一个顶点的入度为 0，其余顶点的入度都是 1，则该图是一棵有向树。图 7-6 就是一棵有向树。

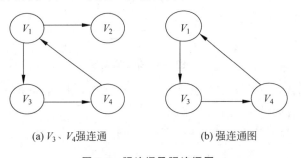

(a) $V_3$、$V_4$强连通      (b) 强连通图

图 7-5　强连通及强连通图

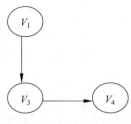

图 7-6　有向树

视频讲解

## 7.1.2　无向图

如果图的每条边都没有方向，则称该图为无向图。无向图 $G_2$ 如图 7-7 所示。

无向图的相关术语如下。

顶点：用圆圈表示。无向图 $G_2$ 共有 5 个顶点：$V_1$，$V_2$，$V_3$，$V_4$，$V_5$。

边：用线段表示。无向图 $G_2$ 共有 6 条边，即($V_1, V_2$)，($V_1, V_4$)，($V_2, V_3$)，($V_2, V_5$)，($V_3, V_4$)，($V_3, V_5$)。

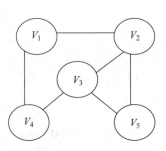

图 7-7　无向图 $G_2$

用二元组描述无向图 $G_2 = (V, E)$，其中 $V = \{V_1, V_2, V_3, V_4, V_5\}$，$E = \{(V_1, V_2),$
$(V_1, V_4), (V_2, V_3), (V_2, V_5), (V_3, V_4), (V_3, V_5)\}$。

**无向完全图**：若有 $n$ 个顶点的有向图有 $n(n-1)/2$ 条边，则该图为完全无向图，如
图 7-8 所示。

**子图**：设有两个无向图 $G = (V, E)$ 和 $G' = (V', E')$。若 $V'$ 包含于 $V$ 且 $E'$ 包含于 $E$，
则称图 $G'$ 是图 $G$ 的子图。图 7-9 为无向图 $G_2$ 的两个子图。

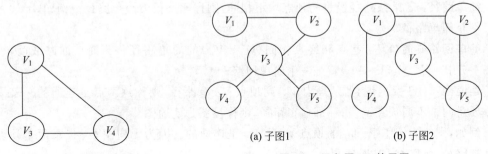

图 7-8　无向完全图

(a) 子图1　　　　(b) 子图2

图 7-9　无向图 $G_2$ 的子图

**邻接**：如果在无向图中存在边 $(V_p, V_q)$，则称 $V_p$ 和 $V_q$ 邻接。例如在无向图 $G_2$ 中，顶
点 $V_2$ 和 $V_1$、$V_3$ 邻接。

**权**：与无向图的边相关的数称为权。权可以表示从一个顶点到另一个顶点的距离或
耗费。带权的图也称为网。图 7-10 为交通网，边的权表示从一个城市到另一个城市的
距离。

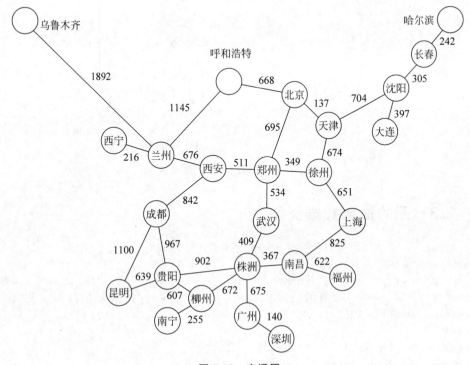

图 7-10　交通网

**顶点的度**：与顶点相关联的边的数目。在无向图 $G_2$ 中，$V_1$ 顶点的度是 2。

**路径**：若从某个顶点 $V_p$ 出发，经过顶点 $V_1,V_2,\cdots,V_m$ 到达 $V_q$，则称顶点序列 $(V_p,V_1,V_2,\cdots,V_m,V_q)$ 为从 $V_p$ 到 $V_q$ 的路径。在图 7-7 中，顶点 $V_1$ 到 $V_3$ 的路径有 $(V_1,V_2,V_3)$，$(V_1,V_2,V_5,V_3)$，$(V_1,V_4,V_3)$。

**路径长度**：定义为该路径上边的数目。例如，在上述路径中，第一条路径的长度为 2，第二条路径的长度为 3，第三条路径的长度为 2。

**简单路径**：若某条路径经过的顶点均不相同，则称此路径为简单路径。例如，上述 3 条路径都是简单路径。

**简单回路或简单环**：起点和终点相同 $(V_p=V_q)$ 的简单路径称为简单回路或简单环。在图 7-7 中，$(V_2,V_5,V_3,V_2)$ 就是一个简单回路。

**连通图**：对于无向图，若从顶点 $V_p$ 到顶点 $V_q$ 有路径，则称这两点是连通的。若无向图中任意两个不同顶点 $V_p,V_q$ 都存在路径，则称该图为连通图。

例如，图 7-11 无向图 $G_2$ 的顶点 $V_1$ 和 $V_5$ 是连通的。因为无向图 $G_2$ 任意两个顶点之间都有路径，所以 $G_2$ 是连通图。

**连通分量**：无向图中的极大连通子图称为连通分量。

**连通图的生成树**：是一个极小连通子图，它含有图中的全部顶点，但只有足以构成树的 $N-1$ 条边（$N$ 为顶点个数）。若加上一条边，则图中就会存在环；若去掉一条边，则图就不连通了。图 7-11 是无向图 $G_3$ 及其生成树。

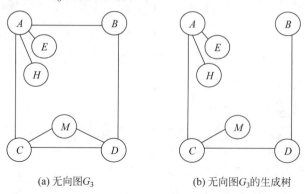

(a) 无向图 $G_3$          (b) 无向图 $G_3$ 的生成树

**图 7-11 无向图 $G_3$ 及其生成树**

视频讲解

### 7.1.3 图的抽象数据类型

```
ADT GRAPH{
数据对象：D = {v_i | v_i ∈ ElemSet, i = 1,2, …, n, n≥0}
数据关系：R = {VR}
VR = {< v_i, v_j > | v_i, v_j ∈ D 且 P(v_i, v_j), < v_i, v_j >表示从 v_i 到 v_j 的弧, 谓词 P(v_i, v_j)定义了
弧< v_i, v_j >的意义或信息}
基本操作：
(1) int GetNumOfVertex()。
操作结果：返回图中的顶点数。
(2) int GetNumOfEdge()。
操作结果：返回图中的边或弧的数目。
```

(3) SetEdge(Node<$T$>$v1$,Node<$T$>$v2$,int $v$)。

初始条件：顶点 $v1$ 和 $v2$ 是图的两个顶点。

操作结果：在顶点 $v1$ 和 $v2$ 之间添加一条边或弧，并设边或弧的值为 $v$。

(4) DelEdge(Node<$T$>$v1$,Node<$T$>$v2$)。

初始条件：顶点 $v1$ 和 $v2$ 是图的两个顶点且 $v1$ 和 $v2$ 之间有一条边或弧。

操作结果：删除顶点 $v1$ 和 $v2$ 之间的边或弧。

(5) boolean IsEdge(Node<$T$>$v1$,Node<$T$>$v2$)。

初始条件：顶点 $v1$ 和 $v2$ 是图的两个顶点。

操作结果：如果 $v1$ 和 $v2$ 之间有一条边或弧，则返回 true；否则，返回 false。

}

关于图抽象数据类型中 $D$ 的说明：$D$ 是 $n$ 个数据元素的集合，是 ElemSet 的子集。ElemSet 表示某个集合，集合中的数据元素类型相同，如整数集、自然数集等。

关于图抽象数据类型中基本操作的说明：

(1) 图中的数据元素类型用 $T$ 表示，$T$ 可以是原子类型，也可以是结构类型。整型用 int 表示，逻辑型用 boolean 表示。

(2) 图基本操作是定义于逻辑结构上的基本操作，是向使用者提供的使用说明。基本操作只有在存储结构确定之后才能实现。如果图采用的存储结构不同，则图基本操作的实现算法也不相同。

(3) 基本操作的种类和数量可以根据实际需要决定。

(4) 基本操作名称，形式参数数量、名称、类型，返回值类型等由设计者决定。使用者根据设计者的设计规则使用基本操作。

# 7.2　图的存储结构

在前面几章讨论的数据结构中，除了广义表和树外，其他数据结构都可以有两类不同的存储结构，它们是由不同的映像方法（顺序映像和链式映像）得到的。由于图的结构比较复杂，因此无法以数据元素在存储区中的物理位置来表示元素之间的关系，即图没有顺序映像的存储结构，但可以借助数组的数据类型表示元素之间的关系。另外，用多重链表表示图是自然的事，它是一种最简单的链式映像结构，即可以用一个数据域和多个引用域组成的结点表示图中的一个顶点，其中数据域存储该顶点的信息，引用域指向其邻接点，如图 7-12 所示为无向图 $G_2$ 的多重链表。但是，由于图中各个结点的度数各不相同，最大度数和最小度数可能相差很多。若按度数最大的顶点设计结点结构，则会浪费很多存储单元；若按每个顶点自己的度数设计不同的结点结构，则又会给操作带来不便。因此，与树类似，在实际应用中不宜采用多重链表结构，而应该根据具体的图和需要进行的操作，设计恰当的结点结构和图结构。常用的结构有邻接矩阵、邻接表、邻接多重表和十字链表，下面对此分别讨论。

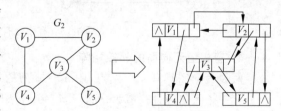

图 7-12　无向图 $G_2$ 的多重链表

## 7.2.1 邻接矩阵

### 1. 无权值有向图的邻接矩阵

假设有向图具有 $n$ 个结点,用 $n$ 行 $n$ 列的矩阵 $A$ 表示该有向图,其中 $A[i,j]=1$ 表示 $i$ 至 $j$ 有一条有向边,$A[i,j]=0$ 表示 $i$ 至 $j$ 没有有向边。无权值有向图的邻接矩阵如图 7-13 所示。

注意:$A[i,i]=0$。

### 2. 无权值无向图的邻接矩阵

假设无向图具有 $n$ 个结点,用 $n$ 行 $n$ 列的矩阵 $A$ 表示该无向图,其中 $A[i,j]=1$ 表示 $i$ 至 $j$ 有一条无向边,$A[i,j]=0$ 表示 $i$ 至 $j$ 没有无向边。无权值无向图的邻接矩阵如图 7-14 所示。

注意:$A[i,i]=0$。

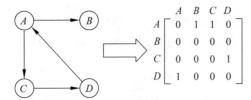

图 7-13 无权值有向图的邻接矩阵

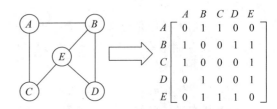

图 7-14 无权值无向图的邻接矩阵

### 3. 有权值有向图的邻接矩阵

假设有向图具有 $n$ 个结点,用 $n$ 行 $n$ 列的矩阵表示该有向图,其中 $A[i,j]=a$ 表示 $i$ 至 $j$ 有一条有向边且权值为 $a$,$A[i,j]=\infty$ 表示 $i$ 至 $j$ 没有有向边。有权值有向图的邻接矩阵如图 7-15 所示。

注意:$A[i,i]=0$。

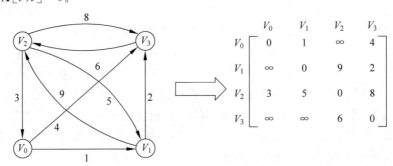

图 7-15 有权值有向图的邻接矩阵

### 4. 有权值无向图的邻接矩阵

假设无向图具有 $n$ 个结点,用 $n$ 行 $n$ 列的矩阵表示该无向图,其中 $A[i,j]=a$ 表示 $i$ 至 $j$ 有一条无向边且权值为 $a$,$A[i,j]=\infty$ 表示 $i$ 至 $j$ 没有无向边。有权值无向图的邻接矩阵如图 7-19 所示。

注意:$A[i,i]=0$。

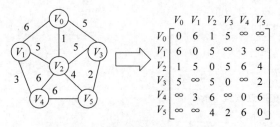

**图 7-16 有权值无向图的邻接矩阵**

## 5．邻接矩阵存储结构下的基本操作实现

基本操作的实现代码如下。

```java
import java.util.*;                    //加载 java.util 类库里的所有类
public class GraphAdjMatrix<T> {
    public T[] nodes;                  // 顶点数组
    public int numEdges;              // 边的数目
    public int[][] matrix;            // 邻接矩阵数组
    public int kind;
    // kind 为图的种类标志,0 表示有向图,1 表示有向网,2 表示无向图,3 表示无向网
    public GraphAdjMatrix(int n) {
        nodes = (T[]) new Object[n];
        matrix = new int[n][n];
        numEdges = 0;
        kind = 0;
    }

    // 获取索引为 index 的顶点的信息
    public T GetNode(int index) {
        return nodes[index - 1];
    }
    // 设置索引为 index 的顶点的信息
    public void SetNode(int index, T v) {
        nodes[index - 1] = v;
    }
    // 获取 matrix[index1, index2]的值
    public int GetMatrix(int index1, int index2) {
        return matrix[index1 - 1][index2 - 1];
    }
    // 设置 matrix[index1, index2]的值
    public void SetMatrix(int index1, int index2, int value) {
        matrix[index1 - 1][index2 - 1] = value;
    }
    // 获取顶点的数目
    public int GetNumOfVertex() {
        return nodes.length;
    }
    // 获取边的数目
    public int GetNumOfEdge() {
        return numEdges;
    }
    // 判断 v 是否为图的顶点
    public boolean IsNode(T v) {
        // 遍历顶点数组
        for (T nd : nodes) {
            // 如果顶点 nd 与 v 相等,则 v 是图的顶点,返回 true
```

```java
            if (v.equals(nd)) {
                return true;
            }
        }
        return false;
    }
    // 获取顶点 v 在顶点数组中的索引
    public int GetIndex(T v) {
        int i = -1;
        // 遍历顶点数组
        for (i = 0; i < nodes.length; ++i) {
            // 如果顶点 v 与 nodes[i]相等,则 v 是图的顶点,返回索引值 i
            if (nodes[i].equals(v)) {
                break;
            }
        }
        return i;
    }
    // 在顶点 v1 和 v2 之间添加权值为 v 的边
    public void SetEdge(T v1, T v2, int v) {
        // v1 或 v2 不是图的顶点
        if (!IsNode(v1) || !IsNode(v2)) {
            System.out.println("Node is not belong to Graph!");
            return;
        }
        // 不是无向图
        if (v == 0 || v == Integer.MAX_VALUE) {
            System.out.println("Weight is not right!");
            return;
        }
        // 矩阵是对称矩阵
        if (kind == 2 || kind == 3) {
            matrix[GetIndex(v1)][GetIndex(v2)] = v;
            matrix[GetIndex(v2)][GetIndex(v1)] = v;
        } else {
            matrix[GetIndex(v1)][GetIndex(v2)] = v;
        }
        ++numEdges;
    }
    // 删除顶点 v1 和 v2 之间的边
    public void DelEdge(T v1, T v2) {
        // v1 或 v2 不是图的顶点
        if (!IsNode(v1) || !IsNode(v2)) {
            System.out.println("Node is not belong to Graph!");
            return;
        }
        // 顶点 v1 与 v2 之间存在边
        if (matrix[GetIndex(v1)][GetIndex(v2)] != 0 || matrix[GetIndex(v1)][GetIndex(v2)] !=
Integer.MAX_VALUE) {
            // 区分图的种类情况做处理
            switch (kind) {
            case 0:    // DG:
                matrix[GetIndex(v1)][GetIndex(v2)] = 0;
                break;
            case 2:    // UDG:
                {
                matrix[GetIndex(v1)][GetIndex(v2)] = 0;
```

```
                matrix[GetIndex(v2)][GetIndex(v1)] = 0;
            }
            break;
        case 1:     // DN:
            matrix[GetIndex(v1)][GetIndex(v2)] = Integer.MAX_VALUE;
            break;
        case 3:     // UDN:
            {
            matrix[GetIndex(v1)][GetIndex(v2)] = Integer.MAX_VALUE;
            matrix[GetIndex(v2)][GetIndex(v1)] = Integer.MAX_VALUE;
            }
            break;
        }
        -- numEdges;
    }
}
// 判断顶点 v1 与 v2 之间是否存在边
public boolean IsEdge(T v1, T v2) {
    // v1 或 v2 不是图的顶点
    if (!IsNode(v1) || !IsNode(v2)) {
        System.out.println("Node is not belong to Graph!");
        return false;
    }
    // 顶点 v1 与 v2 之间存在边
    if (matrix[GetIndex(v1)][GetIndex(v2)] != 0 || matrix[GetIndex(v1)][GetIndex(v2)] !=
Integer.MAX_VALUE)
        return true;
    else            // 不存在边
        return false;
}
public static void main(String[] args) {
    creategraph();
}

public static void creategraph() {
    Scanner reader = new Scanner(System.in);
    System.out.println("请输入图的种类:0 是 DG/1 是 DN/2 是 UDG/3 是 UDN");
    int str = reader.nextInt();
    System.out.println("请输入图的顶点个数 n = ");
    int n = reader.nextInt();
    // 还可以输入顶点类型,此时默认认为 str 型
    GraphAdjMatrix<String> g = new GraphAdjMatrix<String>(n);
    g.kind = str;  // 图的种类
    System.out.println("请分别输入 n 个顶点");
    for (int i = 1; i <= n; i++) {
        System.out.println("第" + i + "个顶点为");
        String x = reader.next().trim();
        g.SetNode(i, x);
    }
    System.out.println("请输入弧/边的数目 = ");
    g.numEdges = reader.nextInt();
    switch (g.kind) {
    case 0:          // 无权值有向图
        for (int i = 1; i <= g.GetNumOfVertex(); i++)
            for (int j = 1; j <= g.GetNumOfVertex(); j++)
                g.SetMatrix(i, j, 0);
        for (int k = 1; k <= g.numEdges; k++) {
```

```java
                System.out.println("请输入第" + k + "条弧的弧尾");
                String v = reader.next().trim();
                int i = g.GetIndex(v) + 1;
                System.out.println("请输入第" + k + "条弧的弧头");
                String w = reader.next().trim();
                int j = g.GetIndex(w) + 1;
                g.SetMatrix(i, j, 1);
            }
        break;
    case 1:          // 有权值有向图
        for (int i = 1; i <= g.GetNumOfVertex(); i++)
            for (int j = 1; j <= g.GetNumOfVertex(); j++) {
                g.SetMatrix(i, j, Integer.MAX_VALUE);
                if (i == j)
                    g.SetMatrix(i, j, 0);
            }
        for (int k = 1; k <= g.numEdges; k++) {
            System.out.println("请输入第" + k + "条弧的弧尾");
            String v = reader.next().trim();
            int i = g.GetIndex(v) + 1;
            System.out.println("请输入第" + k + "条弧的弧头");
            String w = reader.next().trim();
            int j = g.GetIndex(w) + 1;
            System.out.println("请输入第" + k + "条弧的权值");
            int weight = reader.nextInt();
            g.SetMatrix(i, j, weight);
        }
        break;
    case 2:          // 无权值无向图
        for (int i = 1; i <= g.GetNumOfVertex(); i++)
            for (int j = 1; j <= g.GetNumOfVertex(); j++)
                g.SetMatrix(i, j, 0);
        for (int k = 1; k <= g.numEdges; k++) {
            System.out.println("请输入第" + k + "条边的一个顶点");
            String v = reader.next().trim();
            int i = g.GetIndex(v) + 1;
            System.out.println("请输入第" + k + "条边的一个顶点");
            String w = reader.next().trim();
            int j = g.GetIndex(w) + 1;
            g.SetMatrix(j, i, 1);
        }
        break;
    case 3:          // 有权值无向图
        for (int i = 1; i <= g.GetNumOfVertex(); i++)
            for (int j = 1; j <= g.GetNumOfVertex(); j++) {
                g.SetMatrix(i, j, Integer.MAX_VALUE);
                if (i == j)
                    g.SetMatrix(i, j, 0);
            }
        for (int k = 1; k <= g.numEdges; k++) {
            System.out.println("请输入第" + k + "条边的一个顶点");
            String v = reader.next().trim();
            int i = g.GetIndex(v) + 1;
            System.out.println("请输入第" + k + "条边的一个顶点");
            String w = reader.next().trim();
            int j = g.GetIndex(w) + 1;
            System.out.println("请输入第" + k + "条边的权值");
```

```
            int weight = reader.nextInt();
            g.SetMatrix(i, j, weight);
            g.SetMatrix(j, i, weight);
        }
        break;
    }
    // 输出所建立的邻接矩阵
    for (int i = 1; i <= g.GetNumOfVertex(); i++)      // n 即为顶点个数
    {
        System.out.println();
        for (int j = 1; j <= g.GetNumOfVertex(); j++)
            System.out.print(g.GetMatrix(i, j) + " ");
    }
  }
}
```

## 7.2.2　邻接表

视频讲解

邻接表(adjacency list)是图的一种链式存储结构。在邻接表中,对图的每个顶点建立一个单链表,第 $i$ 个单链表中的结点表示依附于顶点 $V_i$ 的边(对有向图是以顶点 $V_i$ 为尾的弧)。每个结点由 3 个域组成,其中邻接点域(adjvex)指示与顶点 $V_i$ 邻接的点在图中的位置,数据域(data)存储与边或弧相关的信息(如权值等),链域(nextarc)指示下一条边或弧的结点。每个链表上附设一个表头结点,除了设有链域(firstarc)指向链表中的第一个结点之外,还设有存储顶点 $V_i$ 的名称或其他有关信息的数据域(data)。表结点和头结点如图 7-17 所示。

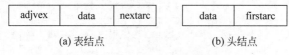

(a) 表结点　　　　　　　　(b) 头结点

**图 7-17　表结点和头结点**

### 1. 无权值有向图的邻接表

数组的数据部分存放顶点的元素,引用部分指向第一条以该顶点为弧尾的弧。弧链表中第一个结点的数据部分存储该弧的弧头元素(一般是它在数组中的下标),引用部分指向第二条以该顶点为弧尾的弧,以此类推。用一条链将所有以该顶点为弧尾的弧串起来,如图 7-18 所示。

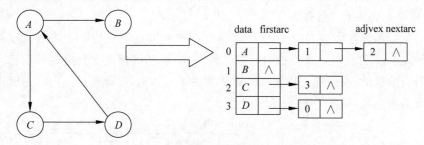

**图 7-18　无权值有向图的邻接表**

在图 7-18 中,以顶点 $A$ 为弧尾的第一条弧是 $<A,B>$,该弧的弧头元素 $B$ 在数组中的下标是 1;以顶点 $A$ 为弧尾的第二条弧是 $<A,C>$,该弧的弧头元素 $B$ 在数组中的下标是 2。

### 2. 有权值有向图的邻接表

数组的数据部分存放顶点的元素,引用部分指向第一条以该顶点为弧尾的弧。弧链表中第一个结点的 adjvex 部分存储该弧的弧头元素(一般是它在数组中的下标),info 部分存储该弧的权值,引用部分指向第二条以该顶点为弧尾的弧,以此类推。用一条链将所有以该顶点为弧尾的弧串起来,如图 7-19 所示。

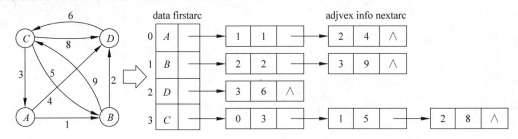

图 7-19　有权值有向图的邻接表

在图 7-19 中,以 A 为弧尾的第一条弧是<A,B>,弧头元素 B 在数组中的下标是 1,该条弧的权值是 1;以 A 为弧尾的第二条弧是<A,D>,弧头元素 D 在数组中的下标是 2,权值是 4。

### 3. 无权值无向图的邻接表

数组的数据部分存放顶点的元素,引用部分指向该顶点依附的第一条边。边链表中第一个结点的数据部分存储该条边的另一个顶点(一般是该顶点在数组中的下标),引用部分指向该顶点依附的第二条边,以此类推。用一条链将该顶点依附的所有边串起来,如图 7-20 所示。

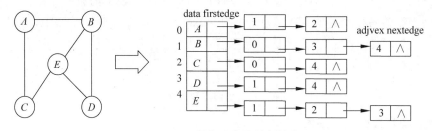

图 7-20　无权值无向图的邻接表

在图 7-20 中,顶点 A 依附的第一条边是(A,B),该条边的另一个顶点 B 在数组中的下标是 1;顶点 A 依附的第二条边是(A,C),该条边的另一个顶点 C 在数组中的下标是 2。

### 4. 有权值无向图的邻接表

数组的数据部分存放顶点的元素,引用部分指向该顶点依附的第一条边。边链表中第一个结点的 adjvex 部分存储该条边的另一个顶点(一般是该顶点在数组中的下标),info 部分存储该条边的权值,引用部分指向该顶点依附的第二条边,以此类推。用一条链将该顶点依附的所有边串起来,如图 7-21 所示。

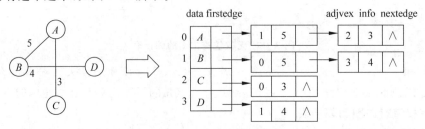

图 7-21　有权值无向图的邻接表

在图 7-21 中,顶点 $A$ 依附的第一条边$(A,B)$的权值是 5,该条边的另一个顶点 $B$ 在数组中的下标是 1;顶点 $A$ 依附的第二条边$(A,C)$的权值是 3,该条边的另一个顶点 $C$ 在数组中的下标是 2。

在无向图的邻接表中,顶点 $V_i$ 的度恰为第 $i$ 个链表中的结点数;而在有向图中,第 $i$ 个链表中的结点个数只是顶点 $V_i$ 的出度,为求入度必须遍历整个邻接表。为了便于确定顶点的入度或以顶点 $V_i$ 为头的弧,可以建立有向图的逆邻接表。下面介绍逆邻接表存储结构。

### 5. 有向图的逆邻接表

数组的数据部分存放顶点的元素,指针部分指向第一条以该顶点为弧头的弧。弧链表中第一个结点的数据部分存储该弧的弧尾元素(一般是它在数组中的下标),指针部分指向第二条以该顶点为弧头的弧,以此类推。用一条链将所有以该顶点为弧头的弧串起来,如图 7-22 所示。

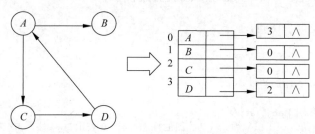

图 7-22　有向图的逆邻接表

在图 7-22 中,以顶点 $A$ 为弧头的第一条弧是$(D,A)$,该弧的弧尾元素 $D$ 在数组中的下标是 3,其余顶点以此类推。这种存储结构的特点是:求顶点的入度容易,求顶点的出度困难。顶点的入度即该顶点所链接的单链表中的结点个数,求顶点的出度需要遍历整个逆邻接表。

### 6. 邻接表存储结构下的基本操作实现

基本操作的实现代码如下。

```java
import java.util.Scanner;

class adjListNode                  // 图的邻接表结点
{
    public int adjvex;             // 邻接顶点
    public float weight;           // 弧的权值
    public adjListNode next;       // 下一个邻接表结点
    // 邻接顶点属性

    public adjListNode(int vex, float value) {
        adjvex = vex;
        weight = value;
        next = null;
    }
}

// 邻接表的顶点结点类 VexNode 有两个成员字段: data 存储图的顶点本身的信息,其类型是 String;
// firstAdj 存储顶点的邻接表的第 1 个结点的地址,其类型是 adjListNode
// VexNode
class VexNode {
    public String data;            // 图的顶点
```

```java
    public adjListNode firstAdj;        // 邻接表的第 1 个结点

    // 构造器
    public VexNode() {

        firstAdj = null;
    }

    // 构造器
    public VexNode(String nd) {
        data = nd;
        firstAdj = null;
    }

    // 构造器
    public VexNode(String nd, adjListNode alNode) {
        data = nd;
        firstAdj = alNode;
    }
}

public class GraphAdjList {
    // 邻接表数组
    public VexNode[] adjList;
    public int kind;                    // 图的标志种类: 0 表示 DG,1 表示 DN,2 表示 UDG,3 表示 UDN
    // 构造器

    public GraphAdjList(String[] nodes) {
        adjList = new VexNode[nodes.length];
        for (int i = 0; i < nodes.length; ++i) {
            adjList[i].data = nodes[i];
            adjList[i].firstAdj = null;
        }
        kind = 0;
    }

    // 构造器
    public GraphAdjList(String[] nodes, int value) {
        adjList = new VexNode[nodes.length];
        for (int i = 0; i < nodes.length; ++i) {
            adjList[i] = new VexNode();
            adjList[i].data = nodes[i];
            adjList[i].firstAdj = null;
        }
        kind = value;
    }

    // 获取顶点的数目
    public int GetNumOfVertex() {
        return adjList.length;
    }

    // 获取边的数目
    public int GetNumOfEdge() {
        int i = 0;
        // 遍历邻接表数组
        for (VexNode nd :adjList) {
```

```
            adjListNode p = nd.firstAdj;
            while (p != null) {
                ++i;
                p = p.next;
            }
        }
    if (kind == 0 || kind == 1)
        return i;
    else
        return i / 2;
}

// 判断 v 是否为图的顶点
public boolean IsNode(String v) {
    // 遍历邻接表数组
    for (VexNode nd :adjList) {
        // 如果 v 等于 nd 的 data,则 v 是图中的顶点,返回 true
        if (v.equals(nd.data)) {
            return true;
        }
    }
    return false;
}

// 获取顶点 v 在邻接表数组中的索引
public int GetIndex(String v) {
    int i = -1;
    // 遍历邻接表数组
    for (i = 0; i < adjList.length; ++i) {
        // 如果邻接表数组第 i 项的 data 值等于 v,则顶点 v 的索引为 i
        if (adjList[i].data.equals(v)) {
            return i;
        }
    }
    return i;
}

// 在顶点 v1 和 v2 之间添加权值为 v 的边
public void SetEdge(String v1, String v2, float value)
{
    // v1 或 v2 不是图的顶点或者 v1 和 v2 之间存在边
    if (!IsNode(v1) || !IsNode(v2) || IsEdge(v1, v2)) {
        System.out.println("Node is not belong to Graph!");
        return;
    }

    // 处理顶点 v1 的邻接表
    adjListNode p = new adjListNode(GetIndex(v2), value);
    // 顶点 v1 没有邻接顶点
    if (adjList[GetIndex(v1)].firstAdj == null) {
        adjList[GetIndex(v1)].firstAdj = p;
    }
    // 顶点 v1 有邻接顶点
    else {
        p.next = adjList[GetIndex(v1)].firstAdj;
        adjList[GetIndex(v1)].firstAdj = p;
    }
```

```
                    // 处理顶点 v2 的邻接表
                    if (kind == 2 || kind == 3)                // 无向图
                    {
                        p = new adjListNode(GetIndex(v1), value);
                        // 顶点 v2 没有邻接顶点
                        if (adjList[GetIndex(v2)].firstAdj == null) {
                            adjList[GetIndex(v2)].firstAdj = p;
                        }
                        // 顶点 v1 有邻接顶点
                        else {
                            p.next = adjList[GetIndex(v2)].firstAdj;
                            adjList[GetIndex(v2)].firstAdj = p;
                        }
                    }
                }

    // 删除顶点 v1 和 v2 之间的边
    public void DelEdge(String v1, String v2) {
        // v1 或 v2 不是图的顶点
        if (!IsNode(v1) || !IsNode(v2)) {
            System.out.println("Node is not belong to Graph!");
            return;
        }
        // 顶点 v1 与 v2 之间有边
        if (IsEdge(v1, v2)) {
            // 处理顶点 v1 的邻接表中的顶点 v2 的邻接表结点
            adjListNode p = adjList[GetIndex(v1)].firstAdj;
            adjListNode pre = null;
            while (p != null) {
                if (p.adjvex != GetIndex(v2)) {
                    pre = p;
                    p = p.next;
                }
            }
            pre.next = p.next;
            // 处理顶点 v2 的邻接表中的顶点 v1 的邻接表结点
            if (kind == 2 || kind == 3)                // 无向图
            {
                p = adjList[GetIndex(v2)].firstAdj;
                pre = null;
                while (p != null) {
                    if (p.adjvex != GetIndex(v1)) {
                        pre = p;
                        p = p.next;
                    }
                }
                pre.next = p.next;
            }
        }
    }

    // 判断 v1 和 v2 之间是否存在边
    public boolean IsEdge(String v1, String v2) {
        // v1 或 v2 不是图的顶点
        if (!IsNode(v1) || !IsNode(v2)) {
            System.out.println("Node is not belong to Graph!");
            return false;
```

```
    }
    adjListNode p = adjList[GetIndex(v1)].firstAdj;
    while (p != null) {
        if (p.adjvex == GetIndex(v2)) {
            return true;
        }
        p = p.next;
    }
    return false;
}

public void print() {
    for (int i = 1; i <= GetNumOfVertex(); i++)     // n 即为顶点个数
    {
        System.out.println();
        VexNode p = new VexNode();
        p = adjList[i - 1];
        System.out.print(i - 1);
        System.out.print(p.data);
        adjListNode q = p.firstAdj;
        while (q != null) {
            System.out.print("箭头");
            System.out.print(q.adjvex);
            System.out.print(q.weight);
            q = q.next;
        }
        System.out.print("null");
    }
}

public static void main(String[] args) {
    // TODO Auto - generated method stub
    creategraph();
}

public static void creategraph() {
    Scanner reader = new Scanner(System.in);
    System.out.println("请输入图的种类:0 表示 DG,1 表示 DN,2 表示 UDG,3 表示 UDN");
    int kind = reader.nextInt();
    System.out.println("请输入图的顶点个数 n = ");
    int n = reader.nextInt();
    // 还可以输入顶点类型,此时默认为 string 型
    String[] vertixarray = new String[n];
    System.out.println("请分别输入 n 个顶点");
    for (int i = 1; i <= n; i++) {
        System.out.println("第" + i + "个顶点为");
        vertixarray[i - 1] = reader.next().trim();
    }
    System.out.println("请输入弧/边的数目 = ");
    int NumEdges = reader.nextInt();
    switch (kind) {
    case 0:                                          // 无权值有向图
    {
        GraphAdjList g = new GraphAdjList(vertixarray, 0);
        for (int k = 1; k <= NumEdges; k++) {
            System.out.println("请输入第" + k + "条弧的弧尾");
            String v = reader.next().trim();
```

```
                System.out.println("请输入第" + k + "条弧的弧头");
                String w = reader.next().trim();
                g.SetEdge(v, w, 0);
            }
            g.print();
        }
        break;
        case 1:                                        // 有权值有向图
        {
            GraphAdjList g = new GraphAdjList(vertixarray, 1);
            for (int k = 1; k <= NumEdges; k++) {
                System.out.println("请输入第" + k + "条弧的弧尾");
                String v = reader.next().trim();
                System.out.println("请输入第" + k + "条弧的弧头");
                String w = reader.next().trim();
                int weight = reader.nextInt();
                g.SetEdge(v, w, weight);
            }
            g.print();
        }
        break;
        case 2:                                        // 无权值无向图
        {
            GraphAdjList g = new GraphAdjList(vertixarray, 2);
            for (int k = 1; k <= NumEdges; k++) {
                System.out.println("请输入第" + k + "条弧的弧尾");
                String v = reader.next().trim();
                System.out.println("请输入第" + k + "条弧的弧头");
                String w = reader.next().trim();
                g.SetEdge(v, w, 0);
            }
            g.print();
        }
        break;
        case 3:                                        // 有权值无向图
        {
            GraphAdjList g = new GraphAdjList(vertixarray, 3);
            for (int k = 1; k <= NumEdges; k++) {
                System.out.println("请输入第" + k + "条弧的弧尾");
                String v = reader.next().trim();
                System.out.println("请输入第" + k + "条弧的弧头");
                String w = reader.next().trim();
                int weight = reader.nextInt();
                g.SetEdge(v, w, weight);
            }
            g.print();
        }
        break;
        }
    }
}
```

## 7.2.3　邻接多重表

视频讲解

**1. 邻接多重表存储结构**

邻接多重表是无向图的另一种链式存储结构。虽然邻接表是无向图的一种很有效的存储结构,但是邻接表存在存储空间的浪费。例如,在图 7-21 中,无向图采用邻接表存储结构时,只有 3 条边却用了 6 个结点,存储空间的浪费异常明显。此外,尽管在邻接表中容易求得顶点和边的各种信息,但是,在邻接表中的每一条边$(V_i, V_j)$有两个结点,分别在第 $i$ 个和第 $j$ 个链表中,这给某些图的操作带来不便。例如,在某些图的应用问题中需要对边进行某种操作,如对已被搜索过的边做标记或删除一条边等,此时需要找到表示同一条边的两个结点。在进行上述操作的无向图的问题中,采用邻接多重表会更为适宜。

在邻接多重表中,每条边用一个结点表示,由如图 7-23 所示的 6 个域组成。

| mark | ivex | ilink | jvex | jlink | info |
| --- | --- | --- | --- | --- | --- |

图 7-23 边结点的组成域

其中,mark 为边结点的标志域,用于标识该条边是否被访问过;ivex 为本条边依附的一个顶点在数组中的下标;ilink 为依附于顶点 ivex 的下一条边的地址;jvex 为本条边依附的另一个顶点在数组中的下标;jlink 为依附于顶点 jvex 的下一条边的地址;info 为边结点的数据域,保存边的权值等。

每个顶点也用一个结点表示,由如图 7-24 所示的两个域组成。

| data | firstedge |
| --- | --- |

图 7-24 顶点结点的组成域

其中,data 为结点的数据域,保存结点的数据值;firstedge 为结点的指针域,给出该结点依附的第一条边的边结点的地址。

无向图 $G_2$ 的邻接多重表存储结构如图 7-25 所示。

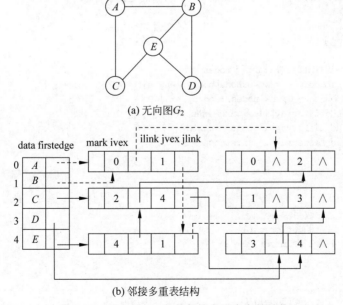

(a) 无向图$G_2$

(b) 邻接多重表结构

图 7-25 无向图 $G_2$ 及其邻接多重表存储结构

在图 7-25 中,依附于 $A$ 的第一条边是(0,1),即$(A,B)$,依附于 $A$ 的第二条边是(0,2),即$(A,C)$;依附于 $B$ 的第一条边是(0,1),即$(A,B)$,依附于 $B$ 的第二条边是(4,1),即

$(E,B)$,依附于 $B$ 的第三条边是$(1,3)$,即$(B,D)$。6 条边共用了 6 个结点,与邻接表存储结构相比而言,大大节省了存储空间。

### 2. 邻接多重表存储结构下的基本操作实现

基本操作的实现代码如下。

```java
class VexNode {
    public String data;                        // 图的顶点
    public adjmultiListNode firstEdge;     // 邻接表的第 1 个结点
    // 构造器

    public VexNode() {
        firstEdge = null;
    }

    // 构造器
    public VexNode(String nd) {
        data = nd;
        firstEdge = null;
    }

    // 构造器
    public VexNode(String nd, adjmultiListNode alNode) {
        data = nd;
        firstEdge = alNode;
    }
}
public class MultiAdjList {
    // 邻接表数组
    public VexNode[] adjListarray;
    public int kind;                       // 有权还是无权标志
    // 构造器
    public int count;                      // 统计访问结点个数
    public int[] visited;                  // 遍历数组标志

    public MultiAdjList(String[] nodes, int a) {
        adjListarray = new VexNode[nodes.length];
        for (int i = 0; i < nodes.length; ++i) {
            adjListarray[i] = new VexNode();
            adjListarray[i].data = nodes[i];
            adjListarray[i].firstEdge = null;
        }
        kind = a;
    }

    // 获取顶点的数目
    public int GetNumOfVertex() {
        return adjListarray.length;
    }

    // 获取边的数目
    public int GetNumOfEdge() {
        int i = 0;
        // 遍历邻接表数组
        for (VexNode nd : adjListarray) {
            adjmultiListNode p = nd.firstEdge;
```

```
        while (p != null) {
            ++i;
            if (GetIndex(nd.data) == p.ivex)
                p = p.ilink;
            else
                p = p.jlink;

        }
    }
    return i / 2;
}

// 判断 v 是否为图的顶点
public boolean IsNode(String v) {
    // 遍历邻接表数组
    for (VexNode nd : adjListarray) {
        // 如果 v 等于 nd 的 data,则 v 是图中的顶点,返回 true
        if (v.equals(nd.data)) {
            return true;
        }
    }
    return false;
}

// 获取顶点 v 在邻接表数组中的索引
public int GetIndex(String v) {
    int i = -1;
    // 遍历邻接表数组
    for (i = 0; i < adjListarray.length; ++i) {
        // 如果邻接表数组第 i 项的 data 值等于 v,则顶点 v 的索引为 i
        if (adjListarray[i].data.equals(v)) {
            return i;
        }
    }
    return i;
}

// 在顶点 v1 和 v2 之间添加权值为 v 的边
public void SetEdge(String v1, String v2, float value) {
    // v1 或 v2 不是图的顶点或者 v1 和 v2 之间存在边
    if (!IsNode(v1) || !IsNode(v2) || IsEdge(v1, v2)) {
        System.out.println("Node is not belong to Graph!");
        return;
    }
    // 处理顶点 v1 的邻接表
    adjmultiListNode p = new adjmultiListNode(GetIndex(v1), GetIndex(v2), value);
    // 顶点 v1 没有邻接顶点
    if (adjListarray[GetIndex(v1)].firstEdge == null)
        adjListarray[GetIndex(v1)].firstEdge = p;
    // 顶点 v1 有邻接顶点
    else {
        p.ilink = adjListarray[GetIndex(v1)].firstEdge;
        adjListarray[GetIndex(v1)].firstEdge = p;
    }
    // 处理顶点 v2 的邻接表

    // 顶点 v2 没有邻接顶点
```

```
        if (adjListarray[GetIndex(v2)].firstEdge == null)
            adjListarray[GetIndex(v2)].firstEdge = p;
    // 顶点 v1 有邻接顶点
    else {
        p.jlink = adjListarray[GetIndex(v2)].firstEdge;
        adjListarray[GetIndex(v2)].firstEdge = p;
    }
}


// 删除顶点 v1 和 v2 之间的边
public void DelEdge(String v1, String v2) {
    // v1 或 v2 不是图的顶点
    if (!IsNode(v1) || !IsNode(v2)) {
        System.out.println("Node is not belong to Graph!");
        return;
    }
    // 顶点 v1 与 v2 之间有边
    if (IsEdge(v1, v2)) {
        // 处理顶点 v1 的邻接表中的(v1,v2)的结点
        adjmultiListNode p = adjListarray[GetIndex(v1)].firstEdge;
        adjmultiListNode pre = null;
        while (p != null) {
            if (p.ivex != GetIndex(v2) || p.jvex != GetIndex(v2)) {
                pre = p;
                if (p.ivex == GetIndex(v1))
                    p = p.ilink;
                else if (p.jvex == GetIndex(v1))
                    p = p.jlink;
            }
        }
        if (pre.ivex == GetIndex(v1) && p.ivex == GetIndex(v1))
            pre.ilink = p.ilink;
        else if (pre.ivex == GetIndex(v1) && p.jvex == GetIndex(v1))
            pre.ilink = p.jlink;
        else if (pre.jvex == GetIndex(v1) && p.ivex == GetIndex(v1))
            pre.jlink = p.ilink;
        else if (pre.jvex == GetIndex(v1) && p.jvex == GetIndex(v1))
            pre.jlink = p.jlink;
        // 处理顶点 v2 的邻接表中的(v1,v2)的结点
        p = adjListarray[GetIndex(v2)].firstEdge;
        pre = null;
        while (p != null) {
            if (p.ivex != GetIndex(v1) || p.jvex != GetIndex(v1)) {
                pre = p;
                if (p.ivex == GetIndex(v2))
                    p = p.ilink;
                else if (p.jvex == GetIndex(v2))
                    p = p.jlink;
            }
        }
        if (pre.ivex == GetIndex(v2) && p.ivex == GetIndex(v2))
            pre.ilink = p.ilink;
        else if (pre.ivex == GetIndex(v2) && p.jvex == GetIndex(v2))
            pre.ilink = p.jlink;
        else if (pre.jvex == GetIndex(v2) && p.ivex == GetIndex(v2))
            pre.jlink = p.ilink;
        else if (pre.jvex == GetIndex(v2) && p.jvex == GetIndex(v2))
```

```
                    pre.jlink = p.jlink;
        }
}

// 判断 v1 和 v2 之间是否存在边
public boolean IsEdge(String v1, String v2) {
    // v1 或 v2 不是图的顶点
    if (!IsNode(v1) || !IsNode(v2)) {
        System.out.println("Node is not belong to Graph!");
        return false;
    }
    adjmultiListNode p = adjListarray[GetIndex(v1)].firstEdge;
    while (p != null) {                        // 从 v1 开始出发
        if (p.ivex == GetIndex(v2) || p.jvex == GetIndex(v2)) {
            return true;
        }
        if (p.ivex == GetIndex(v1))
            p = p.ilink;
        else if (p.jvex == GetIndex(v1))
            p = p.jlink;
    }
    return false;
}

public void print() {
    // 输出建立的邻接多重表
    for (int i = 1; i <= GetNumOfVertex(); i++)   // n 即为顶点个数
    {
        System.out.println();
        VexNode p = new VexNode();
        adjmultiListNode q = new adjmultiListNode(0, 1);
            // 0,1 没有实际意义,只是必需的参数
        p = adjListarray[i - 1];
        System.out.print(p);
        System.out.print(" ");
        System.out.print(i - 1);
        System.out.print(" " + p.data + " ");
        q = p.firstEdge;
        while (q != null) {
            System.out.print(q);
            System.out.print(" ");
            if (q.ivex == GetIndex(p.data)) {
                System.out.print(q.ivex);
                System.out.print(" ");
                System.out.print(q.ilink);
                System.out.print(" ");
                System.out.print(q.jvex);
                System.out.print(" ");
                System.out.print(q.jlink);
                System.out.print(" ");
                System.out.print(q.weight);
                System.out.print(" ");
                System.out.print("//////// ");
                q = q.ilink;
            } else if (q.jvex == GetIndex(p.data)) {
                System.out.print(q.ivex);
```

```java
                        System.out.print(" ");
                        System.out.print(q.ilink);
                        System.out.print(" ");
                        System.out.print(q.jvex);
                        System.out.print(" ");
                        System.out.print(q.jlink);
                        System.out.print(" ");
                        System.out.print(q.weight);
                        System.out.print(" ");
                        System.out.print("///////// ");
                        q = q.jlink;
                    }
                }
            }
        }
    }

    public static void main(String[] args) {
        // TODO Auto-generated method stub
        creategraph();
    }

    // 邻接多重表存储结构下的图建立
    public static void creategraph() {
        Scanner reader = new Scanner(System.in);
        System.out.println("请输入图的种类:2 表示 UDG/3 表示 UDN");
        int kind = reader.nextInt();
        System.out.println("请输入图的顶点个数 n = ");
        int n = reader.nextInt();
        // 建立长度为 n 的 String 型数组
        String[] vertixarray = new String[n];
        System.out.println("请分别输入 n 个顶点");
        for (int i = 1; i <= n; i++) {
            System.out.println("第" + i + "个顶点为");
            vertixarray[i - 1] = reader.next().trim();
        }
        System.out.println("请输入边的数目 = ");
        int NumEdges = reader.nextInt();
        switch (kind) {
        case 2:             // 无权值无向图
        {
            MultiAdjList g = new MultiAdjList(vertixarray, kind);
            for (int k = 1; k <= NumEdges; k++) {
                System.out.println("请输入第" + k + "条边的第一个顶点");
                String v = reader.next().trim();
                System.out.println("请输入第" + k + "条边的第二个顶点");
                String w = reader.next().trim();
                g.SetEdge(v, w, 0);
            }
            g.print();
            break;
        }
        case 3:             // 有权值无向图
        {
            MultiAdjList g = new MultiAdjList(vertixarray, kind);
```

```
        for (int k = 1; k <= NumEdges; k++) {
            System.out.println("请输入第" + k + "条边的第一个顶点");
            String v = reader.next().trim();
            System.out.println("请输入第" + k + "条边的第二个顶点");
            String w = reader.next().trim();
            System.out.println("请输入第" + k + "条边的权值");
            float weight = reader.nextFloat();
            g.SetEdge(v, w, weight);
        }
        g.print();
        break;
        }
      }
    }
}
```

## 7.2.4 十字链表

### 1. 十字链表存储结构

有向图的邻接表表示顶点的出度容易,有向图的逆邻接表表示顶点的入度容易。能不能设计一种存储结构使得求顶点的入度和出度都很容易呢?十字链表(linked list)可以看成是将有向图的邻接表和逆邻接表结合起来得到的一种链表,该链表对于顶点入度和出度的求解都比较容易。在十字链表中,对应于每个顶点有一个结点,对应于有向图的每一条弧有一个结点。

顶点结点有 3 个域,如图 7-26 所示。

| data | firstin | firstout |
|------|---------|----------|

图 7-26 顶点结点组成域

data:结点的数据域,保存结点的数据值。

firstin:结点的指针域,给出以该结点为弧头的第一条弧的地址。

firstout:结点的指针域,给出以该结点为弧尾的第一条弧的地址。

弧结点有 5 个域,如图 7-27 所示。

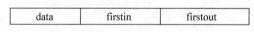

| info | tailvex | headvex | hlink | tlink |
|------|---------|---------|-------|-------|

图 7-27 弧结点组成域

info:弧结点的数据域,保存弧的权值等。

tailvex:弧尾。

headvex:弧头。

hlink:弧头相同的弧中的下一条弧的地址。

tlink:弧尾相同的弧中的下一条弧的地址。

有向图 $G_1$ 的十字链表存储结构如图 7-28 所示。

在图 7-28 中,以顶点 $A$ 为弧尾的第一条弧是$<0,1>$,即$<A,B>$,以顶点 $A$ 为弧尾的第二条弧是$<0,2>$,即$<A,C>$;以顶点 $A$ 为弧头的第一条弧是$<2,0>$,即$<C,A>$,以顶点 $A$ 为弧头的第二条弧是$<3,0>$,即$<D,A>$。

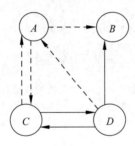

(a) 有向图$G_1$

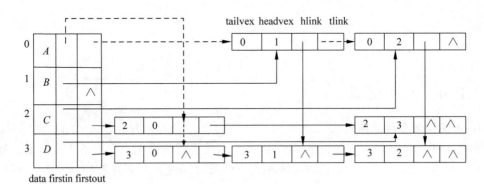

(b) 十字链表存储结构

**图 7-28 有向图 $G_1$ 及其十字链表存储结构**

## 2. 十字链表存储结构下的基本操作实现

基本操作的实现代码如下。

```java
import java.util.Scanner;

class OListNode                     // 十字链表结点
{
    public int tailvex, headvex;    // 弧尾,弧头
    public float weight;            // 弧的权值
    public OListNode tlink, hlink;  // 十字链表结点引用
    // 构造器

    public OListNode() {
        tailvex = 0;
        headvex = 0;
        weight = 0;
        tlink = null;
        hlink = null;
    }

    public OListNode(int vex1, int vex2) {
        tailvex = vex1;
        headvex = vex2;
        weight = 0;
        tlink = null;
        hlink = null;
    }
```

```
        // 构造器
        public OListNode(int vex1, int vex2, float value) {
            tailvex = vex1;
            headvex = vex2;
            weight = value;
            tlink = null;
            hlink = null;
        }
    }
```

```
// 十字链表的顶点结点类 VexNode10 有 3 个成员字段：data,存储图的顶点本身的信息,其类型是
// String;firsttailarc,存储以该顶点为弧尾的第 1 个弧结点的地址,其类型是 OListNode;
// firstheadarc,存储以该顶点为弧头的第 1 个弧结点的地址,其类型是 OListNode; VexNode10
class VexNode10 {
    public String data;              // 图的顶点
    public OListNode firsttailarc;   // 以该顶点为弧尾的第 1 个弧结点
    public OListNode firstheadarc;   // 以该顶点为弧头的第 1 个弧结点

    public VexNode10() {
        data = null;
        firsttailarc = null;
        firstheadarc = null;
    }

    // 构造器
    public VexNode10(String nd) {
        data = nd;
        firsttailarc = null;
        firstheadarc = null;
    }

    // 构造器
    public VexNode10(String nd, OListNode alNode1, OListNode alNode2) {
        data = nd;
        firsttailarc = alNode1;
        firstheadarc = alNode2;
    }
}
```

```
public class OList {
    // 邻接表数组
    public VexNode10[] OListarray;
    public int kind;                 // 图的标志种类

    // 构造器
    public OList(String[] nodes, int a) {
        OListarray = new VexNode10[nodes.length];
        for (int i = 0; i < nodes.length; ++i) {
            OListarray[i] = new VexNode10();
            OListarray[i].data = nodes[i];
            OListarray[i].firsttailarc = null;
            OListarray[i].firstheadarc = null;
        }
        kind = a;
    }

    // 获取顶点的数目
```

```java
public int GetNumOfVertex() {
    return OListarray.length;
}

// 获取边的数目
public int GetNumOfEdge() {
    int i = 0;
    // 遍历邻接表数组
    for (VexNode10 nd : OListarray) {
        OListNode p = nd.firsttailarc;
        while (p != null) {
            ++i;
            p = p.tlink;

        }
    }
    return i;
}

// 判断 v 是否为图的顶点
public boolean IsNode(String v) {
    // 遍历邻接表数组
    for (VexNode10 nd : OListarray) {
        // 如果 v 等于 nd 的 data,则 v 是图中的顶点,返回 true
        if (v.equals(nd.data)) {
            return true;
        }
    }
    return false;
}

// 获取顶点 v 在邻接表数组中的索引
public int GetIndex(String v) {
    int i = -1;
    // 遍历邻接表数组
    for (i = 0; i < OListarray.length; ++i) {
        // 如果邻接表数组第 i 项的 data 值等于 v,则顶点 v 的索引为 i
        if (OListarray[i].data.equals(v)) {
            return i;
        }
    }
    return i;
}

// 在顶点 v1 和 v2 之间添加权值为 v 的边
public void SetArc(String v1, String v2, float value)
{
    // v1 或 v2 不是图的顶点或者 v1 和 v2 之间存在边
    if (!IsNode(v1) || !IsNode(v2) || IsArc(v1, v2)) {
        System.out.println("Node is not belong to Graph!");
        return;
    }
    // 处理顶点 v1 的邻接表
    OListNode p = new OListNode(GetIndex(v1), GetIndex(v2), value);
    // 顶点 v1 没有邻接顶点
    if (OListarray[GetIndex(v1)].firsttailarc == null) {
        OListarray[GetIndex(v1)].firsttailarc = p;
```

```
    }
    // 顶点 v1 有邻接顶点
    else {
        p.tlink = OListarray[GetIndex(v1)].firsttailarc;
        OListarray[GetIndex(v1)].firsttailarc = p;
    }
    // 处理顶点 v2 的邻接表

    // 顶点 v2 没有邻接顶点
    if (OListarray[GetIndex(v2)].firstheadarc == null) {
        OListarray[GetIndex(v2)].firstheadarc = p;
    }
    // 顶点 v1 有邻接顶点
    else {
        p.hlink = OListarray[GetIndex(v2)].firstheadarc;
        OListarray[GetIndex(v2)].firstheadarc = p;
    }
}

// 删除顶点 v1 和 v2 之间的弧, v1 是弧尾, v2 是弧头
public void DelArc(String v1, String v2) {
    // v1 或 v2 不是图的顶点
    if (!IsNode(v1) || !IsNode(v2)) {
        System.out.println("Node is not belong to Graph!");
        return;
    }
    // 顶点 v1 与 v2 之间有弧
    if (IsArc(v1, v2)) {
        // 将(v1,v2)的弧结点从 v1 的弧尾链表中删除
        OListNode p = OListarray[GetIndex(v1)].firsttailarc;
        OListNode pre = null;
        while (p != null) {
            if (p.headvex != GetIndex(v2)) {
                pre = p;
                p = p.tlink;
            }
        }

        pre.tlink = p.tlink;

        // 将(v1,v2)的弧结点从 v2 的弧头链表中删除
        p = OListarray[GetIndex(v2)].firstheadarc;
        pre = null;
        while (p != null) {
            pre = p;
            p = p.hlink;
        }
        pre.hlink = p.hlink;
    }
}

// 判断 v1 和 v2 之间是否存在弧
public boolean IsArc(String v1, String v2) {
    // v1 或 v2 不是图的顶点
    if (!IsNode(v1) || !IsNode(v2)) {
        System.out.println("Node is not belong to Graph!");
        return false;
```

```
        }
        OListNode p = OListarray[GetIndex(v1)].firsttailarc;
        while (p != null) {
            if (p.headvex == GetIndex(v2)) {
                return true;
            }
            p = p.tlink;
        }
        return false;
    }

    public void print() {
        // 输出所建立的十字链表
        for (int i = 1; i <= GetNumOfVertex(); i++)        // 先输出弧尾链表
        {
            System.out.println();
            VexNode10 p = new VexNode10();
            OListNode q = new OListNode();
            OListNode q1 = new OListNode();
            p = OListarray[i - 1];
            System.out.print(p);
            System.out.print(" ");
            System.out.print(i - 1);
            System.out.print(" " + p.data + " ");
            q = p.firsttailarc;
            q1 = p.firstheadarc;
            while (q != null) {
                System.out.print(q);
                System.out.print(" ");
                System.out.print(q1);
                System.out.print(" ");
                System.out.print(q.tailvex);
                System.out.print(" ");
                System.out.print(q.tlink);
                System.out.print(" ");
                System.out.print(q.headvex);
                System.out.print(" ");
                System.out.print(q.hlink);
                System.out.print(" ");
                System.out.print(q.weight);
                q = q.tlink;
                System.out.print("//////// ");
            }
        }
    }

    // 十字链表存储结构下的图建立
    public static void creategraph() {
        Scanner reader = new Scanner(System.in);
        System.out.println("请输入图的种类:0 表示 DG/1 表示 DN");
        int kind = reader.nextInt();
        System.out.println("请输入图的顶点个数 n = ");
        int n = reader.nextInt();
        String[] vertixarray = new String[n];
        System.out.println("请分别输入 n 个顶点");
        for (int i = 1; i <= n; i++) {
            System.out.println("第" + i + "个顶点为");
```

```
            vertixarray[i - 1] = reader.next().trim();
        }
        System.out.println("请输入弧的数目 = ");
        int NumEdges = reader.nextInt();
        switch (kind) {
        case 0:                            // 无权值有向图
        {
            OList g = new OList(vertixarray, kind);
            for (int k = 1; k <= NumEdges; k++) {
                System.out.println("请输入第" + k + "条弧的弧尾");
                String v = reader.next().trim();
                System.out.println("请输入第" + k + "条弧的弧头");
                String w = reader.next().trim();
                g.SetArc(v, w, 0);
            }
            g.print();
        }
            break;
        case 1:                            // 有权值有向图
        {
            OList g = new OList(vertixarray, kind);
            for (int k = 1; k <= NumEdges; k++) {
                System.out.println("请输入第" + k + "条弧的弧尾");
                String v = new String(reader.next());
                System.out.println("请输入第" + k + "条弧的弧头");
                String w = new String(reader.next());
                System.out.println("请输入第" + k + "条弧的权值");
                float weight = reader.nextFloat();
                g.SetArc(v, w, weight);
            }
            g.print();
        }
            break;
        }
    }

    public static void main(String[] args) {
        creategraph();
    }
}
```

# 7.3　图的遍历

视频讲解

　　与树的遍历类似,从图中某一顶点出发访遍图中其他顶点,且使每个顶点仅被访问一次,这一过程就叫作图的遍历。图的遍历算法是求解图的连通性问题、拓扑排序和求关键路径等算法的基础。

　　然而,图的遍历要比树的遍历复杂得多,因为图的任一顶点都可能与其他顶点相连接。在访问了某个顶点之后,可能沿着某条路径搜索又回到该顶点上。例如,在图 7-7 的无向图 $G_2$ 中,由于图中存在回路,因此在访问了 $V_1,V_2,V_3,V_4$ 之后,沿着边 $(V_4,V_1)$ 又可访问到 $V_1$。为了避免同一顶点被访问多次,在遍历图的过程中,必须记下每个已访问的顶点。为此可以设一个辅助数组 visited$[0..n-1]$,将其初始值置为"假"或 0,一旦访问了顶点 $V_i$,

便置 visited[$i$] 为"真"或者被访问时的次序号。

常用的两种遍历图的方式为深度优先搜索和广度优先搜索,对无向图和有向图都适用。

## 7.3.1　深度优先遍历

深度优先搜索遍历类似于树的先根遍历,是树的先根遍历的推广。

首先访问出发点 $v$,将其标记为已访问过。然后依次从 $v$ 出发搜索 $v$ 的每个邻接点 $w$,若 $w$ 未曾访问过,则以 $w$ 为新的出发点继续进行深度优先遍历,直至图中所有与 $v$ 有路径相通的顶点均已被访问过为止。若此时图中仍有未访问过的结点,则选一个未访问过的结点作为源点重复上述操作,直至所有结点均已被访问过。

无向图的遍历如图 7-29 所示。

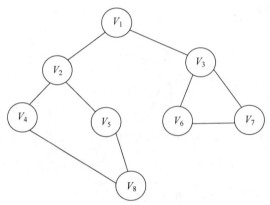

图 7-29　无向图的遍历

在图 7-29 中,假设从 $V_1$ 出发进行深度优先遍历,其过程如下。

(1) 访问 $V_1$,给 $V_1$ 做上访问标记。

(2) 访问 $V_1$ 的某一邻接点 $V_2$,给 $V_2$ 做上访问标记。

(3) 访问 $V_2$ 的某一邻接点 $V_4$,给 $V_4$ 做上访问标记。

(4) 访问 $V_4$ 的某一邻接点 $V_8$,给 $V_8$ 做上访问标记。

(5) 访问 $V_8$ 的某一邻接点 $V_5$,给 $V_5$ 做上访问标记。

(6) $V_5$ 的所有邻接点都已被访问过,按照访问路径返回,首先返回到 $V_8$。

(7) $V_8$ 的所有邻接点都已被访问过,返回到 $V_4$。

(8) $V_4$ 的所有邻接点都已被访问过,返回到 $V_2$。

(9) $V_2$ 的所有邻接点都已被访问过,返回到 $V_1$。

(10) 访问 $V_1$ 的另一邻接点 $V_3$,给 $V_3$ 做上访问标记。

(11) 访问 $V_3$ 的邻接点 $V_6$,给 $V_6$ 做上访问标记。

(12) 访问 $V_6$ 的邻接点 $V_7$,给 $V_7$ 做上访问标记。

这时所有的结点都已被访问过,深度优先遍历过程完成,得到顶点序列: $V_1,V_2,V_4,$ $V_8,V_5,V_3,V_6,V_7$。显然,这是一个递归的过程。

下面以图的邻接表存储结构为例实现图的深度优先遍历算法。在类中增设了一个整型数组的成员字段 visited,它的初始值全为 0,表示图中所有的顶点都没有被访问过。如果顶

点 $V_i$ 被访问, visited$[i-1]$ 为 1, 并以此作为无向图的邻接表类 GraphAdjList 的成员方法。

由于增设了成员字段 visited, 因此在类的构造器中添加部分代码。

```java
public GraphAdjList(String[] nodes) {
    adjList = new VexNode[nodes.length];
    for (int i = 0; i < nodes.length; ++i) {
        adjList[i].data = nodes[i];
        adjList[i].firstAdj = null;
    }
    kind = 0;
    // 以下为添加的代码
    visited = new int[adjList.length];
    for (int i = 0; i < visited.length; ++i) {
        visited[i] = 0;
    }
}
public GraphAdjList(String[] nodes, int value) {
    adjList = new VexNode[nodes.length];
    for (int i = 0; i < nodes.length; ++i) {
        adjList[i] = new VexNode();
        adjList[i].data = nodes[i];
        adjList[i].firstAdj = null;
    }
    kind = value;
    // 以下为添加的代码
    visited = new int[nodes.length];
    for (int i = 0; i < visited.length; ++i) {
        visited[i] = 0;
    }
}
// 深度优先遍历
public void DFS() {
    for (int i = 0; i < visited.length; ++i)
        visited[i] = 0;
    for (int i = 0; i < visited.length; ++i) {
        if (visited[i] == 0) {
            DFSAL(i);
        }
    }
}

// 从某个顶点出发进行深度优先遍历
public void DFSAL(int i) {
    visited[i] = 1;
    System.out.println(adjList[i].data);
    adjListNode p = adjList[i].firstAdj;
    while (p != null) {
        if (visited[p.adjvex] == 0) {
            DFSAL(p.adjvex);
        }
        p = p.next;
    }
}
```

分析该算法可知, 在遍历图时, 对图中每个顶点至多调用一次 DFSAL() 方法, 因为一旦某个顶点被标记成已被访问, 就不再从它出发进行遍历。遍历图的过程实质上是对每个顶点查找其邻接顶点的过程,其时间复杂度取决于所采用的存储结构。当采用邻接矩阵作为图的存储结构时,查找每个顶点的邻接顶点的时间复杂度为 $O(n^2)$,其中 $n$ 为图的顶点数。当采用邻接表作为图的存储结构时,查找邻接顶点的时间复杂度为 $O(e)$,其中 $e$ 为图中边或弧的数目。因此,当以邻接表作为存储结构时,深度优先遍历图的时间复杂度为 $O(n+e)$。

## 7.3.2　广度优先遍历

假设从图中某顶点出发,在访问了 $V_i$ 之后依次访问 $V_i$ 的各个未曾访问过的邻接点,然后分别从这些邻接点出发依次访问它们的邻接点,并使"先被访问的顶点的邻接点"先于"后被访问的顶点的邻接点"被访问,直至图中所有已被访问的顶点的邻接点都被访问到。换句话说,广度优先搜索遍历图的过程是以 $V_i$ 为起始点,由近及远地依次访问与 $V_i$ 有路径相通且路径长度为 $1,2,\cdots,n$ 的顶点。

在图 7-29 中,假设从 $V_1$ 出发进行广度优先遍历,其过程如下。

(1) 访问 $V_1$,给 $V_1$ 做上访问标记。

(2) 访问 $V_1$ 的邻接点 $V_2$、$V_3$,给 $V_2$、$V_3$ 做上访问标记。

(3) 访问 $V_2$ 的邻接点 $V_4$、$V_5$,给 $V_4$、$V_5$ 做上访问标记。

(4) 访问 $V_3$ 的邻接点 $V_6$、$V_7$,给 $V_6$、$V_7$ 做上访问标记。

(5) 访问 $V_4$ 的邻接点 $V_8$,给 $V_8$ 做上访问标记。

这时所有的结点都已访问过,广度优先遍历过程完成,得到顶点序列:$V_1,V_2,V_3,V_4,V_5,V_6,V_7,V_8$。

以邻接表作为无向图的存储结构,其广度优先遍历算法的实现代码如下,其中队列是循环顺序队列。

```
// 广度优先遍历
public void BFS() {
    for (int i = 0; i < visited.length; ++i)
        visited[i] = 0;
    for (int i = 0; i < visited.length; ++i) {
        if (visited[i] == 0) {
            BFSAL(i);
        }
    }
}
// 从某个顶点出发进行广度优先遍历
public void BFSAL(int i) {
    visited[i] = 1;
    System.out.println(adjList[i].data);
    CSeqQueue < Integer > cq = new CSeqQueue < Integer >(visited.length);
    cq.In(i);
    while (!cq.IsEmpty()) {
        int k = cq.Out();
        adjListNode p = adjList[k].firstAdj;
        while (p != null) {
            if (visited[p.adjvex] == 0) {
                visited[p.adjvex] = 1;
                System.out.println(adjList[p.adjvex].data);
                cq.In(p.adjvex);
            }
```

```
            p = p.next;
        }
    }
}
```

　　分析该算法可知,每个顶点至多入队列一次。遍历图的过程实质上是通过边或弧查找邻接顶点的过程,因此广度优先遍历算法的时间复杂度与深度优先遍历相同,两者的不同之处在于对顶点的访问顺序不同。

# 7.4　图的连通性问题

## 7.4.1　无向图的连通分量和生成树

　　在对无向图进行遍历时,对于连通图,仅需从图中任意顶点出发,进行深度优先搜索或广度优先搜索,便可访问到图中所有结点;对于非连通图,则需从多个顶点出发进行搜索,而每一次从一个新的起始点出发进行搜索得到的顶点访问序列恰为其各个连通分量中的顶点集。例如,对于图 7-30(a)中的非连通图,按照图 7-31 所示的邻接表进行深度优先搜索遍历,3 次调用广度优先遍历过程(分别从顶点 A、D 和 G 出发)得到的顶点访问序列分别为 $A$、$L$、$M$、$J$、$B$、$F$、$C$;$D$、$E$;$G$、$K$、$H$、$I$。

　　这 3 个顶点集分别加上所有依附于这些顶点的边,便构成了图 7-30(a)中的非连通图的 3 个连通分量,如图 7-30(b)所示。

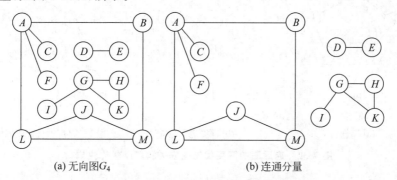

(a) 无向图$G_4$　　　　　　　　　　(b) 连通分量

**图 7-30　无向图 $G_4$ 及其连通分量**

　　设 $E(G)$ 为连通图 $G$ 中所有边的集合,则从图中任意顶点出发遍历图时,必定将 $E(G)$ 分成两个集合 $T(G)$ 和 $B(G)$,其中 $T(G)$ 为遍历图的过程中经过的边的集合,$B(G)$ 是剩余的边的集合。显然,$T(G)$ 和图 $G$ 中所有顶点一起构成连通图 $G$ 的极小连通子图,按照 7.1 节的定义,它是连通图的一棵生成树。由深度优先搜索得到的是深度优先生成树,由广度优先搜索得到的是广度优先生成树。例如,图 7-32(b)和图 7-32(c)分别是图 7-32(a)的深度优先生成树和广度优先生成树,其中标虚线的边为集合 $B(G)$ 中的边。

　　又如,图 7-33(b)为 7-33(a)非连通图的深度优先生成森林,它由 3 棵深度优先生成树构成。

　　假设以邻接表作为图的存储结构,以孩子兄弟链表作为森林的存储结构,则作为类 GraphAdjList 方法的深度优先生成森林和深度优先生成树的算法如下。

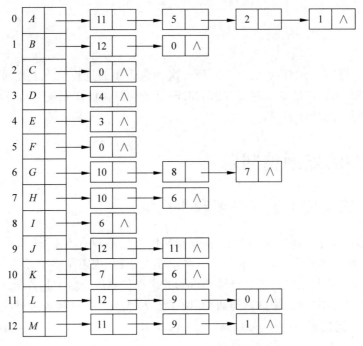

图 7-31　无向图 $G_4$ 的邻接表存储结构

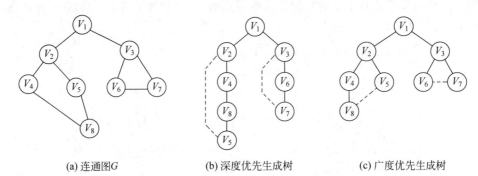

(a) 连通图$G$　　　　(b) 深度优先生成树　　　　(c) 广度优先生成树

图 7-32　连通图的深度优先生成树和广度优先生成树

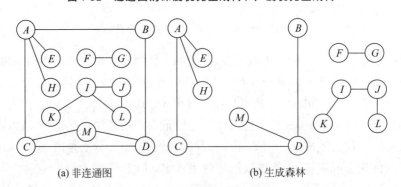

(a) 非连通图　　　　　　　(b) 生成森林

图 7-33　非连通图的生成森林

```java
public CSNode < String > dfsforest() {
    CSNode < String > p, q;
    q = new CSNode < String >();
```

```
        CSNode < String > head = null;
        visited = new int[GetNumOfVertex()];
        for (int i = 0; i < GetNumOfVertex(); i++)
            visited[i] = 0;
        for (int i = 0; i < GetNumOfVertex(); i++)
            if (visited[i] == 0) {              // 获取图的第 i 个结点
                String t = adjList[i].data;     // 令 p 等于图的第 i 个结点
                p = new CSNode < String >(t, null, null);
                if (head == null) {
                    head = p;                   // 是第一棵生成树的根
                } else
                    q.nextSibling = p;          // 是其他生成树的根(前一棵根的兄弟)
                q = p;                          // q 指示当前生成树的根
                p = Dfstree(i, p);              // 建立以 p 为根的生成树
            }
        return head;
    }
    CSNode < String > Dfstree( int i, CSNode < String > head) {
        visited[i] = 1;
        boolean first = true;
        int w;
        adjListNode v = new adjListNode(0, 0);
        CSNode < String > q = new CSNode < String >();
        v = adjList[i].firstAdj;
        if (!(v == null)) {
            w = adjList[i].firstAdj.adjvex;
            while (!(v == null)) {              // w 为 i 的第一个邻接点在顶点数组中的下标
                if (visited[w] == 0) {
                    CSNode < String > p = new CSNode < String >(adjList[w].data, null, null);
                    // 建立二叉链表结点
                    if (first == true)          // w 是 v 的第一个未被访问的邻接顶点
                    {
                        head.firstChild = p;    // 根的左孩子结点
                        first = false;
                    } else {                    // w 是 v 的其他未被访问的邻接顶点
                        q.nextSibling = p;      // 上一邻接点的右兄弟结点
                    }
                    q = p;
                    q = Dfstree(w, q);
                        // 从第 w 个顶点出发深度优先遍历图 g,建立生成树 q
                }
                v = v.next;
                if (!(v == null))
                    w = v.adjvex;
            }
        }
        return head;
    }
```

孩子兄弟链表的链表结点定义如下。

```
class CSNode < T > {
    public T data;                      // 数据域
    public CSNode < T > firstChild;     // 左孩子引用
    public CSNode < T > nextSibling;    // 右兄弟引用
    // 3 个参数构造器
```

```java
        public CSNode(T val, CSNode < T > lp, CSNode < T > rp) {
            data = val;
            firstChild = lp;
            nextSibling = rp;
        }

        // 两个参数构造器
        public CSNode(CSNode < T > lp, CSNode < T > rp) {
            firstChild = lp;
            nextSibling = rp;
        }

        // 一个参数构造器
        public CSNode(T val) {
            data = val;
            firstChild = null;
            nextSibling = null;
        }

        // 无参构造器
        public CSNode() {
            firstChild = null;
            nextSibling = null;
        }
    }
```

## 7.4.2  有向图的强连通分量

深度优先搜索是求有向图的强连通分量的一个有效方法。假设以十字链表作为有向图的存储结构,则求强连通分量的步骤如下。

(1) 在有向图 $G$ 上,从某点出发沿以该点为尾的弧进行深度优先搜索遍历,并按其所有邻接点的搜索都完成(即退出 DFSAL( )方法)的顺序将顶点排列起来。此时需要对 7.3.1 节中的算法进行两点修改:①在进入 DFS( )方法之前进行计数变量的初始化,即在入口处加上 count=0 的语句。②在退出 DFSAL(int i )方法之前将完成搜索的顶点号记录在另一个辅助数组 finished[vexnum]中,即在 DFSAL( )方法结束之前加上 finished[count++]=i 的语句。该步骤的算法实现如下。

```java
// 深度优先遍历
 public void DFS() {
     count = 0;
     for (int i = 0; i < visited. length; ++i)
         visited[i] = 0;
     for (int i = 0; i < visited. length; ++i) {
         if (visited[i] == 0) {
             DFSAL(i);
         }
     }
 }

// 从某个顶点出发进行深度优先遍历
public void DFSAL(int i) {
    visited[i] = 1;
    System.out.println(adjList[i].data);
```

```
    adjListNode p = adjList[i].firstAdj;
    while (p != null) {
        if (visited[p.adjvex] == 0) {
            DFSAL(p.adjvex);
        }
        p = p.next;
    }
    finished[count++] = i;
}
```

（2）在有向图 $G$ 上，从最后完成搜索的顶点（即 finished[vexnum－1]中的顶点）出发，沿着以该顶点为头的弧进行逆向的深度优先搜索遍历。若此次遍历不能访问到有向图中的所有顶点，则从余下的顶点中最后完成搜索的那个顶点出发，继续进行逆向的深度优先搜索遍历，以此类推，直至有向图中的所有顶点都被访问到为止。此时调用 DFS()需要进行修改：方法中第二个循环语句的边界条件应改为 $i$ 从 finished[vexnum－1]至 finished[0]。

至此，每次调用 DFSAL()进行逆向深度优先遍历所访问到的顶点集便是有向图 $G$ 中一个强连通分量的顶点集。

例如，在图 7-34 所示的有向图中，假设从顶点 $V_1$ 出发进行深度优先搜索遍历，得到 finished 数组中的顶点号为(1,3,2,0)；再从顶点 $V_1$ 出发进行逆向的深度优先搜索遍历，得到两个顶点集$\{V_1,V_3,V_4\}$和$\{V_2\}$。这就是该有向图的两个强连通分量的顶点集。

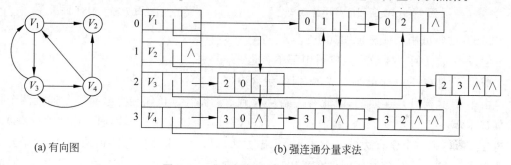

(a) 有向图          (b) 强连通分量求法

**图 7-34 有向图及其强连通分量求法**

上述求强连通分量的第二步的实质：（1）构造一个有向图 $G_r$，设 $G=(V,\{A\})$，则 $G_r=(V,\{A_r\})$，对于所有$<V_i,V_j>\in A$，必有$<V_j,V_i>\in A_r$，即 $G_r$ 中拥有与 $G$ 方向相反的弧。（2）在有向图 $G_r$ 上，从顶点 finished[vexnum－1]出发进行深度优先搜索遍历。可以证明，在 $G_r$ 上所得的深度优先生成森林中的每一棵树的顶点集即为 $G$ 的强连通分量的顶点集。

显然，利用遍历求强连通分量的时间复杂度与遍历也相同。

## 7.4.3 最小生成树

### 1. 定义

视频讲解

连通图的生成树有多棵，将这些生成树中边的权值（代价）之和最小的树称为最小代价生成树（简称最小生成树）。有的连通图只有一棵最小生成树，有的连通图有两棵或两棵以上的最小生成树。例如，图 7-35(a)的最小生成树是 7-35(b)。

最小生成树是如何求出来的呢？求最小生成树的算法有很多，大部分算法都利用了

MST(Minimum Spanning Cost)性质。

### 2. MST 性质

假设 $G=\{V,E\}$ 是一个连通图,$U$ 是结点集合 $V$ 的一个非空子集。若顶点 $u$ 属于 $U$,顶点 $v$ 属于 $V-U$,$(u,v)$ 是连接 $U$ 和 $V-U$ 一条代价最小的边,则必存在一棵包括边 $(u,v)$ 在内的最小代价生成树。例如,图 7-36 中的顶点集合 $V=\{V_1,V_2,V_3,V_4,V_5,V_6\}$,$U=\{V_1,V_2,V_3\}$ 是顶点集合 $V=\{V_1,V_2,V_3,V_4,V_5,V_6\}$ 的一个子集,则 $V-U=\{V_4,V_5,V_6\}$。连接 $U$ 和顶点集 $V-U$ 的边有 5 条,即 $\{(V_2,V_5)=3,(V_3,V_5)=6,(V_3,V_6)=4,(V_3,V_4)=5,(V_1,V_4)=5)\}$。由于 $(V_2,V_5)=3$ 是连接这两个顶点集的代价最小的边,因此必然存在一棵包含边 $(V_2,V_5)$ 的最小生成树。图 7-35(b)所示的最小生成树就包括这条边。

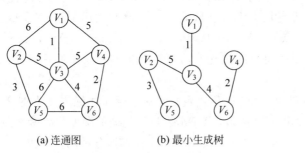

(a) 连通图      (b) 最小生成树

图 7-35 连通图的最小生成树

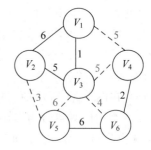

图 7-36 MST 性质

MST 性质可用反证法证明如下。

假设 $G$ 的任何一棵最小生成树中都不含边 $(u,v)$。

假设 $T$ 是 $G$ 的一棵最小生成树,但不包含边 $(u,v)$。

由于 $T$ 是树且是连通的,因此有一条从 $u$ 到 $v$ 的路径。该路径上必有一条连接两个顶点集 $U$ 和 $V-U$ 的边 $(u',v')$,其中 $u'\in U$,$v'\in V-U$,否则 $u$ 和 $v$ 不连通。当将边 $(u,v)$ 加入树 $T$ 时,得到一个含有边 $(u,v)$ 的回路。删去边 $(u',v')$,上述回路即被消除,由此得到另一棵生成树 $T'$,$T'$ 和 $T$ 的区别仅在于用边 $(u,v)$ 取代了 $T$ 中的边 $(u',v')$。因为 $(u,v)$ 的权小于 $(u',v')$ 的权,故 $T'$ 的权小于 $T$ 的权,因此 $T'$ 才是 $G$ 的最小生成树,这与原假设矛盾。

### 3. 求最小生成树的算法

(1) Prim 算法。

Prim 算法的基本描述:设 $G=(V,E)$ 是连通网;$U$ 是最小生成树的顶点集,TE 是最小生成树的边集;算法从 $U=\{u_0\}$($u_0\in V$,是图 $G$ 的任意一个顶点),TE $=\{\}$ 开始。在连接 $U$ 和 $V-U$ 两个顶点集的边中查找一条代价最小的边,将其加入 TE 中,并将这条边在 $V-U$ 中的顶点加入 $U$ 中。重复上述过程,直至 $U=V$ 为止。

例如,图 7-37 为利用 Prim 算法构造最小生成树的过程。

为实现该算法需要附设一个辅助数组 closedge,以记录从 $U$ 到 $V-U$ 的代价最小的边。对于每个顶点 $V_i\in V-U$,在辅助数组中存在一个相应分量 closedge$[i-1]$,它包括两个域,其中 lowcost 存储该边上的权。显然,closedge$[i-1]$.lowcost $=\min\{\text{cost}(u,V_i)\mid u\in U\}$,adjvex 域存储该边依附在 $U$ 中的顶点。

例如,在图 7-37 的构造过程中,辅助数组各分量值的变化如表 7-1 所示。

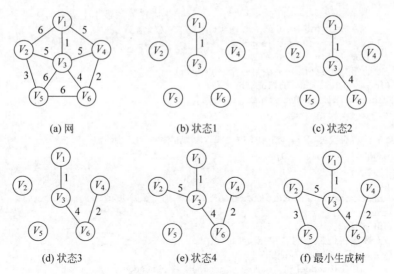

(a) 网　　　　　　　　(b) 状态1　　　　　　　　(c) 状态2

(d) 状态3　　　　　　　(e) 状态4　　　　　　　(f) 最小生成树

**图 7-37　用 Prim 算法构造最小生成树的过程**

**表 7-1　构造最小生成树过程中的辅助数组各分量的值**

| $i$ <br>closedge | 1 | 2 | 3 | 4 | 5 | $U$ | $V-U$ | $k$ |
|---|---|---|---|---|---|---|---|---|
| adjvex | $V_1$ | $V_1$ | $V_1$ | | | $\{V_1\}$ | $\{V_2,V_3,V_4,V_5,V_6\}$ | 2 |
| lowcost | 6 | 1 | 5 | | | | | |
| adjvex | $V_3$ | | $V_1$ | $V_3$ | $V_3$ | $\{V_1,V_3\}$ | $\{V_2,V_4,V_5,V_6\}$ | 5 |
| lowcost | 5 | 0 | 5 | 6 | 4 | | | |
| adjvex | $V_3$ | | $V_6$ | $V_3$ | | $\{V_1,V_3,V_6\}$ | $\{V_2,V_4,V_5\}$ | 3 |
| lowcost | 5 | 0 | 2 | 6 | 0 | | | |
| adjvex | $V_3$ | | | $V_3$ | | $\{V_1,V_3,V_6,V_4\}$ | $\{V_2,V_5\}$ | 1 |
| lowcost | 5 | 0 | 0 | 6 | 0 | | | |
| adjvex | | | | $V_2$ | | $\{V_1,V_3,V_6,V_4,V_2\}$ | $\{V_5\}$ | 4 |
| lowcost | 0 | 0 | 0 | 6 | 0 | | | |
| adjvex | | | | | | $\{V_1,V_3,V_6,V_4,V_2,V_5\}$ | $\{\}$ | |
| lowcost | 0 | 0 | 0 | 0 | 0 | | | |

初始状态时,由 $U=\{V_1\}$ 找到 $V-U$ 中各顶点的最小边,即从依附于顶点 $V_1$ 的各条边中,找到一条代价最小的边 $(V_1,V_3)$ 为生成树上的第一条边;同时将 $V_3$ 并入集合,并修改辅助数组中的值。接着,将 closedge[2]. lowcost 改为"0",表示顶点 $V_3$ 已并入集合 $U$。然后,由于边 $(V_3,V_2)$ 上的权值小于 closedge[1]. lowcost,因此需要修改 closedge[1] 为边 $(V_3,V_2)$ 及其权值。同理,修改 closedge[4] 和 closedge[5]。以此类推,直到 $U=V$。

假设以二维数组表示网的邻接矩阵,且令两个顶点之间不存在的边的权值为可允许的最大值(Integer. MAX_VALUE)。下面在邻接矩阵存储结构下利用 Prim 算法求最小生成树,其中 prim()作为类 GraphAdjMatrix $<T>$ 的一个方法。

```
class com {
    public int lowcost;                   // 权值
    public int adjvex;                    // 顶点
}
public String Prim() {
```

```
        String minspantreeedgestring = "";        // 连通图最小生成树的连集字符串
        com[] closedge = new com[nodes.length];    //com 数组
        for (int i = 0; i < nodes.length; ++i)
            closedge[i] = new com();
        // 辅助数组初始化(该方法从第一个顶点开始)
        for (int i = 1; i < nodes.length; ++i) {
            closedge[i].lowcost = matrix[0][i];
            closedge[i].adjvex = 0;
        }
        // 某个顶点加入集合 U(该方法中是第一个顶点)
        closedge[0].lowcost = 0;
        closedge[0].adjvex = 0;
        for (int i = 1; i < nodes.length; ++i) {
            int mincost = Integer.MAX_VALUE;        // 最小权值
            int k = 1;
            int j = 1;
            // 选取权值最小的边和相应的顶点
            while (j < nodes.length) {
                if (closedge[j].lowcost < mincost && closedge[j].lowcost != 0) {
                    k = j;
                    mincost = closedge[j].lowcost;
                }
                ++j;
            }
            // (closedge[k].adjvex,k,closedge[k].lowcost)加入连接字符串
            minspantreeedgestring = minspantreeedgestring + "(" + nodes[closedge[k].adjvex] + ",
" + nodes[k] + "," + closedge[k].lowcost + ")" + " ";
            closedge[k].lowcost = 0;
            // 重新计算该顶点到其余顶点的边的权值
            for (j = 0; j < nodes.length; ++j) {
                if (matrix[k][j] < closedge[j].lowcost && closedge[j].lowcost != 0) {
                    closedge[j].lowcost = matrix[k][j];
                    closedge[j].adjvex = k;
                }
            }
        }
        return minspantreeedgestring;
    }
```

例如,对图 7-37(a)中的网,利用 Prim 算法将输出生成树的 5 条边: $(V_1,V_3,1)$,
$(V_3,V_6,4)$,$(V_6,V_4,2)$,$(V_3,V_2,5)$,$(V_2,V_5,3)$。

分析该算法可知,假设网中有 $n$ 个顶点,则第一个进行初始化的循环语句的频度为 $n$,
第二个循环语句的频度为 $n-1$。其中有两个是内循环: 一是在 closeedge[$v$].lowcost 中求
最小值,其频度为 $n-1$; 二是重新选择具有最小代价的边,其频度为 $n$。因此,Prim 算法的
时间复杂度为 $O(n^2)$,与网中的边数无关,从而适用于求边稠密的网的最小生成树。

求最小生成树还有很多其他算法,下面介绍另外一种算法: Kruskal 算法。

(2) Kruskal 算法。

Kruskal 算法的基本思想如下。

(1) 假设连通网 $N=(V,E)$,则令最小生成树的初始状态为只有 $n$ 个顶点而无边的非
连通图 $T=(V,\{\})$,图中每个顶点自成一个连通分量。

(2) 在 $E$ 中选择代价最小的边,若该边依附的顶点落在 $T$ 中不同的连通分量上,则将
此边加入 $T$ 中,否则舍去此边而选择下一条代价最小的边。

（3）以此类推，直至 $T$ 中所有顶点都在同一连通分量上为止。

图 7-38 为依照 Kruskal 算法构造一棵最小生成树的过程。代价分别为 $1,2,3,4$ 的 4 条边由于满足上述条件，则先后被加入 $T$ 中；代价为 5 的两条边 $(V_1,V_4)$ 和 $(V_3,V_4)$ 被舍去，因为它们依附的两顶点在同一连通分量上，若加入 $T$ 中会产生回路；下一条代价为 5 的最小的边 $(V_2,V_3)$ 连续两个连通分量，则可加入 $T$。

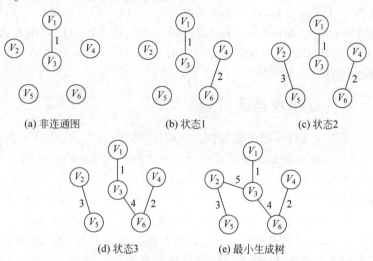

图 7-38　Kruskal 算法构造最小生成树的过程

#### 4. 最小生成树的应用

假设在 6 个城市 A 市、B 市、C 市、D 市、E 市、F 市之间建立通信网络，要求任意两个城市之间都能通信且构建费用最低。需要注意的是，有些城市之间由于自然条件或其他原因不能直接构建通信线路。

两个城市之间能直接构建通信线路的预估费用如下（单位：百万元）。

A 市—B 市＝6、A 市—C 市＝1、A 市—F 市＝5、B 市—C 市＝5、B 市—D 市＝3、C 市—D 市＝6、C 市—E 市＝4、C 市—F 市＝5、D 市—E 市＝6、E 市—F 市＝2。

解：（1）将杂乱无章的数据转换为有组织的数据，即将两个城市之间能直接构建的通信线路及预估费用，利用图 7-39 所示的有权值无向图表示。

（2）利用 Prim 算法或 Kruskal 算法求出图 7-39 的最小生成树，如图 7-40 所示。

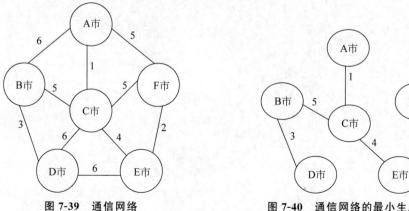

图 7-39　通信网络　　　　　图 7-40　通信网络的最小生成树

在保证任意两个城市之间都能通信的前提下,由最小生成树可以得出费用最省的构建方案:在A市—C市、F市—E市、B市—D市、C市—E市、B市—C市之间各建一条通信线路,总费用是1+2+3+4+5=15(百万元)=1500(万元)。

当问题规模较大,即城市数目多及任意两个城市之间可直接构建通信线路多时,手工求解不现实,必须利用计算机求解。此时需要为图选择一种合适的存储结构,并在该存储结构的基础上实现Prim算法、Kruskal算法或其他算法,从而求出图的最小生成树。本书基于邻接矩阵存储结构实现了利用Prim算法求解图的最小生成树。在邻接表、多重邻接表存储结构下的Prim算法实现,以及在邻接矩阵、邻接表、多重邻接表存储结构下的Kruskal算法实现,读者可作为练习自行实现。

## 7.4.4　关节点和重连通分量

如果在删去顶点 $v$ 及与 $v$ 相关联的各边之后,使得图的一个连通分量分割成两个或两个以上的连通分量,则称顶点 $v$ 为该图的一个关节点(articulation point)。一个没有关节点的连通图称为重连通图(biconnected graph)。在重连通图上,任意一对顶点之间至少存在两条路径,因此删除某个顶点及依附于该顶点的各边并不会破坏图的连通性。若在连通图上至少删除 $k$ 个顶点才能破坏图的连通性,则称此图的连通度为 $k$。关节点和重连通在实际中有较多应用。显然,一个表示通信网络的图的连通度越高,其系统越可靠,无论是哪个站点出现故障或遭到外界破坏,都不影响系统的正常工作。例如,一个航空网若是重连通的,则当某条航线因天气等某种原因关闭时,旅客仍可从别的航线绕道而行。又如,若将大规模集成电路的关键线路设计成重连通,则在某些元件失效的情况下,整个集成电路的功能不受影响。再如,在战争中,若要摧毁敌方的运输线,仅需破坏其运输网中的关节点即可。

例如,图7-41中的图 $G_5$ 是连通图,但不是重连通图。图中有4个关节点A、B、D和G。若删除顶点B及所有依附顶点B的边,则 $G_5$ 就被分割成3个连通分量{A、C、F、L、M、J}、{G、H、I、K}和{D、E}。类似地,若删除顶点A、D或G及所有依附于它们的边,则 $G_5$ 被分割成两个连通分量。因此,关节点也称为割点。

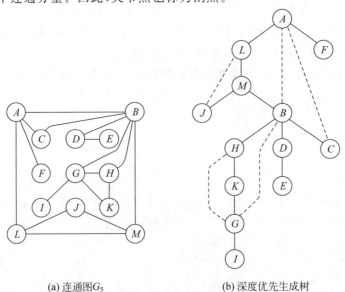

(a) 连通图 $G_5$　　　　　　　　(b) 深度优先生成树

**图 7-41　连通图 $G_5$ 及其深度优先生成树**

利用深度优先搜索便可求得图的关节点,并可由此判别图是否为重连通的。

图 7-41 所示为从顶点 $A$ 出发深度优先搜索遍历图 $G_5$ 所得的深度优先生成树,其中实线表示树边,虚线表示回边(即不在生成树上的边)。对树中任一顶点 $v$ 而言,其孩子结点为在它之后搜索到的邻接点,而其双亲结点和由回边联结的祖先结点是它之前搜索到的邻接点。由深度优先生成树可得出两类关节点的特性如下。

(1) 若生成树的根有两棵或两棵以上的子树,则此根顶点必为关节点。因为图中不存在联结不同子树中顶点的边。因此,若删除根顶点,生成树就会变成生成森林。例如,图 7-41 中的顶点 $A$。

(2) 若生成树中的某个非叶子顶点 $v$,其某棵子树的根与子树中的其他结点均没有指向 $v$ 的祖先的回边。则 $v$ 为关节点。因为若删除顶点 $v$,则其子树和图的其他部分就会被分割开。例如,图 7-41 中的顶点 $B$、$D$ 和 $G$。

若对图 Graph$=(V,\{$Edge$\})$重新定义遍历时的访问数组 visited,并引入一个新的数组 low,则由一次深度优先搜索遍历便可求得连通图中存在的所有关节点。

定义 visited$[v]$ 为深度优先搜索遍历连通图时访问顶点 $v$ 的次序号:
$$low[v]=min(visited[v],low[w],visited[k])$$
其中,$w$ 是顶点 $v$ 在深度优先生成树上的孩子结点;$k$ 是顶点 $v$ 在深度优先生成树上由回边联结的祖先结点;$(v,w)\in$Edge,$(v,k)\in$Edge。

若对于某个顶点 $v$,存在孩子结点 $w$ 且 low$[w]\geqslant$visited$[v]$,则该顶点 $v$ 必为关节点。因为当 $w$ 是 $v$ 的孩子结点时,low$[w]\geqslant$visited$[v]$,表明 $w$ 及其子孙均无指向 $v$ 的祖先的回边。

由定义可知,visited$[v]$ 值即 $v$ 在深度优先生成树的前序序列中的序号,只需将 DFSAL()方法中的前两个语句改为 visited$[v]=$++count(在 dfs()中设初值 count$=1$)即可;low$[v]$可由后序遍历深度优先生成树求得,而 $v$ 在后序序列中的次序与遍历时退出 DFSAL()方法的次序相同,由此修改深度优先搜索遍历的算法便可得到求关节点的算法。

求关节点的算法作为邻接表类 GraphAdjList 的一个方法,实现代码如下。

```
public void findarticul() {        // 查找并输出连通图上的全部关节点,全局量 count 对访问计数
    articalpoint = new boolean[GetNumOfVertex()];
    for (int i = 0; i < GetNumOfVertex(); i++)
        articalpoint[i] = false;
    //articalpoint 记录
    visited = new int[GetNumOfVertex()];
    low = new int[GetNumOfVertex()];
    count = 1;
    visited[0] = 1;
    int v;                         // 设定邻接表上的 0 号顶点为生成树的根
    for (int i = 1; i < GetNumOfVertex(); i++)
        visited[i] = 0;            // 其余顶点未访问
    adjListNode p = new adjListNode();
    p = adjList[0].firstAdj;
    v = p.adjvex;                  // 从第 v 个顶点出发深度优先查找关节点
    dfsarticul(v);
    if (count < GetNumOfVertex()) {    // 生成树的根有至少两棵子树
        articalpoint[0] = true;        // 根是关节点
        while (p.next != null) {
            p = p.next;
```

```
                        v = p.adjvex;
                        if (visited[v] == 0)
                            dfsarticul(v);
                    }
                }
            for (int i = 0; i < GetNumOfVertex(); i++)
                if (articalpoint[i] == true)        // 输出所有的关节点
                {
                    System.out.println(adjList[i].data);
                }
        }

    public void dfsarticul(int v0) {        // 从第 v0 个顶点出发深度优先遍历图 G,查找并输出关节点
        int min = ++count;
        visited[v0] = min;                  // v0 是第 count 个访问的顶点
        int w;
        adjListNode p = new adjListNode();
        for (p = adjList[v0].firstAdj; p != null; p = p.next) {      // 对 v0 的每个邻接顶点检查
            w = p.adjvex;                   // w 是 v0 的邻接点
            if (visited[w] == 0)            // w 未曾访问,是 v0 的孩子
            {
                dfsarticul(w);              // 返回前求得 low[w]
                if (low[w] < min)
                    min = low[w];
                if (low[w] >= visited[v0])  // 关节点
                    articalpoint[v0] = true;
            } else                          // w 已访问,w 是 v0 在生成树上的祖先
            if (visited[w] < min)
                min = visited[w];
        }
        low[v0] = min;
    }
```

邻接表 GraphAdjList 新增的 4 个成员变量 low、count、articalpoint、visited 如下,其构造方法及其他方法参考 7.2.2 节。VexNode 类定义和 adjListNode 定义见 7.2.2 节。

```
public class GraphAdjList {
    // 邻接表数组
    public VexNode[] adjList;
    public int kind;                // 图的标志种类,0 表示 DG,1 表示 DN,2 表示 UDG,3 表示 UDN
    public int[] low;               // 记录各个结点的 low 值
    public int count;               // 统计访问结点个数
    public boolean[] articalpoint;  // 记录顶点是否为关节点数组
    public int[] visited;           // 深度优先生成树前序序列中的序号
}
```

图 7-41 中各顶点计算所得的 visited 值和 low 值如表 7-2 所示。

表 7-2　各顶点计算所得 visited 值和 low 值

| 类　别 | 计 算 取 值 | | | | | | | | | | | | |
|---|---|---|---|---|---|---|---|---|---|---|---|---|---|
| $i$ | 0 | 1 | 2 | 3 | 4 | 5 | 6 | 7 | 8 | 9 | 10 | 11 | 12 |
| G. adjList[$i$].data | A | B | C | D | E | F | G | H | I | J | K | L | M |
| visited[$i$] | 1 | 5 | 12 | 10 | 11 | 13 | 8 | 6 | 9 | 4 | 7 | 2 | 3 |
| low[$i$] | 1 | 1 | 1 | 5 | 10 | 1 | 5 | 5 | 8 | 2 | 5 | 1 | 1 |
| 求得 low 值的顺序 | 13 | 9 | 8 | 7 | 6 | 12 | 3 | 5 | 2 | 1 | 4 | 11 | 10 |

在表 7-2 中，$J$ 是第一个求得 low 值的顶点，由于存在回边 $(J,L)$，$J$ 的下标是 9，$L$ 的下标是 11，则 $low[9]=Min\{visited[9]、visited[11]\}=2$。此外，上述算法中将指向双亲的树边也看成是回边，由于不影响关节点的判别，因此，为使算法简明起见，在算法中没有进行区分。

由于上述算法的过程就是一个遍历的过程，因此，求关节点的时间复杂度仍为 $O(n+e)$。若此时需要输出双连通分量，则只需在算法中增加一些语句即可，在此不再赘述。

## 7.5　有向无环图及其应用

### 1. 定义

一个无环的有向图称为有向无环图（Directed Acycline Graph，DAG）。在图 7-42 中，图 7-42(a)是 DAG，图 7-42(b)是 DAG 图，图 7-42(c)不是 DAG 图（存在环）。图 7-42(a)是一类特殊的 DAG，除了第一个结点 $B$ 之外，每个结点都只有一个前驱，但可以有多个后继，这类 DAG 通常也称为有向树。

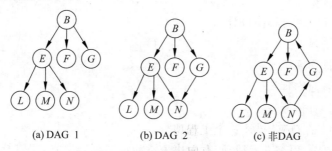

(a) DAG 1　　　　(b) DAG 2　　　　(c) 非DAG

**图 7-42　判别是否为 DAG 图**

### 2. 用途

有向无环图是描述含有公共子式的表达式的有效工具。例如，表达式$((a+b)\times(b\times(c+d))+(c+d)\times e)\times((c+d)\times e)$可以用第 6 章讨论的二叉树表示，如图 7-43 所示。仔细观察该表达式可以发现有一些相同的子表达式，如$(c+d)$和$(c+d)\times e$ 等，在二叉树中也重复出现。若利用有向图无环图，则可实现对相同子式的共享，从而节省存储空间。例如，图 7-44 所示为表示同一表达式的有向无环图。

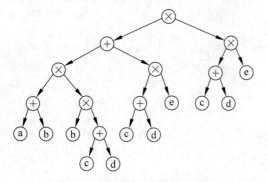

**图 7-43　用二叉树描述表达式**

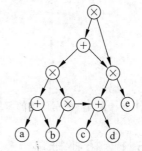

**图 7-44　描述表达式的有向无环图**

检查一个有向图是否存在环要比无向图复杂。对于无向图来说，若深度优先遍历过程中遇到回边（即指向已访问过的顶点的边），则必定存在环；而对于无向图来说，这条回边有可能是指向深度优先生成森林中的另一棵生成树上的顶点的弧。但是，如果从有向图上某个顶点 $v$ 出发的遍历，在 dfs($v$) 结束之前出现一条从顶点 $u$ 到顶点 $v$ 的回边（如图 7-45 所示），由于 $u$ 在生成树上是 $v$ 的子孙，则在有向图中必定存在包含顶点 $v$ 和 $u$ 的环。

有向无环图也是一项工程或系统的进行过程的有效工具。除最简单的情况之外，几乎所有的工程（project）都可分为若干称为活动（activity）的子工程。这些子工程之间通常受一定条件的约束，如其中某些子工程的开始必须在另一些子工程完成之后。

例如，计算机专业学生的学习就是一个工程，每一门课程的学习就是整个工程的一些活动。其中有些课程要求先修课程，有些则不要求，如学习数据结构课程之前必须先学完程序设计基础及离散数学，而学习离散数学之前则必须学完高等数学。

下面列出一些课程的先修关系。

| | | |
|---|---|---|
| $C_1$ | 高等数学 | |
| $C_2$ | 程序设计基础 | |
| $C_3$ | 离散数学 | $C_1$, $C_2$ |
| $C_4$ | 数据结构 | $C_3$, $C_2$ |
| $C_5$ | 高级语言程序设计 | $C_2$ |
| $C_6$ | 编译方法 | $C_5$, $C_4$ |
| $C_7$ | 操作系统 | $C_4$, $C_9$ |
| $C_8$ | 普通物理 | $C_1$ |
| $C_9$ | 计算机原理 | $C_8$ |

可以用图 7-46 的 DAG 描述这个工程项目。

在这种有向图中，顶点表示活动，有向边表示活动的优先关系，将这样的有向图称为顶点表示活动的网络（Active On Vertices network，AOV 网）。对于整个工程和系统，人们关心的是两个方面的问题：一是工程能否顺利进行；二是估算整个工程完成所必需的最短时间。对应于有向图，即进行拓扑排序和求关键路径的操作。下面分别就这两个问题进行讨论。

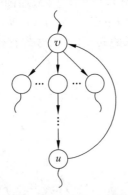

图 7-45　含有环的有向图的深度优先生成树

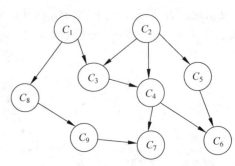

图 7-46　AOV 网

## 7.5.1　拓扑排序

视频讲解

什么是拓扑排序（toplogical sort）？简单地说，由某个集合上的一个偏序得到该集合上的一个全序，这个操作称为拓扑排序。离散数学中关于偏序和全序的定义如下。

若集合 $X$ 上的关系 $R$ 是自反的、反对称的和传递的,则称 $R$ 是集合 $X$ 上的偏序关系。设 $R$ 是集合 $X$ 上的偏序,如果对每个 $x,y \in X$ 必有 $xRy$,或 $yRx$,则称 $R$ 是集合 $X$ 上的全序关系。

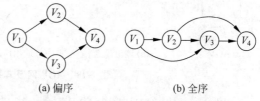

直观地看,偏序指集合中仅有部分成员之间可比较,而全序指集合中全体成员之间均可比较。例如,图 7-47 所示的两个有向图,若图中弧 $<x,y>$ 表示 $x \to y$,则图 7-47(a)表示偏序,图 7-47(b)表示全序。若在图 7-47(a)的有向图上人为地加一个表示 $V_2 \leqslant V_3$ 的弧(符号

(a) 偏序　　　　　　(b) 全序

图 7-47　表示偏序和全序的有向图

"$\leqslant$"表示 $V_2$ 领先 $V_3$),则图 7-47(a)表示全序,且这个全序称为拓扑有序。由偏序定义得到拓扑有序的操作便是拓扑排序。

一个表示偏序的有向图可以用来表示一个流程图,该流程图可以是施工流程图、产品生产的流程图或数据流图(每个顶点表示一个过程),图中每一条有向边表示两个子工程之间的次序关系(领先关系)。

在 AOV 网中不应该出现有向环,因为存在环意味着某项活动应以自己为先决条件。这显然是荒谬的。若设计出这样的流程图,工程便无法进行。而对程序的数据流图来说,则表明存在一个死循环。因此,对给定的 AOV 网应首先判定网中是否存在环。检测的办法是对有向图构造其顶点的拓扑有序序列,若网中所有顶点都在它的拓扑有序序列中,则该AOV 网中必定存在环。

如何进行拓扑排序? 拓扑排序的方法如下。

有向无环图 $G$(AOV 网)的拓扑排序:将 $G$ 中所有顶点排成一个线性序列,使得对图中任意一对顶点 $u$ 和 $v$,若 $<u,v> \in E(G)$,则 $u$ 在线性序列中出现在 $v$ 之前。

拓扑排序的基本步骤:

(1) 从图中选择一个没有前驱(即入度为 0)的顶点并输出。

(2) 从图中删除该顶点,并且删除从该顶点出发的全部有向边。随着边的删除,又会有无前驱的顶点。

(3) 重复上述步骤,直到剩余的图中不再存在没有前驱的顶点为止。

如果图中仍有结点存在,却没有入度为 0 的顶点,则说明 AOV 网中有环路,否则说明没有环路。

以图 7-48(a)中的有向图为例,$V_1$ 和 $V_6$ 没有前驱,则可任选一个。假设先输出 $V_6$,在删除 $V_6$ 及弧 $<V_6,V_5>$,$<V_6,V_4>$ 之后,只有顶点 $V_1$ 没有前驱,则输出 $V_1$ 且删除 $V_1$ 及弧 $<V_1,V_2>$,$<V_1,V_3>$ 和 $<V_1,V_4>$,之后 $V_3$ 和 $V_4$ 都没有前驱。以此类推,从剩余顶点中任选一个继续进行。整个拓扑排序的过程如图 7-48 所示。最后得到该有向图的拓扑有序序列为 $V_6$,$V_1$,$V_4$,$V_3$,$V_2$,$V_5$。

如何在计算机中实现拓扑排序? 针对上述基本步骤,可以采用邻接表作为有向图的存储结构,且在头结点中增加一个存放顶点入度(indegree)的数组,入度为零的顶点即没有前驱的顶点。对于删除顶点及以该顶点为尾的弧的操作,可以通过弧头顶点的入度减 1 实现。

为了避免重复检测入度为零的顶点,可另设栈暂存所有入度为零的顶点,由此可得拓扑排序的算法如下。

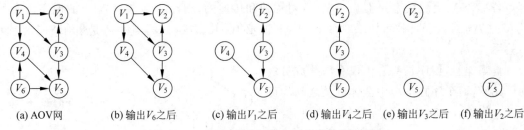

(a) AOV网    (b) 输出$V_6$之后    (c) 输出$V_1$之后    (d) 输出$V_4$之后    (e) 输出$V_3$之后    (f) 输出$V_2$之后

**图 7-48    AOV 网及其拓扑有序序列的产生过程**

```
public int[] topologicalsort()
// 如果有向图有回路,则返回的整型数组有为 -1 的数据元素
{// 若有向图是拓扑有序的,则返回的整型数组无 -1
    int[] topo = new int[adjList.length];   // 拓扑排序返回的数组
    for (int i = 0; i < adjList.length; i++)
        topo[i] = -1;
    int[] indegree = new int[adjList.length];
    // 数组 indegree 存放各个顶点的入度
    for (int i = 0; i < adjList.length; i++)
    // 邻接表存储结构下求各个顶点的入度
    {
        for (int j = 0; j < adjList.length; j++) {
            adjListNode p = adjList[j].firstAdj;
            while (p != null) {
                if (p.adjvex == i) {
                    indegree[i] = indegree[i] + 1;
                }
                p = p.next;
            }
        }
    }

    SeqStack < Integer > s = new SeqStack < Integer >(adjList.length);
    // 建立栈 s
    for (int i = 0; i < adjList.length; i++)
        if (indegree[i] == 0)
            s.Push(i);
    int k = 0;
    while (!s.IsEmpty()) {
        topo[k++] = s.Pop();                    // 栈顶元素出栈,且赋值给返回的数组
        for (adjListNode p = adjList[topo[k - 1]].firstAdj; p != null; p = p.next) {
            int m = p.adjvex;
            if ( -- indegree[m] == 0)
                s.Push(m);
        } // 对 k 号邻接点的入度减 1,如果入度减为 0,则入栈

    }
    return topo;
}
```

分析该算法可知,对有 $n$ 个顶点和 $e$ 条弧的有向图而言,建立求各顶点的入度的时间复杂度为 $O(e)$,建立入度顶点栈的时间复杂度为 $O(n)$。在拓扑排序过程中,若有向图无环,则每个顶点进一次栈,出一次栈,入度减 1 的操作在 while 语句中总共执行 $e$ 次,则总的时间复杂度为 $O(n+e)$。上述拓扑排序的算法也是 7.5.2 节讨论的求关键路径的基础。

当有向图中无环时，也可以利用深度优先遍历进行拓扑排序，因为图中无环，则由图中某点出发进行深度优先搜索遍历时，最先退出 DFSAL() 方法的顶点即出度为零的顶点，也是拓扑有序序列中最后一个顶点。由此，按退出 DFSAL() 方法的先后记录下来的顶点序列（类似于求强连通分量时 finished 数组中的顶点序列）即为逆向的拓扑有序序列。

## 7.5.2 关键路径

视频讲解

与 AOV 网对应的是 AOE(Activity On Edge) 网。AOE 网是一个带权的有向无环图，其中顶点表示事件，弧表示活动，权值定义为活动进行所需的时间。AOE 网可以用来估算工程项目完成时间。

图 7-49 是一个假定有 11 项活动的 AOE 网。该 AOE 网有 9 个事件 $V_1, V_2, V_3, \cdots,$ $V_9$，每个事件表示在它之前的活动已经完成，在它之后的活动可以开始。例如，$V_1$ 表示整个工程开始；$V_9$ 表示整个工程结束；$V_5$ 表示 $a_4$ 和 $a_5$ 已经完成，$a_7$ 和 $a_8$ 可以开始。与每个活动相联系的数是执行该活动所需的时间，如活动 $a_1$ 需要 6 天，$a_2$ 需要 4 天等。

对于 AOE 网，有待研究的问题是：①完成整项工程至少需要多少时间？②哪些活动是影响工程进度的关键？

由于在 AOE 网中有些活动可以并行地进行，因此完成工程的最短时间是从开始点到完成点的最长路径的长度（这里所说的路径长度是指路径上各活动持续时间之和，不是路径上弧的数目）。这条路径长度最长的路径称为关键路径(critical path)。假设开始点是 $V_1$，从 $V_1$ 到 $V_i$ 的最长路径长度称为事件 $V_i$ 的最早发生时间，这个时间决定了所有以 $V_i$ 为尾的弧所表示的活动的最早开始时间，用 $e(i)$ 表示活动 $a_i$ 的最早开始时间。同时定义一个活动的最迟开始时间 $l(i)$，这是在不推迟整个工程完成的前提下，活动 $a_i$ 最迟必须开始进行的时间。两者之差 $l(i) - e(i)$ 意味着完成活动 $a_i$ 的时间余量，并将 $l(i) = e(i)$ 的活动称为关键活动。显然，关键路径上的所有活动都是关键活动，因此提前完成非关键活动并不能加快工程的进度。例如，在图 7-45 的网中，从 $V_1$ 到 $V_9$ 的最长路径是 $(V_1, V_2, V_5, V_8, V_9)$，路径长度是 18，即 $V_9$ 的最早发生时间是 18。活动 $a_6$ 的最早开始时间是 5，最迟开始时间是 8。这意味着：无论 $a_6$ 推迟 3 天开始或延迟 3 天完成，都不会影响整个工程的完成。因此，分析关键路径的目的是辨别哪些是关键活动，以便争取提高关键活动的工效，从而缩短整个工期。

下面以图 7-50 的 AOE 网为例，分析求关键路径的实现过程。

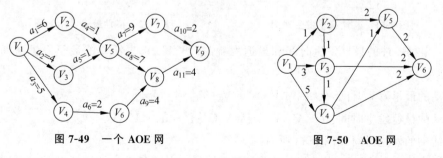

图 7-49 一个 AOE 网　　　　图 7-50 AOE 网

（1）求事件的最早发生时间 $(Ve(V_j))$：从起点到本结点的最长路径，事件最早能够发生的时刻。

从 $Ve(V_1)=0$ 开始向前递推，$Ve(V_j)=\max\{Ve(V_i)+dut(<V_i,V_j>)\}$，$<V_i,V_j>\in$ $T$，其中 $T$ 是所有以第 $V_j$ 个顶点为头的弧的集合。

$Ve(V_1)=0$；

$Ve(V_2)=\max(dut(<V_1,V_2>))=1$；

$Ve(V_3)=\max(Ve(V_1)+dut(<V_1,V_3>),Ve(V_2)+dut(<V_2,V_3>))=\max(3,2)=3$；

$Ve(V_4)=\max(Ve(V_1)+dut(<V_1,V_4>),Ve(V_3)+dut(<V_3,V_4>))=\max(5,4)=5$；

$Ve(V_5)=\max(Ve(V_2)+dut(<V_2,V_5>),Ve(V_4)+dut(<V_4,V_5>))=\max(3,6)=6$；

$Ve(V_6)=\max(Ve(V_5)+dut(<V_5,V_6>),Ve(V_3)+dut(<V_3,V_6>),Ve(V_4)+dut(<V_4,V_5>))=\max(8,5,7)=8$。

各顶点的事件最早发生时间如图 7-51 所示。

（2）求事件的最迟发生时间（$Vl(V_j)$）：不影响工程的如期完工，本结点事件必须发生的时刻。

从最后一个事件 $Vl(V_n)=Ve(V_n)$ 起向后递推，$Vl(V_i)=\min\{Vl(V_j)-dut(<V_i,V_j>)\}$，$<V_i,V_j>\in S$，$i=n,\cdots,0$，其中 $S$ 是所有以第 $i$ 个顶点为尾的弧的集合。

$Vl(V_6)=Ve(V_6)=8$；

$Vl(V_5)=\min\{Vl(V_6)-dut(<V_5,V_6>)\}=6$；

$Vl(V_4)=\min\{Vl(V_6)-dut(<V_4,V_6>),Vl(V_5)-dut(<V_4,V_6>)\}=5$；

$Vl(V_3)=\min\{Vl(V_4)-dut(<V_3,V_4>),Vl(V_6)-dut(<V_3,V_6>)\}=4$；

$Vl(V_2)=\min\{Vl(V_3)-dut(<V_2,V_3>),Vl(V_5)-dut(<V_2,V_5>)\}=3$；

$Vl(V_1)=\min\{Vl(V_2)-dut(<V_1,V_2>),Vl(V_3)-dut(<V_1,V_3>),Vl(V_4)-dut(<V_1,V_4>)\}=0$。

各顶点的事件最迟发生时间如图 7-52 所示。

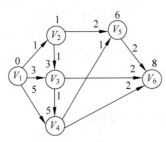

图 7-51　事件最早发生时间

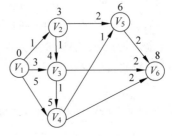

图 7-52　事件最迟发生时间

（3）根据事件的最早发生时间和最迟发生时间，可以求出活动的最早发生时间和最迟发生时间。

活动的最早发生时间：$e(<V_i,V_j>)=Ve(V_i)$；

活动的最迟发生时间：$l(<V_i,V_j>)=Vl(V_j)-dut(<V_i,V_j>)$。

各活动的发生时间如图 7-53 所示。

（4）最迟发生时间和最早发生时间相等的活动是关键活动。关键活动组成的路径就是关键路径（$V_1,V_4,V_5,V_6$），如图 7-54 所示。

| 弧 | 最早发生时间 | 最迟发生时间 |
|---|---|---|
| $V_1 \rightarrow V_2$ | 0 | 2 |
| $V_1 \rightarrow V_3$ | 0 | 1 |
| $V_1 \rightarrow V_4$ | 0 | 0 |
| $V_2 \rightarrow V_3$ | 1 | 3 |
| $V_2 \rightarrow V_6$ | 1 | 4 |
| $V_3 \rightarrow V_4$ | 3 | 4 |
| $V_3 \rightarrow V_6$ | 3 | 6 |
| $V_4 \rightarrow V_5$ | 5 | 5 |
| $V_4 \rightarrow V_6$ | 5 | 6 |
| $V_5 \rightarrow V_6$ | 6 | 6 |

图 7-53　活动发生时间　　　　　　　图 7-54　关键路径

实践已经证明：用 AOE 网估算某些工程完成的时间是非常有用的。实际上，求关键路径的方法本身最初就是与维修和建造工程一起发展的。由于网中各项活动是互相牵涉的，因此，影响关键活动的因素也是多方面的，任何一项活动持续时间的改变都会影响关键路径中关键活动的速度改变。例如，将图 7-50 中的 $(V_1,V_4)$ 持续时间改为 $2$，$(V_1,V_4,V_5,V_6)$ 便不再是关键路径。关键活动的速度提高是有限度的。只有在不改变网的关键路径的情况下，提高关键活动的速度才有效。

另外，若网中有几条关键路径，那么，单是提高一条关键路径上的关键活动的速度，还不能导致整个工程缩短工期，而必须同时提高在几条关键路径上的活动的速度。

当网顶点和弧的数目多时，手工计算不可行，所以必须编程求解网的关键路径。

上述求事件的最早发生时间和最迟发生时间两个递推公式的计算必须分别在拓扑有序和逆拓扑有序的前提下进行。也就是说，$\mathrm{Ve}(V_j)$ 必须在 $V_j$ 的所有前驱的最早发生时间求得之后才能确定，而 $\mathrm{Vl}(V_j)$ 必须在 $V_j$ 的所有后继的最迟发生时间求得之后才能确定。因此，可以在拓扑有序的基础上计算 $\mathrm{Ve}(V_j)$ 和 $\mathrm{Vl}(V_j)$。

由此得到求关键路径的算法如下。

(1) 输入顶点和弧，建立 AOE 网的邻接表存储结构。

(2) 从源点出发，令 $\mathrm{Ve}[0]=0$，按拓扑有序求其余各顶点的最早发生时间 $\mathrm{Ve}[i]$（$1 \leqslant i \leqslant n-1$）。如果得到的拓扑有序序列中顶点个数小于网中顶点数 $n$，则说明网中存在环，不能求关键路径，算法终止；否则，执行步骤(3)。

(3) 从汇点出发，令 $\mathrm{Vl}[n-1]=\mathrm{Ve}[n-1]$，按逆拓扑有序求其余各顶点的最迟发生时间 $\mathrm{Vl}[i]$（$n-2 \geqslant i \geqslant 2$）。

(4) 根据各顶点的 $\mathrm{Ve}$ 和 $\mathrm{Vl}$ 值，求每条弧 $s$ 的最早开始时间 $e(s)$ 和最迟开始时间 $l(s)$。若某条弧满足条件 $e(s)=l(s)$，则为关键活动。

由上述算法可知，计算各顶点的 $\mathrm{Ve}$ 值是在拓扑排序的过程中进行的，为此需要对拓扑排序的算法进行修改：①在拓扑排序之前设初值，令 $\mathrm{Ve}[i]=0$（$0 \leqslant i \leqslant n-1$）；②在算法中

增加一个计算 $V_i$ 的直接后继 $V_k$ 的最早发生时间的操作,若 $\mathrm{Ve}[j]+\mathrm{dut}(<j,k>)>\mathrm{Ve}[k]$,则 $\mathrm{Ve}[k]=\mathrm{Ve}[j]+\mathrm{dut}(<j,k>)$;③为了能按逆拓扑有序序列的顺序计算各顶点的 Vl 值,需要记下在拓扑排序的过程中求得的拓扑有序序列,为此增设一个栈以记录拓扑有序序列,这样在计算求得各顶点的 Ve 值之后,从栈顶至栈底便为逆拓扑有序序列。

在网的邻接表存储结构下求解关键路径的算法如下,其中 criticalpath() 作为邻接表类 GraphAdjList 的一个方法。

```java
public boolean criticalpath() {
    SeqStack < Integer > t = new SeqStack < Integer >(adjList.length);
    // 建立顺序栈
    float[] ve = new float[adjList.length];
    // 建立事件的最早发生时间数组并初始化
    if (topologicalorder(t, ve) == false)
        return false;
    // 若得到的拓扑有序序列中顶点个数小于网中顶点数,则说明网中存在环,不能求关键路径,
    // 算法终止
    float[] vl = new float[adjList.length];
    // 建立事件的最迟发生时间数组并初始化
    for (int i = 0; i < adjList.length; i++)
        vl[i] = ve[adjList.length - 1];
    while (!t.IsEmpty())                    // 按拓扑逆序求各顶点的 vl 值
    {
        int j = t.Pop();
        for (adjListNode p = adjList[j].firstAdj; p != null; p = p.next){
            int k = p.adjvex;
            float duty = p.weight;
            if (vl[k] - duty < vl[j])
                vl[j] = vl[k] - duty;
        }
    }
    for (int i = 0; i < adjList.length; i++)
        System.out.println(vl[i]);
    // 求 ee,el 和关键活动
    for (int j = 0; j < adjList.length; j++)
        for (adjListNode p = adjList[j].firstAdj; p != null; p = p.next){
            int k = p.adjvex;
            float dut = p.weight;
            float ee = ve[j];
            float el = vl[k] - dut;
            // 输出关键活动,带 * 标志
            System.out.print(adjList[j].data);
            System.out.print(adjList[k].data);
            System.out.print(dut);
            System.out.print(ee);
            System.out.print(el);
            if (ee == el)
                System.out.print(" * ");
            System.out.println();
        }
    return true;
}

boolean topologicalorder(SeqStack < Integer > t, float[] ve)
// 用引用传递返回一个栈(拓扑有序序列)和一个数组(事件的最早发生时间)
```

```
// 如果有向图有回路,则返回的整型数组的每个数据元素都为 - 1
{
    for (int i = 0; i < adjList.length; i++)
        ve[i] = 0;
    int[] indegree = new int[adjList.length];
    // 数组 indegree 存放各个顶点的入度
    for (int i = 0; i < adjList.length; i++)
    // 在邻接表存储结构下求各个顶点的入度
    {
        for (int j = 0; j < adjList.length; j++) {
            adjListNode p = adjList[j].firstAdj;
            while (p != null) {
                if (p.adjvex == i) {
                    indegree[i] = indegree[i] + 1;
                }
                p = p.next;
            }
        }
    }
    SeqStack < Integer > s = new SeqStack < Integer >(adjList.length);
    // 建立零入度顶点栈 s
    int count = 0;                          // 计数器清零
    for (int i = 0; i < adjList.length; i++)
        if (indegree[i] == 0)
            s.Push(i);
    int j1 = 0;
    while (!s.IsEmpty()) {
        j1 = s.Pop();                       // 栈顶元素出栈,且赋值给返回的栈 t
        t.Push(j1);
        count++;
        for (adjListNode p = adjList[j1].firstAdj; p != null; p = p.next){
            int k = p.adjvex;
            if (-- indegree[k] == 0)
                s.Push(k);
            // 对 k 号临界点的入度减 1,如果入度减为 0,则入栈
            if (ve[j1] + p.weight > ve[k])
                ve[k] = ve[j1] + p.weight;
        }
    }
    if (count < adjList.length)
        return false;
    else
        return true;
}
```

建立图并调用求关键路径算法如下。

```
public static void creategraph() {
    Scanner reader = new Scanner(System.in);
    System.out.println("请输入图的种类:0 是 DG/1 是 DN/2 是 UDG/3 是 UDN");
    int kind = reader.nextInt();
    System.out.println("请输入图的顶点个数 n = ");
    int n = reader.nextInt();
    // 还可以输入顶点类型,此时默认为 str 型
    String[] vertixarray = new String[n];
    System.out.println("请分别输入 n 个顶点");
    for (int i = 1; i <= n; i++) {
```

```
        System.out.println("第" + i + "个顶点为");
        vertixarray[i - 1] = reader.next().trim();
    }
    System.out.println("请输入弧/边的数目 = ");
    int NumEdges = reader.nextInt();
    switch (kind) {
    case 0:          // 无权值有向图
    {
        //省略
    }
        break;
    case 1:          // 有权值有向图
    {
        GraphAdjList g = new GraphAdjList(vertixarray, 1);
        for (int k = 1; k <= NumEdges; k++) {
            System.out.println("请输入第" + k + "条弧的弧尾");
            String v = reader.next().trim();
            System.out.println("请输入第" + k + "条弧的弧头");
            String w = reader.next().trim();
            int weight = reader.nextInt();
            g.SetEdge(v, w, weight);
        }
        g.print();
        g.criticalpath();
    }
        break;
    case 2:          // 无权值无向图
    {
    //省略
    }
        break;
    case 3:          // 有权值无向图
    {
    //省略
    }
        break;
    }
}
```

视频讲解

# 🔑 7.6　最短路径

## 7.6.1　从某个顶点到其余各顶点的最短路径

问题的提出：在某城市的交通网中，一位旅客要从 A 城到 B 城。第一种情况，他希望选择一条途中距离最短的路线；第二种情况，他希望选择一条途中所花时间最短的路线；第三种情况，他希望选择一条途中费用最小的路线。

这些问题均是带权图上的最短路径问题。对于第一种情况，弧上的权表示距离；对于第二种情况，弧上的权代表时间；对于第三种情况，弧上的权代表费用。

那么如何求最短路径呢？

设 $G$ 是带权有向图，给定一个顶点 $v_0$，求 $v_0$ 到其余顶点的最短路径。代表算法是

Dijkstra 算法,该算法利用的性质:如果 $v_0$ 至 $u$ 的最短路径经过 $v_1$,则该最短路径上 $v_0$ 到 $v_1$ 的路径部分也是 $v_0$ 至 $v_1$ 的最短路径。

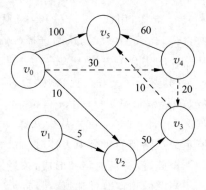

图 7-55 最短路径

例如,在图 7-55 中,$v_0$ 至 $v_5$ 的最短路径是 $(v_0, v_4, v_3, v_5)$,$v_0$ 至 $v_3$ 的最短路径是 $(v_0, v_4, v_3)$,$v_0$ 至 $v_4$ 的最短路径是 $(v_0, v_4)$。

Dijkstra 算法基本思想:按路径长度的递增次序,逐步产生最短路径。

例如,求图 7-56 中 $v_0$ 到其他各点的最短路径,其实现步骤如下。

(1) $v_0$ 能直达的顶点路径集合 $=\{(v_0, v_2)=10, (v_0, v_4)=30, (v_0, v_5)=100\}$,从中选择 $(v_0, v_2)=10$,这是第 1 条最短路径,如图 7-56(a)所示。从路径的集合中去掉这条路径,路径的集合变为 $\{(v_0, v_4)=30, (v_0, v_5)=100\}$。

(2) 有了 $(v_0, v_2)$ 做踏板,使得从 $v_0$ 到 $v_3$ 又有了路径。$(v_0, v_2, v_3)=60$,因原先的集合中没有从 $v_0$ 到 $v_3$ 的路径,把这条路径加到集合中。此时路径的集合是 $\{(v_0, v_4)=30, (v_0, v_5)=100, (v_0, v_2, v_3)=60\}$,从路径集合中选择 $(v_0, v_4)=30$,这是第 2 条最短路径,如图 7-56(b)所示。在集合中去掉 $(v_0, v_4)$,路径的集合变为 $\{(v_0, v_5)=100, (v_0, v_2, v_3)=60\}$。

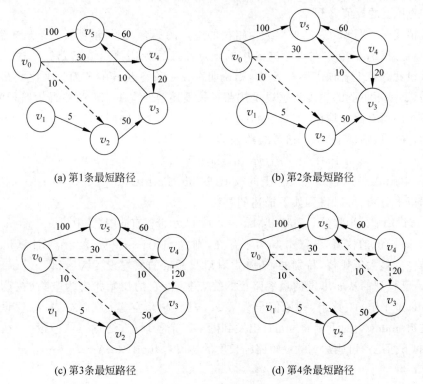

(a) 第1条最短路径      (b) 第2条最短路径

(c) 第3条最短路径      (d) 第4条最短路径

图 7-56 用 Dijkstra 算法求最短路径的过程

(3) 有了 $(v_0, v_4)$ 做踏板,使得从 $v_0$ 到 $v_3$,$v_0$ 到 $v_5$ 又有了新的路径。$(v_0, v_4, v_3)=50$ 比 $(v_0, v_2, v_3)=60$ 短,用 $(v_0, v_4, v_3)=50$ 代替 $(v_0, v_2, v_3)=60$;$(v_0, v_4, v_5)=90$ 比 $(v_0,$

$v_5)=100$ 短,用$(v_0,v_4,v_5)=90$ 代替$(v_0,v_5)=100$。此时路径的集合是$\{(v_0,v_4,v_5)=90,(v_0,v_4,v_3)=50\}$,从中选择$(v_0,v_4,v_3)=50$,这是第 3 条最短路径,如图 7-56(c)所示。从路径的集合中去掉$(v_0,v_4,v_3)=50$,路径的集合变为$\{(v_0,v_4,v_5)=90\}$。

(4) 有了$(v_0,v_4,v_3)$做踏板,使得 $v_0$ 到 $v_5$ 又有了新的路径。$(v_0,v_4,v_3,v_5)=60$ 比 $(v_0,v_4,v_5)=90$ 短,用$(v_0,v_4,v_3,v_5)=60$ 代替$(v_0,v_4,v_5)=90$。此时路径的集合是 $\{(v_0,v_4,v_3,v_5)=60\}$,从中选择$(v_0,v_4,v_3,v_5)=60$,这是第 4 条最短路径,如图 7-56(d)所示。从路径的集合中去掉$(v_0,v_4,v_3,v_5)=60$,路径的集合变为$\{\}$。

至此,没有新的路径形成,求最短路径过程结束。

当图的顶点数量和弧数量较大时,需要利用计算机求某个顶点到其余各个顶点的最短路径。

首先,引进一个辅助数组 shortPathArr,它的每个分量 shortPathArr[$i$]表示当前所找到的从起点 $v$ 到每个终点 $v_i$ 的最短路径的长度。它的初态:若从 $v$ 到 $v_i$ 有弧,则 shortPathArr[$i$] 为弧上的权值;否则,置 shortPathArr[$i$] 为 $\infty$。显然,长度为 shortPathArr[$j$]=Min{shortPathArr[$i$]|$v_i \in V$}的路径就是从 $v$ 出发的长度最短的一条最短路径,此路径为$(v,v_j)$。

那么,下一条长度次短的最短路径是哪一条呢?假设该次段路径的终点是 $v_k$,则这条路是$(v,v_k)$或$(v,v_j,v_k)$。它的长度是从 $v$ 到 $v_k$ 的弧上的权值或 shortPathArr[$j$]与从 $v_j$ 到 $v_k$ 的弧上的权值之和。

一般情况下,假设 $S$ 为已求得最短路径的终点的集合,则可证明:一条最短路径(设其终点为 $x$)是弧$(v,x)$或中间只经过 $S$ 中的顶点而最后到达顶点 $x$ 的路径。这可用反证法证明。假设此路径上有顶点不在 $S$ 中,则说明存在一条终点不在 $S$ 而长度比此路径短的路径。但是,这是不可能的。因为这里是按路径长度递增的次序来产生各最短路径的,故长度比此路径短的所有路径均已产生,它们的终点必定在 $S$ 中,即假设不成立。

因此,在一般情况下,下一条最短路径的长度必是

$$\text{shortPathArr}[j]=\text{Min}\{\text{shortPathArr}[i] \mid v_i \in V-S\}$$

其中,shortPathArr[$i$]是弧$(v,v_i)$上的权值或 shortPathArr[$k$]($v_k \in S$)上的权值之和。

根据以上分析,可以得到如下描述的算法。

(1) 假设用邻接矩阵类 GraphAdjMatrix<$T$>表示带权有向图,类中成员变量 matrix[$i$][$j$]表示弧$(v_i,v_j)$上的权值。若$(v_i,v_j)$不存在,则置 matrix[$i$][$j$]为$\infty$(在计算机上可用数据类型允许的最大值代替,特别的,矩阵中对角线元素的值均设置为$\infty$,即 matrix[$i$][$i$]为$\infty$)。$S$ 为已找到的从 $v$ 出发的最短路径的终点集合,它的初始状态为空集(在算法中可设一个 boolean[] final1 数组,初始值全为 false,表示 $S$ 是空集)。那么,从 $v$(假设起始点 $v$ 在顶点数组 nodes 中的下标是 start)出发到图上其余各顶点(终点)$v_i$(假设 $v_i$ 在顶点数组 nodes 中的下标是 $i$)可能达到的最短路径长度的初值为 shortPathArr[$i$]=matrix[start][$i$],其中 $v_i \in V$。

(2) 选择 $v_j$,使得 shortPathArr[$j$]=Min{shortPathArr[$i$] | $v_i \in V-S$},$v_j$ 就是当前求得的一条从 $v$ 出发的最短路径的终点。令 $S=S \cup \{v_j\}$,在算法中即令 final1[$j$]=true。

(3) 修改从 $v$ 出发到集合 $V-S$ 上的任一顶点 $v_k$(假设 $v_k$ 在顶点数组 nodes 中的下标是 $k$)可达的最短路径长度。如果 shortPathArr[$j$]+matrix[$j$][$k$]<shortPathArr[$k$],则

修改 shortPathArr$[k]$为 shortPathArr$[k]=$shortPathArr$[j]+$matrix$[j][k]$。

（4）重复步骤（2）、（3）共 $n-1$（$n$ 为图中顶点个数）次，由此求得从 $v$ 到图上其余各顶点的最短路径是依路径长度递增的序列。

将 Dijkstra(boolean[ ][ ] pathMatrixArr，int[ ] shortPathArr，int start)作为邻接矩阵类 GraphAdjMatrix$< T >$的一个方法，其实现代码如下。

```java
public class GraphAdjMatrix < T > {
    public T[ ] nodes;                    // 顶点数组
    public int numEdges;                  // 边的数目
    public int[ ][ ] matrix;              // 邻接矩阵数组
    public int kind;
    public void Dijkstra(boolean[ ][ ] pathMatrixArr, int[ ] shortPathArr, int start) {
        // 用 Dijkstra 算法求得 start 顶点到其余顶点 i 的最短路径 pathMatrixArr[i]及路径长
        // 度 shortPathArr[i]
        // 若 pathMatrixArr[i][j]为 true，则 j 是从 start 到 i 当前求得最短路径上的顶点
        // final1[i]为 true，当且仅当已经求得从 start 到 i 的最短路径
        boolean[ ] final1 = new boolean[nodes.length];
        // 初始化
        for (int i = 0; i < nodes.length; ++i) {
            final1[i] = false;
            shortPathArr[i] = matrix[start][i];
            for (int j = 0; j < nodes.length; ++j)
                pathMatrixArr[i][j] = false;

            if (shortPathArr[i] != 0 && shortPathArr[i] < Integer.MAX_VALUE){
                pathMatrixArr[i][start] = true;
                pathMatrixArr[i][i] = true;
            }
        }
        int j = 0;
        // start 为源点
        shortPathArr[start] = 0;
        final1[start] = true;
        // 处理从源点到其余顶点的最短路径
        for (int iterator = 0; iterator < nodes.length; ++iterator) {
        // 重复 nodes.length - 1 次
            int min = Integer.MAX_VALUE;
            // 比较从源点到其余顶点的路径长度
            for (int i = 0; i < nodes.length; ++i) {
             // 从源点 start 到 i 顶点的最短路径还没有找到
                if (!final1[i]) {        // 从源点到 i 顶点的路径长度最小
                    if (shortPathArr[i] < min) {
                        j = i;
                        min = shortPathArr[i];
                    }
                }
            }
            // 源点到顶点 j 的路径长度最小
            final1[j] = true;
            // 更新当前最短路径及距离
            for (int k = 0; k < nodes.length; ++k) {
                if ((!final1[k]) && (min + matrix[j][k] < shortPathArr[k]) && (matrix[j][k]
< Integer.MAX_VALUE)){
                    shortPathArr[k] = min + matrix[j][k];
                    for (int w = 0; w < nodes.length; ++w)
```

```
                    pathMatrixArr[k][w] = pathMatrixArr[j][w];
                pathMatrixArr[k][k] = true;
            }
        }
    }
}
```

建立图并求源点到其余各顶点最短路径的算法的代码如下。

```
public static void creategraph() {
    Scanner reader = new Scanner(System.in);
    System.out.println("请输入图的种类:0 表示 DG/1 表示 DN/2 表示 UDG/3 表示 UDN");
    int str = reader.nextInt();
    System.out.println("请输入图的顶点个数 n = ");
    int n = reader.nextInt();
    // 还可以输入顶点类型,此时默认为 str 型
    GraphAdjMatrix < String > g = new GraphAdjMatrix < String >(n);
    g.kind = str;                       // 图的种类
    System.out.println("请分别输入 n 个顶点");
    for (int i = 1; i <= n; i++) {
        System.out.println("第" + i + "个顶点为");
        String x = reader.next().trim();
        g.SetNode(i, x);
    }
    System.out.println("请输入弧/边的数目 = ");
    g.numEdges = reader.nextInt();
    switch (g.kind) {
    case 0:                             // 无权值有向图
        break;
    case 1:                             // 有权值有向图
        for (int i = 1; i <= g.GetNumOfVertex(); i++)
            for (int j = 1; j <= g.GetNumOfVertex(); j++)
                g.SetMatrix(i, j, Integer.MAX_VALUE);
        for (int k = 1; k <= g.numEdges; k++) {
            System.out.println("请输入第" + k + "条弧的弧尾");
            String v = reader.next().trim();
            int i = g.GetIndex(v) + 1;
            System.out.println("请输入第" + k + "条弧的弧头");
            String w = reader.next().trim();
            int j = g.GetIndex(w) + 1;
            System.out.println("请输入第" + k + "条弧的权值");
            int weight = reader.nextInt();
            g.SetMatrix(i, j, weight);
        }
        // 求有权值有向图的某一源点到其余各顶点的最短路径
        boolean[][] pathMatricArr = new boolean[g.GetNumOfVertex()][g.GetNumOfVertex()];
        int[] shortPathArr = new int[g.GetNumOfVertex()];
        int start = 0;
        g.Dijkstra(pathMatricArr, shortPathArr, start);
        for (int i = 0; i < g.GetNumOfVertex(); i++) {
            System.out.println(g.GetNode(start) + "到" + g.GetNode(i) + "的最短路径途经
的顶点(无表示没有路径)");
            for (int j = 0; j < g.GetNumOfVertex(); j++)
                if (pathMatricArr[i][j] == true) {
                    System.out.print(g.GetNode(j));
                    System.out.print(" ");
                }
```

```
                System.out.println();
        }
        break;
case 2:                          // 无权值无向图
        break;
case 3:                          // 有权值无向图
        break;
}
// 输出所建立的邻接矩阵
for (int i = 1; i <= g.GetNumOfVertex(); i++)    // n 即为顶点个数
{
        System.out.println();
        for (int j = 1; j <= g.GetNumOfVertex(); j++)
                System.out.print(g.GetMatrix(i, j) + " ");
}
}
```

图 7-55 所示有向网的带权邻接矩阵如图 7-57 所示。

对该有向网使用 Dijkstra 算法，则可求得从 $v_0$ 到其余各顶点的最短路径及运算过程中 shortPathArr 数组的变化情况，如表 7-3 所示。

$$\begin{bmatrix} \infty & \infty & 10 & \infty & 30 & 100 \\ \infty & \infty & 5 & \infty & \infty & \infty \\ \infty & \infty & \infty & 50 & \infty & \infty \\ \infty & \infty & \infty & \infty & \infty & 10 \\ \infty & \infty & \infty & 20 & \infty & 60 \\ \infty & \infty & \infty & \infty & \infty & \infty \end{bmatrix}$$

图 7-57  最短路径的带权邻接矩阵

表 7-3  Dijkstra 算法的求解情况

| 终 点 | shortPathArr[$i$] | | | | |
|---|---|---|---|---|---|
| | $i=1$ | $i=2$ | $i=3$ | $i=4$ | $i=5$ |
| $v_1$ | $\infty$ | $\infty$ | $\infty$ | $\infty$ | $\infty$ 无 |
| $v_2$ | 10 $(v_0,v_2)$ | | | | |
| $v_3$ | $\infty$ | 60 $(v_0,v_2,v_3)$ | 50 $(v_0,v_4,v_3)$ | | |
| $v_4$ | 30 $(v_0,v_4)$ | 30 $(v_0,v_4)$ | | | |
| $v_5$ | 100 $(v_0,v_5)$ | 100 $(v_0,v_5)$ | 90 $(v_0,v_4,v_5)$ | 60 $(v_0,v_4,v_3,v_5)$ | |
| $v_j$ | $v_2$ | $v_4$ | $v_3$ | $v_5$ | |
| S | $\{v_0,v_2\}$ | $\{v_0,v_2,v_4\}$ | $\{v_0,v_2,v_3,v_4\}$ | $\{v_0,v_2,v_3,v_4,v_5\}$ | |

## 7.6.2  每一对顶点之间的最短路径

如果每次以一个顶点为源点，重复执行 Dijkstra 算法 $n$ 次，便可求得每一对顶点之间的最短路径。这里介绍由弗洛伊德(Floyd)提出的另一个算法，该算法在形式上更简单些。弗洛伊德算法仍以邻接矩阵为存储结构，其基本思想如下。

假设求从顶点 $v_i$ 到 $v_j$ 的最短路径。如果从 $v_i$ 到 $v_j$ 有弧，则从 $v_i$ 到 $v_j$ 存在一条长度为 matrix[$i$][$j$] 的路径，该路径不一定是最短路径，仍需进行 $n$ 次试探。首先考虑路径 $(v_i,v_0,v_j)$ 是否存在(即判别弧 $(v_i,v_0)$ 和 $(v_0,v_j)$ 是否存在)。如果存在，则比较 $(v_i,v_j)$ 和 $(v_i,v_0,v_j)$ 的路径长度，取长度较短者为从 $v_i$ 到 $v_j$ 的中间顶点的序号不大于 0 的最短路径。假如在路径上再增加一个顶点 $v_1$,也就是说,如果 $(v_i,\cdots,v_1)$ 和 $(v_1,\cdots,v_j)$ 分别是当前找到的中间顶点的序号不大于 0 的最短路径,那么 $(v_i,\cdots,v_1,\cdots,v_j)$ 就有可能是从 $v_i$ 到 $v_j$ 的中间顶点的序号不大于 1 的最短路径。将它与已经得到的从 $v_i$ 到 $v_j$ 中间顶点序号不大于 0 的最短路径相比较,从中选出中间顶点的序号不大于 1 的最短路径之后,再增加一个顶点 $v_2$,继续进行试探,以此类推。在一般情况下,若 $(v_i,\cdots,v_k)$ 和 $(v_k,\cdots,v_i)$ 分别是从 $v_i$ 到 $v_k$ 和从 $v_k$ 到 $v_i$ 的中间顶点的序号不大于 $k-1$ 的最短路径,则将 $(v_i,\cdots,v_k,\cdots,v_j)$ 与已经得到的从 $v_i$ 到 $v_j$ 且中间顶点序号不大于 $k-1$ 的最短路径相比较,其长度较短者便是从 $v_i$ 到 $v_j$ 的中间顶点的序号不大于 $k$ 的最短路径。这样,在经过 $n$ 次比较后,最后求得的必是从 $v_i$ 到 $v_j$ 的最短路径。按此方法,可以同时求得各对顶点间的最短路径。

现定义一个 $n$ 阶方阵序列为

$$\mathbf{D}^{(-1)},\mathbf{D}^{(0)},\mathbf{D}^{(1)},\cdots,\mathbf{D}^{(k)},\cdots,\mathbf{D}^{(n-1)}$$

其中,

$$\mathbf{D}^{(-1)}[i][j]=\mathrm{matrix}[i][j]$$
$$\mathbf{D}^{(k)}[i][j]=\min\{\mathbf{D}^{(k-1)}[i][j],\mathbf{D}^{(k-1)}[i][k]+\mathbf{D}^{(k-1)}[i][j]\},\quad 0\leqslant k\leqslant n-1$$

从上述计算公式可见,$\mathbf{D}^{(1)}[i][j]$ 是从 $v_i$ 到 $v_j$ 的中间顶点的序号不大 1 的最短路径的长度;$\mathbf{D}^{(k)}[i][j]$ 是从 $v_i$ 到 $v_j$ 的中间顶点的序号不大于 $k$ 的最短路径的长度;$\mathbf{D}^{(n-1)}[i][j]$ 就是从 $v_i$ 到 $v_j$ 的最短路径的长度。

在邻接矩阵存储结构下用弗洛伊德算法求各个顶点对之间的最短路径,并将该算法作为邻接矩阵类 GraphAdjMatrix$<T>$ 的一个方法,其实现代码如下。

```java
public class GraphAdjMatrix < T > {
    public T[] nodes;                  //顶点数组
    public int numEdges;               //边的数目
    public int [][] matrix;            //邻接矩阵数组
    public int kind;
    //kind 为图的种类标志,0 表示有向图,1 表示有向网,2 表示无向图,3 表示无向网
    public void floyd(boolean[][][] P, int[][] D) {
        // 初始化
        for (int v = 0; v < nodes.length; ++v)
            for (int w = 0; w < nodes.length; ++w) {
                D[v][w] = matrix[v][w];
                for (int u = 0; u < nodes.length; ++u)
                    P[v][w][u] = false;
                if (D[v][w] < Integer.MAX_VALUE)
                    P[v][w][v] = true;
                P[v][w][w] = true;
            }
        for (int u = 0; u < nodes.length; ++u)
            for (int v = 0; v < nodes.length; ++v)
                for (int w = 0; w < nodes.length; ++w)
                    if (D[v][u] + D[u][w] < D[v][w] && D[v][u] != Integer.MAX_VALUE &&
D[u][w] != Integer.MAX_VALUE) {
                        D[v][w] = D[v][u] + D[u][w];
                        for (int i = 0; i < nodes.length; i++)
                            P[v][w][i] = P[v][u][i] || P[u][w][i];
                    }
    }
    //建立图并调用弗洛伊德算法源码
```

```java
public static void main(String[] args) {
    creategraph1();
}
public static void creategraph1() {
    Scanner reader = new Scanner(System.in);
    System.out.println("请输入图的顶点个数 n = ");
    int n = reader.nextInt();
    // 还可以输入顶点类型,此时默认为 str 型
    GraphAdjMatrix < String > g = new GraphAdjMatrix < String >(n);
    g.kind = 1;                    // 图的种类是有权值有向图
    System.out.println("请分别输入 n 个顶点");
    for (int i = 1; i <= n; i++) {
        System.out.println("第" + i + "个顶点为");
        String x = reader.next().trim();
        g.SetNode(i, x);
    }
    System.out.println("请输入弧/边的数目 = ");
    g.numEdges = reader.nextInt();
    for (int i = 1; i <= g.GetNumOfVertex(); i++)
        for (int j = 1; j <= g.GetNumOfVertex(); j++) {
            g.SetMatrix(i, j, Integer.MAX_VALUE);
            // 实现弗洛伊德算法时,需要加入下面 if 代码
            if (i == j)
                g.SetMatrix(i, j, 0);
        }
    for (int k = 1; k <= g.numEdges; k++) {
        System.out.println("请输入第" + k + "条弧的弧尾");
        String v = reader.next().trim();
        int i = g.GetIndex(v) + 1;
        System.out.println("请输入第" + k + "条弧的弧头");
        String w = reader.next().trim();
        int j = g.GetIndex(w) + 1;
        System.out.println("请输入第" + k + "条弧的权值");
        int weight = reader.nextInt();
        g.SetMatrix(i, j, weight);
    }
    // 求有权值有向图的各顶点对之间的最短路径
    boolean[][][] p = new boolean[g.GetNumOfVertex()][g.GetNumOfVertex()][g.GetNumOfVertex()];
    int[][] d = new int[g.GetNumOfVertex()][g.GetNumOfVertex()];
    g.floyd(p, d);
    for (int i = 0; i < g.GetNumOfVertex(); i++)
        for (int j = 0; j < g.GetNumOfVertex(); j++) {
            System.out.println(g.GetNode(i) + "到" + g.GetNode(j) + "的最短路径途经
的顶点(无表示没有路径)");
            System.out.println();
            for (int k = 0; k < g.GetNumOfVertex(); k++)
                if (p[i][j][k] == true) {
                    System.out.print(g.GetNode(k));
                    System.out.print(" ");
                }
            System.out.println();
        }
}
```

利用上述算法,可求得图 7-58 所示带权有向图的
每一对顶点之间的最短路径及其路径长度如表 7-4
所示。

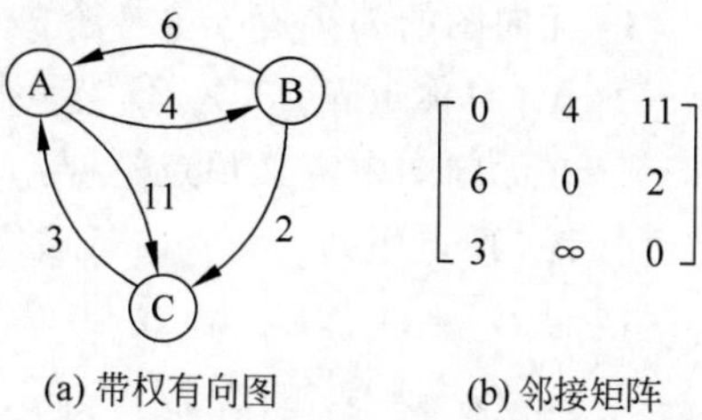

(a) 带权有向图      (b) 邻接矩阵

**图 7-58 带权有向图及其邻接矩阵**

表 7-4　有向图各对顶点间的最短路径及其长度

| $D$ | $D^{(-1)}$ | | | $D^{(0)}$ | | | $D^{(1)}$ | | | $D^{(2)}$ | | |
|---|---|---|---|---|---|---|---|---|---|---|---|---|
| | 0 | 1 | 2 | 0 | 1 | 2 | 0 | 1 | 2 | 0 | 1 | 2 |
| 0 | 0 | 4 | 11 | 0 | 4 | 11 | 0 | 4 | 6 | 0 | 4 | 6 |
| 1 | 6 | 0 | 2 | 6 | 0 | 2 | 6 | 0 | 2 | 5 | 0 | 2 |
| 2 | 3 | ∞ | 0 | 3 | 7 | 0 | 3 | 7 | 0 | 3 | 7 | 0 |

| $P$ | $P^{(-1)}$ | | | $P^{(0)}$ | | | $P^{(1)}$ | | | $P^{(2)}$ | | |
|---|---|---|---|---|---|---|---|---|---|---|---|---|
| | 0 | 1 | 2 | 0 | 1 | 2 | 0 | 1 | 2 | 0 | 1 | 2 |
| 0 | | AB | AC | | AB | AC | | AB | ABC | | AB | ABC |
| 1 | BA | | BC | BA | | BC | BA | | BC | BCA | | BC |
| 2 | CA | | | CA | CAB | | CA | CAB | | CA | CAB | |

# 本章小结

本章首先介绍了图的概念和术语,以及图的抽象数据类型定义,然后介绍了图的 4 种存储结构:邻接矩阵、邻接表、邻接多重表和十字链表,基于该 4 种存储结构实现了抽象数据类型图中定义的基本操作。然后介绍了图的两种遍历方式:深度优先遍历和广度优先遍历。最后介绍了无向图的连通分量、有向图的强连通分量以及连通图的生成树、最小生成树的应用,关节点和重连通分量及应用,有向无环图的拓扑排序及应用、AOE 网的关键路径及应用,图的最短路径及应用。

在线测试

# 习题 7

## 一、选择题

1. 如果从无向图的任意顶点出发进行一次深度优先搜索即可访问所有顶点,则该图一定是(　　)。

　　A. 完全图　　　　　B. 连通图　　　　　C. 有回路　　　　　D. 一棵树

2. 若带权有向图 $G$ 用邻接矩阵 $A$ 存储,则顶点 $i$ 的入度等于 $A$ 中(　　)。

　　A. 第 $i$ 行非无穷的元素之和　　　　B. 第 $i$ 列非无穷且非 0 的元素个数之和

　　C. 第 $i$ 行非无穷且非 0 的元素个数　　D. 第 $i$ 行与第 $i$ 列非无穷且非 0 的元素之和

3. 无向图的邻接矩阵是一个(　　)。

　　A. 对称矩阵　　　B. 零矩阵　　　　　C. 上三角矩阵　　　D. 对角矩阵

4. 在无向图中定义顶点 $v_i$ 与 $v_j$ 之间的路径为从 $v_i$ 到 $v_j$ 的一个(　　)。

　　A. 顶点序列　　　B. 边序列　　　　　C. 权值总和　　　　D. 边的条数

5. 设 $G_1=(V_1,E_1)$ 和 $G_2=(V_2,E_2)$ 为两个图,如果 $V_1\subseteq V_2$,$E_1\subseteq E_2$,则称(　　)。

　　A. $G_1$ 是 $G_2$ 的子图　　　　　　　B. $G_2$ 是 $G_1$ 的子图

　　C. $G_1$ 是 $G_2$ 的连通分量　　　　　D. $G_2$ 是 $G_1$ 的连通分量

6. 已知一个无权有向图的邻接矩阵表示,要删除所有从第 $i$ 个结点出发的边,应( )。

    A. 将邻接矩阵的第 $i$ 行删除      B. 将邻接矩阵的第 $i$ 行元素全部置为 0

    C. 将邻接矩阵的第 $i$ 列删除      D. 将邻接矩阵的第 $i$ 列元素全部置为 0

7. 在一个有向图中,所有顶点的入度之和等于所有顶点的出度之和的( )倍。

    A. 1/2          B. 1          C. 2          D. 4

8. 一个具有 $n$ 个顶点的有向图最多有( )条边。

    A. $n \times (n-1)/2$          B. $n \times (n-1)$

    C. $n \times (n+1)/2$          D. $n^2$

9. 关键路径是事件结点网络中( )。

    A. 从源点到汇点的最长路径      B. 从源点到汇点的最短路径

    C. 最长的回路               D. 最短的回路

10. 任何一个无向连通图的最小生成树( )。

    A. 只有一棵            B. 有一棵或多棵

    C. 一定有多棵          D. 可能不存在

11. 对于一个有向图,若一个顶点的入度为 $k_1$、出度为 $k_2$,则对应邻接表中该顶点单链表中的结点数为( )。

    A. $k_1$          B. $k_2$          C. $k_1+k_2$          D. $k_1-k_2$

12. 在一个具有 8 个顶点的有向图中,所有顶点的入度之和与所有顶点的出度之和的差等于( )。

    A. 16          B. 4          C. 0          D. 2

**二、填空题**

1. $n$ 个顶点的连通图至少有_____边。

2. 一个连通图的生成树是一个_____,它包含图中所有顶点,但只有足以构成一棵树的 $n-1$ 条边。

3. 在无向图 $G$ 的邻接矩阵 $A$ 中,若 $A[i][j]$ 等于 1,则 $A[j][i]$ 等于_____。

4. 判定一个有向图是否存在回路,可以利用_____。

5. 如果带权有向图 $G$ 用邻接矩阵 $A$ 存储,则顶点 $i$ 的入度为 $A$ 中_____。

6. $n$ 个顶点的无向图最多有_____条边。

7. 假设有向图含有 $n$ 个顶点及 $e$ 条弧,则表示该图的邻接表中包含的弧结点个数为_____。

**三、综合题**

1. 写出图 7-59 中全部可能的拓扑排序序列。

2. 已知 AOE 网如图 7-60 所示,求 $v_0$ 到 $v_5$ 的关键路径。

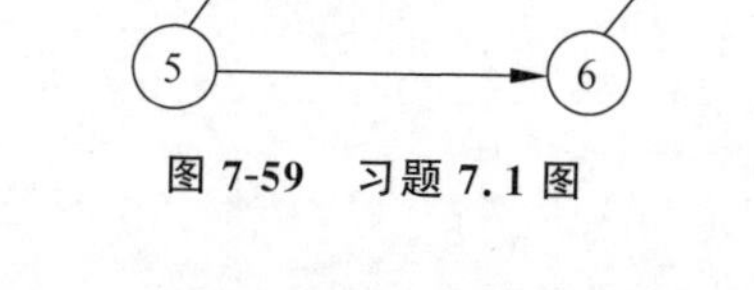

图 7-59 习题 7.1 图 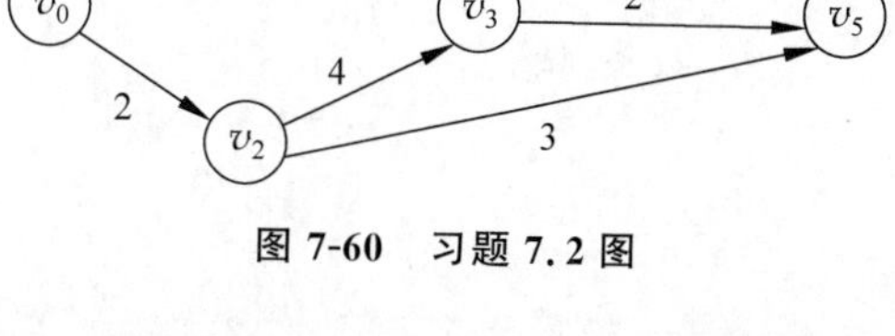          图 7-60 习题 7.2 图

3. 已知有向图 $G$ 如图 7-61 所示，根据 Dijkstra 算法求顶点 $v_0$ 到其他顶点的最短距离。

4. 已知图 $G$ 的邻接矩阵如图 7-62 所示，试画出它所表示的图 $G$，并根据 Prim 算法求出图的最小生成树。

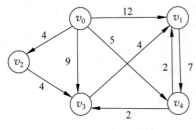

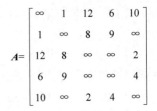

图 7-61　习题 7.3 图　　　　　　　　图 7-62　习题 7.4 图

5. 已知图 $G$ 如图 7-63 所示，试根据 Kruskal 算法求图 $G$ 的一棵最小生成树。

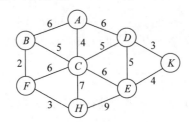

图 7-63　习题 7.5 图

## 四、实验题

1. 从键盘输入图的顶点和边，输出图的深度优先遍历序列和广度优先遍历序列，请尝试在不同的存储结构下实现。

2. 从键盘输入图的顶点和边，输出图的拓扑有序序列，请尝试在不同的存储结构下实现。

3. 从键盘输入图的顶点和边及边的权值，输出图的最小生成树，请尝试在不同的存储结构下实现。

4. 从键盘输入 AOE 网的顶点和边及边的权值，输出从源点到汇点的关键路径，请尝试在不同的存储结构下实现。

5. 从键盘输入图的顶点和边及边的权值，输出各对顶点之间的最短路径，请尝试在不同的存储结构下实现。

# 第 *8* 章

# 查  找

CHAPTER *8*

**本章学习目标**
- 理解查找的基本概念
- 掌握顺序查找、折半查找和分块查找的查找方法
- 掌握二叉查找树的构造和查找方法
- 掌握索引查找和哈希查找的查找方法

数据的组织和查找是大多数应用程序的核心,而查找是所有数据处理中最基本、最常用的操作。当查找的对象是一个庞大数量的数据集合中的元素时,查找的方法和效率就显得格外重要。

视频讲解

# 8.1 查找的基本概念

**1. 查找表和查找**

(1) **查找表**(search table):由相同类型的数据元素组成的集合,每个元素通常由若干数据项构成。

(2) **关键字**(key):数据元素中某个(或几个)数据项的值,它可以标识一个数据元素。若关键字能唯一标识一个数据元素,则该关键字称为主关键字;反之,则称为次关键字。

(3) **查找**(searching):又称检索,根据给定的 $K$ 值,在查找表中确定一个关键字等于给定值的数据元素。查找表中存在满足条件的数据元素称为查找成功,查找结果是所查到的数据元素信息或数据元素在查找表中的位置。查找表中不存在满足条件的数据元素称为查找失败。

**2. 查找表的数据结构表示**

查找有两种基本形式:静态查找和动态查找。

(1) **静态查找**:在查找时只对数据元素进行查询或检索,相应的查找表称为静态查找表(static search table)。

(2) **动态查找**:在实施查找的同时,插入查找表中不存在的数据元素或从查找表中删除已存在的某个数据元素,相应的查找表称为动态查找表(dynamic search table)。

查找的对象是**查找表**,采用何种查找方法,首先取决于查找表的组织。查找表是数据元素的集合,而集合中的元素之间是一种完全松散的关系。因此,查找表是一种非常灵活的数据结构,可以用多种方式存储。

根据存储结构的不同,查找方法可分为以下 3 大类。

① **顺序表和链表的查找**:将给定的 $K$ 值与查找表中数据元素的关键字进行比较,找到要查找的数据元素。

② **散列表的查找**:根据给定的值直接访问查找表,从而找到要查找的数据元素。

③ **索引查找表的查找**:首先根据索引确定待查找数据元素所在的块,然后再从块中找到要查找的数据元素。

**3. 查找方法评价指标**

查找过程中的主要操作是关键字的比较,所以通常将查找过程中关键字的平均比较次数(也称为平均查找长度)作为衡量一个查找算法效率高低的标准。**平均查找长度**(Average Search Length,ASL)定义为

$$ASL = \sum_{i=1}^{n} p_i c_i$$

其中,$p_i$ 为查找第 $i$ 个数据元素的概率,$c_i$ 为查找第 $i$ 个数据元素需要进行比较的次数。

# 8.2 静态查找

由于静态查找不需要在静态查找表中插入或删除数据元素,因此,静态查找表的数据结构是线性结构,可以是顺序存储的静态查找表或链式存储的静态查找表。

## 8.2.1　顺序查找

### 1. 算法思想

顺序查找又称线性查找,其基本思想是:从静态查找表的一端开始,将给定数据元素的关键码与表中各数据元素的关键码逐一比较,若表中存在要查找的数据元素,则查找成功,并给出该数据元素在表中的位置;否则,查找失败,给出失败信息。顺序存储的静态查找表的类型定义如下。

```
public class SeqList < T > {
    public T[] data;
    // 数组,用于存储数据元素
    public int maxsize;          // 容量
    public int last;             // 指示最后一个数据元素在数组中的下标
    public int Count() {
        return last;
    }
}
```

数据元素从下标为 1 的分量开始存放,0 号分量(监视哨)用来存放要查找的数据元素。此时,监视哨设在顺序表的最低端,称为低端监视哨。若监视哨设在顺序表的高端,则称为高端监视哨。假设顺序表中只存放了数据元素的关键字,且关键字的类型是整型(int),则顺序表的顺序查找的算法实现如下。

```
public int SeqSearch(SeqList < Integer > sqList, int key) {
    sqList.data[0] = key;                              // 低端监视哨
    int p;
    for (p = sqList.Count(); sqList.data[p] != key; -- p);  // 从后往前查找
        return p;                                      // 找不到时,p 为 0
}
```

### 2. 算法分析

从顺序查找的查找过程可知,与给定值进行比较的次数取决于所查数据元素在表中的位置。查找表中最后一个数据元素时,仅需比较一次;查找表中的第 1 个数据元素时,需要比较 $n$ 次;查找表中第 $i$ 个数据元素时,需要比较 $n-i+1$ 次。顺序查找的数据元素序号和比较次数如表 8-1 所示。

表 8-1　顺序查找的数据元素序号和比较次数

| 数据元素序号 | 比 较 次 数 |
|:---:|:---:|
| $n$ | 1 |
| ... | ... |
| $i$ | $n-i+1$ |
| 1 | $n$ |
| 查找失败 | $n+1$ |

在顺序表中查找元素 64,如图 8-1 所示。

假设顺序表中的每个数据元素的查找概率相同,即 $p_i=1/n(i=1,2,\cdots,n)$。若查找表中第 $i$ 个数据元素,则需要进行 $n-i+1$ 次比较,即 $c_i=n-i+1$。当查找成功时,顺序查找的平均查找长度为

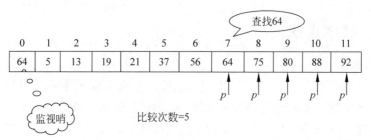

图 8-1　顺序查找示例

$$ASL = \sum_{i=1}^{n} p_i c_i = \sum_{i=1}^{n} \frac{1}{n}(n-i+1) = \frac{n+1}{2}$$

当查找不成功时,关键码的比较次数总是 $n+1$ 次。因此,顺序查找时间复杂度为 $O(n)$。在一般情况下,顺序查找表中的数据元素的查找概率是不相等的。为了提高查找效率,查找表应根据数据元素"查找概率越高,关键字的比较次数越少;查找概率越低,关键字的比较次数越多"的原则来存储数据元素。顺序查找虽然简单,但效率很低,特别是当查找表中的数据元素很多时。

视频讲解

## 8.2.2　折半查找

折半查找(binary search)又称二分查找,是一种效率较高的查找方法。它的前提条件是查找表中的所有数据元素是按关键字有序(升序或降序)。在查找过程中,先确定待查找数据元素在表中的范围,然后逐步缩小范围(每次将待查数据元素所在区间缩小一半),直到找到或找不到数据元素为止。

### 1. 算法思想

用 Low、High 和 Mid 表示待查找区间的下界、上界和中间位置指针,初值为 Low=1,High=$n$。

(1) 取中间位置 Mid:Mid 是 $\lfloor$(Low+High)/2$\rfloor$,即(Low+High)/2 的整数部分。

(2) 比较中间位置数据元素的关键字与给定的 key 值。

① 相等:查找成功;

② 大于:待查数据元素在区间的前半段,修改上界指针为 High=Mid−1,若此时越界(Low>High),则查找失败;否则,转步骤(1)。

③ 小于:待查数据元素在区间的后半段,修改下界指针为 Low=Mid+1,若此时越界(Low>High),则查找失败;否则,转步骤(1)。

### 2. 算法示例

1) 查找成功

已知 11 个数据元素的有序表(关键字即为数据元素的值)如图 8-2 所示。

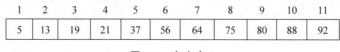

| 1 | 2 | 3 | 4 | 5 | 6 | 7 | 8 | 9 | 10 | 11 |
|---|---|---|---|---|---|---|---|---|---|---|
| 5 | 13 | 19 | 21 | 37 | 56 | 64 | 75 | 80 | 88 | 92 |

图 8-2　有序表 1

现查找关键字为 21 的元素。

假设指针 Low 和 High 分别指示待查元素所在范围的上界和下界,指针 Mid 指示区间

的中间位置即 Mid＝⌊(Low＋High)/2⌋。Low 和 High 的初值分别为 1 和 11,即[1,11]为
待查范围,Mid＝6。

下面分析定值 21 的查找过程。

(1) 首先将 sqList.data[Mid]与给定值 key＝21 比较,此时 sqList.data[Mid]＝56＞21
(见图 8-3),说明若待查元素存在,则必在区间[low,Mid－1]内。令指针 High 指向第 Mid－1
个元素,重新求得 Mid＝⌊(Low＋High)/2⌋＝⌊(1+5)/2⌋＝3。

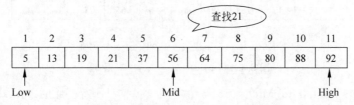

图 8-3　将 Mid＝56 与 key＝21 比较

(2) 然后仍将 sqList.data[Mid]与给定值 key＝21 比较,此时 sqList.data[Mid]＝19＜21
(见图 8-4),说明若待查元素存在,则必在区间[Mid＋1,High]内。令指针 Low 指向第
Mid＋1 个元素,重新求得 Mid＝⌊(Low＋High)/2⌋⌋＝⌊(4+5)/2⌋＝4。

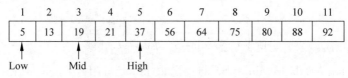

图 8-4　将 Mid＝19 与 key＝21 比较

(3) 仍将 sqList.data[Mid]与给定值 key＝21 比较,此时 sqList.data[Mid]＝21(见
图 8-5),说明待查元素存在,查找成功。返回元素 21 在查找表中的序号,即 Mid 值。

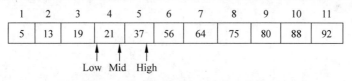

图 8-5　将 Mid＝21 与 key＝21 比较

2) 查找不成功示例

已知 11 个数据元素的有序表(关键字即为数据元素的值)如图 8-6 所示。

| 1 | 2 | 3 | 4 | 5 | 6 | 7 | 8 | 9 | 10 | 11 |
|---|---|---|---|---|---|---|---|---|---|---|
| –5 | 13 | 17 | 23 | 38 | 46 | 56 | 65 | 78 | 81 | 92 |

图 8-6　有序表 2

现查找关键字为 71 的元素,下面分析值 key＝71 的查找过程。

(1) 首先将 sqList.data[Mid]＝46 与给定值 key＝71 比较,此时 sqList.data[Mid]＝
46＜71(见图 8-7),说明若待查元素存在,则必在区间[Mid＋1,High]内。令指针 Low 指向
第 Mid＋1 个元素,重新求得 Mid＝⌊(Low＋High)/2⌋＝⌊(7+11)/2⌋＝9。

(2) 然后将 sqList.data[Mid]＝78 与给定值 key＝71 比较,此时 sqList.data[Mid]＝
78＞71(见图 8-8),说明若待查元素存在,则必在区间[Low,Mid－1]内。令指针 High 指向
第 Mid－1 个元素,重新求得 Mid＝⌊(Low＋High)/2⌋＝⌊(7+8)/2⌋＝7。

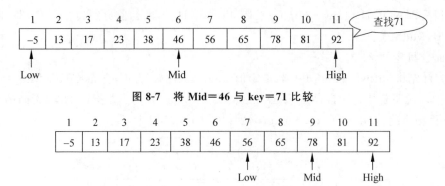

图 8-7    将 Mid=46 与 key=71 比较

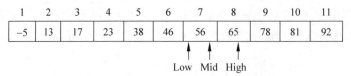

图 8-8    将 Mid=78 与 key=71 比较

（3）接着将 sqList. data[Mid]=56 与给定值 key=71 比较，此时 sqList. data[Mid]=56<71(见图 8-9)，说明若待查元素存在，则必在区间[Mid+1,High]内。令指针 Low 指向第 Mid+1 个元素，重新求得 Mid=$\lfloor (8+8)/2 \rfloor$=8。

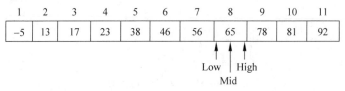

图 8-9    将 Mid=56 与 key=71 比较

（4）最后将 sqList. data[Mid]=65 与给定值 key=71 比较，此时 sqList. data[Mid]=65<71(见图 8-10)，说明若待查元素存在，则必在区间[Mid+1,High]内。令指针 Low 指向第 Mid+1 个元素，此时下界 Low 大于上界 High(见图 8-11)，说明表中没有关键字等于 key 的元素，查找不成功。

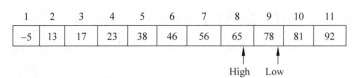

图 8-10    将 Mid=65 与 key=71 比较

| 1 | 2 | 3 | 4 | 5 | 6 | 7 | 8 | 9 | 10 | 11 |
|---|---|---|---|---|---|---|---|---|---|---|
| −5 | 13 | 17 | 23 | 38 | 46 | 56 | 65 | 78 | 81 | 92 |

图 8-11    下界 Low 大于上界 High

从上述例子可以看出，折半查找过程是将处于区间中间位置数据元素的关键字与给定值比较，若两者相等，则查找成功；若两者不等，则缩小范围，直至新的区间中间位置数据元素的关键字等于给定值或者查找区间的长度小于零时(表明查找不成功)为止。

### 3．算法实现

折半查找的算法实现如下。

```java
public int BinarySearch(SeqList < Integer > sqList, int key) {
    int Low = 1, High = sqList.Count(), Mid;
```

```
while (Low < High) {
    Mid = (Low + High) / 2;                      // Mid 结果只保留整数
    if (sqList.data[Mid] == key)
        return Mid;
    else if (sqList.data[Mid] < key)
        Low = Mid + 1;
    else
        High = Mid - 1;
}
return 0; /* 查找失败 */
}
```

#### 4. 算法分析

下面分析 11 个元素的表的具体例子。从上述查找过程可知：找到第 6 个元素仅需比较 1 次，找到第 3 个和第 9 个元素需要比较 2 次，找到第 1、4、7、10 个元素需要比较 3 次，找到第 2、5、8、10 个元素需要比较 4 次。这个查找过程可用图 8-12 所示的二叉树进行描述。树中的每个结点表示表中的一个数据元素，结点中的值为该数据元素在表中的位置，通常称这个描述查找过程的二叉树为判定树。从判定树上可见，查找 21 的过程恰好是走了一条从根到结点 4 的路径，与给定值进行比较的关键字个数为该路径上的结点数或结点 4 在判定树上的层次数。类似地，找到有序表中任意数据元素的过程就是走了一条从根结点到与该数据元素相应的结点的路径，与给定值进行比较的关键字个数恰为该结点在判定树上的层次数。因此，折半查找法在查找成功时进行比较的关键字个数最多不超过树的深度，而具有 $n$ 个结点的判定树的深度为 $\lfloor \log_2 n+1 \rfloor$，即折半查找法在查找成功时与给定值进行比较的关键字个数至多为 $\lfloor \log_2 n+1 \rfloor$。

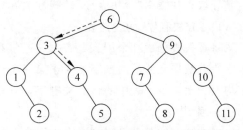

图 8-12　描述折半查找过程的判定树及查找元素 21 的过程

假设在图 8-12 所示判定树中所有结点的空指针域上加一个方形结点的指针，如图 8-13 所示。如果称这些方形结点为判定树的外部结点（与之相对地，称那些圆形结点为内部结点），那么折半查找不成功的过程就是走了一条从根结点到外部结点的路径，与给定值进行比较的关键字个数等于该路径上内部结点数。例如，查找 71 的过程，走了一条从根到结点"8-9"的路径。因此，折半查找不成功时与给定值进行比较的关键字个数最多也不超过 $\lfloor \log_2 n+1 \rfloor$。

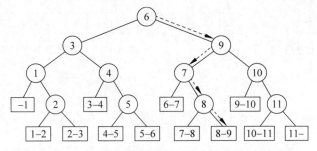

图 8-13　加上外部结点的判定树及查找元素 71 的过程

那么,折半查找的平均查找长度是多少呢?

为了方便起见,假定有序表的长度 $n = 2^h - 1$(反之,$h = \log_2(n+1)$),则描述折半查找的判定树是深度为 $h$ 的满二叉树。树中层次为 1 的结点有 1 个,层次为 2 的结点有 2 个,…,以此类推,层次为 $h$ 的结点有 $2^{h-1}$ 个。假设表中每个数据元素的查找概率相等即 $p_i = 1/n$,则查找成功时折半查找的平均查找长度为

$$\text{ASL} = \sum_{i=1}^{n} p_i \times c_i = \frac{1}{n} \sum_{j=1}^{h} j \times 2^{j-1} = \frac{n+1}{n} \log_2(n+1) - 1$$

当 $n$ 很大($n > 50$)时,$\text{ASL} \approx \log_2(n+1) - 1$。

可见,折半查找的效率比顺序查找高。但是,折半查找只适用于有序表,且仅限于顺序存储结构(对线性链表无法有效地进行折半查找)。

视频讲解

### 8.2.3 分块查找

分块查找(blocking search)又称索引顺序查找。

**1. 分块查找表的存储结构**

分块查找表由"分块有序"的线性表和索引表组成。

1)"分块有序"的线性表

将查找表分成几个子表。查找表通常有序或"分块有序"。所谓分块有序是指第二个子表中所有数据元素的关键字均大于第一个子表中的最大关键字,第三个子表中的所有关键字均大于第二个子表中的最大关键字,……,以此类推。

2)索引表

在查找表的基础上附加一个索引表,索引表是按关键字有序的,索引表中的数据元素构成如图 8-14 所示。其中,第一项是关键字项,指示该字表内的最大关键字;第二项是指针项,指示该字表的第一个数据元素在表中的位置。

例如,图 8-15 是一个查找表及其索引表,表中含有 18 个数据元素,可分为 3 个子表,对每个子表建立一个索引项。

图 8-14　索引表中的数据
　　　　　元素构成

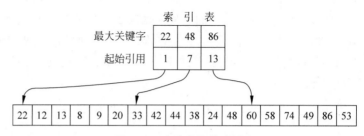

图 8-15　查找表及其索引表

**2. 算法思想**

分块查找过程需要分两步进行:先确定待查数据元素所在的块(子表),然后在块中顺序查找。

**3. 算法示例**

假设给定值 key=38,先将 key 依次与索引表中各最大关键字进行比较。由于 22 <

key<48,因此,若存在关键字为 38 的数据元素,则该元素必在第 2 个子表中。由于同一索引项中的引用指示第 2 个子表中的第 1 个数据元素是表中第 7 个数据元素,则自第 7 个数据元素进行顺序查找,直至 sqList.data[10].key=key 为止。假设此表中没有关键字等于 key 的数据元素(如 key=29 时,自第 7 个数据元素起至第 12 个数据元素的关键字与 key 比较都不等),则查找不成功。

索引项组成的索引表关键字按关键字有序,确定块的查找可以用顺序查找,也可以用折半查找;而块中数据元素是任意排列的,在块中只能用顺序查找。因此,分块查找的算法即上述两种查找算法的简单合成。

#### 4. 算法实现

分块查找的算法实现如下。

```
class Index < T > {
    public T maxkey;           // 块中最大的关键字
    public int startpos;       // 块的起始位置
}
int Block_search(SeqList < Integer > sqList, Index < Integer >[] ind, int key, int n, int b) {
    // 在分块索引表中查找关键字为 key 的数据元素
    // 表长为 n,块数为 b
    int i = 0, j;
    while ((i < b) && (ind[i].maxkey < key))
        i++;
    if (i > b) {
        System.out.println("Not found");
        return 0;
    }
    j = ind[i].startpos;
    while ((j <= n) && (sqList.data[j] <= ind[i].maxkey)) {
        if (sqList.data[j] == key)
            break;
        j++;
    } // 在块内查找
    if (j > n || sqList.data[j] != key) {
        j = 0;
        System.out.println("Not found");
    }
    return j;
}
```

#### 5. 算法分析

分块查找的平均查找长度为

$$\text{ASL}_{\text{bs}} = L_b + L_w$$

其中,$L_b$ 为查找索引表所在块的平均查找长度,$L_w$ 为在块中查找元素的平均查找长度。

假设表长为 $n$ 个数据元素,均分为 $b$ 块,每块数据元素数为 $s$,则 $b = \lceil n/s \rceil$。设数据元素的查找概率相等,每块的查找概率为 $1/b$,块中数据元素的查找概率为 $1/s$,若用顺序查找确定所在块,则平均查找长度 ASL 为

$$\text{ASL} = L_b + L_w = \sum_{j=1}^{b} j + \frac{1}{s} \sum_{i=1}^{s} i = \frac{b+1}{2} + \frac{s+1}{2} = \frac{1}{2}\left(\frac{n}{s} + s\right) + 1$$

可见,此时的平均查找长度不仅与表长 $n$ 有关,而且与每块中的数据元素个数 $s$ 有关。在给定 $n$ 的前提下,$s$ 是可以选择的。容易证明,当 $s$ 取 $\sqrt{n}$ 时,ASL 取最小值 $\sqrt{n}+1$。分块

查找的最小平均查找长度比顺序查找小得多,但远不及折半查找。

若用折半查找确定所在块,则分块查找的平均查找长度为

$$\text{ASL}_{\text{bs}} \approx \log_2\left(\frac{n}{s}+1\right) + \frac{s}{2}$$

# 🔑 8.3　动态查找

当查找表以线性顺序存储的形式组织时,若对查找表进行插入、删除或排序操作,则必须移动大量的数据元素。当数据元素数很多时,这种移动的代价很大。

利用树的形式组织查找表,可以对查找表进行动态高效的查找。

视频讲解

## 8.3.1　二叉排序树的定义

二叉排序树(binary sort tree)又称二叉查找(搜索)树(binary search tree),二叉排序树是空树或满足下列性质的二叉树。

(1) 若左子树不为空,则左子树上所有结点的值(关键字)都小于根结点的值。

(2) 若右子树不为空,则右子树上所有结点的值(关键字)都大于根结点的值。

(3) 左、右子树都分别是二叉排序树。

上述性质简称二叉排序树性质(BST 性质),故二叉排序树实质上是满足 BST 性质的二叉树。

二叉排序树示例如图 8-16 所示。

二叉排序树仍然可以用二叉链表进行存储,其结点类型定义如下。

```java
public class BSTNode < T > {
    public T key;              // 关键字域
    // 其他数据域
    public BSTNode < T > Lchild, Rchild;
    // 无参构造器
    public BSTNode() {
        Lchild = null;
        Rchild = null;
    }
}
```

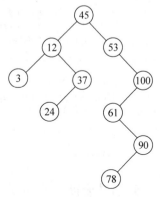

图 8-16　二叉排序树示例

## 8.3.2　二叉排序树的查找

### 1. 算法思想

将给定的 key 值与二叉排序树的根结点的关键字进行比较:若两者相等,则查找成功;若两者不相等,则分以下两种情况进行处理。

① 给定的 key 值小于二叉排序树的根结点的关键字,继续在该结点的左子树上进行查找。

② 给定的 key 值大于二叉排序树的根结点的关键字,继续在该结点的右子树上进行查找。

**2. 算法示例**

例如,在图 8-16 所示的二叉排序树中查找关键字等于 100 的数据元素(树中结点内的关键字均为数据元素的关键字)。首先将 key＝100 与根结点的关键字作比较,因为 key＞45,则查找以 45 为根的右子树,此时右子树不空且 key ＞ 53,则继续查找以结点 53 为根的右子树。由于 key 与 53 的右子树根的关键字 100 相等,则查找成功,返回指向结点 100 的引用值。又如,在图 8-16 中查找关键字等于 40 的数据元素,与上述过程类似,在将给定值 key 与关键字 45、12、37 相继比较之后,继续查找以结点 37 为根的右子树,此时右子树为空,则说明该树中没有待查数据元素,查找不成功,返回引用值 null。

**3. 算法实现**

(1)递归算法。

假设关键字的类型是整型,则递归算法如下。

```
public BSTNode < Integer > BST_Serach1(BSTNode < Integer > Tree, int key) {
    if (Tree == null)
        return null;
    else {
        if (Tree.key == key)
            return Tree;
        else if (key < Tree.key)
            return BST_Serach1(Tree.Lchild, key);
        else
            return BST_Serach1(Tree.Rchild, key);
    }
}
```

(2) 非递归算法。

假设关键字的类型是整型,则非递归算法如下。

```
public BSTNode < Integer > BST_Serach2(BSTNode < Integer > Tree, int key) {
    BSTNode < Integer > p = Tree;
    while (p != null && !(p.key == key)) {
        if (key < p.key)
            p = p.Lchild;
        else
            p = p.Rchild;
    }
    if (p.key == key)
        return p;
    else
        return null;
}
```

## 8.3.3　二叉排序树的插入

二叉排序树是一种动态树表,其特点是:树的结构通常不是一次生成的,而是在查找过程中,当树中不存在关键字等于给定值的结点时再进行插入。新插入的结点一定是一个新添的叶子结点,并且是查找不成功时查找路径上访问的最后一个结点的左孩子结点或右孩子结点。

在二叉排序树中插入一个新结点,要保证插入后仍满足二叉排序树性质。

**1. 算法思想**

在二叉排序树中插入一个新结点 $x$ 时,若二叉排序树为空,则令新结点 $x$ 为插入后树的根结点;否则,将结点 $x$ 的关键字与根结点的关键字进行比较。

(1) 若两者相等,则不需要插入。

(2) 若 x.key＜Tree.key,则将结点 $x$ 插入二叉排序树的左子树中。

(3) 若 x.key＞Tree.key,则将结点 $x$ 插入二叉排序树的右子树中。

**2. 算法实现**

(1) 递归算法。

假设关键字的类型是整型,则递归算法如下。

```java
public BSTNode < Integer > Insert_BST1(BSTNode < Integer > Tree, int key) {
    BSTNode < Integer > x = new BSTNode < Integer >();
    x.key = key;
    x.Lchild = x.Rchild = null;
    if (Tree == null)
        Tree = x;
    else {
        if (Tree.key == x.key)
            return Tree;                  // 已有结点
        else if (x.key < Tree.key)
            Tree.Lchild = Insert_BST1(Tree.Lchild, key);
        else
            Tree.Rchild = Insert_BST1(Tree.Rchild, key);
    }
    return Tree;
}
```

(2) 非递归算法。

假设关键字的类型是整型,则非递归算法如下。

```java
public BSTNode < Integer > Insert_BST(BSTNode < Integer > Tree, int key) {
    BSTNode < Integer > x, p, q;
    x = new BSTNode < Integer >();
    q = new BSTNode < Integer >();
    x.key = key;
    x.Lchild = x.Rchild = null;
    if (Tree == null)
        Tree = x;
    else {
        p = Tree;
        while (p != null) {
            if (p.key == x.key)
                return Tree;
            q = p;                        // q 作为 p 的父结点
            if (x.key < p.key)
                p = p.Lchild;
            else
                p = p.Rchild;
        }
        if (x.key < q.key)
            q.Lchild = x;
        else
            q.Rchild = x;
    }
```

```
        return Tree;
}
```

利用插入操作,可以从空树开始逐个插入结点,从而建立一棵二叉排序树。

设查找的关键字序列为{45,24,53,45,12,24,90},则生成的二叉排序树如图 8-17 所示。

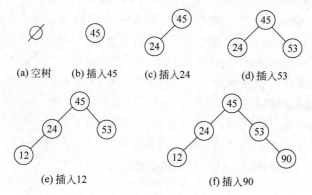

(a)空树　(b)插入45　(c)插入24　(d)插入53

(e)插入12　(f)插入90

**图 8-17　二叉排序树的构造过程**

假设关键字的类型是整型,则实现算法如下(以 65535 作为输入的结束)。

```
public BSTNode < Integer > create_BST() {
    int key;
    BSTNode < Integer > Tree = null;
    Scanner reader = new Scanner(System.in);
    key = reader.nextInt();
    while (key != 65535) {
        Tree = Insert_BST1(Tree, key);
        key = reader.nextInt();
    }
    return Tree;
}
```

容易看出,中序遍历二叉排序树可以得到一个关键字的有序序列(这个性质是由二叉排序树的定义决定的,读者可以自己证明)。也就是说,一个无序序列可以通过构造一棵二叉排序树而变成一个有序序列,构造树的过程即对无序序列进行排序的过程。不仅如此,从上面的插入过程还可以看到,每次插入的新结点都是二叉排序树上新的叶子结点,则在进行插入操作时,不必移动其他结点,仅需改动某个结点的引用,使该引用由空变为非空即可。这就相当于在一个有序序列上插入一个数据元素,而不需要移动其他数据元素。这表明,二叉排序树既有拥有类似折半查找的特性,又采用了链表作为存储结构,因此是动态查找表的一种适宜表示。

同样,在二叉排序树上删除一个结点也很方便。对于一般的二叉树来说,删除树中的一个结点是没有意义的。因为这将使以被删结点为根的子树成为森林,从而破坏了整棵树的结构。然而,对于二叉排序树,删除树上的一个结点相当于删除有序序列中的一个数据元素,只要在删除某个结点之后仍旧保持二叉排序树的特性即可。

## 8.3.4　二叉排序树的删除

### 1. 删除操作过程分析

从二叉排序树上删除一个结点,仍然要保证删除后满足二叉排序树性质。设被删除结

点为 $p$，其父结点为 $f$，则删除情况如下。

（1）若 $p$ 是叶子结点，则直接删除 $p$，如图 8-18(b)所示。

（2）若 $p$ 只有一棵子树（左子树或右子树），则直接用 $p$ 的左子树（或右子树）取代 $p$ 的位置而成为 $f$ 的一棵子树。即原来 $p$ 是 $f$ 的左子树，则 $p$ 的子树成为 $f$ 的左子树；原来 $p$ 是 $f$ 的右子树，则 $p$ 的子树成为 $f$ 的右子树，如图 8-18(c)和图 8-18(d)所示。

（3）若 $p$ 既有左子树又有右子树，处理方法有以下两种，可以任选其中一种。

① 用 $p$ 的直接前驱结点代替 $p$，即从 $p$ 的左子树中选择值最大的结点 $s$ 放在 $p$ 的位置（用结点 $s$ 的内容替换结点 $p$ 的内容），然后删除结点 $s$。$s$ 是 $p$ 的左子树中的最右边的结点且没有右子树，对 $s$ 的删除同(1)、(2)，如图 8-18(e)所示。

② 用 $p$ 的直接后继结点代替 $p$，即从 $p$ 的右子树中选择值最小的结点 $s$ 放在 $p$ 的位置（用结点 $s$ 的内容替换结点 $p$ 的内容），然后删除结点 $s$。$s$ 是 $p$ 的右子树中的最左边的结点且没有左子树，对 $s$ 的删除同(1)、(2)，如图 8-18(f)所示。

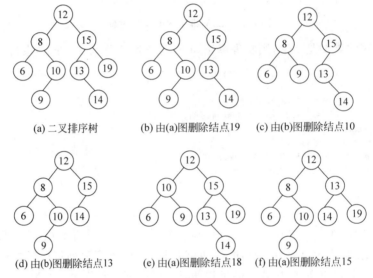

图 8-18　二叉排序树的结点删除情况

**2．算法实现**

（1）递归算法。

假设关键字的类型是整型，则递归算法如下。

```
public BSTNode < Integer > Delete_BST(BSTNode < Integer > Tree, int key)
// 在以 Tree 为根结点的二叉排序树中删除关键字为 key 的结点
{
    if (Tree == null)
        return Tree;
// 若二叉排序树中存在关键字等于 key 的数据元素，则删除该数据元素结点，并返回该树
    if (Tree.key == key)
        Delete(Tree);                  // 不存在关键字等于 key 的数据元素
    else if (Tree.key > key)
        Tree.Lchild = Delete_BST(Tree.Lchild, key);
    // 找到关键字等于 key 的数据元素
    else
        Tree.Rchild = Delete_BST(Tree.Rchild, key);
```

```
        return Tree;
    }

public void Delete(BSTNode<Integer> p) {
// 从二叉排序树中删除结点 p,并重接它的左或右子树
    BSTNode<Integer> q = new BSTNode<Integer>();
    BSTNode<Integer> s = new BSTNode<Integer>();
    if (p.Rchild == null) {              // 若右子树为空,则只需重接它的左子树
        q = p;
        p = p.Lchild;
    } else if (p.Lchild == null) {       // 若左子树为空,则只需重接它的右子树
        q = p;
        p = p.Rchild;
    } else {                             // 左、右子树均不空
        q = p;
        s = p.Lchild;                    // 转左,然后向右走到尽头
      while (s.Rchild != null) {         // s 指向被删结点的前驱
            q = s;
            s = s.Rchild;
        }
        p.key = s.key;
        if (q != p)                      // 重接 q 的右子树
            q.Rchild = s.Lchild;
        else                             // 重接 q 的左子树
            q.Lchild = s.Lchild;
    }
}
```

(2) 非递归算法。

假设关键字的类型是整型,则非递归算法如下。

```
public BSTNode<Integer> Delete_BST1(BSTNode<Integer> Tree, int key) {
    BSTNode<Integer> p = new BSTNode<Integer>();
    BSTNode<Integer> f = new BSTNode<Integer>();
    BSTNode<Integer> q = new BSTNode<Integer>();
    BSTNode<Integer> s = new BSTNode<Integer>();
    p = Tree;
    f = null;
    while (p != null && p.key != key) {
        f = p;
        if (key < p.key)
            p = p.Lchild;                // 搜索左子树
        else
            p = p.Rchild;                // 搜索右子树
    }
    if (p == null)
        return Tree;                     // 没有要删除的结点
    s = p;                               // 找到要删除的结点 p
    if (p.Lchild != null && p.Rchild != null) {
        f = p;
        s = p.Lchild;                    // 从左子树开始查找
        while (s.Rchild != null) {
            f = s;
            s = s.Rchild;
        }
        // 左、右子树都不为空,查找左子树中最右边的结点
        p.key = s.key;
```

```
            // 用结点 s 的内容替换结点 p 的内容
        } // 将第 3 种情况转换为第 2 种情况
        if (s.Lchild != null)              // 若 s 有左子树,则右子树为空
            q = s.Lchild;
        else
            q = s.Rchild;
        if (f == null)
            Tree = q;
        else if (f.Lchild == s)
            f.Lchild = q;
        else
            f.Rchild = q;
        return Tree;
    }
```

## 8.3.5　二叉排序树的查找分析

从前述的两个查找例子（key＝100 和 key＝40）可见,在二叉排序树上查找其关键字等于给定值的结点的过程,恰是走了一条从根结点到该结点的路径的过程,与给定值比较的关键字个数等于路径长度加 1（或结点所在层次数）。因此,与折半查找类似,与给定值比较的关键字个数不超过树的深度。然而,折半查找长度为 $n$ 的表的判定树是唯一的,而含有 $n$ 个结点的二叉排序树却不唯一。在图 8-19 中,$a$、$b$ 两棵二叉排序树中的结点的值都相同,但前者由关键字序列（45,24,53,12,37,93）构成,而后者由关键字序列（12,24,37,45,53,93）构成。$a$ 树的深度为 3,$b$ 树的深度为 6。从平均查找长度来看,假设 6 个数据元素的查找概率相等,即均为 1/6,则 $a$ 树的平均查找长度为

$$\text{ASL}_a = \frac{1}{6}(1+2+2+3+3+3) = 14/6$$

$b$ 树的平均查找长度为

$$\text{ASL}_b = \frac{1}{6}(1+2+3+4+5+6) = 21/6$$

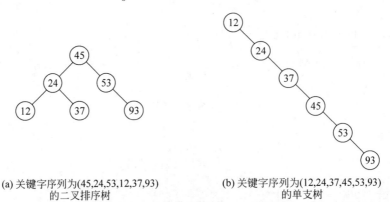

(a) 关键字序列为(45,24,53,12,37,93)
的二叉排序树

(b) 关键字序列为(12,24,37,45,53,93)
的单支树

图 8-19　不同形态的二叉查找树

由此可见,含有 $n$ 个结点的二叉排序树的平均查找长度与树的形态有关。当先后插入的关键字有序时,构成的二叉排序树蜕变为单支树。树的深度为 $n$,其平均查找长度为 $(n+1)/2$（与顺序查找相同）,这是最差的情况。显然,最好的情况是二叉排序树的形态与

折半查找的判定树相同,此时平均查找长度与 $\log_2 n$ 成正比。

## 8.4　平衡二叉树

二叉排序树是一种查找效率比较高的组织形式,但其平均查找长度受树的形态影响较大,形态比较均匀时查找效率很好,形态明显偏向某一方向时效率就大大降低。因此,希望有更好的二叉排序树,其形态总是均衡的,查找时能得到最好的效率,这就是平衡二叉排序树。

平衡二叉排序树(balanced binary tree)是在 1962 年由 Adelson、Velskii 和 Landis 提出的,又称 AVL 树。

### 8.4.1　平衡二叉树的定义

平衡二叉树是空树或满足下列性质的二叉树。

(1) 左子树和右子树深度之差的绝对值不大于 1。

(2) 左子树和右子树也都是平衡二叉树。

平衡因子(equilibrium factor):二叉树上结点的左子树的深度减去其右子树深度称为该结点的平衡因子。平衡二叉树上的每个结点的平衡因子只可能是 $-1$、0 和 1,否则,只要有一个结点的平衡因子的绝对值大于 1,该二叉树就不是平衡二叉树。

图 8-20 为两棵平衡二叉树,而图 8-21 为两棵不平衡的二叉树,结点中的值为该结点的平衡因子。

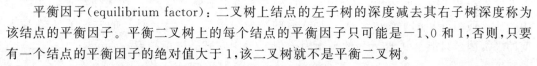

(a) 平衡二叉树1　　(b) 平衡二叉树2　　　　　　(a) 不平衡二叉树1　　(b) 不平衡二叉树2

图 8-20　平衡二叉树及其结点平衡因子　　　　图 8-21　不平衡二叉树及其结点平衡因子

如果一棵二叉树既是二叉排序树又是平衡二叉树,则该树为平衡二叉排序树,如图 8-22 所示。

平衡二叉树的结点类型定义如下。

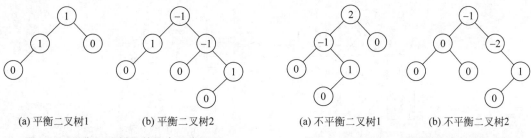

图 8-22　平衡二叉排序树

```
public class BBSTNode < T > {
    public T key;                    // 关键字域
    public int Bfactor;              // 平衡因子域
    // 其他数据域
    public BBSTNode < T > Lchild, Rchild;
}
```

### 8.4.2　平衡化旋转

一般的二叉排序树是不平衡的,若能通过某种方法使其既保持有序性,又具有平衡性,就找到了构造平衡二叉排序树的方法,该方法称为平衡化旋转。

在对平衡二叉排序树进行插入或删除一个结点后，通常会影响从根结点到插入（或删除）结点的路径上的某些结点，这些结点的子树可能发生变化。以插入结点为例，影响有以下几种可能性。

(1) 以某些结点为根的子树的深度发生了变化。

(2) 某些结点的平衡因子发生了变化。

(3) 某些结点失去平衡（平衡因子绝对值大于 1）。

沿着插入结点上行到根结点就能找到失衡结点，这些失衡结点的存在导致二叉排序树不平衡，所以要对二叉排序树进行旋转操作，使失衡结点重新平衡。一般情况下，假设由于在二叉排序树上插入结点而失去平衡的最小子树根结点为 $a$（即 $a$ 是离插入结点最近且平衡因子绝对值超过 1 的祖先结点），则失去平衡后进行调整的规律可归纳为 4 种情况，即有以下 4 种旋转方法。

视频讲解

### 1. LL 型平衡化旋转

1）失衡原因

LL 型平衡化旋转如图 8-23 所示。插入前结点 $a$ 的右子树 aR、结点 $b$ 的左子树 bL、结点 $b$ 的右子树 bR 深度相同。在结点 $a$ 的左孩子的左子树上插入 $x$，插入使结点 $a$ 失去平衡。插入前结点 $a$ 的平衡因子是 1，插入后的平衡因子是 2。设 $b$ 是 $a$ 的左孩子，$b$ 在插入前的平衡因子只能是 0，插入后的平衡因子是 1（否则 $b$ 就是失衡结点）。

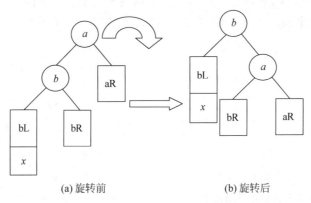

(a) 旋转前　　　　　　　　　　　　(b) 旋转后

**图 8-23　LL 型平衡化旋转示意图**

2）平衡化旋转方法

通过顺时针旋转操作实现。用 $b$ 取代 $a$ 的位置，$a$ 成为 $b$ 的右子树的根结点，$b$ 原来的右子树作为 $a$ 的左子树。

3）旋转前后的结点平衡因子分析

(1) 旋转前的平衡因子。

设插入后 $b$ 的左子树的深度为 $H_{bL}$，则其右子树的深度为 $H_{bL}-1$，$a$ 的左子树的深度为 $H_{bL}+1$。

$a$ 的平衡因子为 2，则 $a$ 的右子树的深度为 $H_{aR}=H_{bL}+1-2=H_{bL}-1$。

(2) 旋转后的平衡因子。

$a$ 的右子树没有变，而左子树是 $b$ 的右子树，则平衡因子为 $H_{aL}-H_{aR}=(H_{bL}-1)-(H_{bL}-1)=0$，因此，$a$ 是平衡的，以 $a$ 为根的子树的深度是 $H_{bL}$。

$b$ 的左子树没有变化,右子树是以 $a$ 为根的子树,则平衡因子为 $H_{bL}-H_{bL}=0$。因此,$b$ 也是平衡的,以 $b$ 为根的子树的深度是 $H_{bL}+1$,与插入前 $a$ 的子树的深度相同。

可见,该子树的上层各结点的平衡因子没有变化,即整棵树旋转后是平衡的。

4) 旋转算法

LL 型平衡化旋转的算法实现如下。

```java
public BBSTNode < Integer > LL_rotate(BBSTNode < Integer > a) {
    BBSTNode < Integer > b = new BBSTNode < Integer >();
    b = a.Lchild;
    a.Lchild = b.Rchild;
    b.Rchild = a;
    a.Bfactor = b.Bfactor = 0;
    // a = b,a保持不变,返回b
    return b;
}
```

### 2. LR 型平衡化旋转

1) 失衡原因

LR 型平衡化旋转如图 8-24 所示。插入前结点 $a$ 的右子树 aR、结点 $b$ 的左子树 bL、结点 $b$ 的右子树 bR 深度相同,则结点 $c$ 的左、右子树 cL 和 cR 的深度等于 bR 深度值 $-1$。若在结点 $a$ 的左孩子的右子树上进行插入,则插入使结点 $a$ 失去平衡。插入前 $a$ 的平衡因子是 1,插入后 $a$ 的平衡因子是 2。设 $b$ 是 $a$ 的左孩子,$c$ 为 $b$ 的右孩子,$b$ 在插入前的平衡因子只能是 0,插入后的平衡因子是 $-1$;$c$ 在插入前的平衡因子只能是 0,否则,$c$ 就是失衡结点。

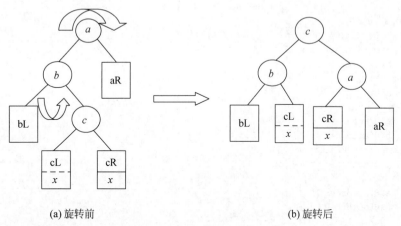

(a) 旋转前           (b) 旋转后

**图 8-24 LR 型平衡化旋转示意图**

2) 插入后的结点平衡因子分析

(1) 插入后 $c$ 的平衡因子是 1:在 $c$ 的左子树上插入。设插入后 $c$ 的左子树的深度为 $H_{cL}$,则右子树的深度为 $H_{cL}-1$;$b$ 插入后的平衡因子是 $-1$,则 $b$ 的左子树的深度为 $H_{cL}$,以 $b$ 为根的子树的深度是 $H_{cL}+2$;插入后 $a$ 的平衡因子是 2,则 $a$ 的右子树的深度是 $H_{cL}$。

(2) 插入后 $c$ 的平衡因子是 0:$c$ 本身是插入结点。设 $c$ 的左子树的深度为 $H_{cL}$,则右子树的深度也是 $H_{cL}$;$b$ 插入后的平衡因子是 $-1$,则 $b$ 的左子树的深度为 $H_{cL}$,以 $b$ 为根的子树的深度是 $H_{cL}+2$;插入后 $a$ 的平衡因子是 2,则 $a$ 的右子树的深度是 $H_{cL}$。

（3）插入后 $c$ 的平衡因子是 $-1$：在 $c$ 的右子树上插入。设 $c$ 的左子树的深度为 $H_{cL}$，则右子树的深度为 $H_{cL}+1$，以 $c$ 为根的子树的深度是 $H_{cL}+2$；$b$ 插入后的平衡因子是 $-1$，则 $b$ 的左子树的深度为 $H_{cL}+1$，以 $b$ 为根的子树的深度是 $H_{cL}+3$；插入后 $a$ 的平衡因子是 2，则 $a$ 的右子树的深度是 $H_{cL}+1$。

3）平衡化旋转方法

先对 $b$ 进行一次逆时针旋转（将以 $b$ 为根的子树旋转为以 $c$ 为根），再对 $a$ 进行一次顺时针旋转。将整棵子树旋转为以 $c$ 为根，$b$ 是 $c$ 的左子树，$a$ 是 $c$ 的右子树；$c$ 的右子树移到 $a$ 的左子树位置，$c$ 的左子树移到 $b$ 的右子树位置。

4）旋转前后的结点平衡因子分析

（1）旋转前（插入后）$c$ 的平衡因子是 1：旋转后 $a$ 的左子树深度为 $H_{cL}-1$，其右子树没有变化，深度是 $H_{cL}$，则 $a$ 的平衡因子是 $-1$；$b$ 的左子树没有变化，深度为 $H_{cL}$，右子树是 $c$ 旋转前的左子树，深度为 $H_{cL}$，则 $b$ 的平衡因子是 0；$c$ 的左、右子树分别是以 $b$ 和 $a$ 为根的子树，则 $c$ 的平衡因子是 0。

（2）旋转前（插入后）$c$ 的平衡因子是 0：旋转后 $a,b,c$ 的平衡因子都是 0。

（3）旋转前（插入后）$c$ 的平衡因子是 $-1$：旋转后 $a,b,c$ 的平衡因子分别是 $0,-1,0$。

综上所述，整棵树旋转后是平衡的。

5）旋转算法

LR 型平衡化旋转的算法实现如下。

```java
public BBSTNode < Integer > LR_rotate(BBSTNode < Integer > a) {
    BBSTNode < Integer > b = new BBSTNode < Integer >();
    BBSTNode < Integer > c = new BBSTNode < Integer >();
    b = a.Lchild;
    c = b.Rchild;                        // 初始化
    a.Lchild = c.Rchild;
    b.Rchild = c.Lchild;
    c.Lchild = b;
    c.Rchild = a;
    if (c.Bfactor == 1) {
        a.Bfactor =  -1;
        b.Bfactor = 0;
    } else if (c.Bfactor == 0)
        a.Bfactor = b.Bfactor = 0;
    else {
        a.Bfactor = 0;
        b.Bfactor = 1;
    }
    return c;
}
```

视频讲解

### 3. RL 型平衡化旋转

1）失衡原因

RL 型平衡化旋转如图 8-25 所示。插入前结点 $a$ 的左子树 aL、结点 $b$ 的左子树 bL、结点 $b$ 的右子树 bR 深度相同，则结点 $c$ 的左右子树 cL 和 cR 的深度等于 bR 深度值 $-1$。

在结点 $a$ 的右孩子的左子树上进行插入，插入使结点 $a$ 失去平衡，与 LR 型正好对称。对于结点 $a$，插入前的平衡因子是 $-1$，插入后 $a$ 的平衡因子是 $-2$。设 $b$ 是 $a$ 的右孩子，$c$ 为 $b$ 的左孩子，$b$ 在插入前的平衡因子只能是 0，插入后的平衡因子是 1；同样，$c$ 在插入前

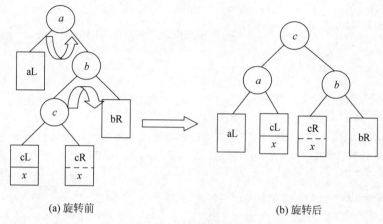

(a) 旋转前　　　　　　　　　　　　(b) 旋转后

图 8-25　　RL 型平衡化旋转示意图

的平衡因子只能是 0,否则,$c$ 就是失衡结点。

2）插入后的结点平衡因子分析

（1）插入后 $c$ 的平衡因子是 1：在 $c$ 的左子树上插入。设 $c$ 的左子树的深度为 $H_{cL}$,则右子树的深度为 $H_{cL}-1$；$b$ 插入后的平衡因子是 1,则其右子树的深度为 $H_{cL}$,以 $b$ 为根的子树的深度是 $H_{cL}+2$；插入后 $a$ 的平衡因子是 $-2$,则 $a$ 的左子树的深度是 $H_{cL}$。

（2）插入后 $c$ 的平衡因子是 0：$c$ 本身是插入结点。设 $c$ 的左子树的深度为 $H_{cL}$,则右子树的深度也是 $H_{cL}$；$b$ 插入后的平衡因子是 1,则 $b$ 的右子树的深度为 $H_{cL}$,以 $b$ 为根的子树的深度是 $H_{cL}+2$；插入后 $a$ 的平衡因子是 $-2$,则 $a$ 的左子树的深度是 $H_{cL}$。

（3）插入后 $c$ 的平衡因子是 $-1$：在 $c$ 的右子树上插入。设 $c$ 的左子树的深度为 $H_{cL}$,则右子树的深度为 $H_{cL}+1$,以 $c$ 为根的子树的深度是 $H_{cL}+2$；$b$ 插入后的平衡因子是 1,则 $b$ 的右子树的深度为 $H_{cL}+1$,以 $b$ 为根的子树的深度是 $H_{cL}+3$；插入后 $a$ 的平衡因子是 $-2$,则 $a$ 的右子树的深度是 $H_{cL}+1$。

3）平衡化旋转方法

先对 $b$ 进行一次顺时针旋转,再对 $a$ 进行一次逆时针旋转。将整棵子树（以 $a$ 为根）旋转为以 $c$ 为根,$a$ 是 $c$ 的左子树,$b$ 是 $c$ 的右子树；$c$ 的右子树移到 $b$ 的左子树位置,$c$ 的左子树移到 $a$ 的右子树位置。

4）旋转前后的结点平衡因子分析

（1）旋转前（插入后）$c$ 的平衡因子是 1：$a$ 的左子树没有变化,深度是 $H_{cL}$,右子树是 $c$ 旋转前的左子树,深度为 $H_{cL}$,则 $a$ 的平衡因子是 0；$b$ 的右子树没有变化,深度为 $H_{cL}$,左子树是 $c$ 旋转前的右子树,深度为 $H_{cL}-1$,则 $b$ 的平衡因子是 $-1$；$c$ 的左、右子树分别是以 $a$ 和 $b$ 为根的子树,则 $c$ 的平衡因子是 0。

（2）旋转前（插入后）$c$ 的平衡因子是 0：旋转后 $a$,$b$,$c$ 的平衡因子都是 0。

（3）旋转前（插入后）$c$ 的平衡因子是 $-1$：旋转后 $a$,$b$,$c$ 的平衡因子分别是 1,0,0。

综上所述,整棵树旋转后是平衡的。

5）旋转算法

RL 型平衡化旋转的算法实现如下。

```
public BBSTNode < Integer > RL_rotate(BBSTNode < Integer > a) {
    BBSTNode < Integer > b = new BBSTNode < Integer >();
```

```
BBSTNode < Integer > c = new BBSTNode < Integer >();
b = a.Rchild;
c = b.Lchild;                     // 初始化
a.Rchild = c.Lchild;
b.Lchild = c.Rchild;
c.Lchild = a;
c.Rchild = b;
if (c.Bfactor == 1) {
    a.Bfactor = 0;
    b.Bfactor = - 1;
} else if (c.Bfactor == 0)
    a.Bfactor = b.Bfactor = 0;
else {
    a.Bfactor = 1;
    b.Bfactor = 0;
}
return c;
}
```

视频讲解

### 4．RR 型平衡化旋转

**1）失衡原因**

RR 型平衡化旋转如图 8-26 所示。插入前结点 $a$ 的左子树 aL、结点 $b$ 的左子树 bL、结点 $b$ 的右子树 bR 深度相同。在结点 $a$ 的右孩子的右子树上进行插入，插入使结点 $a$ 失去平衡。为此要进行一次逆时针旋转，这与 LL 型平衡化旋转正好对称。

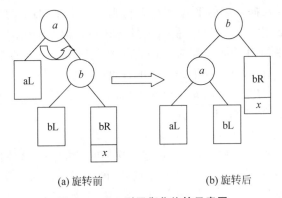

(a) 旋转前　　　　　　　　　(b) 旋转后

**图 8-26　RR 型平衡化旋转示意图**

**2）平衡化旋转方法**

设 $b$ 是 $a$ 的右孩子，通过逆时针旋转实现。用 $b$ 取代 $a$ 的位置，$a$ 作为 $b$ 的左子树的根结点，$b$ 原来的左子树作为 $a$ 的右子树。

**3）旋转算法**

RR 型平衡化旋转的算法实现如下。

```
public BBSTNode < Integer > RR_rotate(BBSTNode < Integer > a) {
    BBSTNode < Integer > b = new BBSTNode < Integer >();
    b = a.Rchild;
    a.Rchild = b.Lchild;
    b.Lchild = a;
    a.Bfactor = b.Bfactor = 0;
    return b;
}
```

对于上述 4 种平衡化旋转,其正确性容易由"遍历所得中序序列不变"证明。此外,无论是哪种情况,在平衡化旋转处理完成后,形成的新子树仍然是平衡二叉排序树,且其深度与插入前以 $a$ 为根结点的平衡二叉排序树的深度相同。因此,在平衡二叉排序树上因插入结点而失衡,仅需对失衡子树做平衡化旋转处理即可。

### 8.4.3 平衡二叉排序树的插入

平衡二叉排序树的插入操作实际上是在二叉排序插入的基础上完成以下工作:

(1) 判别插入结点后的二叉排序树是否产生不平衡。

(2) 找出失去平衡的最小子树。

(3) 判断旋转类型,然后做相应调整。

失衡的最小子树的根结点 $a$ 在插入前的平衡因子不为 0,且是离插入结点最近的平衡因子不为 0 的结点。

若 $a$ 失衡,则从 $a$ 到插入点的路径上的所有结点的平衡因子都会发生变化。若在该路径上还有一个结点的平衡因子不为 0 且该结点插入后没有失衡,则其平衡因子只能是由 1 到 0 或由 −1 到 0,以该结点为根的子树深度不变;该结点的所有祖先结点的平衡因子也不变,更不会失衡。

#### 1. 算法思想

插入结点的步骤如下。

(1) 按照二叉排序树的定义,将结点 $s$ 插入。

(2) 在查找结点 $s$ 的插入位置的过程中,结点 $a$ 指向离结点 $s$ 最近且平衡因子不为 0 的结点。若该结点不存在,则结点 $a$ 指向根结点。

(3) 修改结点 $a$ 到结点 $s$ 路径上的所有结点。

(4) 判断是否产生不平衡,若不平衡,则确定旋转类型并做相应调整。

#### 2. 算法实现

平衡二叉排序树的插入的算法实现如下。

```java
public BBSTNode < Integer > Insert_BBST(BBSTNode < Integer > Tree, Integer ikey){
    BBSTNode < Integer > S = new BBSTNode < Integer >();
    S.key = ikey;
    BBSTNode < Integer > f = new BBSTNode < Integer >();
    BBSTNode < Integer > a = new BBSTNode < Integer >();
    BBSTNode < Integer > b = new BBSTNode < Integer >();
    BBSTNode < Integer > p = new BBSTNode < Integer >();
    BBSTNode < Integer > q = new BBSTNode < Integer >();
    if (Tree == null) {
        Tree = S;
        Tree.Bfactor = 1;
        return Tree;
    }
    a = p = Tree;                    // a指向离 s 最近且平衡因子不为 0 的结点
    f = q = null;                    // f指向 a 的父结点,q指向 p 的父结点
    while (p != null) {
        if (S.key == p.key)
            return Tree;             // 结点已存在
        if (p.Bfactor != 0) {
            a = p;
            f = q;
```

```
                }
            q = p;
            if (S. key < p. key)
                p = p. Lchild;
            else
                p = p. Rchild;                // 在右子树中搜索
    }// 查找插入位置
    if (S. key < q. key)
        q. Lchild = S;                        // s 为左孩子
    else
        q. Rchild = S;                        // s 插入为 q 的右孩子
    p = a;
    while (p != S) {
        if (S. key < p. key) {
            p. Bfactor++;
            p = p. Lchild;
        } else {
            p. Bfactor -- ;
            p = p. Rchild;
        }
    }// 插入左子树,平衡因子加 1; 插入右子树,平衡因子减 1
    if (a. Bfactor > - 2 && a. Bfactor < 2)
        return Tree;                          // 未失去平衡,不做调整
    if (a. Bfactor == 2) {
        b = a. Lchild;
        if (b. Bfactor == 1)
            p = LL_rotate(a);
        else
            p = LR_rotate(a);
    } else {
        b = a. Rchild;
        if (b. Bfactor == 1)
            p = RL_rotate(a);
        else
            p = RR_rotate(a);
    }// 修改双亲结点指针
    if (f == null)
        Tree = p;                             // p 为根结点
    else {
        if (f. Lchild == a)
            f. Lchild = p;
        else
            f. Rchild = p;
    }
    return Tree;
}
// 调用算法
public static void main(String[ ] args) {
    BBSTNode < Integer > ceshi = new BBSTNode < Integer >();
    ceshi. key = 3;
    ceshi. Bfactor = 0;
    ceshi. Lchild = null;
    ceshi. Rchild = null;
    ceshi = ceshi. Insert_BBST(ceshi, 14);
    ceshi = ceshi. Insert_BBST(ceshi, 25);
    ceshi = ceshi. Insert_BBST(ceshi, 81);
    ceshi = ceshi. Insert_BBST(ceshi, 44);
}
```

## 8.4.4　平衡二叉排序树构造示例

假设要构造的平衡二叉树中各结点的值分别是(3,14,25,81,44),则平衡二叉树的构造过程如图 8-27 所示。

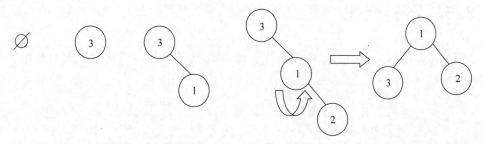

(a) 插入不超过两个结点　　　　　　　(b) 插入新结点失衡,RR型平衡化旋转

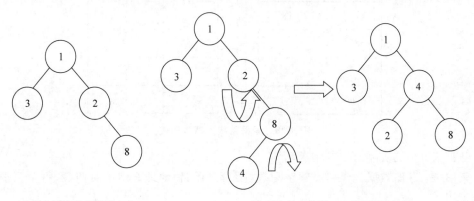

(c) 插入新结点未失衡　　　　　　　(d) 插入结点失衡,RL型平衡化旋转

图 8-27　平衡二叉树的构造过程

## 8.4.5　平衡二叉排序树查找分析

在平衡二叉排序树上执行查找的过程与二叉排序树上的查找过程完全相同。在平衡二叉排序树上执行查找时,与给定的 $K$ 值比较的次数不超过树的深度。

设深度为 $h$ 的平衡二叉排序树所具有的最少结点数为 $N_h$,则由平衡二叉排序树的性质可知: $N_0=0,N_1=1,N_2=2,\cdots,N_h=N_{h-1}+N_{h-2}$。该关系与 Fibonacci 数列相似。根据归纳法可以证明,当 $h\geqslant 0$ 时, $N_h=F_{h+2}-1$,而

$$F_h\approx\frac{\varphi^h}{\sqrt{5}}$$

其中, $\varphi=\dfrac{1+\sqrt{5}}{2}$,则

$$N_h=\frac{\varphi^h}{\sqrt{5}}-1$$

这样,含有 $n$ 个结点的平衡二叉排序树的最大深度为

$$\log_{\varphi}(\sqrt{5}(n+1)) - 2$$

因此,在平衡二叉排序树上进行查找的平均查找长度与 $\log_2 n$ 为相同数量级,平均时间复杂度为 $O(\log_2 n)$。

# 8.5 索引查找

索引技术是组织大型数据库的重要技术,索引结构的基本组成是索引表和数据表两部分,如图 8-28 所示。

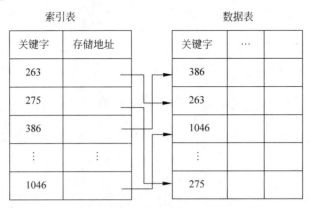

图 8-28 索引结构的基本形式

数据表:存储实际的数据元素。

索引表:存储数据元素的关键字和数据元素(存储)地址之间的对照表,每个元素称为一个索引项。

通过索引表可以实现对数据表中数据元素的快速查找。索引表的组织有线性结构和树形结构两种。

## 8.5.1 顺序索引表

视频讲解

顺序索引表是指将索引项按顺序结构组织的线性索引表,表中索引项一般是按关键字排序的,其优缺点如下。

(1)优点。

① 可以用折半查找方法快速找到关键字,进而找到数据元素的物理地址,实现数据元素的快速查找。

② 提供对变长数据元素的便捷访问。

③ 插入或删除数据元素时不需要移动数据元素,但需要对索引表进行维护。

(2)缺点。

① 索引表中索引项的数目与数据表中数据元素数相同,当索引很大时,检索数据元素需要多次访问外存。

② 对索引表的维护代价较高,涉及大量索引项的移动,不适合插入和删除操作。

## 8.5.2　树形索引表

平衡二叉排序树便于动态查找,因此用平衡二叉排序树组织索引表是一种可行的选择。当用于大型数据库时,所有数据及索引都存储在外存,因此会涉及内、外存之间频繁的数据交换,这种交换速度的快慢成为制约动态查找的瓶颈。若以二叉树的结点作为内、外存之间的数据交换单位,则查找给定关键字时对磁盘平均进行 $\log_2 n$ 次访问是不能容忍的,为此必须选择一种尽可能地降低磁盘 I/O 次数的索引组织方式。此外,树结点的大小需要尽可能地接近磁盘页的大小。

为了在磁盘等直接存取设备上组织动态的查找表,并提高其查找效率,R. Bayer 和 E. M. McCreight 在 1972 年提出了一种多路平衡查找树,即 B-树(其变体为 B+树)。

视频讲解

### 1. B-树

B-树主要用于文件系统中。在 B-树中,每个结点的大小为一个磁盘页,结点中所包含的关键字及其孩子的数目取决于页的大小。一棵度为 $m$ 的 B-树称为 $m$ 阶 B-树,其定义如下。

一棵 $m(m{\geqslant}3)$ 阶的 B-树为空树或满足以下性质的 $m$ 叉树。

(1) 根结点为叶子,或者至少有两棵子树,至多有 $m$ 棵子树。

(2) 除根结点外,所有非 $F$ 结点至少有 $\lceil m/2 \rceil$ 棵子树,至多有 $m$ 棵子树。

(3) 所有叶子结点都在树的同一层上。

(4) 每个结点应至少包含下列数据域:

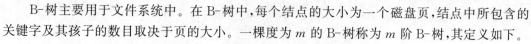

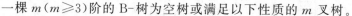

其中,$K_i(1{\leqslant}i{\leqslant}n)$ 是关键字,且 $K_i{<}K_{i+1}(1{\leqslant}i{\leqslant}n-1)$;$A_i(i=0,1,\cdots,n)$ 为指向孩子结点的引用,且 $A_{i-1}$ 所指向的子树中所有结点的关键字都小于 $K_i$,$A_i$ 所指向的子树中所有结点的关键字都大于 $K_i$;$n$ 是结点中关键字的个数,且 $\lceil m/2 \rceil-1{\leqslant}n{\leqslant}m-1$,$n+1$ 为子树的棵数。

此外,在实际应用中,每个结点还应包含 $n$ 个指向每个关键字的数据元素引用,如图 8-29 所示。

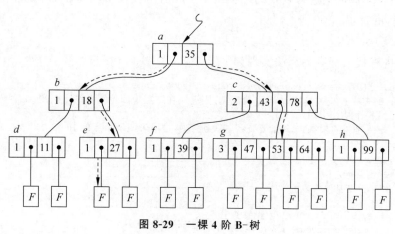

图 8-29　一棵 4 阶 B-树

根据 $m$ 阶 B-树的定义,结点的类型定义如下。

```java
public class BTNode < T > {
```

```
        int m;                          // B-树的阶数
        int keynum;                     // 结点中关键字的个数
        BTNode < T > parent;            // 指向父结点的引用
        T[] key;                        // 关键字向量,key[0]未用
        BTNode < T >[] ptr;             // 子树引用向量
    }
```

由 B-树的定义可知,在其上的查找过程与二叉排序树的查找相似。

1) 算法思想

(1) 从树的根结点开始,在 $q$ 所指向的结点的关键字向量 key[1..keynum]中查找给定值 $K$(用折半查找法)。

若 key$[i]=K(1 \leqslant i \leqslant$keynum),则查找成功,返回结点及关键字位置;否则,转步骤(2)。

(2) 将 $K$ 与向量 key[1..keynum]中的各个分量的值进行比较,以选定查找的子树。

① 若 $K<$key[1],则 $q=q.$ptr[0]。

② 若 key$[i]<K<$key$[i+1](i=1,2,\cdots,$keynum$-1)$,则 $q=q.$ptr$[i]$。

③ 若 $K>$key[keynum],则 $q=q.$ptr[keynum]。

转步骤(1),直到 $q$ 为 null 且未找到相等的关键字,则查找失败。

2) 算法示例

在图 8-29 的 B-树上查找关键字 47 的过程如下。

首先从根结点 $a$ 开始,因为 $a$ 结点中只有一个关键字,且给定值 47>关键字 35,若存在则必在引用 $A_1$ 所指的子树中。同理,顺引用找到 $c$ 结点,在该结点中有两个关键字(43 和 78),因为 43<47<78,若存在则必在引用 $A_1$ 所指的子树中。顺引用找到 $g$ 结点,在该结点中顺序查找到关键字 47,由此,查找成功。

查找不成功的过程也类似,例如在同一棵树中查找 23,从根开始,因为 23<35,则顺该结点中引用 $A_0$ 找到 $b$ 结点,又因为 $b$ 结点中只有一个关键字 18,且 23>18,所以顺结点中的第二个引用 $A_1$ 找到 $e$ 结点。同理,因为 23<27,则顺引用往下找,此时引用为 null,说明此棵 B-树中不存在关键字 23,查找因失败而告终。

由此可见,在 B-树上进行查找的过程是一个顺引用查找结点和在结点的关键字中进行查找交叉进行的过程。

3) 算法实现

在 B-树中查找关键字的算法实现如下。

```
int BT_search(BTNode < Integer > Tree, int K, BTNode < Integer > p)
    // 在 B-树中查找关键字 K,若查找成功,则返回在结点中的位置及结点引用 p; 否则,返回 0 及
    // 最后一个结点引用
    { // Tree 是树的根结点,K 是要查找的关键字,p 是用来记录结点的引用
    BTNode < Integer > q;
    int i;
    p = q = Tree;
    while (q != null) {
        p = q;
        q.key[0] = K;          // 设置查找哨兵
        for (i = q.keynum; K < q.key[i]; i-- )
            if (i > 0 && q.key[i] == K)
                return i;
        q = q.ptr[i];
    }
```

```
        return 0;
    }
```

4）算法分析

在 B-树上的查找有以下两种基本操作。

（1）在 B-树上查找结点。

（2）在结点中查找关键字。

由于 B-树通常存储在磁盘上，则前一查找操作是在磁盘上进行的，而后一操作是在内存中进行的，即在磁盘上找到指针 ptr 所指向的结点后，将结点信息读入内存后再查找。显然，在磁盘上进行一次查找比在内存中进行一次查找所耗费的时间会更多。因此，磁盘上的查找次数（待查找的数据元素关键字在 B-树上的层次数）是决定 B-树查找效率的首要因素。

根据 $m$ 阶 B-树的定义，第一层上至少有 1 个结点，第二层上至少有 2 个结点。除根结点外，所有非终端结点至少有 $\lceil m/2 \rceil$ 棵子树，第 $h$ 层上至少有 $\lceil m/2 \rceil^{h-2}$ 个结点。根结点至少包含 1 个关键字，其他结点至少包含 $\lceil m/2 \rceil - 1$ 个关键字。设 $s = \lceil m/2 \rceil$，则总的关键字数 $n$ 满足

$$n \geqslant 1 + (s-1)\sum_{i=2}^{h} 2s^i = 2(s-1)\frac{s^{h-1}-1}{s-1} = 2s^{h-1} - 1$$

则

$$h \leqslant 1 + \log_s((n+1)/2) = 1 + \log_{\lceil m/2 \rceil}((n+1)/2)$$

因此，在含有 $n$ 个关键字的 B-树上进行查找时，从根结点到待查找数据元素关键字的结点的路径上所涉及的结点数不超过 $1 + \log_{\lceil m/2 \rceil}((n+1)/2)$。

视频讲解

**2. B-树的插入**

B-树的生成是从空树起逐个插入关键字，插入时不是每插入一个关键字就添加一个叶子结点，而是首先在最底层的某个叶子结点中添加一个关键字，然后有可能"分裂"。

1）算法思想

（1）在 B-树中查找关键字 $K$，若找到，则表明关键字已存在；否则，$K$ 的查找操作失败于某个叶子结点，转步骤（2）。

（2）将 $K$ 插入该叶子结点中。

① 若叶子结点的关键字数小于 $m-1$，则直接插入。

② 若叶子结点的关键字数等于 $m-1$，则将结点"分裂"。

2）结点"分裂"方法

设待"分裂"结点包含信息如下。

$$(m, A_0, K_1, A_1, K_2, A_2, \cdots, K_m, A_m)$$

从其中间位置分为两个结点。

$$(\lceil m/2 \rceil - 1, A_0, K_1, A_1, \cdots, K_{\lceil m/2 \rceil - 1}, A_{\lceil m/2 \rceil - 1})$$

$$(m - \lceil m/2 \rceil, A_{\lceil m/2 \rceil}, K_{\lceil m/2 \rceil + 1}, A_{\lceil m/2 \rceil + 1}, \cdots, K_m, A_m)$$

将中间关键字 $K_{\lceil m/2 \rceil}$ 插入 $p$ 的父结点中，以分裂后的两个结点作为中间关键字 $K_{\lceil m/2 \rceil}$ 的两个子结点。此时若父结点不满足 $m$ 阶 B-树的要求（分枝数大于 $m$），则必须对父结点进行"分裂"，直到没有父结点或分裂后的父结点满足 $m$ 阶 B-树的要求。

当根结点分裂时,由于没有父结点,因此需要建立一个新的根,即使 B-树增高一层。

3) 算法示例

图 8-30(a)为 3 阶的 B-树(图中省略结点 $F$),假设需依次插入关键字 30、26、85 和 7。

(1) 通过查找确定插入的位置,由根 $a$ 起进行查找,确定 30 应插入在结点 $d$ 中,因结点 $d$ 中的关键字数目不超过 2(即 $m-1$),故第一个关键字插入完成。插入 30 后的 B-树如图 8-30(b)所示。

(2) 通过查找确定关键字 26 也应插入结点 $d$ 中。由于结点 $d$ 中的关键字数目超过 2,因此需要将 $d$ 分裂成两个结点,关键字 26 及其前后两个引用仍保留在结点 $d$ 中,而关键字 37 及其前后两个引用存储到新产生的 $d'$ 结点中。同时,将关键字 30 和指示结点 $d'$ 的指针插入其双亲结点中。由于结点 $b$ 中的关键字数目没有超过 2,则插入完成。插入后的 B-树如图 8-30(c)和图 8-30(d)所示。

(3) 在 $g$ 中插入 85 之后仍需分裂成两个结点,而当 79 插入双亲结点时,由于 $e$ 中的关键字数目超过 2,则再次分裂为结点 $e$ 和 $e'$,如图 8-30(e)～图 8-30(g)所示。最后,在插入关键字 7 时,$c$、$b$、$a$ 相继分裂,并生成一个新的根结点 $m$,如图 8-30(h)～图 8-30(j)所示。

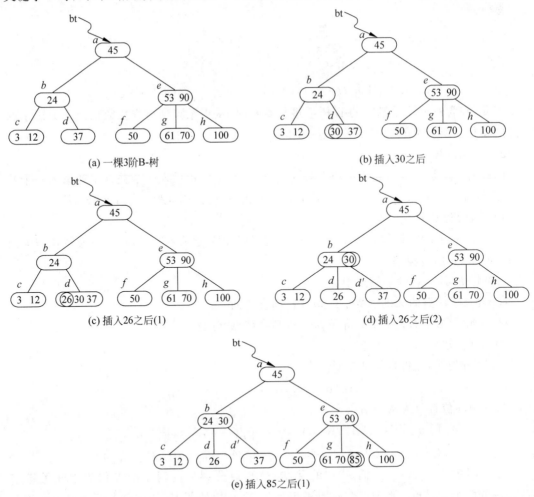

(a) 一棵3阶B-树　　　　　　　　　　　　　　　(b) 插入30之后

(c) 插入26之后(1)　　　　　　　　　　　　　　(d) 插入26之后(2)

(e) 插入85之后(1)

**图 8-30　在 B-树中进行插入**

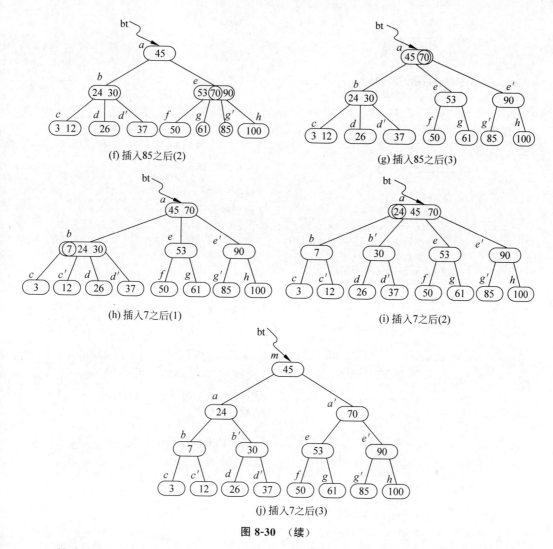

(f) 插入85之后(2)

(g) 插入85之后(3)

(h) 插入7之后(1)

(i) 插入7之后(2)

(j) 插入7之后(3)

图 8-30　（续）

4）算法实现

要实现插入，首先必须考虑结点的分裂。设待分裂的结点是 $p$，分裂时先开辟一个新结点，依此将结点 $p$ 中后半部分的关键字和引用移到新开辟的结点中。分裂之后，需要插入父结点中的关键字在 $p$ 的关键字向量的 $p$.keynum＋1 位置上。

在 B-树中进行插入的算法实现如下。

```
BTNode < Integer > split(BTNode < Integer > p)    // 中间的关键字不在任何一个结点中
// 结点 p 中包含 m 个关键字,从中分裂出一个新的结点
{
    int k, mid, j;
    BTNode < Integer > q = new BTNode < Integer >();
    mid = (m + 1) / 2;                            // 对 mid 向下取整
    q.ptr[0] = p.ptr[mid];
    for (j = 1, k = mid + 1; k <= m; k++) {
        q.key[j] = p.key[k];
        q.ptr[j++] = p.ptr[k];
    } // 将 p 的后半部分移到新结点 q 中
    q.keynum = m - mid;
```

```
            p.keynum = mid - 1;
            q.parent = p.parent;
            return q;
}
void insert_BTree(BTNode < Integer > T, int K)
// 在 B-树 T 中插入关键字 K
{
        BTNode < Integer > p, s1 = null, s2 = null;
        p = new BTNode < Integer >();
        int n;
        if (BT_search(T, K, p) == 0)            // 树中不存在关键字 K
        {
            while (p != null) {
                p.key[0] = K;                   // 设置哨兵
                for (n = p.keynum; K < p.key[n]; n--) {
                    p.key[n + 1] = p.key[n];
                    p.ptr[n + 1] = p.ptr[n];
                } // 后移关键字和引用
                p.key[n] = K;
                p.ptr[n - 1] = s1;
                p.ptr[n + 1] = s2;              // 设置关键字 K 的左、右引用
                if (++(p.keynum) < m)
                    break;
                else {
                    s2 = split(p);
                    s1 = p;                     // 分裂结点 p
                    K = p.key[p.keynum + 1];    // 可以正常地取出需要上移的值
                    p = p.parent;               // 取出父结点
                }
                if (p == null)                  // 需要产生新的根结点
                {
                    p = new BTNode < Integer >();
                    p.keynum = 1;
                    p.key[1] = K;
                    p.ptr[0] = s1;
                    p.ptr[1] = s2;
                }
            }
        }
}
```

### 3. B-树的删除

1) 算法思想

在 B-树上删除一个关键字 $K$，首先找到关键字所在的结点 $N$，然后在 $N$ 中进行关键字 $K$ 的删除操作。

若 $N$ 不是叶子结点，则设 $K$ 是 $N$ 中的第 $i$ 个关键字，将引用 $A_{i-1}$ 所指子树中的最大关键字 $K'$ 放在 $K$ 的位置，然后删除 $K'$，此时 $K'$ 一定在叶子结点上。如图 8-31(b)和图 8-31(c) 所示，删除关键字 $h$，用关键字 $g$ 代替 $h$ 的位置，然后再从叶子结点中删除关键字 $g$。

从叶子结点中删除一个关键字有以下几种情况。

(1) 结点 $N$ 中的关键字个数大于 $\lceil m/2 \rceil - 1$：在结点中直接删除关键字 $K$，如图 8-31(c) 所示。

(2) 结点 $N$ 中的关键字个数等于 $\lceil m/2 \rceil - 1$：若结点 $N$ 的左(右)兄弟结点中的关键

字个数大于 $\lceil m/2 \rceil - 1$，则将结点 $N$ 的左(或右)兄弟结点中的最大(或最小)关键字上移到其父结点中，而父结点中大于(或小于)且紧靠上移关键字的关键字下移到结点 $N$，如图 8-31(a)和图 8-31(b)所示。

(3) 结点 $N$ 及其兄弟结点中的关键字个数等于 $\lceil m/2 \rceil - 1$：删除结点 $N$ 中的关键字，再将结点 $N$ 中的关键字、引用、兄弟结点及分割二者的父结点中的某个关键字 $K_i$，合并为一个结点。若因此使父结点中的关键字个数小于 $\lceil m/2 \rceil - 1$，则以此类推，如图 8-31(c)~(e)所示。

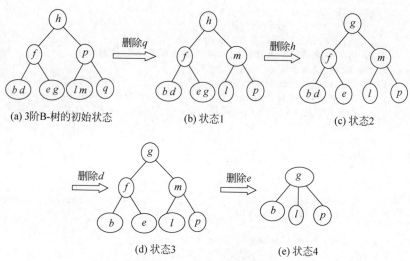

图 8-31 在 B-树中进行删除的过程

2) 算法实现

假设关键字的类型是整型，在 B-树上进行删除一个关键字的操作，针对上述的(2)和(3)的情况，相应的算法如下。

```
int MoveKey(BTNode < Integer > p)
// 将 p 的左(或右)兄弟结点中的最大(或最小)关键字上移到其父结点中,父结点中的关键字下移到 p 中
{
    BTNode < Integer > b, f = p.parent;   // f 指向 p 的父结点
    int k, j;
    for (j = 0; f.ptr[j] != p; j++)
        ; // 在 f 中查找 p 的位置
    if (j > 0)                            // 若 p 有左邻兄弟结点
    {
        b = f.ptr[j - 1];                 // b 指向 p 的左邻兄弟
        if (b.keynum > (m - 1) / 2)
        // 左邻兄弟有多余关键字
        {
            for (k = p.keynum; k >= 0; k--) {
                p.key[k + 1] = p.key[k];
                p.ptr[k + 1] = p.ptr[k];
            }// 将 p 中的关键字和引用后移
            p.key[1] = f.key[j];
            f.key[j] = b.key[keynum];
            // 将 f 中的关键字下移到 p, b 中的最大关键字上移到 f
            p.ptr[0] = b.ptr[keynum];
            p.keynum++;
```

```
                b.keynum -- ;
                return 1;
            }
        }
        if (j < f.keynum)                    // 若 p 有右邻兄弟结点
        {
            b = f.ptr[j + 1];                // b 指向 p 的右邻兄弟
            if (b.keynum > (m - 1) / 2)
            // 右邻兄弟有多余关键字
            {
                p.key[p.keynum] = f.key[j + 1];
                f.key[j + 1] = b.key[1];
                p.ptr[p.keynum] = b.ptr[0];
                // 将 f 中的关键字下移到 p, b 中的最小关键字上移到 f
                for (k = 0; k < b.keynum; k++) {
                    b.key[k] = b.key[k + 1];
                    b.ptr[k] = b.ptr[k + 1];
                } // 将 b 中的关键字和引用前移
                p.keynum++;
                b.keynum -- ;
                return 1;
            }
        }
        return 0;
    }// 左、右兄弟中无多余关键字,移动失败


BTNode < Integer > MergeNode(BTNode < Integer > p)
// 将 p 与其左(右)邻兄弟合并,返回合并后的结点引用
{
    BTNode < Integer > b, f = p.parent;
    int j, k;
    for (j = 0; f.ptr[j] != p; j++)
        ; // 在 f 中找出 p 的位置
    if (j > 0)
        b = f.ptr[j - 1];                    // b 指向 p 的左邻兄弟
    else {
        b = p;
        p = p.ptr[j + 1];
    } // p 指向 p 的右邻
    b.key[++b.keynum] = f.key[j];
    b.ptr[p.keynum] = p.ptr[0];
    for (k = 1; k <= b.keynum; k++) {
        b.key[++b.keynum] = p.key[k];
        b.ptr[b.keynum] = p.ptr[k];
    } // 将 p 中的关键字和引用移到 b 中
    for (k = j + 1; k <= f.keynum; k++) {
        f.key[k - 1] = f.key[k];
        f.ptr[k - 1] = f.ptr[k];
    } // 将 f 中的第 j 个关键字和引用前移
    f.keynum -- ;
    return b;
}


void DeleteBTNode(BTNode < Integer > T, int K) {
    BTNode < Integer > p, S;
    p = new BTNode < Integer >();
    int j, n;
```

```
j = BT_search(T, K, p);                 // 在 T 中查找 K 的结点
if (j == 0)
    return;
if (!(p.ptr[j - 1] == null)) {
    S = p.ptr[j - 1];
    while (!(S.ptr[S.keynum] == null))
        S = S.ptr[S.keynum];
    // 在子树中查找包含最大关键字的结点
    p.key[j] = S.key[S.keynum];
    p = S;
    j = S.keynum;
}
for (n = j + 1; n < p.keynum; n++)
    p.key[n - 1] = p.key[n];
// 从 p 中删除第 m 个关键字
p.keynum -- ;
while (p.keynum < (m - 1) / 2 && !(p.parent == null)) {
    if (MoveKey(p) == 1)
        p = MergeNode(p);
    p = p.parent;
}// 若 p 中的关键字数目不够,则按(2)处理
if (p == T && T.keynum == 0) {
    T = T.ptr[0];
}
}
```

视频讲解

#### 4. B+树

在实际的文件系统中,基本上不使用 B-树,而是使用 B-树的一种变体——B+树。B+树与 B-树的主要不同是 $F$ 结点中存储数据元素。在 B+树中,所有非 $F$ 结点都可以看成是索引,而其中的关键字作为"分界关键字"界定某一关键字的数据元素所在的子树。一棵 $m$ 阶 B+树与 $m$ 阶 B-树的主要差异如下。

(1)若一个结点有 $n$ 棵子树,则必含有 $n$ 个关键字。

(2)$F$ 结点中包含了全部数据元素的关键字信息,以及指向这些关键字数据元素的引用,而且叶子结点按关键字的大小从小到大顺序连接。

(3)所有非 $F$ 结点都可以看成是索引的部分,结点中只含有其子树的根结点中的最大(或最小)关键字。

图 8-32 为一棵 3 阶 B+树。

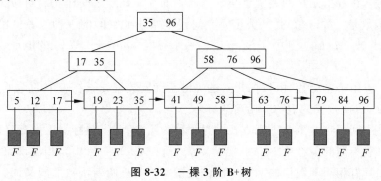

图 8-32 一棵 3 阶 B+树

与 B-树相比,对 B+树不仅可以从根结点开始按关键字随机查找,而且可以从最小关键字起按 $F$ 结点的连接顺序进行顺序查找。在 B+树上进行随机查找、插入、删除的过程与

B-树类似。

在 B+树上进行随机查找时,若非 $F$ 结点的关键字等于给定的 $K$ 值,则一直查找到 $F$ 结点(只有 $F$ 结点才存储数据元素)为止,即无论查找成功与否,都走了一条从根结点到 $F$ 结点的路径。

B+树的插入仅仅在叶子结点上进行。当叶子结点中的关键字个数大于 $m$ 时,"分裂"为两个结点,两个结点中所含有的关键字个数都是 $\lceil (m+1)/2 \rceil$,将这两个结点中的最大关键字提升到父结点中,用来替代原结点在父结点中所对应的关键字。若提升后父结点继续分裂,则重复执行上述操作。

B+树的删除也仅在叶子结点上进行。当叶子结点中的最大关键字被删除时,其在非终端结点中的值可以作为一个"分界关键字"存在,若因删除而使结点中的关键字个数少于 $\lceil m/2 \rceil$ 时,其与兄弟结点的合并过程与 B-树类似。

# 🔑 8.6　哈希查找

在前面讨论的各种结构(线性表、树等)中,数据元素在结构中的相对位置是随机的,与数据元素的关键字之间不存在确定的关系,因此,在结构中查找数据元素时需要进行一系列与关键字的比较。在顺序查找中,比较的结果为"等于"和"不等于"两种可能;在折半查找、二叉排序查找和 B-树查找中,比较的结果为"小于""等于""大于"3 种可能。查找的效率依赖于查找过程中所进行的比较次数。

理想的情况是希望不经过任何比较,一次存取便能得到所查找的数据元素,那就必须在数据元素的存储位置和它的关键字之间建立一个确定的对应关系 $f$,使得每个关键字和结构中一个唯一的存储位置相对应。这样在查找时,只要根据这个对应关系 $f$ 就能找到给定值 $K$ 的像 $f(K)$。若结构中存在关键字和 $K$ 相等的数据元素,则必定在 $f(K)$ 的存储位置上,从而不需要进行比较便可直接取得所查数据元素。这里将对应关系 $f$ 称为哈希(hash)函数,将以该思想建立的表称为哈希表。

## 8.6.1　哈希查找的基本概念

视频讲解

**哈希函数**:在数据元素的关键字与数据元素的存储地址之间建立的对应关系称为哈希函数。哈希函数是一种映象,是从关键字空间到存储地址空间的一种映象。哈希函数通常表示为 $\mathrm{addr}(a_i) = H(k_i)$,其中 $a_i$ 是表中的一个元素,$\mathrm{addr}(a_i)$ 是 $a_i$ 的地址,$k_i$ 是 $a_i$ 的关键字。

**哈希表**:应用哈希函数,由数据元素的关键字确定数据元素在表中的地址,并将数据元素放入此地址,以此构成的表称为哈希表。

**哈希查找**:利用哈希函数进行查找的过程称为哈希查找,也称为散列查找。

**冲突**:对于不同的关键字 $k_i$、$k_j$,若 $k_i \neq k_j$ 而 $H(k_i) = H(k_j)$,则该现象称为冲突。

**同义词**:具有相同函数值的两个不同的关键字称为该哈希函数的同义词。

在一般情况下,冲突只能尽可能地少,而不能完全避免。哈希函数是从关键字集合到地址集合的映像,关键字集合的元素包括所有可能的关键字,而地址集合的元素仅为哈希表中的地址值。假设表长为 $n$，则地址为 $0\sim n-1$。例如，在 Java 语言的编译程序中，标识符集合应包含所有可能产生的标识符，假设标识符定义为以字母为首的 8 位字母或数字，则标识符的集合大小为

$$C_{52}^1 \times C_{62}^7 \times 7! = 1.288899 \times 10^{14}$$

在一个源程序中出现的标识符是有限的，设表长为 1000，即地址集合中的元素为 $0\sim$ 999。因此，在一般情况下，哈希函数是一个压缩映像，这就不可避免地会产生冲突。为此只能尽量减少冲突，当冲突发生时，应有处理冲突的方法。因此，设计一个哈希表应包括以下内容。

（1）哈希表的空间范围，即确定哈希函数的值域。

（2）构造合适的哈希函数，使得对于所有可能的元素（数据元素的关键字），函数值均在哈希表的地址空间范围内，且出现冲突的可能尽量小。

（3）处理冲突的方法，即当冲突出现时如何解决。

下面分别就哈希函数和处理冲突的方法进行讨论。

## 8.6.2 哈希函数的构造方法

视频讲解

哈希函数是一种映象，其设定很灵活，只要使任何关键字的哈希函数值都落在表长允许的范围之内即可。哈希函数"好坏"的主要评价因素如下。

（1）哈希函数的构造简单。

（2）能"均匀"地将哈希表中的关键字映射到地址空间。所谓"均匀"是指发生冲突的可能性尽可能地小。

哈希函数的构造方法如下。

**1. 直接定址法**

取关键字或关键字的某个线性函数作为哈希地址，即 $H(\text{key})=\text{key}$ 或 $H(\text{key})=a\text{key}+b$（$a,b$ 为常数）。

例如，数据元素序列的关键字为（5,10,15,20,25,30,35,40,45,50,55,60）。选取哈希函数为 $H(\text{key})=\text{key}/5-1$，哈希表的内存空间为 12 个存储单元，建立的哈希表如图 8-33 所示。

| 0 | 1 | 2 | 3 | 4 | 5 | 6 | 7 | 8 | 9 | 10 | 11 |
|---|---|---|---|---|---|---|---|---|---|----|----|
| 5 | 10 | 15 | 20 | 25 | 30 | 35 | 40 | 45 | 50 | 55 | 60 |

图 8-33 哈希表

特点：这类函数是一一对应函数，不会产生冲突，但要求地址集合与数据元素关键码集合的大小相同。因此，这种方法适用于数据元素不多的情况，实际中很少使用。

**2. 数字分析法**

对关键字进行分析，取关键字的若干位或组合作为哈希地址。

假设数据元素的关键字是以 $r$ 为基的数（如以 10 为基的十进制数），并且哈希表中出现的关键字都是事先可知的，则可取关键码的若干位数作为哈希地址。例如，有 80 数据元素，要构造的哈希表长度为 100，则可取两位十进制数组成哈希地址。取位数的原则是使得到的哈希地址尽量避免冲突，为此需要分析这 80 个关键字。不失一般性，取其中 8 个数据元素的关键字进行分析，如图 8-34 所示。

| | | | | | | | |
|---|---|---|---|---|---|---|---|
| 8 | 1 | 3 | 4 | 6 | 5 | 3 | 2 |
| 8 | 1 | 3 | 7 | 2 | 2 | 4 | 2 |
| 8 | 1 | 3 | 8 | 7 | 4 | 2 | 2 |
| 8 | 1 | 3 | 0 | 1 | 3 | 6 | 7 |
| 8 | 1 | 3 | 2 | 2 | 8 | 1 | 7 |
| 8 | 1 | 3 | 3 | 8 | 9 | 6 | 7 |
| 8 | 1 | 3 | 5 | 4 | 1 | 5 | 7 |
| 8 | 1 | 3 | 6 | 8 | 5 | 3 | 7 |
| 8 | 1 | 4 | 1 | 9 | 3 | 5 | 5 |
| ① | ② | ③ | ④ | ⑤ | ⑥ | ⑦ | ⑧ |

**图 8-34　8 个数据元素的关键字**

对关键字整体分析可知：第 1、2 位都是"8　1"，第 3 位只能取 1、2、3 或 4，第 8 位只可能取 2、5 或 7，因此这 4 位都不可取。由于中间的 4 位可以看成是近似随机的，因此可取其中任意两位，或者取其中两位与另外两位的叠加求和(舍去进位)作为哈希地址。

特点：适用于关键字位数比哈希地址位数大，且关键字事先可知的情况。

**3．平方取中法**

将关键字平方后取中间几位作为哈希地址。这是一种常用的构造哈希函数的方法。通常在选定哈希函数时不一定知道关键字的全部情况，无法取得合适的位数，而一个数平方后的中间几位数与数的每一位都相关，由此使随机分布的关键字得到的哈希地址也是随机的。平方取中法所取的位数由表长决定。

例如，为 Java 源程序中的标识符建立一个哈希表。假设 Java 中允许的标识符为 1 个字母，或者 1 个字母加 1 个数字。在计算机内可用两位八进制数表示字母和数字，如图 8-35(a)所示。取标识符在计算机内的八进制数作为关键字。假设表长 $512=2^9$，则可取关键字平方后的中间 9 位二进制数作为哈希地址。图 8-35(b)列出了一些标识符及其哈希地址。

$$A \quad B \quad C \quad \cdots \quad Z \quad 0 \quad 1 \quad 2 \quad \cdots \quad 9$$
$$01 \quad 02 \quad 03 \quad \cdots \quad 32 \quad 60 \quad 61 \quad 62 \quad \cdots \quad 71$$

(a) 字符的八进制表示对照表

| 标识符 | 关键字 | (关键字)$^2$ | 哈希地址($2^{17} \sim 2^9$) |
|---|---|---|---|
| A | 0100 | 0 010000 | 010 |
| I | 1100 | 1 210000 | 210 |
| J | 1200 | 1 440000 | 440 |
| I0 | 1160 | 1 370400 | 370 |
| P1 | 2061 | 4 310541 | 310 |
| P2 | 2062 | 4 314704 | 314 |
| Q1 | 2161 | 4 734741 | 734 |
| Q2 | 2162 | 4 741304 | 741 |
| Q3 | 2163 | 4 745651 | 745 |

(b) 标识符及其哈希地址

**图 8-35　标识符哈希表**

特点：这种方法适于不知道全部关键字情况，是一种较为常用的方法。

**4．折叠法**

将关键字分割成位数相同的几部分(最后一部分可以不同)，然后取这几部分的叠加和作为哈希地址。

数位叠加有移位叠加和间接叠加两种。

(1) 移位叠加：将分割后的几部分低位对齐相加。

(2) 间界叠加：从一端到另一端沿分割界来回折叠，然后对齐相加。

例如，每一种图书都有一个国际标准图书编号(ISBN)，它是一个 10 位的十进制数字，将其作为关键字建立一个哈希表，当馆藏书种类不到 10000 时可采用折叠法构造一个 4 位数的哈希函数。国际标准图书编号 0-442-20586-4 的哈希地址分别如图 8-36(a)和 8-36(b)所示。

特点：适于关键字位数很多，且每一位上数字分布大致均匀的情况。

**5. 除留余数法**

取关键字被某个不大于哈希表表长 $m$ 的数 $p$ 除后所得的余数作为哈希地址，即 $H(\text{key})=\text{key MOD } p\,(p\leqslant m)$。这是一种简单、常用的哈希函数构造方法。

利用这种方法的关键是 $p$ 的选取，$p$ 选得不好就容易产生同义词。$p$ 的选取分析如下。

(1) 选取 $p=2^i\,(p\leqslant m)$。运算便于用移位来实现，但这等于将关键字的高位忽略而仅留下低位二进制数，高位不同而低位相同的关键字是同义词。

例如，假设取标识符在计算机中的二进制表示为它的关键字(标识符中每个字母均用两位八进制数表示)，然后对 $p=2^6$ 取模。这个运算在计算机中只要移位便可实现，因而将关键字左移直至留下最低的 6 位二进制数，这等于将关键字的所有高位值都忽略不计。因此，所有最后一个字符相同的标识符均为同义词，如 al、il、templ、cpl 等。

(2) 选取 $p=q\times f\,(q\,,f$ 都是质因数，$p\leqslant m)$。所有含有 $q$ 或 $f$ 因子的关键字的散列地址均是 $q$ 或 $f$ 的倍数。

| 关键字 | 28 | 35 | 63 | 77 | 105 |
|---|---|---|---|---|---|
| 哈希地址 | 7 | 14 | 0 | 14 | 0 |

**图 8-37　由除留余数法求哈希地址**

例如，当 $p=21(3\times7)$ 时，含有因子 7 的关键字对 21 取样的哈希地址均为 7 的倍数，如图 8-37 所示。

由已有经验可知：选取 $p$ 为素数或 $p=q\times f(q\,,f$ 是质数且均大于 20，$p\leqslant m)$ 是常用的选取方法，能有效减少冲突出现的可能性。

**6. 随机数法**

取关键字的随机函数值作为哈希地址，即 $H(\text{key})=\text{random}(\text{key})$。

当哈希表中的关键字长度不等时，该方法比较合适。

利用随机数法选取哈希函数需要考虑以下因素。

(1) 计算哈希函数所需时间。

(2) 关键字的长度。

(3) 哈希表长度(哈希地址范围)。

(4) 关键字分布情况。

(5) 数据元素的查找频率。

右上方：

5864
4220
+) 　04
―――――
10088
$H(\text{key})=0088$
(a) 移位叠加

5864
0024
+) 　04
―――――
6092
$H(\text{key})=6092$
(b) 间界叠加

**图 8-36　由折叠法求哈希地址**

### 8.6.3　冲突处理的方法

假设哈希表的地址集为 $[0,n-1]$，则冲突是指由关键字得到的哈希地址为 $j\,(0\leqslant j\leqslant n-1)$ 的位置上已存有其他数据元素，处理冲突就是为该关键字的数据元素找到另一个"空"的哈希地址。在处理冲突的过程中，可能会得到一个地址序列 $H_i$，$i=1,2,\cdots,k$。在处理哈希地址的冲突时，若得到的另一个哈希地址 $H_1$ 仍发生冲突，则再求下一个地址

视频讲解

$H_2$,若 $H_2$ 仍然冲突,则再求得 $H_3$,以此类推,直至 $H_k$ 不发生冲突为止。此时,$H_k$ 为数据元素在表中的地址。常用的处理冲突的方法有以下几种。

**1. 开放定址法**

当冲突发生时,形成某个探测序列,按此序列逐个探测哈希表中的其他地址,直到找到给定的关键字或一个空地址(开放的地址)为止,并将发生冲突的数据元素放到该地址中。哈希地址的计算公式如下。

$$H_i(\text{key}) = (H(\text{key}) + d_i) \text{MOD } m \quad i = 1, 2, \cdots, k(k \leq m-1)$$

其中,$H(\text{key})$ 是哈希函数,$m$ 是哈希表长度,$d_i$ 是第 $i$ 次探测时的增量序列,$H_i(\text{key})$ 是经第 $i$ 次探测后得到的哈希地址。

(1) 线性探测法。

将哈希表 $T[0..m-1]$ 看成是循环向量,当发生冲突时,从初次发生冲突的位置依次向后探测其他的地址,所用增量序列为 $d_i = 1, 2, 3, \cdots, m-1$。

设初次发生冲突的地址是 $h$,则依次探测 $T[h+1], T[h+2], \cdots$,直到 $T[m-1]$ 时循环到表头;再次探测 $T[0], T[1], \cdots$,直到 $T[h-1]$。探测过程终止的情况如下。

(1) 探测地址为空:表中没有数据元素。若进行查找,则查找失败;若进行插入,则将数据元素写入该地址。

(2) 探测地址有给定的关键字:若进行查找,则查找成功;若进行插入,则插入失败。

(3) 其他情况:仍未探测到空地址或给定的关键字,说明哈希表满。

【例 8-1】 设哈希表长为 7,数据元素关键字组为 15、14、28、26、56、23,哈希函数 $H(\text{key}) = \text{key MOD } 7$,采用线性探测法进行冲突处理。

解:$H(15) = 15 \text{ MOD } 7 = 1$;

$H(14) = 14 \text{ MOD } 7 = 0$;

$H(28) = 28 \text{ MOD } 7 = 0$,因发生冲突,采用线性探测法处理冲突 $H_1(28) = (0+1)\text{MOD } 7 = 1$,又发生冲突 $H_2(28) = (0+2)\text{MOD } 7 = 2$。

$H(26) = 26 \text{ MOD } 7 = 5$;

$H(56) = 56 \text{ MOD } 7 = 0$,因发生冲突,采用线性探测法处理冲突 $H_1(56) = (0+1)\text{MOD } 7 = 1$,又发生冲突 $H_2(56) = (0+2)\text{MOD } 7 = 2$,又发生冲突 $H_3(56) = (0+3)\text{MOD } 7 = 3$。

$H(23) = 23 \text{ MOD } 7 = 2$,因发生冲突,采用线性探测法处理冲突 $H_1 = (2+1)\text{MOD } 7 = 3$,又发生冲突 $H_2(23) = (2+2)\text{MOD } 7 = 4$。

冲突处理后的哈希表如图 8-38 所示。

由此可以看出线性探测法的特点如下。

① 优点:只要哈希表未满,总能找到一个不冲突的哈希地址。

| 0 | 1 | 2 | 3 | 4 | 5 | 6 |
|---|---|---|---|---|---|---|
| 14 | 15 | 28 | 56 | 23 | 26 | |

图 8-38 用线性探测法处理冲突后的哈希表

② 缺点:每个产生冲突的数据元素被哈希到离冲突最近的空地址上,从而又增加了更多的冲突机会(这种现象称为冲突的"聚集")。

(2) 二次探测法。

二次探测法的增量序列为 $d_i = 1^2、-1^2、2^2、-2^2、3^2、\cdots、\pm k^2 (k \leq \text{floor}\lfloor m/2 \rfloor)$。

对例 8-1 若采用二次探测法进行冲突处理,当 $H_i(\text{key})$ 为负数时,取 $H_i(\text{key}) = H_i(\text{key}) + 7$,则

$H(15)=15 \text{ MOD } 7=1$；

$H(14)=14 \text{ MOD } 7=0$；

$H(28)=28 \text{ MOD } 7=0$，因发生冲突，用二次探测法处理冲突 $H_1(28)=1$，又发生冲突；$H_2(28)=4$。

$H(26)=26 \text{ MOD } 7=5$；

$H(56)=56 \text{ MOD } 7=0$，因发生冲突，用二次探测法处理冲突 $H_1(56)=1$，又发生冲突；$H_2(56)=6$，又发生冲突；$H_3(56)=4$。

$H(23)=23 \text{ MOD } 7=2$，因发生冲突，用二次探测法处理冲突 $H_1(23)=3$。

冲突处理后的哈希表如图 8-39 所示。

| 0 | 1 | 2 | 3 | 4 | 5 | 6 |
|---|---|---|---|---|---|---|
| 14 | 15 | | 23 | 56 | 26 | 28 |

图 8-39　用二次探测法处理冲突后的哈希表

二次探测法的特点如下。

① 优点：探测序列跳跃式地哈希到整个表中，不易产生冲突的"聚集"现象。

② 缺点：不能保证探测到哈希表的所有地址。

（3）伪随机探测法。

增量序列使用一个伪随机函数产生一个落在闭区间 $[1,m-1]$ 的随机序列。

【例 8-2】　设表长为 11 的哈希表中已填有关键字为 17、60、29 的数据元素，哈希函数为 $H(\text{key})=\text{key MOD } 11$。现有第 4 个数据元素，其关键字为 38，请按线性探测法、二次探测法、伪随机探测法 3 种处理冲突的方法，分别将其填入表中。

（1）$H(38)=38 \text{ MOD } 11=5$，因发生冲突，采用线性探测法处理冲突 $H_1=(5+1) \text{ MOD } 11=6$，又发生冲突；$H_2=(5+2)\text{MOD } 11=7$，又发生冲突；$H_3=(5+3)\text{MOD } 11=8$。此时不冲突，探测终止。

（2）$H(38)=38 \text{ MOD } 11=5$，因发生冲突，采用二次探测法处理冲突 $H_1=(5+1^2) \text{ MOD } 11=6$，又发生冲突；$H_2=(5-1^2)\text{MOD } 11=4$，此时不冲突，探测终止。

（3）$H(38)=38 \text{ MOD } 11=5$，因发生冲突，采用伪随机探测法处理冲突。设伪随机数序列第一个随机数为 9，则 $H_1=(5+9)\text{MOD } 11=3$。此时不冲突，探测终止。

冲突处理后的哈希表如图 8-40 所示。

| 0 | 1 | 2 | 3 | 4 | 5 | 6 | 7 | 8 | 9 | 10 |
|---|---|---|---|---|---|---|---|---|---|---|
| | | | (3)38 | (2)38 | 60 | 17 | 29 | (1)38 | | |

图 8-40　用伪随机探测法处理冲突后的哈希表

### 2. 再哈希法

构造若干哈希函数，当发生冲突时，利用不同的哈希函数计算下一个新哈希地址，直到不发生冲突为止。其中，$H_i=\text{RH}_i(\text{key})$，$i=1,2,\cdots,k$。

$\text{RH}_i$ 是一组不同的哈希函数。第一次发生冲突时，用 $\text{RH}_1$ 计算，第二次发生冲突时，用 $\text{RH}_2$ 计算，以此类推，直到得到某个 $H_i$ 不再冲突为止。

再哈希法的特点如下。

（1）优点：不易产生冲突的"聚集"现象。

（2）缺点：计算时间增加。

### 3. 链地址法

将所有关键字为同义词(哈希地址相同)的数据元素存储在一个单链表中,并用一维数组存放链表的头指针。

设哈希表长为 $m$ ,定义一个一维指针数组 RecNode　linkhash$[m]$ 。其中,RecNode 是结点类型,数组每个分量的初值为空。凡哈希地址为 $k$ 的数据元素都插入以 linkhash$[k]$ 为头指针的链表中,插入位置可以在表头,也可以在表尾或按关键字排序插入。

【例 8-3】 已知一组关键字为 $(19,14,23,1,68,20,84,27,55,11,10,79)$ ,哈希函数为 $H(\text{key})=\text{key MOD }13$ ,用链地址法处理冲突,如图 8-41 所示。

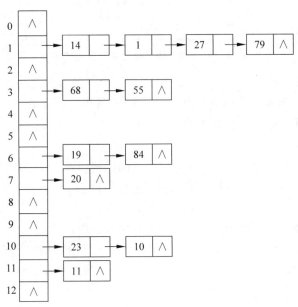

图 8-41　用链地址法处理冲突后的哈希表

### 4. 建立公共溢出区法

在基本哈希表之外,另外设立一个溢出表保存与基本表中数据元素冲突的所有数据元素。

设哈希表长为 $m$ ,设立基本哈希表 Hashtable$[m]$ ,每个分量保存一个数据元素;溢出表 overtable$[m]$ ,一旦某个数据元素的哈希地址发生冲突,都填入溢出表中。

【例 8-4】 已知一组关键字为 $(15,4,18,7,37,47)$ ,哈希表长度为 7 ,哈希函数为 $H(\text{key})=\text{key MOD }7$ ,用建立公共溢出区法处理冲突,得到的基本表和溢出表如图 8-42(a) 和图 8-42(b) 所示。

| 哈希地址 | 0 | 1 | 2 | 3 | 4 | 5 | 6 |
|---|---|---|---|---|---|---|---|
| 关键字 | 7 | 15 | 37 | | 4 | 47 | |

(a) 基本表

| 溢出地址 | 0 | 1 | 2 | 3 | 4 | 5 | 6 |
|---|---|---|---|---|---|---|---|
| 关键字 | 18 | | | | | | |

(b) 溢出表

图 8-42　用建立公共溢出区法处理冲突

## 8.6.4　哈希查找过程及分析

### 1. 哈希查找过程

哈希表的主要目的是用于快速查找,且插入和删除操作都要用到查找。由于哈希表的特殊组织形式,因此对其查找也有特殊的方法。设哈希表为 $HT[0..m-1]$,哈希函数为 $H(key)$,解决冲突的方法为开放地址法、再哈希法或链地址法,则在哈希表上查找定值为 $k$ 的数据元素的过程如图 8-43 所示。

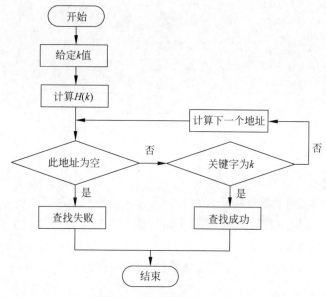

图 8-43　散列表的查找过程

### 2. 查找算法

用开放地址法或再哈希法解决冲突,其算法实现如下。

```
class RecType < T > {
    T key;                          // 关键字域
    // 数据元素的其他域
    Integer Hash_search(RecType < Integer >[] HT, int k, int m)
    // 查找哈希表 HT 中的关键字 k,用开放定址法或再哈希法解决冲突,m 是哈希表的长度
    {
        int addh, i = 0;
        addh = H(k);                // H(k)是哈希函数
        while (i < m && HT[addh].key != 0) {
        // 当哈希表中的关键字值是默认值 0 时,表示该位置没存放任何数据元素,此时该地址为
        // 空,查找结束
            if (HT[addh].key == k)
                return addh;
            else
                addh = R(k, ++i);   // 按照解决冲突的方法计算下一个地址
        }
        return - 1;                 // 查找失败,返回 - 1
    }
}
```

用链地址法解决冲突,其算法实现如下。

```
public class HNode<T> {
    T key;
    HNode<T> link;
    // 查找哈希表 HT 中的关键字 k,用链地址法解决冲突
    HNode<Integer> hash_search(HNode<Integer>[] HT, int k) {
        HNode<Integer> p = new HNode<Integer>();
        int i;
        i = H(k);
        if (HT[i] == null)
            return null;
        p = HT[i];
        while (p != null)
            if (p.key == k)
                return p;
            else
                p = p.link;
        return null;
    }
}
```

### 3. 哈希查找分析

从哈希查找过程可见:尽管哈希表在关键字与数据元素的存储地址之间建立了直接映象,但由于"冲突"的发生,查找过程仍是一个给定值与关键字进行比较的过程,评价哈希查找效率仍然需要使用 ASL。

在进行哈希查找时,关键字与给定值比较的次数取决于:

(1) 哈希函数。

(2) 处理冲突的方法。

(3) 哈希表的填满因子 $\alpha$。填满因子 $\alpha$ 的定义如下。

$$\alpha = \frac{\text{表中填入的记录数}}{\text{哈希表的长度}}$$

$\alpha$ 为哈希表的装满程度。直观地看,$\alpha$ 越小,发生冲突的可能性就越小;反之,$\alpha$ 越大,表示已填入的数据元素越多,发生冲突的可能性就越大,需与给定值进行比较的关键字个数也就越多。

可以证明:

(1) 线性探测法的平均查找长度为

$$S_{nl} \approx \frac{1}{2}\left(1 + \frac{1}{1-\alpha}\right)$$

$$U_{nl} = \frac{1}{2}\left(1 + \frac{1}{(1-\alpha)^2}\right)$$

(2) 二次探测法、伪随机探测法、再哈希法的平均查找长度分别为

$$U_{nr} \approx \frac{1}{1-\alpha}$$

$$S_{nr} \approx -\frac{1}{\alpha}\ln(1-\alpha)$$

（3）用链地址法解决冲突的平均查找长度为

$$S_{nc} \approx 1 + \frac{\alpha}{2}$$

$$U_{nc} \approx \alpha + e^{-\alpha}$$

# 本章小结

本章首先介绍了查找的概念,查找通常分为静态查找和动态查找,讲述了 3 种静态查找算法:顺序查找、折半查找、分块查找,并对 3 种查找算法的效率进行了分析。当以线性顺序存储的形式组织查找表时,若对查找表进行插入、删除或排序操作,就必须移动大量的数据元素,当数据元素数很多时,这种移动的代价很大。为此,可以利用树的形式组织查找表,对查找表进行动态高效的查找。接下来介绍了二叉排序树的定义、二叉排序树的查找、二叉排序树的插入、二叉排序树的删除及对二叉排序树查找效率的分析。二叉排序树是一种查找效率比较高的组织形式,但其平均查找长度受树的形态影响较大,需要对二叉排序树平衡化。因此,介绍了平衡二叉排序树的定义,构造平衡二叉树的 4 种旋转方法:LL、LR、RL、RR,平衡二叉排序树的插入,并分析了平衡二叉树的查找效率。然后介绍了索引查找,索引表的组织有线性结构和树形结构两种,树形索引表有 B-树和 B+树,介绍了 B-树的定义、B-树的查找、B-树查找的效率分析,并进一步介绍了 B-树的插入、B-树的删除;介绍了 B-树的变体 B+树,从定义、查找、插入、删除 4 个方面进行了论述。最后介绍了哈希查找,哈希查找是利用哈希函数进行查找的过程,重点介绍了哈希函数的构造方法、处理冲突的方法、哈希查找的过程,并对哈希查找的效率进行了分析。

# 习题 8

在线测试

## 一、选择题

1. 在一棵深度为 $h$ 的具有 $n$ 个元素的二叉排序树中,查找所有元素的最长查找长度为（　　）。

    A. $n$　　　　　　　　B. $\log_2 n$　　　　　C. $(h+1)/2$　　　　D. $h$

2. 已知表长为 25 的哈希表,用除留取余法,按公式 $H(\text{key}) = \text{key MOD } p$ 建立哈希表,则 $p$ 应取（　　）为宜。

    A. 23　　　　　　　　B. 24　　　　　　　　C. 25　　　　　　　D. 26

3. 在哈希查找中,平均查找长度主要与（　　）有关。

    A. 哈希表长度　　　　　　　　　　　B. 哈希元素个数

    C. 填满因子　　　　　　　　　　　　D. 处理冲突方法

4. $m$ 阶 B-树中的 $m$ 是指（　　）。

    A. 每个结点至少具有 $m$ 棵子树　　　B. 每个结点最多具有 $m$ 棵子树

    C. 分支结点中包含的关键字的个数　　D. $m$ 阶 B-树的深度

5. 一个待哈希的线性表为 $k=\{18,25,63,50,42,32,9\}$,哈希函数为 $H(k)=k$ MOD 9,则与 18 发生冲突的元素有(　　)个。

    A. 1　　　　　　　B. 2　　　　　　　C. 3　　　　　　　D. 4

6. 在对查找表的查找过程中,若被查找的数据元素不存在,则将该数据元素插入集合中,这种方式主要适合于(　　)。

    A. 静态查找表　　　　　　　　　B. 动态查找表

    C. 静态查找表和动态查找表　　　D. 两种表都不适合

7. 在各种查找方法中,平均查找长度与数据元素个数无关的查找方法是(　　)。

    A. 顺序查找　　　　　　　　　　B. 折半查找

    C. 哈希查找　　　　　　　　　　D. 分块查找

8. 以下二叉树中,不平衡的二叉树是(　　)。

A.　　　　　　　B.　　　　　　　C.　　　　　　　D.

9. 对线性表进行折半查找时,要求线性表必须(　　)。

    A. 以顺序方式存储

    B. 以顺序方式存储,且结点按关键字有序排序

    C. 以链接方式存储

    D. 以链接方式存储,且结点按关键字有序排序

**二、填空题**

1. 已知有序表为 $(12,18,24,35,47,50,62,83,90,115,134)$,当用折半法查找 90 时,需要至少进行_____次查找可确定成功。

2. 具有相同函数值的关键字对哈希函数来说称为_____。

3. 在一棵二叉排序树上实施_____遍历后,其关键字序列是一个有序表。

4. 在哈希存储中,填满因子 $\alpha$ 的值越大,则存取元素时发生冲突的可能性就越_____; $\alpha$ 值越小,则存取元素发生冲突的可能性就越_____。

**三、判断题**

1. 折半查找只适用于有序表,包括有序的顺序表和链表。　　　　　　　　　(　　)

2. 在二叉排序树的任意一棵子树中,关键字最小的结点必无左孩子,关键字最大的结点必无有孩子。　　　　　　　　　　　　　　　　　　　　　　　　(　　)

3. 哈希表的查找效率主要取决于哈希表造表时所选取的哈希函数和处理冲突的方法。

(　　)

4. 若 AVL 是一棵二叉树,则其树上任一结点的平衡因子的绝对值不大于 1。 (　　)

**四、综合题**

1. 选取哈希函数 $H(k)=k$ MOD 11。用二次探测再哈希处理冲突,试在 0～10 的哈希地址空间中对关键字序列 $\{22,41,53,46,30,13,01,67\}$ 构造哈希表,并求等概率情况下查找成功时的平均查找长度。

2. 设哈希表 HT 表长 $m$ 为 13,哈希函数为 $H(k)=k$ MOD $m$,给定的关键字序列为

{19,14,23,10,68,20,84,27,55,11}。试求出用线性探测法解决冲突时所构造的哈希表,并求出在等概率的情况下查找成功的平均查找长度 ASL。

3. 依次读入给定的整数序列{7,16,4,8,20,9,6,18,5},构造一棵二叉排序树,并计算在等概率情况下该二叉排序树的平均查找长度 ASL。

**五、实验题**

1. 从键盘输入一个数据序列和一个数据,利用顺序查找法从数据序列中查找数据,输出数据在数据序列中的位置。

2. 从键盘输入一个数据序列和一个数据,利用折半查找法从数据序列中查找数据,输出数据在数据序列中的位置。

3. 从键盘输入一个整数序列,构造一棵二叉排序树并输出。

# 第9章

# 内 部 排 序

CHAPTER 9

**本章学习目标**

- 掌握排序的基本概念
- 掌握插入排序、交换排序、选择排序、归并排序、基数排序等排序算法
- 掌握各种内部排序的比较
- 学会利用排序算法解决实际应用问题

在信息处理过程中,最基本的操作是查找。在查找方法中,效率最高的是折半查找,折半查找的前提是所有的数据元素是按关键字有序的,为此需要将一个无序的数据元素序列转变为一个有序的数据元素序列。将数据元素序列通过某种方法整理成为按关键字有序排列的处理过程称为排序,排序是数据处理中最为常用的操作。

# 9.1 排序的基本概念

视频讲解

### 1. 排序

排序是将一批(组)任意次序的数据元素重新排列成按关键字有序的数据元素序列的过程,其定义如下。

给定一组数据元素序列$\{R_1,R_2,\cdots,R_n\}$,其相应的关键字序列为$\{K_1,K_2,\cdots,K_n\}$。确定 $1,2,\cdots,n$ 的一个排列 $p_1,p_2,\cdots,p_n$,使其相应的关键字满足非递减(或非递增)关系 $K_{p1} \leqslant K_{p2} \leqslant \cdots \leqslant K_{pn}$ 的序列$\{K_{p1},K_{p2},\cdots,K_{pn}\}$,这种操作称为排序。

关键字 $K_i$ 可以是数据元素 $R_i$ 的主关键字,也可以是次关键字或若干数据项的组合。

若 $K_i$ 是主关键字,则排序后得到的结果是唯一的;若 $K_i$ 是次关键字,则排序后得到的结果是不唯一的。

### 2. 排序的稳定性

假设数据元素序列中有两个或两个以上关键字相等的数据元素,即 $K_i = K_j (i \neq j, i、j = 1,2,\cdots,n)$,且在排序前 $R_i$ 先于 $R_j (i < j)$,若排序后的数据元素序列仍然是 $R_i$ 先于 $R_j$,则称排序方法是稳定的,否则是不稳定的。

排序算法有许多,但就全面性能而言,还没有一种公认最好的。每种算法都有其优点和缺点,分别适合不同的数据量和硬件配置。

评价排序算法的标准通常为执行时间和所需的辅助空间,其次是算法的稳定性。

若排序算法所需的辅助空间不依赖问题的规模 $n$,即空间复杂度是 $O(1)$,则称排序方法是就地排序,否则是非就地排序。

### 3. 排序的分类

待排序的数据元素数量不同,使得排序过程中涉及的存储器不同,从而有不同的排序分类。

(1) 待排序的数据元素数较少,所有的数据元素都能存放在内存中进行排序,称为内部排序。

(2) 待排序的数据元素数较多,所有的数据元素不可能都存放在内存中,排序过程中必须在内存和外存之间进行数据交换,称为外部排序。

### 4. 内部排序的基本操作

对内部排序而言,其基本操作有以下两种。

(1) 比较两个关键字的大小。

(2) 数据元素的移动。有时移动的并不是数据元素本身,而是数据元素存储地址(引用)的移动,或数据元素存储地址(引用)的修改。

第一种操作是必不可少的。第二种操作到底是什么,取决于数据元素的存储方式,具体情况如下。

(1) 数据元素存储在一组连续地址的存储空间:数据元素之间的逻辑顺序关系通过其物理存储位置的相邻来体现,移动的是数据元素本身。

(2) 数据元素采用链式存储方式:数据元素之间的逻辑顺序关系通过数据元素结点中

的引用来体现。排序过程仅需修改数据元素结点的引用,而不需要移动数据元素。

（3）数据元素存储在一组连续地址的存储空间：构造另一个辅助表来保存各个数据元素的存储地址(引用)。排序过程不需要移动数据元素,而仅需修改辅助表中的引用,排序后视具体情况决定是否调整数据元素的存储位置。

（4）数据元素存储在一组任意地址的存储空间：构造另一个辅助表来保存各个数据元素的存放地址(引用)。排序过程不需要移动数据元素本身,而仅需移动辅助表中的引用,排序后视具体情况决定是否调整数据元素的存储位置。

第 1 类存储方式比较适合数据元素数较少的情况,而第 2、3、4 类存储方式则适合数据元素数较多的情况。

在 Java 语言的层面上讨论问题时,假设待排序的数据元素是第 4 类情况;辅助表即类数组,存储的是数据元素的引用,关键字是可直接用比较运算符进行比较的 int 型;排序中移动的不是数据元素本身,而是指示数据元素存储地址的引用。

待排序的数据元素类型的定义如下。

```
class DataType {
    public int key;                    // 关键字域
    // infoType otherinfo ;             // 其他域
}
```

辅助表的定义如下。

```
public class Sqlist {
    public DataType[] R;               // R 数组存储数据元素的地址,0 号单元不用
    public int n;                      // n 是待排序的元素个数
}
```

# 9.2  插入排序

插入排序的基本思想：在考查数据元素 $R_i$ 之前,设以前的所有数据元素 $R_1, R_2, \cdots, R_{i-1}$ 已排好序,然后将 $R_i$ 插入已排好序的数据元素序列的适当位置。最基本的插入排序是直接插入排序(straight insertion sort)。

## 9.2.1  直接插入排序

视频讲解

### 1. 算法思想

将待排序的数据元素 $R_i$ 插入已排好序的数据元素表 $R_1, R_2, \cdots, R_{i-1}$ 中,得到一个新的数据元素数增加 1 的有序表,重复进行插入,直到所有的数据元素都插入完为止。

设待排序的数据元素顺序存放在数组分量 $R[1..n]$ 中,在排序的某一时刻,将数据元素序列分成以下两部分。

（1）$R[1..i-1]$：已排好序的有序部分。

（2）$R[i..n]$：未排序的无序部分。

显然,在刚开始排序时,$R[1]$ 是已经排好序的。

例如,设关键字序列为 $(49, 38, 65, 97, 76, 13, 27, \overline{49})$,直接插入排序的过程如图 9-1 所示。

```
初始关键字:        (49   38   65   97   76   13   27   49
i=2:        (38)  (38   49)  65   97   76   13   27   49
i=3:        (65)  (38   49   65)  97   76   13   27   49
i=4:        (97)  (38   49   65   97)  76   13   27   49
i=5:        (76)  (38   49   65   76   97)  13   27   49
i=6:        (13)  (13   38   49   65   76   97)  27   49
i=7:        (27)  (13   27   38   49   65   76   97)  49
i=8:        (49)  (13   27   38   49   49   65   76   97)
```

↑ 监视哨L.R[0]

**图 9-1  直接插入排序示例**

### 2. 算法实现

直接插入排序的算法实现如下。

```
public void straight_insert_sort(Sqlist L) {
    int i, j;
    for (i = 2; i <= L.n; i++) {
        L.R[0] = L.R[i];                    // 设置哨兵
        j = i - 1;
        while (L.R[0].key < L.R[j].key) {
            L.R[j + 1] = L.R[j];
            j--;
        }// 查找插入位置
        L.R[j + 1] = L.R[0];                // 插入相应位置
    }
}
```

### 3. 算法说明

算法中的 $L.R[0]$ 在开始时并不存放任何待排序的数据元素,其引入的作用主要有以下两个。

(1) 不需要增加辅助空间,保存当前待插入的数据元素 $L.R[i]$,$L.R[i]$ 会因为数据元素的后移而被占用。

(2) 保证查找插入位置的内循环总可以在超出循环边界之前找到一个等于当前数据元素的数据元素,起到"哨兵监视"作用,避免在内循环中每次都要判断 $j$ 是否越界,从而可以使比较次数减少约一半。

### 4. 算法分析

从空间性能看,$i$、$j$、$L.R[0]$ 所占用的辅助存储空间是一个常数,所以空间复杂度为 $O(1)$。

从时间性能看,向有序表中逐个插入数据元素的操作共进行了 $n-1$ 趟,每趟操作分为比较关键字和移动数据元素,而比较的次数和数据元素移动的次数取决于初始数据元素序列的排列情况。因此分以下两种情况进行讨论。

(1) 最好情况。若待排序数据元素按关键字从小到大排列(正序),即算法中的内循环无须执行,则进行一趟排序时,关键字比较次数为 1 次($L.R[0].key<L.R[j].key$),数据元素移动次数为 2 次($L.R[0]=L.R[i]$,$L.R[j+1]=L.R[0]$)。整个排序的关键字比较次数和数据元素移动次数如下。

比较次数:

$$\sum_{i=2}^{n} 1 = n-1$$

移动次数:

$$\sum_{i=2}^{n} 2 = 2(n-1)$$

(2) 最坏情况。若待排序数据元素按关键字从大到小排列(逆序),则进行一趟排序时,算法中的内循环体执行 $i-1$ 次,关键字比较次数为 $i$ 次,数据元素移动次数为 $i+1$。整个排序的关键字比较次数和数据元素移动次数如下。

比较次数:

$$\sum_{i=2}^{n} i = \frac{(n-1)(n+2)}{2}$$

移动次数:

$$\sum_{i=2}^{n} (i+1) = \frac{(n-1)(n+4)}{2}$$

一般地,如果待排序的数据元素可能出现的各种排列的概率相同,则关键字平均比较次数和数据元素平均移动次数约等于以上两种情况的平均值,即 $n^2/4$,而时间复杂度为 $O(n^2)$。

直接插入排序算法是稳定的。

视频讲解

## 9.2.2 简单插入排序

### 1. 折半插入排序

当将待排序的数据元素 $R[i]$ 插入已排好序的数据元素子表 $R[1..i-1]$ 中时,由于 $R_1,R_2,\cdots,R_{i-1}$ 已排好序,则查找插入位置可以用"折半查找"实现。此时,直接插入排序就变为折半插入排序,其实现代码如下。

```java
public void Binary_insert_sort(Sqlist L) {
    int i, j, low, high, mid;
    for (i = 2; i <= L.n; i++) {
        L.R[0] = L.R[i];                  // 设置哨兵
        low = 1;
        high = i - 1;
        while (low <= high) {
            mid = (low + high) / 2;
            if (L.R[0].key < L.R[mid].key)
                high = mid - 1;
            else
                low = mid + 1;
        }// 查找插入位置
        for (j = i - 1; j >= high + 1; j-- )
            L.R[j + 1] = L.R[j];
        L.R[high + 1] = L.R[0];           // 插入相应位置
    }
}
```

例如,设关键字序列为(30,13,70,85,39,42,6,20),折半插入排序的过程如图 9-2 所示。

从时间上比较,折半插入排序仅仅减少了关键字的比较次数,却没有减少数据元素的移动次数,故时间复杂度仍然为 $O(n^2)$。

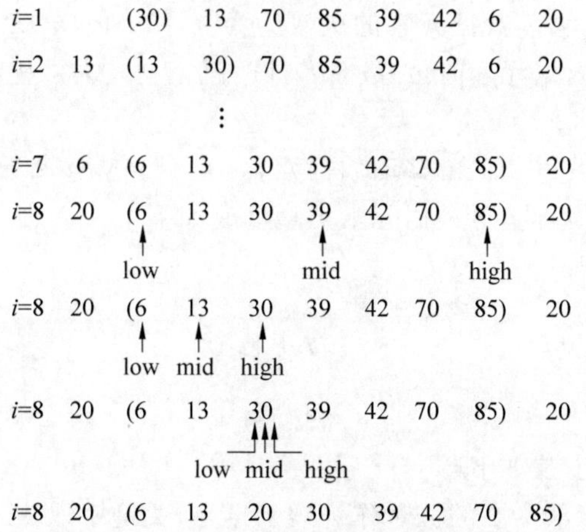

```
i=1     (30)  13   70   85   39   42   6    20
i=2  13 (13   30)  70   85   39   42   6    20
                        ⋮
i=7  6  (6    13   30   39   42   70   85)  20
i=8  20 (6    13   30   39   42   70   85)  20
        ↑               ↑               ↑
        low            mid             high
i=8  20 (6    13   30   39   42   70   85)  20
        ↑     ↑    ↑
        low  mid  high
i=8  20 (6    13   30   39   42   70   85)  20
                   ↑↑↑
                 low mid high
i=8  20 (6    13   20   30   39   42   70   85)
```

图 9-2　折半插入排序过程

### 2．2-路插入排序

2-路插入排序是对折半插入排序的改进，以减少排序过程中移动数据元素的次数。该算法需要附加 $n$ 个数据元素的辅助空间，具体方法如下。

（1）另设一个与 $L.R$ 同类型的数组 $d$，将 $L.R[1]$ 赋给 $d[1]$，$d[1]$ 可以看成是排好序的序列的中间位置的数据元素。

（2）分别将 $L.R[\ ]$ 中的第 $i$ 个数据元素依次插入 $d[1]$ 之前或之后的有序序列中。

① 若 $L.R[i].\mathrm{key} < d[1].\mathrm{key}$，则 $L.R[i]$ 插入 $d[1]$ 之前的有序表中。

② 若 $L.R[i].\mathrm{key} \geqslant d[1].\mathrm{key}$，则 $L.R[i]$ 插入 $d[1]$ 之后的有序表中。

注意：实现时将数组 $d$ 看成是循环数组，并设两个指针 first 和 final 分别指示排序过程中得到的有序序列中的第一个和最后一个数据元素。

例如，设关键字序列为 $\{49,38,65,97,76,13,27,\overline{49}\}$，采用 2-路插入排序的过程如图 9-3 所示。

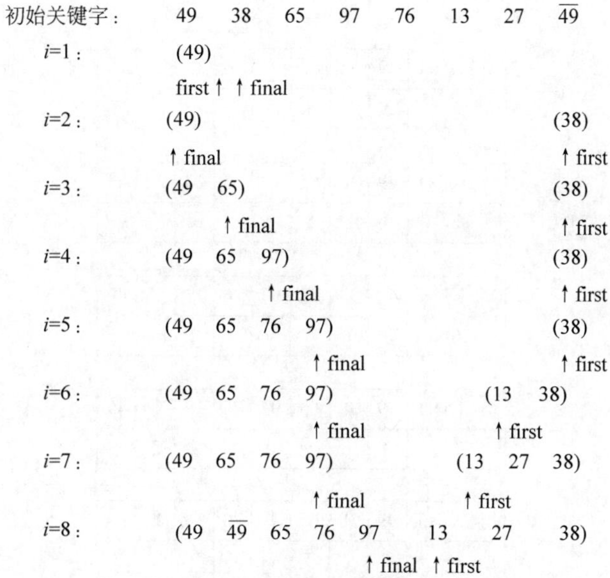

```
初始关键字：   49   38   65   97   76   13   27   49

i=1：         (49)
              first↑ ↑final
i=2：         (49)                              (38)
               ↑final                           ↑first
i=3：         (49   65)                         (38)
                     ↑final                      ↑first
i=4：         (49   65   97)                    (38)
                          ↑final                 ↑first
i=5：         (49   65   76   97)               (38)
                          ↑final                 ↑first
i=6：         (49   65   76   97)          (13   38)
                          ↑final            ↑first
i=7：         (49   65   76   97)          (13   27   38)
                          ↑final            ↑first
i=8：         (49   49   65   76   97   13   27   38)
                  ↑final  ↑first
```

图 9-3　2-路插入排序过程

在 2-路插入排序中,移动数据元素的次数约为 $n^2/8$。但当 $L.R[1]$ 是待排序数据元素中关键字最大或最小的数据元素时,2-路插入排序就完全失去了优越性。

### 3. 表插入排序

前面的插入排序不可避免地要移动数据元素,若不希望移动数据元素就需要改变存储结构,进行表插入排序。为此,对数据元素类型修改如下

```
class DataType1 {
    int key;                    // 关键字码
    // infoType otherinfo;      // 其他域
    int next;
}
```

表插入排序的实现步骤如下。

(1) 初始化:将下标值为 0 的分量作为表头结点,关键字取为 int 类型最大值,0 号分量的 next 值为 1,1 号分量 next 域为 0,即将静态链表中数组下标值为 1 的分量(结点)与表头结点构成一个静态循环链表。

(2) 令 $i=2$,将分量 $R[i]$ 按关键字非递减有序插入静态循环链表。

(3) 增加 $i$,重复执行步骤(2),直到全部分量插入静态循环链表。

例如,设关键字集合为 $\{49,38,65,97,76,13,27,\overline{49}\}$,采用表插入排序的过程如图 9-4 所示。

|  | 0 | 1 | 2 | 3 | 4 | 5 | 6 | 7 | 8 |  |
|---|---|---|---|---|---|---|---|---|---|---|
| 初始状态 | MAXINT | 49 | 38 | 65 | 97 | 76 | 13 | 27 | $\overline{49}$ | key域 |
|  | 1 | 0 | — | — | — | — | — | — | — | next域 |

|  | 0 | 1 | 2 | 3 | 4 | 5 | 6 | 7 | 8 |
|---|---|---|---|---|---|---|---|---|---|
| $i=2$ | MAXINT | 49 | 38 | 65 | 97 | 76 | 13 | 27 | $\overline{49}$ |
|  | 2 | 0 | 1 | — | — | — | — | — | — |

|  | 0 | 1 | 2 | 3 | 4 | 5 | 6 | 7 | 8 |
|---|---|---|---|---|---|---|---|---|---|
| $i=3$ | MAXINT | 49 | 38 | 65 | 97 | 76 | 13 | 27 | $\overline{49}$ |
|  | 2 | 3 | 1 | 0 | — | — | — | — | — |

|  | 0 | 1 | 2 | 3 | 4 | 5 | 6 | 7 | 8 |
|---|---|---|---|---|---|---|---|---|---|
| $i=4$ | MAXINT | 49 | 38 | 65 | 97 | 76 | 13 | 27 | $\overline{49}$ |
|  | 2 | 3 | 1 | 4 | 0 | — | — | — | — |

|  | 0 | 1 | 2 | 3 | 4 | 5 | 6 | 7 | 8 |
|---|---|---|---|---|---|---|---|---|---|
| $i=5$ | MAXINT | 49 | 38 | 65 | 97 | 76 | 13 | 27 | $\overline{49}$ |
|  | 2 | 3 | 1 | 5 | 0 | 4 | — | — | — |

|  | 0 | 1 | 2 | 3 | 4 | 5 | 6 | 7 | 8 |
|---|---|---|---|---|---|---|---|---|---|
| $i=6$ | MAXINT | 49 | 38 | 65 | 97 | 76 | 13 | 27 | $\overline{49}$ |
|  | 6 | 3 | 1 | 5 | 0 | 4 | 2 | — | — |

|  | 0 | 1 | 2 | 3 | 4 | 5 | 6 | 7 | 8 |
|---|---|---|---|---|---|---|---|---|---|
| $i=7$ | MAXINT | 49 | 38 | 65 | 97 | 76 | 13 | 27 | $\overline{49}$ |
|  | 6 | 3 | 1 | 5 | 0 | 4 | 7 | 2 | — |

|  | 0 | 1 | 2 | 3 | 4 | 5 | 6 | 7 | 8 |
|---|---|---|---|---|---|---|---|---|---|
| $i=8$ | MAXINT | 49 | 38 | 65 | 97 | 76 | 13 | 27 | $\overline{49}$ |
|  | 6 | 8 | 1 | 5 | 0 | 4 | 7 | 2 | 3 |

图 9-4　表插入排序过程

与直接插入排序相比,不同的是修改 $2n$ 次 next 值以代替移动数据元素,而关键字的比较次数相同,故时间复杂度为 $O(n^2)$。

表插入排序得到一个有序链表,对其可以方便地进行顺序查找,但不能实现随机查找。根据需要,可以对数据元素进行重排。

重排数据元素的做法是:顺序扫描有序静态链表,将静态链表中第 $i$ 个结点移动至数组的第 $i$ 个分量中。例如,图 9-5 中的初始状态是经表插入排序后得到的有序静态链表 SL。根据头结点中 next 域的指示,链表的第一个结点(即关键字最小的结点是数组中下标为 6 的分量)的数据元素应移至数组的第一个分量中,则将 SL. $R[1]$ 和 SL. $R[6]$ 互换。为了不中断静态链表中的"链",即在继续顺链扫描时仍能找到互换之前在 SL. $R[1]$ 中的结点,令互换之后的 SL. $R[1]$ 中 next 域的值改为"6"。推广至一般情况,若第 $i$ 个最小关键字的结点是数组中下标为 $p$ 且 $p \geqslant i$ 的分量,则互换 SL. $R[i]$ 和 SL. $R[p]$,且令 SL. $R[i]$ 中 next 域的值改为 $p$。由于此时数组中所有小于 $i$ 的分量中已是"到位"的数据元素,则当 $p < i$ 时,应顺链继续查找直到 $p \geqslant i$ 为止。图 9-5 所示为重排数据元素的全部过程。

| | | 0 | 1 | 2 | 3 | 4 | 5 | 6 | 7 | 8 |
|---|---|---|---|---|---|---|---|---|---|---|
| 初始状态 | | MAXINT | 49 | 38 | 65 | 97 | 76 | 13 | 27 | 52 |
| | | 6 | 8 | 1 | 5 | 0 | 4 | 7 | 2 | 3 |
| $i=1$ | | MAXINT | **13** | 38 | 65 | 97 | 76 | **49** | 27 | 52 |
| $p=6$ | | 6 | **(6)** | 1 | 5 | 0 | 4 | **8** | 2 | 3 |
| $i=2$ | | MAXINT | 13 | **27** | 65 | 97 | 76 | 49 | **38** | 52 |
| $p=7$ | | 6 | (6) | **(7)** | 5 | 0 | 4 | 8 | **1** | 3 |
| $i=3$ | | MAXINT | 13 | 27 | **38** | 97 | 76 | 49 | **65** | 52 |
| $p=(2)$, 7 | | 6 | (6) | (7) | **(7)** | 0 | 4 | 8 | **5** | 3 |
| $i=4$ | | MAXINT | 13 | 27 | 38 | **49** | 76 | **97** | 65 | 52 |
| $p=(1)$, 6 | | 6 | (6) | (7) | (7) | **(6)** | 4 | **0** | 5 | 3 |
| $i=5$ | | MAXINT | 13 | 27 | 38 | 49 | **52** | 97 | 65 | **76** |
| $p=8$ | | 6 | (6) | (7) | (7) | (6) | **(8)** | 0 | 5 | **4** |
| $i=6$ | | MAXINT | 13 | 27 | 38 | 49 | 52 | **65** | **97** | 76 |
| $p=(3)$, 7 | | 6 | (6) | (7) | (7) | (6) | (8) | **(7)** | **0** | 4 |
| $i=7$ | | MAXINT | 13 | 27 | 38 | 49 | 52 | 65 | **76** | **97** |
| $p=(5)$, 8 | | 6 | (6) | (7) | (7) | (6) | (8) | (7) | **(8)** | **0** |

图 9-5　重排静态链表数组中数据元素的过程

## 9.2.3　希尔排序

希尔排序(Shell sort)又称缩小增量法,是一种分组插入排序方法。

### 1. 算法思想

(1) 先取一个正整数 $d_1(d_1 < n)$ 作为第一个增量,将全部 $n$ 个数据元素分成 $d_1$ 组,将所有相隔 $d_1$ 的数据元素放在一组中。对于每个 $k(k=1,2,\cdots d_1)$,则 $R[k]$,$R[d_1+k]$,$R[2d_1+k]$,$\cdots$,$R[md_1+k]$(其中 $m$ 为正整数,$md_1+k \leqslant n$)分在同一组中,在各组内进行直接插入排序。这样一次分组和排序过程称为一趟希尔排序。

(2) 取新的增量 $d_2 < d_1$,重复步骤(1)的分组和排序操作,直至所取的增量 $d_i = 1$ 为止。此时,所有数据元素被放进一个组中。

### 2. 算法示例

设有 10 个待排序的数据元素,关键字集合为 $\{9,13,8,2,5,\underline{13},7,1,15,11\}$,增量序列为 $\{5,3,1\}$。希尔排序的过程如图 9-6 所示。

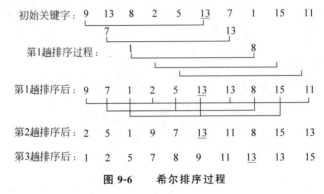

图 9-6　希尔排序过程

### 3. 算法实现

(1) 一趟希尔排序类似直接插入排序,其算法实现如下。

```
public void shell_pass(Sqlist L, int d)
// 对顺序表 L 进行一趟希尔排序,增量为 d
{
    int j, k;
    for (j = d + 1; j <= L.n; j++) {
        if (L.R[j].key < L.R[j - d].key) {
            L.R[0] = L.R[j];              // 设置监视哨兵
            k = j - d;
            while (k > 0 && L.R[0].key < L.R[k].key) {
                L.R[k + d] = L.R[k];
                k = k - d;
            }
            L.R[k + d] = L.R[0];
        }
    }
}
```

(2) 根据增量数组 $d_k$ 进行希尔排序,代码如下。

```
public void shell_sort(Sqlist L, int[] dk, int t)
// 按增量序列 dk[0..t-1]进行希尔排序
```

```
{
    int m;
    for (m = 0; m < t; m++)
        shell_pass(L, dk[m]);
}
```

希尔排序的分析比较复杂,其时间是所取的"增量"序列的函数。

**4. 希尔排序的特点**

子序列的构成不是简单的"逐段分割",而是将相隔某个增量的数据元素组成一个子序列。

希尔排序可以提高排序速度,原因如下。

(1) 分组后 $n$ 值减小,$n^2$ 更小,而 $T(n) = O(n^2)$,所以 $T(n)$ 从总体上看是减小了。

(2) 关键字较小的数据元素跳跃式前移,在进行最后一趟增量为 1 的插入排序时,序列已基本有序。

**5. 增量序列取法**

使用增量序列取法的要求如下。

(1) 无除 1 以外的公因子。

(2) 最后一个增量值必须为 1。

# 9.3 交换排序

交换排序是一类基于交换的排序,系统地交换反序的数据元素偶对,直到不再有反序的数据元素对偶为止。最基本的交换排序是冒泡排序(bubble sort)和快速排序(quick sort)。

## 9.3.1 冒泡排序

视频讲解

**1. 算法思想**

依次比较相邻的两个数据元素的关键字,若两个数据元素是反序的(即前一个数据元素的关键字大于后前一个数据元素的关键字),则进行交换,直到没有反序的数据元素为止。冒泡排序的具体过程如下。

(1) 将 $L.R[1]$ 与 $L.R[2]$ 的关键字进行比较,若为反序($L.R[1]$ 的关键字大于 $L.R[2]$ 的关键字),则交换两个数据元素;然后比较 $L.R[2]$ 与 $L.R[3]$ 的关键字,以此类推,直到 $L.R[n-1]$ 与 $L.R[n]$ 的关键字比较后为止,称为一趟冒泡排序。其中,$L.R[n]$ 为关键字最大的数据元素。

(2) 进行第 2 趟冒泡排序,对前 $n-1$ 个数据元素进行同样的操作。

一般地,第 $i$ 趟冒泡排序是对 $L.R[1..n-i+1]$ 中的数据元素进行的,因此,若待排序的数据元素有 $n$ 个,则要经过 $n-1$ 趟冒泡排序才能使所有的数据元素有序。

**2. 算法示例**

设有 9 个待排序的数据元素,关键字集合为 $\{23, 38, 22, 45, \underline{23}, 67, 31, 15, 41\}$,冒泡排序的过程如图 9-7 所示。

**3. 算法实现**

冒泡排序的算法实现如下。

| | | | | | | | | | |
|---|---|---|---|---|---|---|---|---|---|
| 初始关键字: | 23 | 38 | 22 | 45 | <u>23</u> | 67 | 31 | 15 | 41 |
| 第1趟排序后: | 23 | 22 | 38 | <u>23</u> | 45 | 31 | 15 | 41 | 67 |
| 第2趟排序后: | 22 | 23 | <u>23</u> | 38 | 31 | 15 | 41 | 45 | 67 |
| 第3趟排序后: | 22 | 23 | <u>23</u> | 31 | 15 | 38 | 41 | 45 | 67 |
| 第4趟排序后: | 22 | 23 | <u>23</u> | 15 | 31 | 38 | 41 | 45 | 67 |
| 第5趟排序后: | 22 | 23 | 15 | <u>23</u> | 31 | 38 | 41 | 45 | 67 |
| 第6趟排序后: | 22 | 15 | 23 | <u>23</u> | 31 | 38 | 41 | 45 | 67 |
| 第7趟排序后: | 15 | 22 | 23 | <u>23</u> | 31 | 38 | 41 | 45 | 67 |

图 9-7　冒泡排序过程

```java
public static void Bubble_Sort(Sqlist L) {
    int i, k;
    boolean flag = true;
    for (i = 1; i < L.n&&flag; i++)            // 共有 n-1 趟排序
    {
        flag = false;
        for (k = 1; k <= L.n - i; k++)    // 一趟排序
            if (L.R[k + 1].key < L.R[k].key) {
                flag = true;
                L.R[0] = L.R[k];
                L.R[k] = L.R[k + 1];
                L.R[k + 1] = L.R[0];
            }
    }
}
```

### 4. 算法分析

从空间性能看,$i$、$k$、flag、$L.R[0]$所占用的辅助存储空间是一个常数,所以空间复杂度为 $O(1)$。

从时间性能看,每趟操作分为比较关键字和移动数据元素,而比较的次数和数据元素移动的次数取决于初始数据元素序列的排列情况,可以分以下两种情况进行讨论。

(1) 最好情况。若待排序数据元素按关键字从小到大排列(正序),则进行第 1 趟排序后,算法就终止。因此,排序关键字比较次数为 $n-1$ 次,数据元素移动次数为 0 次。

(2) 最坏情况。若待排序数据元素按关键字从大到小排列(逆序),则进行一趟排序时,关键字比较次数为 $n-i$ 次,数据元素移动次数为 $3(n-i)$ 次。整个排序的关键字比较次数和数据元素移动次数如下。

比较次数:

$$\sum_{i=1}^{n-1}(n-i) = \frac{n(n-1)}{2}$$

移动次数:

$$\sum_{i=1}^{n-1}3(n-i) = \frac{3n(n-1)}{2}$$

一般地,如果待排序的数据元素可能出现的各种排列的概率相同,则关键字平均比较次数和数据元素平均移动次数约等于以上两种情况的平均值,即分别为 $n^2/4$、$3n^2/4$,而时间复杂度为 $O(n^2)$。

冒泡排序算法是稳定的。

## 9.3.2　快速排序

### 1. 算法思想

通过一趟排序,将待排序数据元素分割成独立的两部分,使得其中一部分数据元素的关键字均比另一部分数据元素的关键字小,再分别对这两部分数据元素进行下一趟排序,以达到整个序列有序。

从序列的两端交替扫描各个数据元素,将关键字小于基准关键字的数据元素依次放置到序列的前边,将关键字大于基准关键字的数据元素依次放置到序列的后边,直到扫描完所有的数据元素。

设置 low,high 初值分别为第 1 个和最后一个数据元素的位置。设两个变量 $i,j$,初始时令 $i=$low,$j=$high,以 $R[$low$].$key 作为基准(将 $R[$low$]$保存在 $R[0]$中)。

(1) 从 $j$ 所指位置向前搜索,将 $R[0].$key 与 $R[j].$key 进行比较。

① 若 $R[0].$key$\leqslant R[j].$key,则令 $j=j-1$,然后继续进行比较,直到 $i=j$ 或 $R[0].$key$>R[j].$key 为止。

② 若 $R[0].$key$>R[j].$key,则 $R[j]\rightarrow R[i]$,腾空 $R[j]$的位置,且令 $i=i+1$。

(2) 从 $i$ 所指位置起向后搜索,将 $R[0].$key 与 $R[i].$key 进行比较。

① 若 $R[0].$key$\geqslant R[i].$key,则令 $i=i+1$,然后继续进行比较,直到 $i=j$ 或 $R[0].$key$<R[i].$key 为止。

② 若 $R[0].$key$<R[i].$key,则 $R[i]\rightarrow R[j]$,腾空 $R[i]$的位置,且令 $j=j-1$。

重复步骤(1)、(2),直至 $i=j$ 为止,此时 $i$ 就是 $R[0]$(基准)所应放置的位置。

### 2. 算法示例

一趟快速排序的过程如图 9-8 所示。

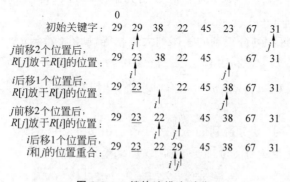

**图 9-8　一趟快速排序过程**

### 3. 算法实现

(1) 一趟快速排序的算法实现如下。

```
public int quick_one_pass(Sqlist L, int low, int high) {
    int i = low, j = high;
```

```
        L.R[0] = L.R[i];                        // R[0]作为临时单元和哨兵
        do {
            while ((L.R[0].key <= L.R[j].key) && (j > i))
                j--;
            if (j > i) {
                L.R[i] = L.R[j];
                i++;
            }
            while ((L.R[i].key <= L.R[0].key) && (j > i))
                i++;
            if (j > i) {
                L.R[j] = L.R[i];
                j--;
            }
        } while (i != j);                        // 当 i = j 时,退出扫描
        L.R[i] = L.R[0];
        return i;
    }
```

(2) 当进行一趟快速排序后,采用同样方法分别对两个子序列快速排序,直到子序列数据元素个为 1 为止,快速排序的算法实现如下。

```
public void quick_Sort(Sqlist L, int low, int high) {
    int k;
    if (low < high) {
        k = quick_one_pass(L, low, high);
        quick_Sort(L, low, k - 1);
        quick_Sort(L, k + 1, high);
    } // 序列分为两部分后分别对每个子序列排序
}
```

#### 4. 算法分析

快速排序的主要时间是耗费在划分上。在对长度为 $k$ 的数据元素序列进行划分时,关键字的比较次数是 $k-1$。设长度为 $n$ 的数据元素序列进行排序的比较次数为 $C(n)$,则 $C(n) = n - 1 + C(k) + C(n-k-1)$。

(1) 最好情况:每次划分得到的子序列大致相等,则 $C(n) \leqslant n + 2 \times C(n/2) \leqslant n + 2 \times [n/2 + 2 \times C((n/2)/2)] \leqslant 2n + 4 \times C(n/4) \leqslant \cdots \leqslant h \times n + 2^h \times C(n/2^h)$。当 $n/2^h = 1$ 时,排序结束。对于 $C(n) \leqslant n \times \log_2 n + n \times C(1)$,将 $C(1)$ 看成是常数因子,则 $C(n) \leqslant O(n \times \log_2 n)$。

(2) 最坏情况:每次划分得到的子序列中有一个为空,另一个子序列的长度为 $n-1$,即每次划分所选择的基准是当前待排序序列中的最小(或最大)关键字。此时的比较次数为

$$\sum_{i=1}^{n-1} (n - i) = \frac{n(n-1)}{2}$$

因此,$C(n) = O(n^2)$。

从所需要的附加空间来看,快速排序算法是递归调用,系统内用堆栈保存递归参数。当每次划分比较均匀时,栈的最大深度为 $\lfloor \log_2 n \rfloor + 1$。因此,快速排序的空间复杂度是 $O(\log_2 n)$。

从排序的稳定性来看,快速排序是不稳定的。

# 9.4　选择排序

选择排序(selection sort)的基本思想是：每次从当前待排序的数据元素中选取关键字最小的数据元素表，然后与待排序的数据元素序列中的第一个数据元素进行交换，直到整个数据元素序列有序为止。

## 9.4.1　直接选择排序

视频讲解

直接选择排序的基本操作是：通过 $n-i$ 次关键字间的比较，从 $n-i+1$ 个数据元素中选取关键字最小的数据元素，然后与第 $i$ 个数据元素进行交换，其中 $i=1,2,\cdots n-1$。

### 1. 算法示例

例如，设关键字序列为 $\{7,4,-2,19,13,6\}$，直接选择排序的过程如图 9-9 所示。

```
初始关键字：     7    4    -2   19   13   6

第1趟排序后：   -2    4    7    19   13   6

第2趟排序后：   -2    4    7    19   13   6

第3趟排序后：   -2    4    6    19   13   7

第4趟排序后：   -2    4    6    7    13   19

第5趟排序后：   -2    4    6    7    13   19

第6趟排序后：   -2    4    6    7    13   19
```

**图 9-9　直接选择排序的过程**

### 2. 算法实现

直接选择排序的算法实现如下。

```
public static void simple_selection_sort(Sqlist L) {
    int i, j, k;
    for (i = 1; i < L.n; i++) {
        k = i;
        for (j = i + 1; j <= L.n; j++)
            if (L.R[j].key < L.R[k].key)
                k = j;
        if (k != i)                          // 数据元素交换
        {
            L.R[0] = L.R[i];
            L.R[i] = L.R[k];
            L.R[k] = L.R[0];
        }
    }
}
```

### 3. 算法分析

从空间性能看，$i$、$j$、$k$、$L.R[0]$ 所占用的辅助存储空间是一个常数，所以空间复杂度为 $O(1)$。

从时间性能看,整个算法是二重循环:外循环控制排序的趟数,对 $n$ 个数据元素进行排序的趟数为 $n-1$ 趟;内循环控制每一趟的排序对时间性能的分析可分两种情况进行讨论。

(1) 最好情况。若待排序数据元素按关键字从小到大排列(正序),则进行第 $i$ 趟排序时,关键字比较次数为 $n-i$ 次,数据元素移动次数为 0 次。整个排序的关键字比较次数和数据元素移动次数为

比较次数:

$$\sum_{i=1}^{n-1}(n-i)=\frac{n(n-1)}{2}$$

移动次数:0

(2) 最坏情况。若待排序数据元素按关键字从大到小排列(逆序),则进行第 $i$ 趟排序时,关键字比较次数为 $n-i$ 次,数据元素移动次数为 3 次。整个排序的关键字比较次数和数据元素移动次数为

比较次数:

$$\sum_{i=1}^{n-1}(n-i)=\frac{n(n-1)}{2}$$

移动次数:$3(n-1)$

一般地,如果待排序的数据元素可能出现的各种排列的概率相同,则关键字平均比较次数和数据元素平均移动次数约等于以上两种情况的平均值,即分别为 $n^2/4$、$3n/2$,而时间复杂度为 $O(n^2)$。

从排序的稳定性来看,简单选择排序是不稳定的。

### 9.4.2　树形选择排序

视频讲解

树形选择排序的基本思想是:首先对 $n$ 个数据元素的关键字两两进行比较,选取 $\lfloor n/2 \rfloor$ 个较小者;然后对这 $\lfloor n/2 \rfloor$ 个较小者两两进行比较,选取 $\lfloor n/4 \rfloor$ 个较小者,……,以此类推,直到只剩 1 个关键字为止。

该过程可用一棵有 $n$ 个叶子结点的完全二叉树表示,如图 9-10(a)所示。每个枝结点的关键字都等于其左、右孩子结点中较小的关键字,根结点的关键字就是最小的关键字。输出最小关键字后,根据关系的可传递性,欲选取次小关键字,只需将叶子结点中的最小关键字改为"最大值",然后重复上述步骤即可。第 2 趟排序过程如图 9-10(c)所示。

含有 $n$ 个叶子结点的完全二叉树的深度为 $\lfloor \log_2 n \rfloor +1$,则总的时间复杂度为 $O(n\log_2 n)$。但是,这种排序方法仍有辅助存储空间较多,与"最大值"进行多余的比较等缺点。为了弥补上述缺点,威廉姆斯在 1964 年提出了另一种形式的选择排序——堆排序。

### 9.4.3　堆排序

视频讲解

#### 1. 堆的定义
对于 $n$ 个元素的序列 $H=\{k_1, k_2, \cdots, k_n\}$,当且仅当满足下列关系时称为堆。

$$\begin{cases} k_i \leqslant k_{2i} \\ k_i \leqslant k_{2i+1} \end{cases} \text{或} \begin{cases} k_i \geqslant k_{2i} \\ k_i \geqslant k_{2i+1} \end{cases}$$

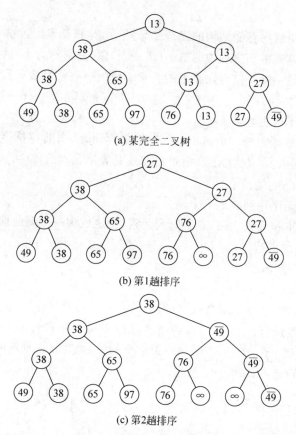

(a) 某完全二叉树

(b) 第1趟排序

(c) 第2趟排序

图 9-10　树形选择排序示例

其中, $i = 1, 2, \cdots, \left\lfloor \dfrac{n}{2} \right\rfloor$

　　将此序列对应的一维数组(即以一维数组作为此序列的存储结构)看成是一个完全二叉树。堆的含义表明:完全二叉树中所有非终端结点的值均不大于(或不小于)其左、右孩子结点的值。由此,若序列 $H = \{k_1, k_2, \cdots, k_n\}$ 是堆,则堆顶元素(或完全二叉树的根)必为序列中 $n$ 个元素的最小值(或最大值)。例如,下列两个序列为堆,对应的完全二叉树如图 9-11 所示。

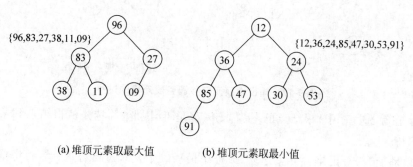

(a) 堆顶元素取最大值　　(b) 堆顶元素取最小值

图 9-11　堆的示例

堆的特点如下。

(1) 堆是一棵采用顺序存储结构的完全二叉树,$k_1$ 是根结点。

(2) 堆的根结点是关键字序列中的最小(或最大)值,分别称为小(或大)根堆。

(3) 从根结点到每一叶子结点路径上的元素组成的序列都是按元素值(或关键字值)非递减(或非递增)的。

(4) 堆中的任一子树也是堆。

利用堆顶数据元素的关键字值最小(或最大)的性质,从当前待排序的数据元素中依次选取关键字最小(或最大)的数据元素,就可以实现对数据元素的排序,这种排序方法称为堆排序。堆排序的关键问题是:

(1) 如何由一个无序序列建成一个堆?

(2) 如何在输出堆顶元素之后,调整剩余元素,使之成为一个新的堆?

下面就此两个问题进行讨论。

视频讲解

### 2. 堆的调整——筛选

(1) 堆的调整思想。

就小根堆而言,输出堆顶元素之后,以堆中最后一个元素进行替代;然后将根结点值与左、右子树的根结点值进行比较,并与其中小者进行交换。重复上述操作,直到比较至叶子结点或其关键字值小于或等于左、右子树的关键字的值,此时将得到新的堆。将从堆顶至叶子的调整过程称为"筛选",如图 9-12 所示。

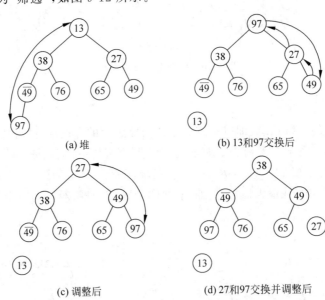

图 9-12　输出堆顶元素并调整建新堆的过程

注意:在筛选过程中,根结点的左、右子树都是堆,因此,筛选是从根结点到某个叶子结点的一次调整过程。

就大根堆而言,输出堆顶元素之后,以堆中最后一个元素进行替代;然后将根结点值与左、右子树的根结点值进行比较,并与其中较大者进行交换。重复上述操作,直到比较至叶子结点或其关键字值大于或等于左、右子树的关键字的值,此时将得到新的堆。

（2）堆调整算法实现。

小根堆调整算法如下。

```
public static void Heap_adjust(Sqlist H, int s, int m)
 // H.R[s..m]中数据元素关键字除 H.R[s].key 均满足堆定义
  // 调整 H.R[s]的位置,使之成为小根堆
{
    int j;
    H.R[0] = H.R[s];
    for (j = 2 * s; j <= m; j = 2 * j) {
        if ((j < m) && (H.R[j].key > H.R[j + 1].key))
            j++;
        if (H.R[0].key <= H.R[j].key)
            break;
        H.R[s] = H.R[j];
        s = j;
    }
    H.R[s] = H.R[0];
}
```

大根堆调整算法如下。

```
public static void Heap_adjust1(Sqlist H, int s, int m)
// H.R[s..m]中数据元素关键字除 H.R[s].key 均满足堆定义
// 调整 H.R[s]的位置,使之成为大根堆
{
    int j;
    H.R[0] = H.R[s];
    for (j = 2 * s; j <= m; j = 2 * j) {
        if ((j < m) && (H.R[j].key < H.R[j + 1].key))
            j++;
        if (H.R[0].key >= H.R[j].key)
            break;
        H.R[s] = H.R[j];
        s = j;
    }
    H.R[s] = H.R[0];
}
```

### 3. 堆的建立

利用筛选算法,可以将任意无序的数据元素序列建成一个堆,设 $R[1],R[2],\cdots,R[n]$ 是待排序的数据元素序列。

将二叉树的每棵子树都筛选成为堆。只有根结点的树是堆,第 $\lfloor n/2 \rfloor$ 个结点之后的所有结点都没有子树,即以第 $\lfloor n/2 \rfloor$ 个结点之后的结点为根的子树都是堆。因此,以这些结点作为左、右孩子的结点,其左、右子树都是堆,则进行一次筛选就可以成为堆。同理,只要将这些结点的直接父结点进行一次筛选就可以成为堆。因此,只需要从第 $\lfloor n/2 \rfloor$ 个数据元素到第 1 个数据元素依次进行筛选就可以建立堆。

例如,图 9-13(a)中的二叉树表示一个有 8 个元素的无序序列 $\{49,38,65,97,76,13,27,\overline{49}\}$,则筛选从第 4 个元素开始,由于 $97 > \overline{49}$,则进行交换。交换后的序列如图 9-13(b)所示。同理,在第 3 个元素 65 被筛选之后,序列的状态如图 9-13(c)所示。由于第 2 个元素 38 不大于其左、右子树根的值,则筛选后的序列不变。图 9-13(e)所示为筛选根元素 49 之后建成的堆。

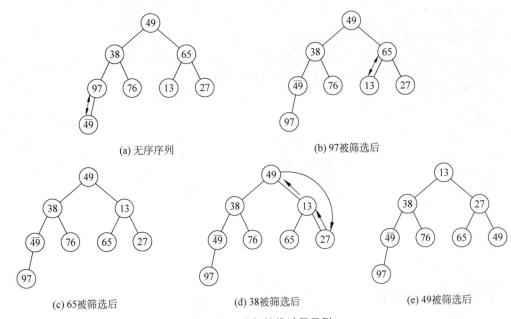

(a) 无序序列　　　　　　　　　　　　　　(b) 97被筛选后

(c) 65被筛选后　　　　　　(d) 38被筛选后　　　　　　(e) 49被筛选后

图 9-13　建初始堆过程示例

筛选算法可以通过下列语句实现。

```
for (i = H.n / 2; i > 0; i-- )
    Heap_adjust(H, i, H.n);
```

### 4. 算法思想

(1) 对一组待排序的数据元素,按堆的定义建立堆。

(2) 将堆顶数据元素和最后一个数据元素交换位置,则前 $n-1$ 个数据元素是无序的,而最后一个数据元素是有序的。

(3) 堆顶数据元素被交换后,前 $n-1$ 个数据元素不再是堆,需要将前 $n-1$ 个待排序数据元素重新组织成为一个堆,然后将堆顶数据元素与倒数第二个数据元素交换位置,即将整个序列中次小关键字值的数据元素调整(排除)出无序区。

(4) 重复上述步骤,直到全部数据元素排好序为止。

注意:在排序过程中,若采用小根堆,则排序后得到的是非递增序列;若采用大根堆,则排序后得到的是非递减序列。

### 5. 算法实现

在小根堆中,堆的根结点是关键字最小的数据元素,输出根结点后,以序列的最后一个数据元素作为根结点。此时,原来堆的左、右子树都是堆,进行一次筛选就可以成为堆,代码如下。

```
public static void Heap_Sort(Sqlist H) {
    int i;
    for (i = H.n / 2; i > 0; i-- )
        Heap_adjust(H, i, H.n);            // 初始建堆
    for (i = H.n; i > 1; i-- ) {
        H.R[0] = H.R[1];
        H.R[1] = H.R[i];
```

```
        H.R[i] = H.R[0];                        // 堆顶与最后一个元素交换
        Heap_adjust(H, 1, i - 1);
    }
}
```

在大根堆中,堆的根结点是关键字最大的数据元素,输出根结点后,以序列的最后一个数据元素作为根结点。此时,原来堆的左、右子树都是堆,进行一次筛选就可以成为堆。若采用大根堆,则排序后得到的是非递减序列,代码如下。

```
public static void Heap_Sort1(Sqlist H) {
    int i;
    for (i = H.n / 2; i > 0; i--)
        Heap_adjust1(H, i, H.n);                // 初始建堆
    for (i = H.n; i > 1; i--) {
        H.R[0] = H.R[1];
        H.R[1] = H.R[i];
        H.R[i] = H.R[0];                        // 堆顶与最后一个元素交换
        Heap_adjust1(H, 1, i - 1);
    }
}
```

### 6. 算法分析

从时间性能上看,堆排序的主要过程是初始建堆和重新调整成堆。

设数据元素数为 $n$,所对应的完全二叉树深度为 $h$。

(1) 初始建堆:每个非叶子结点都要从上到下进行"筛选"。第 $i$ 层结点数$\leqslant 2i-1$,结点下移的最大深度是 $h-i$,而每下移一层要比较 2 次,则比较次数 $C_1(n)$ 为

$$C_1(n) \leqslant 2\sum_{i=1}^{h-1}(2^{i-1} \times (h-i)) \leqslant 4(2^h - h - 1)$$

因为 $h = \lfloor \log_2 n \rfloor + 1$,所以 $C_1(n) \leqslant 4(n - \log_2 n - 1)$。

(2) 筛选调整:每次筛选要将根结点"下沉"到一个合适位置。第 $i$ 次筛选时,堆中元素个数为 $n-i+1$,堆的深度是 $\lfloor \log_2(n-i+1) \rfloor + 1$,则进行 $n-1$ 次"筛选"的比较次数 $C_2(n)$ 为

$$C_2(n) \leqslant \sum_{i=1}^{n-1}(2 \times \log_2(n-i+1))$$

$$C_2(n) < 2n\log_2 n$$

因此,堆排序的时间复杂度是 $O(n\log_2 n)$。

从空间性能上看,堆排序算法所需的临时存储空间与问题规模无关,故空间复杂度为 $O(1)$。

## 🔑 9.5 归并排序

归并排序(merge sort)是指将两个或两个以上的有序序列合并成一个有序序列。

例如,有两堆扑克牌,都已从小到大排好序,要将两堆合并为一堆且要求从小到大排序。

将两堆最上面的牌抽出(设为 $C_1$,$C_2$)并比较大小,将较小者置于一边作为新的一堆(不妨设 $C_1 < C_2$);再从第一堆中抽出一张继续与 $C_2$ 进行比较,将较小者放置在新堆的最下面。

视频讲解

重复上述过程,直到某一堆已抽完,然后将剩下一堆中的所有牌转移到新堆中。

利用归并算法可以实现上述排序。

**1. 归并排序思想**

(1) 初始时,将每个数据元素看成是一个单独的有序序列,则 $n$ 个待排序数据元素就是 $n$ 个长度为 1 的有序子序列。

(2) 对所有有序子序列进行两两归并,得到 $\lceil n/2 \rceil$ 个长度为 2 或 1 的有序子序列,即一趟归并。

(3) 重复步骤(2),直到得到长度为 $n$ 的有序序列为止。

例如,设有 9 个待排序的数据元素,关键字序列为 $\{23,38,22,45,\underline{23},67,31,15,41\}$,归并排序的过程如图 9-14 所示。

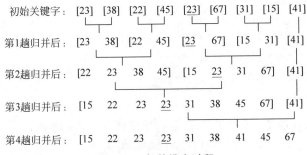

图 9-14　归并排序过程

在上述排序过程中,子序列总是两两归并,称为 2-路归并排序,其核心是如何将相邻的两个子序列归并成一个子序列。设相邻的两个子序列分别为 $\{R[k],R[k+1],\cdots,R[m]\}$ 和 $\{R[m+1],R[m+2],\cdots,R[h]\}$,将它们归并为一个有序的子序列 $\{\mathrm{DR}[l],\mathrm{DR}[l+1],\cdots,\mathrm{DR}[m],\mathrm{DR}[m+1],\cdots,\mathrm{DR}[h]\}$,代码如下。

```java
public void Merge(DataType[ ] R, DataType[ ] DR, int k, int m, int h) {
    int p, q, n;
    p = n = k;
    q = m + 1;
    while ((p <= m) && (q <= h)) {
        if (R[p].key <= R[q].key)            // 比较两个子序列
            DR[n++] = R[p++];
        else
            DR[n++] = R[q++];
    }
    while (p <= m)                           // 将剩余子序列复制到结果序列中
        DR[n++] = R[p++];
    while (q <= h)
        DR[n++] = R[q++];
}
```

**2. 一趟归并排序实现**

每一趟归并排序都是从前到后地依次将相邻的两个有序子序列归并,且除最后一个子序列外,其余每个子序列的长度都相同。设这些子序列的长度为 $d$,则一趟归并排序的过程如下。

从 $j=1$ 开始,依次将相邻的两个有序子序列 $R[j..j+d-1]$ 和 $R[j+d..j+2d-1]$ 进行归并。每次归并两个子序列后,$j$ 后移动 $2d$ 个位置,即 $j=j+2d$。若剩下的元素不足两个子序列时,分以下两种情况处理。

　　(1) 剩下的元素个数大于 $d$:再调用一次上述过程,将一个长度为 $d$ 的子序列和不足 $d$ 的子序列进行归并。

　　(2) 剩下的元素个数小于或等于 $d$:将剩下的元素依次复制到归并后的序列中。

　　一趟归并排序算法实现代码如下。

```
public void Merge_pass(DataType[ ] R, DataType[ ] DR, int d, int n) {
    int j = 1;
    while ((j + 2 * d − 1) <= n) {
        Merge(R, DR, j, j + d − 1, j + 2 * d − 1);
        j = j + 2 * d;
    }// 子序列两两归并
    if (j + d − 1 < n)                    // 剩余元素个数超过一个子序列长度 d
        Merge(R, DR, j, j + d − 1, n);
    else
        Merge(R, DR, j, n, n);            // 剩余子序列复制
}
```

### 3. 归并排序实现

　　开始归并时,每个数据元素是长度为 1 的有序子序列,对这些有序子序列逐趟归并,每一趟归并后有序子序列的长度均扩大一倍。当有序子序列的长度与整个数据元素序列长度相等时,整个数据元素序列就成为有序序列,实现代码如下。

```
public void Merge_sort(Sqlist L, DataType[ ] DR) {
    int d = 1;
    while (d < L.n) {
        Merge_pass(L.R, DR, d, L.n);
        Merge_pass(DR, L.R, 2 * d, L.n);
        d = 4 * d;
    }
}
```

### 4. 归并排序算法分析

　　具有 $n$ 个待排序数据元素的归并次数是 $\log_2 n$,而一趟归并的时间复杂度为 $O(n)$,则整个归并排序的时间复杂度无论是最好还是最坏情况均为 $O(n\log_2 n)$。在排序过程中,使用了辅助向量 **DR**,大小与待排序数据元素空间相同,则空间复杂度为 $O(n)$。归并排序是稳定的。

# 9.6　基数排序

　　基数排序(radix sort)又称为桶排序或数字排序,是指按待排序数据元素的关键字的组成成分(或“位”)进行排序。

　　基数排序与前面的各种内部排序方法完全不同,它不需要进行关键字的比较和数据元素的移动,而是借助于多关键字排序思想实现单逻辑关键字的排序。

## 9.6.1　多关键字排序

　　设有 $n$ 个数据元素 $\{R_1, R_2, \cdots, R_n\}$,每个数据元素 $R_i$ 的关键字是由若干项(数据项)

组成,即数据元素 $R_i$ 的关键字 Key 是若干项的集合 $\{K_{i1}, K_{i2}, \cdots, K_{id}\}(d>1)$。

数据元素 $\{R_1, R_2, \cdots, R_n\}$ 有序的是指对于 $i, j \in [1,n], i<j$,数据元素的关键字满足 $\{K_{i1}, K_{i2}, \cdots, K_{id}\}<\{K_{j1}, K_{j2}, \cdots, K_{jd}\}$,即 $K_{ip} \leqslant K_{jp}(p=1,2,\cdots,d)$。

多关键字排序就是先按第一个关键字 $K_1$ 进行排序,将数据元素序列分成若干子序列,每个子序列有相同的 $K_1$ 值;然后分别对每个子序列按第二个关键字 $K_2$ 进行排序,每个子序列又被分成若干更小的子序列;以此类推,直到按最后一个关键字 $K_d$ 进行排序。最后,将所有的子序列依次连接成一个有序的数据元素序列,该方法称为最高位优先(Most Significant Digit first,MSD)。另一种方法正好相反,排序的顺序是从最低位开始,称为最低位优先(Least Significant Digit first,LSD)。

视频讲解

## 9.6.2 链式基数排序

若数据元素的关键字由若干确定的部分(又称为"位")组成,每一位(部分)都有确定数目的取值,则对这样的数据元素序列排序的有效方法是基数排序。

设有 $n$ 个待排序数据元素 $\{R_1,R_2,\cdots,R_n\}$,(单)关键字是由 $d$ 位(部分)组成的,每位有 $r$ 种取值,则关键字 $R[i]$. key 可以看成是一个 $d$ 元组:$R[i]$. key$=\{K_{i1}, K_{i2},\cdots,K_{id}\}$。

基数排序可以采用前面介绍的 MSD 或 LSD 方法,下面以 LSD 方法为例讨论链式基数排序。

#### 1. 算法思想

(1) 首先以链表存储 $n$ 个待排序数据元素,头引用指向第一个数据元素结点。

(2) 一趟排序的过程如下。

① 分配:按 $K_d$ 值的升序顺序,改变数据元素指针,将链表中的数据元素结点分配到 $r$ 个链表(桶)中,每个链表中所有数据元素的关键字的最低位($K_d$)的值都相等,用 $f[i]$、$e[i]$ 作为第 $i$ 个链表的头结点和尾结点。

② 收集:改变所有非空链表的尾结点引用,使其指向下一个非空链表的第一个结点,从而将 $r$ 个链表(桶)中的数据元素重新链接成一个链表。

③ 依次按 $K_{d-1},K_{d-2},\cdots,K_1$ 分别进行排序,共进行 $d$ 趟后完成排序。

#### 2. 算法示例

设关键字序列为 $\{1039,2121,3355,4382,0066,0118\}$ 的一组数据元素,采用链式基数排序的过程如图 9-15 所示。

#### 3. 链式基数排序算法

为实现基数排序,用两个引用数组来分别管理所有的链表,同时对待排序数据元素的数据类型进行改造,其算法实现如下。

```java
public class DataType {
    public static final int BIT_key = 4;     // 指定关键字的位数 d
    public static final int RADIX = 10;      // 指定关键字基数 r
    public String key;                        // 关键字域
    // infoType otheritems ;
    public DataType next;
    public DataType() {
        this.key = "";
        this.next = null;
    }
}
```

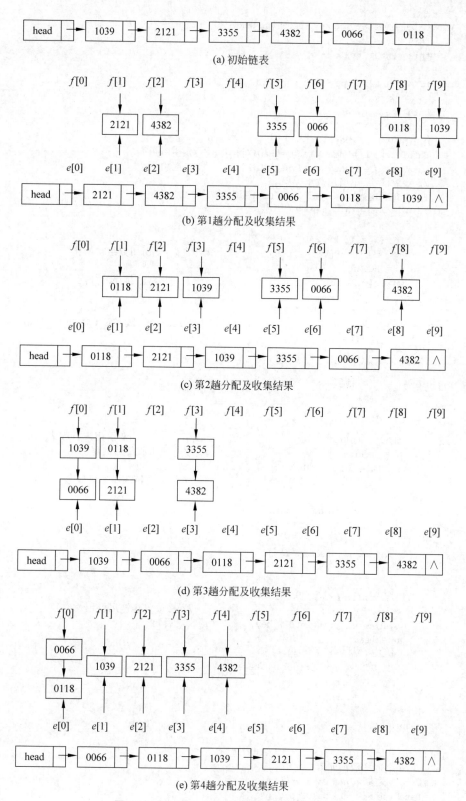

图 9-15 以 LSD 方法进行链式基数排序的过程

```java
    public DataType(String key, DataType next) {
        this.key = key;
        this.next = next;
    }
    public static DataType Radix_sort(DataType head) {
        int j, k, m;
        DataType p, q, h;
        p = new DataType();
        q = new DataType();
        DataType[] f = new DataType[RADIX];          // 头引用
        DataType[] e = new DataType[RADIX];          // 尾引用
        // 链表的头、尾引用数组
        for (j = BIT_key - 1; j >= 0; j-- )
        // 关键字的每位一趟排序
        {
            for (k = 0; k < RADIX; k++)
                f[k] = e[k] = null;                  // 头、尾引用数组初始化
            p = head;
            while (p != null)                        // 一趟基数排序的分配
            {
                m = p.key.charAt(j) - '0';
    /* 取关键字的第 j 位 kj,p.key.charAt(j)是 Unicode 值,故减掉 0 的 Unicode 值 */
                if (f[m] == null)
                    f[m] = p;
                else
                    e[m].next = p;
                e[m] = p;
                p = p.next;
            }
            head = null;                             // 以 head 为头引用进行收集
            q = head;                                // q 作为收集后的尾引用
            for (k = 0; k < RADIX; k++) {
                if (f[k] != null)                    // 第 k 个链表不空则收集
                {
                    if (head != null)
                        q.next = f[k];
                    else
                        head = f[k];
                    q = e[k];
                }
            }// 完成一趟排序的收集
            q.next = null;                           // 修改收集链尾引用
            System.out.println(BIT_key - j + "趟收集后");
            h = head;
            while (!(h == null)) {
                System.out.println(h.key);
                h = h.next;
            }
        }
        return head;
    }
    public static void main(String[] args) {
        //6 个待排数据元素
        DataType a = new DataType();
        DataType b = new DataType();
        DataType c = new DataType();
        DataType d = new DataType();
```

```
            DataType e = new DataType();
            DataType f = new DataType();
            a.key = "1039";
            a.next = b;
            b.key = "2121";
            b.next = c;
            c.key = "3355";
            c.next = d;
            d.key = "4382";
            d.next = e;
            e.key = "0066";
            e.next = f;
            f.key = "0118";
            f.next = null;
            Radix_sort(a);
        }
    }
```

#### 4. 算法分析

设有 $n$ 个待排序数据元素,关键字位数为 $d$,每位有 $r$ 种取值,则排序的趟数是 $d$。在每一趟排序中,链表初始化的时间复杂度是 $O(r)$,分配的时间复杂度是 $O(n)$,分配后收集的时间复杂度是 $O(r)$,则链式基数排序的时间复杂度为 $O(d(n+r))$。

在排序过程中使用的辅助空间是 $2r$ 个链表(桶)头尾引用和待排序数据元素链表中的 $n$ 个引用域空间,其余辅助占用的存储空间是常数,与 $n$、$r$、$d$ 无关,则空间复杂度为 $O(n+r)$。

就排序的稳定性而言,基数排序是稳定的。

## 9.7 各种内部排序的比较

各种内部排序按所采用的基本思想(策略)可分为插入排序、交换排序、选择排序、归并排序和基数排序,它们的基本策略分别如下。

(1) 插入排序:依次将无序序列中的一个数据元素,按关键字值的大小插入已排好序一个子序列的适当位置,直到所有的数据元素都插入为止。具体实现方法:直接插入、表插入、2-路插入和希尔排序。

(2) 交换排序:对于待排序数据元素序列中的数据元素,两两比较数据元素的关键字,并对反序的两个数据元素进行交换,直到整个序列中没有反序的数据元素对偶为止。具体实现方法:冒泡排序、快速排序。

(3) 选择排序:不断地从待排序的数据元素序列中选取关键字最小的数据元素,放在已排好序的序列的最后,直到所有数据元素都被选取为止。具体实现方法:简单选择排序、堆排序。

(4) 归并排序:利用"归并"技术不断地对待排序数据元素序列中的有序子序列进行合并,直到合并为一个有序序列为止。

(5) 基数排序:按待排序数据元素的关键字的组成成分("位")从低到高(或从高到低)进行。每次排序是按数据元素关键字某一"位"的值将所有数据元素分配到相应的桶中,再按桶的编号依次将数据元素进行收集,最后得到一个有序序列。

各种主要内部排序方法的性能比较如表 9-1 所示。

表 9-1　主要内部排序方法的性能

| 方　法 | 平均时间 | 最坏情况所需时间 | 附加空间 | 稳定性 |
|---|---|---|---|---|
| 直接插入排序 | $O(n^2)$ | $O(n^2)$ | $O(1)$ | 稳定 |
| 直接选择排序 | $O(n^2)$ | $O(n^2)$ | $O(1)$ | 不稳定 |
| 堆排序 | $O(n\log_2 n)$ | $O(n\log_2 n)$ | $O(1)$ | 不稳定 |
| 冒泡排序 | $O(n^2)$ | $O(n^2)$ | $O(1)$ | 稳定 |
| 快速排序 | $O(n\log_2 n)$ | $O(n^2)$ | $O(\log_2 n)$ | 不稳定 |
| 归并排序 | $O(n\log_2 n)$ | $O(n\log_2 n)$ | $O(n)$ | 稳定 |
| 基数排序 | $O(d(n+r))$ | $O(d(n+r))$ | $O(n+r)$ | 稳定 |

# 🔑 本章小结

　　本章首先介绍了排序的概念,将排序分为插入排序、交换排序、选择排序、归并排序、基数排序,并对每一种插入排序的特点和效率进行了分析。接下来介绍了两种交换排序:冒泡排序和快速排序,并分析了冒泡排序和快速排序的特点和效率。然后介绍了选择排序,选择排序有简单选择排序、树形选择排序和推排序,对每种选择排序进行了示例讲解、Java语言编程实现和效率分析;介绍了归并排序,同样进行了示例讲解、Java语言编程实现和效率分析。最后介绍了基数排序,对链式基数排序进行了示例讲解、Java语言编程实现和效率分析。此外,本章还对几种代表性的内部排序方法从平均时间、最坏情况所需时间、附加空间、稳定性等方面进行了总结分析。

在线测试

# 🔑 习题 9

## 一、选择题

　　1. 若需要在 $O(n\log_2 n)$ 的时间内完成对数组的排序,且要求排序是稳定的,则可选择的排序方法是(　　)。

　　　　A. 快速排序　　　　B. 堆排序　　　　C. 归并排序　　　　D. 直接插入排序

　　2. 以下排序方法中,(　　)方法是不稳定的。

　　　　A. 冒泡排序　　　　B. 归并排序　　　　C. 堆排序　　　　D. 直接插入排序

　　3. 设一个序列中有 10 000 个元素,若只想得到其中前 10 个最小元素,则最好采用(　　)方法。

　　　　A. 快速排序　　　　B. 堆排序　　　　C. 插入排序　　　　D. 归并排序

　　4. 快速排序方法在(　　)情况下最不利于发挥其长处。

　　　　A. 要排序的数据量太大　　　　　　　　B. 要排序的数据中有多个相同值

　　　　C. 要排序的数据已基本有序　　　　　　D. 要排序的数据个数为奇数

　　5. 排序时扫描待排序记录序列,顺次比较相邻的两个元素的大小,逆序时就交换位置,这是(　　)的基本思想。

　　　　A. 堆排序　　　　　　　　　　　　　　B. 直接插入排序

　　　　C. 快速排序　　　　　　　　　　　　　D. 冒泡排序

6. 在任何情况下,时间复杂度均为 $O(n\log_2 n)$ 的不稳定的排序方法是(　　)。

　　A. 直接插入　　　　B. 快速排序　　　　C. 堆排序　　　　　D. 归并排序

7. 如果将所有中国人按照生日来排序,则使用(　　)算法最快。

　　A. 归并排序　　　　B. 希尔排序　　　　C. 快速排序　　　　D. 基数排序

8. 用某种排序方法对线性表(25,84,21,47,15,27,68,35,20)进行排序时,元素序列的变化情况如下:

(1) 25,84,21,47,15,27,68,35,20

(2) 20,15,21,25,47,27,68,35,84

(3) 15,20,21,25,35,27,47,68,84

(4) 15,20,21,25,27,35,47,68,84

则所采用的排序方法是(　　)。

　　A. 选择排序　　　　　　　　　　B. 希尔排序

　　C. 归并排序　　　　　　　　　　D. 快速排序

9. 以下排序方法中,平均时间性能为 $O(n^2)$ 的是(　　)。

　　A. 堆排序　　　　　　　　　　　B. 归并排序

　　C. 直接插入排序　　　　　　　　D. 基数排序

10. 以下排序方法中,平均时间性能为 $O(n\log_2 n)$ 且空间性能最好的是(　　)。

　　A. 快速排序　　　　　　　　　　B. 堆排序

　　C. 归并排序　　　　　　　　　　D. 基数排序

二、填空题

1. 在希尔排序、快速排序、堆排序、归并排序和基数排序中,排序是不稳定的有_____。

2. 在对 $n$ 个元素的序列进行排序时,堆排序所需要的附加存储空间是_____。

3. 希尔排序的增量序列必须是_____。

4. 从未排序序列中依次取出元素与已排序序列中的元素进行比较,将其放入已排序序列的正确位置上,该排序方法称为_____。

三、综合题

1. 写出用直接插入排序将关键字序列{54,23,89,48,64,50,25,90,34}排序过程的每一趟结果。

2. 设待排序序列为{10,18,4,3,6,12,1,9,15,8},请写出希尔排序每一趟的结果。其中,增量序列为{5,3,2,1}。

3. 对于直接插入排序、希尔排序、冒泡排序、快速排序、直接选择排序、堆排序和归并排序等排序方法,分别写出:

(1) 平均时间复杂度低于 $O(n^2)$ 的排序方法。

(2) 所需辅助空间最多的排序方法。

4. 对关键字序列{72,87,61,23,94,16,05,58}进行堆排序,使其按关键字递减次序排列(最小堆),请写出排序过程中得到的初始堆和前 3 趟的序列状态。

四、实验题

1. 从键盘输入一个整数数据序列,进行直接插入排序后在屏幕输出其非递减有序序列。

2. 从键盘输入一个整数数据序列,进行折半插入排序后在屏幕输出其非递减有序序列。

3. 从键盘输入一个整数数据序列,进行希尔排序后在屏幕输出其非递减有序序列。

4. 从键盘输入一个整数数据序列,进行冒泡排序后在屏幕输出其非递减有序序列。

5. 从键盘输入一个整数数据序列,进行快速排序后在屏幕输出其非递减有序序列。

6. 从键盘输入一个整数数据序列,进行直接选择排序后在屏幕输出其非递减有序序列。

7. 从键盘输入一个整数数据序列,进行堆排序后在屏幕输出其非递减有序序列。

8. 从键盘输入一个整数数据序列,进行归并排序后在屏幕输出其非递减有序序列。

# 参考文献

[1]　严蔚敏，吴伟民. 数据结构(C 语言版)[M]. 北京：清华大学出版社，1997.

[2]　殷人昆. 数据结构(用面向对象方法与 C++语言描述)[M]. 3 版. 北京：清华大学出版社，2021.

[3]　段恩泽，肖守柏. 数据结构(C/C♯语言版)[M]. 北京：清华大学出版社，2010.

[4]　叶核亚. 数据结构与算法(Java 版)[M]. 5 版. 北京：电子工业出版社，2020.

[5]　罗文劼，王苗，张小莉. 数据结构与算法(Java 版)[M]. 北京：机械工业出版社，2013.

# 图书资源支持

感谢您一直以来对清华版图书的支持和爱护。为了配合本书的使用，本书提供配套的资源，有需求的读者请扫描下方的"书圈"微信公众号二维码，在图书专区下载，也可以拨打电话或发送电子邮件咨询。

如果您在使用本书的过程中遇到了什么问题，或者有相关图书出版计划，也请您发邮件告诉我们，以便我们更好地为您服务。

**我们的联系方式：**

清华大学出版社计算机与信息分社网站：https://www.SHUIMUSHUHUI.com/

地　　址：北京市海淀区双清路学研大厦 A 座 714

邮　　编：100084

电　　话：010-83470236　010-83470237

客服邮箱：2301891038@qq.com

QQ：2301891038（请写明您的单位和姓名）

资源下载：关注公众号"书圈"下载配套资源。

资源下载、样书申请

书 圈

图书案例

清华计算机学堂

观看课程直播